绿色勘探技术

姜来峰　刘卫东　张福良　主编

地质出版社

·北　京·

图书在版编目（CIP）数据

绿色勘探技术 / 姜来峰等主编. — 北京 ：地质出版社，2022. 3

（绿色矿山系列丛书）

ISBN 978-7-116-12977-1

Ⅰ. ①绿… Ⅱ. ①姜… Ⅲ. ①勘探-无污染技术 Ⅳ. ①P62

中国版本图书馆 CIP 数据核字（2021）第 242068 号

LÜSE KANTAN JISHU

责任编辑： 程　静

责任校对： 李　玫

出版发行： 地质出版社

社址邮编： 北京海淀区学院路 31 号，100083

电　　话：（010）66554528（邮购部）；（010）66554533（编辑部）

网　　址： http：//www. gph. com. cn

传　　真：（010）66554686

印　　刷： 北京地大彩印有限公司

开　　本： 889mm×1194mm　1/16

印　　张： 21

字　　数： 580 千字

版　　次： 2022 年 3 月北京第 1 版

印　　次： 2022 年 3 月北京第 1 次印刷

定　　价： 198. 00 元

书　　号： ISBN 978-7-116-12977-1

绿色矿山系列丛书

《绿色勘探技术》编委会

序

地质勘查开发生产活动或为获取矿物原材料，或为工程建设查明地下地质条件。一直以来很少考虑地质勘查开发活动造成的生态环境破坏，至少没有把保护生态环境放到获取原材料和工程建设的同等高度来对待，于是像槽探、坑探这样的勘探方法，像空场采矿方法、房柱回采工艺，像氢化物提金技术、大量使用的化学选矿药剂等，没感到太多的不妥，而被广泛应用。事实上，以往所有的勘查开发技术、工艺、设备、标准、规范等，很少、甚至没有考虑对生态环境的干扰（或破坏）的负面影响。

由此说来，勘查开发活动对生态环境造成的破坏由来已久，造成的损失十分巨大。绿色勘探、绿色矿山显然不是设置几个指标或几个人评审一下，在短时期就能达到的目标。绿色勘探、绿色矿山建设是地质勘查与矿产开发领域从头到尾、彻里彻外的深刻变革和全面升级，包括勘查开采理念及所有的勘查开发技术、工艺、设备、标准、规范等，都要经历一个把保护生态环境放到同等高度的重新审视、调整、升级改造的过程。这个过程就是勘查开发业走向高质量发展的过程，很显然这个过程不可能一蹴而就。

我国经济已经从高速增长走向高质量发展，勘查开发业的高质量发展也已经起步。历史遗留的矿山生态修复在中央财政资金的引导下，修复治理涌现了一大批示范性工程。政府推进的山水林田湖草综合治理、长江经济带生态环境保护、黄河流域生态环境保护等，也将有一大批矿山生态得以修复。正在生产的矿山建立了矿山生态修复（矿山地质环境恢复和综合治理）基金，畅通了矿山生态修复的资金渠道，有关部门和地方政府积极推进绿色矿山建设。

实现绿色勘探、建设绿色矿山，地质勘查开发业走向高质量发展，修复已经破坏的生态环境是十分必要的，然而我们做的还是远远不够的。亡羊补牢的事要做，防患未然的事也要做。《绿色勘探技术》是属于防患未然的事。是从绿色勘查开发技术、工艺、设备、标准、规范等的技术环节入手，力求推介把保护生态环境和勘探查明地下条件放到同等高度的勘探技术，由此推动绿色勘探，是在为绿色勘查、绿色矿山建设乃至绿色发展和高质量发展做基础性的实事。

地质勘查开发业的高质量发展尚在起步阶段，实现绿色勘探、建设绿色矿山是一个长期过程，需要不断地探索摸索。寄希望一开始就拿出绿色勘探、绿色矿山终极目标的技术、工艺、设备、标准、规范等现在是做不到的。地质勘查开发业的高质量发展，绿色勘探的实现，绿色矿山的建设一定是一个不断发展不断完善的过程。相信绿色勘探技术和《绿色勘探技术》一书也一定会不断发展不断完善。

难能可贵的是在绿色勘探从理念到实践起始初期，在充分借鉴总结国内外一些好的做法基础上，结合工作实际提出了现实情况下可供大家参考借鉴的有关绿色勘探的工作相关标准与规范、技术体系与基本方法等，对绿色勘探发展方向做出了积极的展望。有关绿色勘探设计与施工属于可用于实战的经验性的总结是非常宝贵，也是非常有意义有价值的。遥感勘探新技术、地球物理勘探新技术、地球化学勘探新技术、钻探新技术、地质勘探新型装备及实用装备、绿色勘探信息化建设、勘探施工安全技术等，都是在对勘探技术及设备的崭新视角下的再梳理、新推介，推介符合绿色勘探的新技术。绿色勘探工程案例更加体现了《绿色勘探技术》和编写过程中的务实精神，强化实用性是负责任的自我高要求。

应邀为《绿色勘探技术》作序很高兴，关于绿色矿山建设、矿山生态修复应该说是我熟悉的业务工作，特别其中有关经济及政策法规方面可能更熟悉一些。而地质勘探并非我专业特长，也没从事过有关的管理工作，但为助力绿色勘探事业、绿色勘查、绿色矿山建设，更为表明对编撰《绿色勘探技术》这样基础工作的支持，还是欣然作序。也是扬长避短，尽管序不长，但也是知道的多说点，不太知道的少说点，这样难免有的地方说不到点子上。对《绿色勘探技术》出版发行表示支持的态度，对绿色勘探发展的希望还是表达出来啦！

关凤峻

2021 年 8 月

前　　言

一、编写背景

2016 年 5 月 10 日，在全国地勘局长座谈会上，向全国地勘行业发出了“绿色勘查行动宣言”，倡议地勘行业大力推进绿色勘查，像爱护眼睛一样爱护草原、保护生态，努力实现资源开发利用和生态环境保护协调发展。

2018 年 6 月 28 日，自然资源部发布了《绿色勘查指南》，这是我国第一个绿色勘查团体标准，标志着我国的绿色勘查工作已开始进入制度化、规范化的新阶段。

2021 年 6 月 18 日，自然资源部发布了《绿色地质勘查工作规范》（DZ/T 0374—2021），秉承健康安全绿色理念，因地制宜，采用适合自身实际的先进设备、技术、方法和工艺，践行全过程地质勘查的“绿色化”。

绿色勘查，时不我待；绿色勘查，重在行动。根据绿色矿山系列丛书编委会的统一部署和安排，由中关村绿色矿山产业联盟绿色勘探专业委员会牵头和具体筹划编写《绿色勘探技术》，是认真贯彻习近平生态文明思想，落实新发展理念和党中央国务院决策部署，宣传贯彻绿色发展、绿色矿山、绿色勘查理念，加快矿业（地勘）转型和绿色发展，务实践行绿色勘探实实在在的一项工作。

二、全书的主题与主旨

提供清洁低碳高效的能源和战略性矿产资源，生态文明和找矿突破战略行动是国家战略，故到既要保护生态环境又要提高资源保障能力。必须要走绿色勘探之路，践行绿色勘探是所有勘探工作者的责任和使命。

绿色勘探是一项系统工程，离不开先进理念的引领，需要先进技术的有力支撑。绿色勘探的核心是生态优先与环保理念的创新，关键在勘探装备与技术，需要综合研究、因地制宜、集成创新。绿色勘探需要从设计、施工、验收、恢复治理、后续动态监测“全生命周期过程”考虑和部署各项工作。为贯彻落实生态文明建设要求，随着绿色矿山和绿色勘查工作的逐步开展和深入，部分省（区、市）自然资源管理部门早已经积极探索实施绿色勘探新技术、新工艺、新方法、新材料，有的企业和地勘单位勇于先行先试，大胆实践尝试，已经涌现出一批绿色勘探示范例子和先进典型，取得了积极的进展，积累了一定的宝贵经验。

本书紧紧围绕“绿色勘探”这一主题，依靠先进装备与技术，注重环境保护和职业健康安全，践行绿色勘探，推进地质勘探行稳致远，旨在粹取国内地质勘探领域所实施绿色勘探的新设备、新仪器、新技术、新工艺、新方法的精华，为读者呈现较为实用的先进绿色勘探装备与技术方法及典型成功实例，为不同类型的地质勘探工作提供一些有益的帮助和启示。

三、全书的结构内容和特点

（1）全书共分十章四十节。第一章绿色勘探概述，第二章绿色勘探设计与施工，第三章遥感勘探新技术，第四章地球物理勘探新技术，第五章地球化学勘探新技术，第六章钻探工程新技术，第七章地质勘探新型及实用装备，第八章绿色勘探信息化建设，第九章勘探施工安全技术，第十章绿色勘探工程案例。

1）绿色勘探概述部分概述了贯彻习近平生态文明思想、绿色勘探的相关概念、绿色勘探的意义、定义与内涵及基本原则；绿色勘探与绿色发展、绿色矿山、绿色勘查的概念区别与关系、绿色勘探发展的方向、勘探工作的基本方法等。

2）绿色勘探技术部分主要介绍了勘探新装备与新技术方法及现代安全管理技术。勘探新装备主要从新型物化探及遥感仪器，轻便化、模块化、长行程给进、交流变频电机驱动、多功能以及自动化智能化钻探设备等方面介绍了当今国内典型的先进勘探装备；勘探新技术包括物探与化探及遥感新技术、钻探新技术、场地建设与设备搬迁运输实用技术等。

3）绿色勘探信息化建设部分主要介绍了地质勘探信息化建设的基本概念、可行性、主要内容与基本方法。地质勘探信息化建设已成为实现地质勘探和生态环境保护，协同共进及勘探成果共享，保持可持续化发展、推动地勘单位转型升级和提高市场竞争力不可忽视、更不能缺少的一项重要工作。

4）勘探施工安全技术主要介绍了现代安全管理理念、勘探施工风险辨识与评估、安全生产事故隐患排查与治理、坑道钻探工程专项安全技术设计以及职业健康安全管理等。安全生产的本质内涵是“以人为本”，是最基本的需求，是最根本的要求。“以人为本”以安全化为目的的现代安全管理模式将是未来发展的方向和潮流。

5）绿色勘探工程案例，收录了涉及遥感技术、引领全国地质勘查先行的“多彩模式”、高原生态脆弱区绿色钻探、小倾角钻孔代替槽探、页岩气微地震浅井绿色钻探、境外钾盐矿绿色钻探、环保冲洗液及泥浆不落地技术、绿色钻探施工安全标准化建设等方面十个成功的典型案例。

（2）全书本着实事求是的态度，结合我国的地质勘探实际情况和技术水平现状，注重勘探生产一线的操作和实用性，在绿色勘探新装备章节，侧重选取了我国自主知识产权的物探仪器和使用较多的国外先进的物化探及遥感仪器，侧重选取了“轻便化和轻质量、机械化和自动化及模块化、远程操控和监控、智能化”的典型勘探钻机设备；勘探技术章节侧重介绍了先进绿色的物探与化探及遥感探测技术、浅钻代替坑探槽探技术、随钻定向钻进技术、液动潜孔锤技术、空气潜孔锤取心跟管钻进技术、螺杆马达与其他（液动锤、绳索取心、长半合管钻具等）集成融合拓展应用技术、套管钻进技术、膨胀套管技术、声波钻进技术、环保冲洗液与泥浆不落地技术、勘探节能技术，钻探噪音、废气、废液、粉尘的控制与处理等。重点强调勘探设备、仪器与技术方法的特性特点（如绿色高效、环保节能、自动化程度等）、适应范围与条件，列举生产应用实例及绿色效果，收录大量的实物与现场勘探图片，更加突出“绿色”理念和实用性。

四、本书的组织编写

2020年1月11日组织召开了《绿色勘探技术》编写工作研讨会，邀请了国家有关部委的领导和国内高校、科研院所，及有色、地矿、核工业、冶金、中勘、倬方钻探等地勘单位行业专家学者20余名参加。与会人员一致认为，编写《绿色勘探技术》意义重大，是认真贯彻习近平生态文明思想，落实新发展理念和党中央国务院决策部署，加快矿业（地勘）转型和绿色发展，践行绿色勘查非常重要的一项工作。

2020年11月4日，由中关村绿色矿山产业联盟绿色勘探专业委会会组织行业有关专家对本书初稿进行了审查，本书编委会根据专家们提出的宝贵意见进行了逐一修改和完善。2021年4月25日，在中国地质大学（北京），绿色矿山系列丛书编委会组织专家和学者对本书修改稿进行了再次审查，得到专家组的一致认可，并提出了一些意见，本书编委会认真进行了修改。

本书出版得到了倬方钻探工程集团有限责任公司、中国煤炭地质总局广东煤炭地质局（广东中煤地质生态环境有限公司、中煤江南建设发展集团有限公司）、四川华锋钻探工程有限责任公司、珠海英格尔特种钻探设备有限公司、四川省金核地质勘查工程有限公司、四川省地质矿产勘查开发局四〇二地质队金钻公司等单位的鼎力支持，在此表示衷心的感谢！

在本书的编写过程中，得到了自然资源部矿产勘查技术指导中心、中国煤炭地质总局、中国核工业地质总局、青海省有色地质矿产勘查局、广东煤炭地质局、青海省煤炭地质局、河南省有色金属地质矿产局、黑龙江省地质矿产局、四川省地质矿产勘查开发局、四川省冶金地质勘查局、四川省煤田地质局、四川省核工业地质局的关心和支持；还得到了中国矿业大学（北京）、中国地质大学（武汉）工程学院、成都理工大学环境与土木工程学院、中国矿业大学资源与环境学院、昆明理工大学、云南国土资源职业学院、四川矿产机电技师学院；中国地质调查局勘探技术研究所、成都探矿工艺研究所、北京探矿工程研究所、甘肃省科学院地质自然灾害防治研究所、中国科学院青海盐湖研究所、中煤科工集团重庆研究院有限公司、内蒙古自治区地质环境监测院、青海省煤炭地质局一〇五地勘队、中装地张家口探矿机械有限公司、衡阳中地装备探矿工程机械有限公司、河北永明地质工程机械有限公司、河北建勘钻探设备有限公司、桂林金刚石工业有限公司、中陕核工业集团陕西二一〇研究所有限公司（陕西核昌机电装备有限公司）、云南偉方钻探产业园有限责任公司、云南偉方岩土工程勘察有限责任公司、黑龙江省第五地质勘查院、四川省核工业地质调查院等多个单位及有关专家及教授的大力支持，还得到了勘探一线工程技术人员的广泛支持和参与，在此表示衷心的感谢！

本书特别感谢国土资源部部长、绿色矿山系列丛书编委会主任汪民的关怀和指导；特别感谢中国工程院院士彭苏萍、自然资源部矿产资源保护监督司司长鞠建华的政策与技术指导；特别感谢自然资源部咨询研究中心咨询委员、国土资源部地质环境司司长、俄罗斯自然资源科学院院士关凤峻的全程指导；特别感谢中国煤炭地质总局首席科学家王佟教授级高级工程师的编撰技术指导；特别感谢中国地质科学院矿产综合利用研究所钻探教授级高级工程师宋军、成都理工大学陈礼仪教授的热心帮助和技术指导。

由于编者的水平有限，难免会出现一些遗漏、错误，敬请读者们给予批评指正，诚恳接受读者们的宝贵意见。

编　者

2022 年 3 月

目　　录

绪　论

一、地质勘探仍是矿产地质勘查和岩土工程地质勘察及地质灾害防治等领域不可缺少的技术手段

地质勘探并非可有可无，它是基础工业的前期和基础设施建设的超前工作，钻探工程仍是矿产地质勘查不可缺少的重要技术方法之一，它是深部找矿和获取地下信息推断与解释的唯一验证手段。任何一项工程在施工前，都必须做好工程地质勘探以及有关地质环境与地质灾害的评价，只有认识了地质环境和条件，工程的设计、施工及后续使用才能与自然和谐相处，才能减少工程产生的危害。

（一）地球物理勘探方面

多种物探新技术方法在固体矿产、地热、页岩气、常规油气、岩土工程勘察、地下隐蔽致灾因素探测等领域得到了广泛应用，并取得了理论-方法-技术、装备-应用的全创新链成果。

随着无人机制造业的迅猛发展，我国无人机航空物探技术得到了快速提升，多种航空物探仪器实现了向高精度、小型化、集成化的方向迈进，达到世界一流水平，实现了航空物探技术的跨越式发展，形成了“重、磁、电、放”种类基本齐全的航空物探勘查方法体系，作为航空物探中的老方法航空磁测，继续保持旺盛的生命力和良好的前景。

随着电子技术、计算机技术的高速发展，地震勘探的仪器装备、处理软件升级换代的速度明显加快，地震资料采集、处理与解释的一体化趋势得到了加强。地震仪器的研发广泛融合了地震勘探技术、电子技术、计算机技术、通讯技术、数字信号处理技术、数据传输技术的新成就以及新工艺、新材料等方面不断涌现的新发明，其技术指标越来越高、工作速度越来越快、采集和预处理能力越来越强、可靠性和稳定性越来越好、自动化和智能化程度越来越高。其中大深度高精度广域电磁勘探技术与装备被誉为“绿色、高效、低成本”的勘探技术，这是我国以自主创新理论为基础研发的电磁探测成套装备，其创新成果打破了西方在该领域的垄断，使我国电磁探测装备，实现了由仿制到自主研发的根本性转变；三维地震勘探技术以其显著的特点和优越性，得到了广泛的推广和应用，并发挥了重要作用，大大提升了地质勘探的水平能力和精度，成为地质勘探工作首选的技术手段之一；微动勘探技术无需人工震源，是一种抗干扰能力强、对环境扰动小、探测深度大、适用范围广的新型物探技术，逐渐成为矿产资源、能源勘探以及工程地质勘探的重要物探手段，具有一定的技术优势和广泛的应用前景。

（二）地球化学勘探方面

我国地球化学勘探与矿产资源勘查开发取得了显著成果，在世界上首次编制完成了76种元素的地球化学图，使得我国的地球化学填图水平又上一个新的台阶，保持了我国勘探地球化学在国际上的领先地位，在地质勘探中，化学勘探与钻探技术的有机结合，构建了新的找矿模型，在寻找深部盲矿中取得了新进展，为保障国民经济发展提供了有力支撑，为国家战略性新兴产业的发展提供资源基础。

（三）遥感技术方面

随着我国空间技术的快速发展，特别是高分辨率对地观测系统重大专项的实施，我国卫星遥感技术迈入了亚米级“高分时代”，与国民经济和生态保护的关系也越来越紧密，在土地资源调查、矿产资源勘查、生态环境监测、灾害预报与灾情评估等领域正发挥着巨大作用。

（四）放射性物化探方面

我国铀资源物、化探勘探技术已发展至第四代，为新时期铀资源勘探突破提供了可靠的技术支撑。20 世纪 90 年代至 2005 年，铀资源勘探形成了以“重力、磁法、电磁测深法（AMT、CSAMT、TEM）”等物探方法为主，以氡及其子体测量和伽马能谱测量为辅的第三代找矿技术；2006 年以后，随着砂岩型铀矿快速评价和热液型铀矿攻深找盲综合物化探方法的建立，形成了以“地面高精度磁法、电磁测深、地震勘探、氡及其子体测量、分量化探”等第四代找矿技术，我国铀资源勘查深度的能力大幅提升。其中，砂岩型铀矿的勘探深度已超过了 500m、热液型铀矿的勘探深度超过了 1000m。

（五）钻探工程方面

自进入 21 世纪以来，我国钻探工程技术在深部找矿、地热开发、页岩气勘探、天然气水合物钻采、科学钻探、工程建设、地质灾害防治、地质环境监测、矿山救援等领域全面深入发展，逐步进入世界一流水平。

其中，我国岩心钻机得到了重大的改进与创新，在施工效率、驱动方式、安全性、电气化程度、操作劳动强度和操控环境等方面取得了巨大的进步，近年来相继研发出了立轴式变频电驱动岩心钻机、电动变频顶驱钻机、永磁直驱顶驱地质钻机等，这些钻机采用 PLC 与现场总线进行电气系统配置的新型节能深孔岩心钻探成套装备，在地质岩心钻探领域，这些新型驱动方式的装备和技术不仅是首创，而且技术水平居于世界领先。我国小口径金刚石绳索取心钻探技术得到了长足的发展，已经得到了广泛而普遍的应用，地表全液压动力头钻机系列型谱齐全，并快速得到了认可，在野外地质勘探中得到了应用和普及。钻探工程技术向高水平发展，逐步走向成熟和高端，提钻取心和金刚石绳索取心钻进技术钻探深度记录不断刷新。

N（Φ75mm）孔径金刚石绳索取心钻进深度已达到 4006. 17m，Φ75mm 孔径近水平工程地质勘察孔金刚石绳索取心钻进深度已超过 1600m；

H（Φ96mm）孔径绳索取心钻探的纪录达到 1461. 9m；

P（Φ122mm ）孔径绳索取心钻进最深纪录达到 2818. 88m；

Φ127 mm（岩心直径 Φ80 mm）孔径绳索取心钻进深度已达到 2700 m；

S（Φ150mm）孔径绳索取心钻进深度突破 2000m；

Φ152mm 孔径取心钻进深度已达到 7018m；

Φ216. 0mm 孔径取心钻进深度达到 5911. 10m；

Φ311. 0mm 孔径取心钻进深度达到 4528. 90m；

Φ444. 5mm 孔径取心钻进深度达到 2806. 20m；

井下近水平无线随钻定向钻进深度已达到 3353m。

应用螺杆马达+液动锤驱动的 Φ311mm 大口径连续取心钻进超过千米，超高温的水基冲洗液体系创造了国内最高温度（241℃）条件下钻进新纪录，在许多方面达到世界先进水平。有些钻探技术、装备已处于世界领先地位。

二、传统粗放的地质勘探方式已无法满足新时代要求

近年来，受全球经济环境影响，采矿业遭遇寒冬，使位于矿业链前端的矿产勘查业受到极大影响，地勘经济急剧下滑，地质勘查围绕国家经济发展、生态文明建设等需求进行结构调整，传统固体矿产勘查需求增速逐渐放缓，勘查投入总量不断下降，地质勘查行业、钻探装备制造业及钻探工程“产能”过剩，导致地质勘查和钻探工程空间趋于收缩。

纵观我国地质勘探方式，仍是传统粗放的地质勘探方式。传统的山地工程（探坑、槽探、浅井等）通常采用大面积剥离，会导致对环境、林业、水土的破坏或影响；提钻取心和绳索取心钻进仍是我国矿产地质勘探及工程地质勘探最主要的钻进方法；重复开展地质勘探现象普遍存在，特别是在城市基础设施建设中尤为突出，同一区域重复布设地质勘探，管理方式落后、勘探技术手段粗放陈旧；勘探装备陈旧，尤其是钻探设备，几十年不变的立轴式钻机仍是我国地质勘探装备的主流设备，技术含量低、自动化程度很低，大多存在“跑、冒、滴、漏”现象，缺乏自主核心关键技术，装备更新替代慢。

生态文明建设对地质勘探工作提出了更高要求，传统粗放的地质勘探方式已无法满足新时代的要求，严峻的形势倒逼着地质勘探行业必须向着节能减排、高效低能、保护生态环境方面进行改进和技术创新。

三、绿色勘探是新时代我国自然资源管理和地质勘查工作的新要求，是新时代地勘行业转型、高质量发展的内在需求和未来发展趋势，是实现高质量发展的重要途径

我国发布了“绿色勘查行动”宣言，吹响了“绿色勘查、绿色勘探”的号角，共同努力实现资源开发利用和生态环境保护协调发展。中国地质调查局与部分省（区、市）自然资源管理部门及各地质勘探企事业单位，结合自身实际，因地制宜，大胆创新，先行先试，积极探索绿色勘探新技术，取得可喜成果。

早在2003年，四川华锋钻探工程有限责任公司就引进了第一台Hydrcore2000型轻便钻机，开始探索“无痕勘查”的道路，在没有任何可以借鉴、学习的情况下，先后研究并实施了架设货运索道运输钻机、遥控操作履带式钻机、斜坡道钻探平台、“油污不落地”管理、废弃泥浆无公害处理、环保型泥浆冲洗液、地形地貌及地表植被复垦管理、林区钻探工程施工防火技术等先进的管理措施和技术手段并自成体系。

青海省率先出台了《青海省绿色勘查管理办法（试行）》、《青海省地勘单位业绩信誉考评办法》、《绿色钻探施工规程》、《野外地勘项目生态环境保护检查验收制度（试行）》、《地质勘查生态环境恢复治理操作规程（试行）》等制度，率先在青海多彩整装区实施绿色勘查，把地质勘查与生态保护、居民利益、社会和谐等因素有机结合，创造了“多彩模式”。2020年底正式出台了《青海省绿色勘查管理办法》。

山东省出台了《山东省绿色勘查技术要求（试行）》（鲁自然资字〔2019〕90号）。

内蒙古出台了《内蒙古自治区绿色勘查技术要求》（内国土资字〔2018〕552号）。

贵州省西南能矿集团股份有限公司率先制订《固体矿产绿色勘查技术标准》、绿色勘探信息化建设等相关企业标准，努力做到对环境的少破坏、少污染及生态恢复，推动传统地勘发展转型升级。

四川省核工业地质局与中国地质调查局探矿工艺研究所合作，加强绿色勘查新技术、新方法的研究，形成了一套高原生态脆弱区绿色钻探技术体系。“一基多孔、一孔多支”以及高原生态脆弱

地区环境修复治理等技术在诺尔盖铀矿区勘探中成效显著，起到了很好的示范与推广作用。

黑龙江省地质矿产局在矿产勘查中采用小角度钻探技术代替槽探，在深覆盖区和槽探无法施工地段进行异常查证，产生了较为积极的环境效应。

通过广大地质勘探工作者的艰苦不懈努力，因地制宜，利用绿色钻探技术，初步探索出了适合我国实际绿色勘探方法技术体系雏形，为我国建立绿色勘查技术标准奠定了良好的基础。

（1）钻机设备初步实现轻便化、轻质化、模块化、长行程给进型、多功能、节能型、高效型等多样化。如背包钻机、铝合金钻机、便携式钻机、分体式钻机、小型一体化钻机、长行程给进钻机、多功能钻机、声波钻机、交流变频电机驱动钻机、顶驱直驱钻机、轻质铝合金钻杆等。

1）目前国内以轻量化理念设计生产的钻机，其最大模块一般不超过 120kg，铝合金钻机虽然其结构未变，但其箱体类主要部件材质改用压力铸造高强度铝基合金替换原有普通钢材，拆分后各部件最大质量约 40~100kg，约为原来的 1/3，两个人即可抬进工地；铝合金钻杆质量轻，易于搬迁，无须再修建专门道路，既减轻了劳动者的强度，又降低了能源的消耗，节省了搬迁费用，对有效解决山区的搬迁、实现绿色勘探有着非常现实的意义。

2）不停车倒杆立轴式钻机弥补了普通立轴式油压钻机回次进尺短的弊端，采用上、下卡盘不停车倒杆自动倒杆，实现了钻进过程倒杆不停车连续进尺，省去了停车“倒杆”时间，基本解决了立轴钻机给进行程短、倒杆作业频繁、辅助时间长、影响钻进稳定性和取心易堵塞、钻进综合效率低的难题，钻进效率明显提高，可以达到或超过全液压动力头钻机的钻进效率。

3）全液压动力头钻机的优点是高速运转平稳，给进回次长，近 20 年来发展迅猛，赢得了市场，但其最大的缺点是没有钻塔，仅靠桅杆来升降钻具，钻杆立根短，起下钻速度很慢，耗时很长，大多仍是依靠人力来拧卸钻杆，工人的劳动强度大，随着勘探深度的增加，其优势锐减。为解决动力头钻机在深孔钻进时起下钻速度慢、耗时长的问题，钻探人提出了将动力头钻机与已有钻塔相结合的设想，创新研制出分体式全液压动力头钻机，集中了全液压动力头钻机高速平稳回转和钻塔快速高效提升钻具两大优势，符合我国地质勘探的实际工况条件，有着非常实用的现实意义。

4）长行程机械动力头式钻机保留了立轴式岩心钻机的优势，吸纳了全液压动力头长行程给进的长处，规避其功耗大、处理孔内事故能力弱、维修保养难度大及费用高等不足，如 HXY-1600 型长行程机械动力头式钻机传动效率优于全液压动力头钻机，同样可以实现长行程给进，拖车式整体搬运；JDL 系列钻机也是一款机械传动动力头式钻机，集“泥浆循环和气动潜孔锤”两种钻进功能于一体，设计新颖，履带整体移动，符合我国的国情，适宜绿色勘探的实用钻机。

5）交流变频电动钻机，其核心技术就是交流变频调速技术，在结构方面很大限度地简化了传动机构，使用交流变频电动机组，通过减速箱将动能传递给立轴（或转盘、或绞车），实现无级调速；电驱动顶驱岩心钻机采用电动顶驱以电驱动实现回转、给进、升降等功能，实施取心钻进，具有恒功率宽调速特性，可实现立根柱钻进或扫孔作业，能在任意高度位置用电机拧卸、加减钻杆，实现加接单根、拧卸扣、起下钻等钻进作业的机械化，减少加接单根的辅助时间，提高钻进作业效率。交流变频电机驱动和稀土永磁电机直驱顶驱钻机是现代高新技术与钻探机械的有机结合，发展起来的一种先进节能型钻机，永磁直驱同步电动机节电率高达 15%~35%，是当代钻机的发展趋势。

6）声波钻机是将高频振动力、回转力和压力三者结合在一起使钻头切入土层（或软岩），钻进生产效率是常规钻进的 2~3 倍，甚至高达 6 倍，拥有常规钻进方法钻取地表覆盖层和取样技术无法相比的优势，独特的声波钻进取样方法，能获得取心率高的原状岩土样，这正是我国各类基础工程建设岩土工程地质勘探和取样、地质灾害抢险与地质勘探和取样、环境地质和农业地质等所追求的一种快速实用和高效环保的绿色钻探装备，使提高岩土工程地质勘察质量和原状取样成为可能，使地质勘探工作者增强了绿色勘探的信心，有着广阔的应用前景。

7）自动化、智能化钻机一直是勘探者在苦苦追求、不断探索和努力的装备方向。随着科技的迅猛发展，现在进入了钻机发展的智能化（自动化）阶段，人们开始进行轻量化、自动化、智能化、全流程一体化控制地质勘探设备的研制，将人工智能与自动化钻探（井）技术相结合，努力实现自动控制的钻探装备。

（2）新形势下，因地制宜探索绿色钻探技术，成效突显。

1）“以钻代槽”技术得到普遍认可。即用浅层钻探代替槽探井探，可大大减少山地工程对地表开挖面积和体积。浅层钻探技术作为最直观的进行定性定量分析研究的技术手段，不仅能加快工作速度，还能大量减少植被的破坏，保护环境。

2）液压螺杆马达用途越来越广。充分利用液压螺杆马达，可现实与液动锤、绳索取心钻具、长半合管钻具的技术组合，可实现定向钻进和复合钻进，提高钻进效率和钻具工作性能及钻孔取心质量，在深孔施工中具有明显的优势。

3）我国定向钻探方面走向了更高级的阶段，随钻定向钻进技术使地质勘探定向钻探迈上新台阶。随钻定向钻进技术被普遍接受，在一个钻机基台上利用随钻定向钻进技术施工多个钻孔，或在一个钻孔内再施工许多个分支孔，或者将两个孔（井）之间高精度对接连通已成为绿色钻探常规技术方法，不再是单纯纠斜或事故等特殊情况下的被动手段。随钻定向钻探是一种绿色环保、提供精确地质资料、减少自然环境破坏的很有发展前途的绿色钻探方法。

4）液动潜孔锤钻进技术是一种具有中国特色的经济、高效、成熟实用的岩心钻探实用技术，我国的液动潜孔锤技术已处于世界领先水平，我国已成为液动冲击回转钻进技术应用普及程度和使用效果最好的国家。YZX 系列阀式双作用液动锤成为成熟的钻探机具，取消了原有的固定式节流环，无易损坏的弹簧零件，运动副不再使用橡胶件，减少密封副（由 4 道减少至 2 道），结构调整参数由 5 个减少到 2 个，使输出冲击功提高 25%以上，易损件在泥浆中寿命从 10h 提高到 50h，在清水中提高到 100h，已是钻探必备的常规使用机具。

5）空气潜孔锤取心跟管钻进技术是一种环保、优质、高效、成本合理、实施更容易的钻进方法。在已有的空气潜孔锤全面钻进、跟管钻进的基础上，技术创新，将常规的回转取心钻进方法与潜孔锤及跟管钻进优化组合，即将常规双动双管回转取心钻具与潜孔锤进行技术组合，实现同步同心跟管取心钻进，形成了一种有效的覆盖层钻探新方法。适用于地表各种覆盖层的工程地质勘探潜孔钻探，钻探深度 0-50m；也可用于浅层地质“以钻带槽”钻探，地层对象主要为地表非泥质（或含少量泥质）的覆盖层，如砂卵石、滑坡堆积、工程回填等堆积层，

6）套管钻进是钻探工程的一次技术性革命，放弃了传统的钻杆，直接采用套管（取代传统钻杆）向下传递钻压和扭矩及输送冲洗液，驱动孔底取心钻具钻头旋转刻取岩心，边钻进边下套管，钻至预定孔深，打捞出孔底取心钻具，将套管柱留在孔内作为技术套管保护孔壁（必要时进行固孔），从而完成套管钻进作业、采取岩心和保护孔壁的钻探方法。由于取代了传统钻杆，可减少钻杆和钻铤的消耗和搬运，降低劳动强度，可快速穿过隔离复杂地层，尤其是地表松散层、堆积层，可节省二次（或重复）下套管的时间，提高钻探效率，是目前国内钻探领域的一种具有发展潜力的新型技术。对于当前地质钻探施工中的开孔难、深部复杂地层钻进难等技术问题，提供了一种很好的思路和解决方案。

7）膨胀套管护壁技术是地质岩心钻探护壁堵漏的一次技术革命。可比较形象地比喻为类似于“血管支架”的方法，对复杂地层孔段进行有效护壁隔离，从而确保后续的钻探施工安全、顺利进行。该技术被誉为 21 世纪国际钻探工程领域的核心技术之一。

小口径膨胀套管护壁技术的最终目标是实现“全孔同尺寸孔径”，采用一种钻杆柱尺寸、一种钻头尺寸，可大大简化钻孔结构、减少钻孔开孔口径、减少套管及钻具数量，降低钻探成本，为我国地质岩心钻探钻孔向更深、更复杂的区域发展提供了技术支撑，为地质岩心钻探复杂地层护壁堵漏提供了一种新的途径和手段，意义深远。

8）自觉选用环保冲洗液，冲洗液不落地技术和装置应运而生。随着人们环保意识的增强，对

冲洗液体系的环保性能有了更加严格的要求，迫切需要能够保护钻进地层、保护周边环境的环保冲洗液体系的更新和推广。因此，使用冲洗液应优先保护环境，减少污染，自觉选用环保冲洗液，优先采用环保生物降解冲洗液体系，在保持原有性能的基础上，满足环保排放标准，无公害的标准。采取泥浆循环袋、玻璃钢材质循环槽和泥浆池，且可以重复使用；采用冲洗液不落地装置和泥浆净（固控）装置，对废弃冲洗液进行回收和处置，减少排放和污染，有效保护环境。

9）实现绿色勘探，提高钻探效率，高效长寿钻头至关重要。随着国内外金刚石钻头技术的发展，预合金化粉末和纳米级的超细胎体粉末材料的广泛应用，金刚石钻头工作层的高度在不断增加；选用高强度、或使用经过表面预处理热稳定性好的高品质金刚石，或在金刚石表面镀覆金属薄层或粗糙化，优化粗粒度、中等浓度参数、胎体配方及结构设计，改进钻头保径层的结构方式，增强钻头的耐磨能力；改进水口结构布局及底唇面造型，选用低温热压烧结工艺，减少金刚石因高温而产生的热损伤，来实现提高机械钻速和延长工作寿命的目的。

（3）钻探节能意识逐步增强。节能是我国可持续发展的一项长远发展战略，是我国的基本国策。地质勘探行业必须把节能工作放在重要的位置，坚持“节能优先”的原则，推行绿色勘探技术和创新生产施工模式。建立节能机制和节能管理制度，注重技术节能，开展节能攻关专项行动，在供电条件许可和钻进作业周期较长的区域优先选取电力驱动，使用高效的传动装置、节能设备，使用无功补偿节能技术，使用变频调速技能技术和高效节能电机（如稀土永磁电机）；因地制宜，选用钻进新技术、新方法，优化钻进工艺，有针对性地采用适宜的钻进规程，努力提高钻进逺度，缩短钻探生产周期，实现钻进施工全过程的节能增效。

（4）因地制宜，选择适合勘探作业区的运输方式。修筑场地优先保护生态环境，最大限度地减少和避免对环境的扰动，能不修路就不修路，在修筑平整钻机基场时，对开挖出的渣土用可降解袋分装，对剥离的植被层集中堆放，待工程结束后用于钻探场地恢复；针对不同地形地貌分别选择适宜的拖拉机、雪橇、空中索道、钢丝绳牵引、履带自行迁移、直升机整体调运等运输方式，减少甚至避免进入钻探现场的道路修建。

（5）随着找矿勘查与深部钻探的发展，钻孔施工条件更加复杂，岩心编录工作量更大，对岩心库建设的要求更高，传统的地质编录方法已经越来越不适应时代发展的需要。

近年来随着物探、化探及遥感技术的发展，新方法、新技术不断推出，仪器更加快速、灵活、便携与智能化，精度、灵敏度的不断提高，抗干扰能力的增强，特别是高光谱遥感技术的发展，利用高光谱遥感波段连续性强、分辨率高的特点，用地物光谱对岩心进行高光谱分辨率测量，获取岩心光谱数据，使得传统地质编录转为基于数码的高光谱岩心编录成为可能。同时更加节能、快捷、高效、环保，节约了人力与物力，工作效率和经济效益大大提高，从源头上减少对生态环境的扰动，更加精准的指导布设钻孔，也更加适合复杂的矿山环境勘探，减少工程量。绿色物探的实施正一步一步为绿色勘探做出贡献，航空类物探方法及天然场源类电磁法拥有广阔发展前景。

（6）勘探结束后，对勘探场地进行恢复治理，逐渐成为人们的自觉行动。绝对多数勘探单位，大都能在勘探结束后，并对泥浆废弃液进行固化、掩埋等处理，对所使用的勘探场地进行人工恢复治理，覆土复垦，保护生态环境。

（7）运用现代安全管理理念与技术方法，注重员工的安全行为、意识、心理状态以及行为环境，从根本上提高员工的安全意识，激励员工的士气和发挥其能动性，减少不安全行为，注重安全风险管理和安全生产标准建设，主动预防，实现人员、机械设备、作业环境、管理的本质安全，使生产作业达到最佳安全状态，杜绝事故的发生。

1）HSE管理是一种事前进行风险分析并确定自身活动可能发生的危害及后果，从而采取有效防范手段和控制措施防止事故发生，以减少可能引起的人员伤害、财产损失和环境污染，实现本质安全的有效管理方法，它将健康、安全与环境纳入一个体系，是现代安全管理的体现。

2）安全生产标准化建设遵循“PDCA”动态管理理念，即实施“策划、实施、检查、改进”

动态循环的模式，将安全生产与职业健康作一体化，从建立并保持安全生产标准化系统，通过自我检查、自我纠正和自我完善，及时发现和解决安全生产问题，建立安全绩效持续改进的安全生产长效机制，地质勘探作业一线安全风险辨识与安全生产事故隐患排查治理是安全管理的常态。

3）地质勘探野外作业现场的应急安全管理，重点是现场应急处置和措施。

4）新形势下，职业安全健康工作将“以职业病防治为中心”，转变为“以职业人群健康为中心”。劳动者应增强职业病防范意识，遵守职业病防治法律、法规、规章和操作规程，正确使用、维护职业病防护设备和个人使用的职业病防护用品，重视并认清钻探噪声、废气、废液、粉尘的来源与危害，提高自我保护意识，严格执行安全操作规程，正确佩戴和使用劳动防护用品。

理念是行动的先导，理念决定行动。树立绿色勘探新理念，从全新的高度来认识和筹划勘探工作，充分依靠科技创新，大力研发和推广先进勘探设备和技术工艺，对多项技术进行集成创新，有利于从根本上解决地质勘探对生态环境的扰动问题，对开拓我国绿色勘探全新局面，构建适合我国国情的绿色勘探技术体系具有重要意义。

第一章　绿色勘探概述

地质工作是国民经济和社会发展的基础和先导，是基础工业的前期和基础设施建设超前期工作，地质勘探并非可有可无。正如中国工程院卢耀如院士所说：“必须重视地质勘探，必须把勘探、设计、施工三者结合起来，密切注意一些潜在的问题。只有认识了地质条件，工程的设计、施工及后续的运营（使用）维护才能与自然和谐相处，才能减少工程产生的危害”。

生态环境是人类生存和发展的根基，生态环境变化直接影响文明兴衰演替。生态文明建设是关系中华民族永续发展的根本大计，生态兴则文明兴，生态衰则文明衰。

“习近平生态文明思想”把生态文明建设作为统筹推进“五位一体”总体布局和协调推进“四个全面”战略布局的重要内容，开展一系列根本性、开创性、长远性工作，提出一系列新理念、新思想、新战略，集中体现为“六项原则”和“五个体系”。“六项原则”：坚持人与自然和谐共生；坚持绿水青山就是金山银山；坚持良好生态环境是最普惠的民生福祉；坚持山水林田湖草是生命共同体；坚持用最严格制度最严密法治保护生态环境；坚持共谋全球生态文明建设。“六项原则”是科学自然观、绿色发展观、基本民生观、整体系统观、严密法治观和全球共赢观的集大成。“五个体系”：即建立健全生态文化体系、生态经济体系、目标责任体系、生态文明制度体系、生态安全体系。

党的十八届五中全会第二次全体会议上提出了“创新、协调、绿色、开放、共享”的发展理念，这是管全局、管根本、管长远的导向，具有战略性、纲领性、引领性，它指明了我国“十三五”乃至更长时期的发展思路、发展方向和发展着力点。

党的十九届五中全会研究审议通过了《中共中央关于制定国民经济和社会发展第十四个五年规划和二〇三五年远景目标的建议》，描绘了我国进入新发展阶段的发展蓝图，明确前进方向和奋斗目标，是为中华民族伟大复兴顺利实现而进行的一次重要战略擘画。“十四五规划”明确生态文明建设要实现新进步——“国土空间开发保护格局得到优化，生产生活方式绿色转型成效显著，能源资源配置更加合理、利用效率大幅提高，主要污染物排放总量持续减少，生态环境持续改善，生态安全屏障更加牢固，城乡人居环境明显改善”。

坚持绿色发展，着力改善生态环境。坚持绿色富国、绿色惠民，注重解决人与自然和谐问题。深化供给侧结构性改革，推动形成绿色发展方式和生活方式，协同推进人民富裕、国家富强、中国美丽，新发展理念符合我国国情，顺应时代要求。只有坚持和贯彻绿色发展理念，才能进一步推动生态文明建设。

人类正在进入生态时代，人类文明形态正由工业文明向生态文明转变，走向社会主义生态文明新时代，就是迈向生态文明与绿色经济发展的新时代，这是发展绿色经济建设生态文明的一个伟大实践。建设绿色文明、发展绿色经济、实现绿色发展是生态文明绿色经济及新时代赋予我们的神圣使命与历史任务。毫无疑问，当今人类发展已经奏响绿色经济与绿色发展的新乐章，我国一个生态文明绿色经济发展新时代正在到来。

第一节 绿色勘探相关概念

一、绿色发展

自20世纪80年代以来，世界人口膨胀、资源危机、环境恶化等问题越来越严重，可持续发展、循环经济、低碳经济等逐渐成为国际有识之士的共识和全球性的热门话题，使人类对自身前途、未来命运与所赖以生存的环境之间有了最深刻的惊醒，发展既满足当代人的需要，又不对后代人满足其需要的能力构成危害，可持续发展不能超越环境系统更新能力的发展，不能再走“高开采、高排放、高污染、低利用”粗放的经济发展路子，应转向更清洁、更有效的技术，尽可能接近零排放或密闭式，工艺方法尽可能减少能源和其他自然资源的消耗。

绿色是生命的象征、大自然的底色，更是美好生活的基础、人民群众的期盼。

生态是统一的自然系统，是相互依存、紧密联系的有机链条。人与自然是生命共同体。绿色决定生死，也代表着希望。生态环境没有替代品，用之不觉，失之难存。

绿色是永续发展的必要条件和人民对美好生活追求的重要体现，充分体现以人为本的价值观。绿色发展是关乎人类存亡的理念，绿色是高质量发展的重要标志。理念是行动的先导，理念决定行动，信仰决定未来。

原国家环境保护局首任局长曲格平先生在1992年出版的《中国的环境与发展》一书中指出：“绿色经济是指以环境保护为基础的经济，主要表现：一是以治理污染和改善生态为特征的环保产业的兴起，二是因环境保护而引起的工业和农业生产方式的变革，从而带动了绿色产业的勃发。”“绿色经济是可持续经济的实现形态和形象概括。它的本质是以生态经济协调发展为核心的可持续发展经济。”

1996年我国首次出现和使用“绿色发展”这个词汇。绿色发展是以效率、和谐、持续为目标的经济增长和社会发展方式。当今世界，绿色发展已经成为一个重要趋势，许多国家把发展绿色产业作为推动经济结构调整的重要举措，突出绿色的理念和内涵。凡是没有以“四个牺牲为代价”的经济发展就是和谐、可持续的科学发展，这种发展可以称为绿色发展。

习近平指出：“绿色发展和可持续发展是当今世界的时代潮流”“坚持绿色发展，就是要坚持节约资源和保护环境的基本国策”“人类可以利用自然、改造自然，但归根结底是自然的一部分，必须呵护自然，不能凌驾于自然之上”。其根本目的是改善人们生活环境和生活水平，促进人类的全面发展，让天更蓝、山更绿、水更清、生态环境更美好。党的十八大首次把绿色发展（包括循环发展、低碳发展）写入党代会报告，这是绿色发展成为具有普遍合法性的中国特色社会主义生态文明发展道路的绿色政治表达，标志着实现中华民族伟大复兴的中国梦所开辟的中国特色社会主义生态文明建设道路是绿色发展与绿色崛起的科学发展道路。绿色发展是人类文明由工业文明时代进入生态文明时代的必然进程。

对于绿色发展应该形成共识。第一，绿色发展包括但不限于污染治理、环境保护，它有更宽的范围，包括绿色制造、绿色流通、绿色融资、绿色创新、一个完整的绿色经济体系逐步形成。第二，绿色发展不是对传统工业化模式的修补，而是与之相竞争并可能获胜的、更具优越性的一种新发展模式。传统增长方式的成本和绿色发展方式的收益过去是外部化的，我们要把它内部化，重新定义投入和产出、收益和成本。最后不能把绿色发展看成经济增长的代价，甚至认为拖累了增长速度。如果我们从绿色经济体系的角度看，绿色发展既在做减法，跟着重要的是在做加法和乘法。做减法，就是我们讲的治理污染，而做加法和乘法则是形成消费新动能、创新新动能和增长新动能。

“绿色发展，就其要义来讲，是要解决好人与自然和谐共生问题。人类发展活动必须尊重自然、顺应自然、保护自然，否则就会遭到大自然的报复，这个规律谁也无法抗拒”。“纵观世界发展史，保护生态环境就是保护生产力，改善生态环境就是发展生产力”。“更加自觉地推动绿色发展、循环发展、低碳发展，决不以牺牲环境为代价去换取一时的经济增长”。“良好生态环境是最公平的公共产品，是最普惠的民生福祉。”“建设生态文明，关系人民福祉，关乎民族未来。”“环境就是民生，青山就是美丽，蓝天也是幸福。”“绿水青山就是金山银山”。习近平总书记提出的这一科学论断，极大地影响和改变了中国的发展理念、发展思路、发展方式和发展未来，引领中国迈进了绿色发展的新时代。

人类正面临矿产资源短缺的挑战，严峻的形势倒逼着人类必须节能减排、高效低能、保护生态环境，保护自己的家园，地质勘探行业不例外。绿色发展是在传统发展基础上的一种模式创新，是建立在生态环境容量和资源承载力的约束条件下，将环境保护作为实现可持续发展重要支柱的一种新型发展模式。良好生态环境是最普惠的民生福祉。每个人都是生态环境的保护者、建设者、受益者，没有哪个人是旁观者、局外人、批评家，谁也不能只说不做、置身事外。要将环境资源作为社会经济发展的内在要素，要把实现经济、社会和环境的可持续发展作为绿色发展的目标，要把经济活动过程和结果的“绿色化”“生态化”作为绿色发展的主要内容和途径。

二、绿色矿山

绿色矿山是指在矿产资源开发全过程中，实施科学有序开采，对矿区及周边生态环境扰动控制在可控制范围内，实现环境生态化、开采方式科学化、资源利用高效化、管理信息数字化和矿区社区和谐化的矿山。

绿色矿山是相对于传统的粗放型高开采、低利用、高排放矿山而言的，不是单纯的矿区绿化或者复绿来给矿山穿一件“绿衣裳”，绿色矿山是一种综合考虑资源开发利用和环境影响的现代矿山建设模式，是涵盖矿山开采、安全、生产、管理、环保、资源利用、科技创新、社区和谐、企业文化等全产业链深层次的“绿色”，要体现矿山全生命周期的“资源、环境、经济、社会”综合效益最优化，其目标是矿产资源的开发从规划、勘查、设计、建设、生产、服务期满的整个生命周期中，资源利用率高、对环境负面影响小、综合效益大，使矿山企业经济效益与社会效益得到协调优化的生产模式。可以说绿色矿业是矿山企业发展的必然选择，绿色矿山建设要贯穿于矿山规划、勘查、设计、建设、运营、闭坑等矿山发展全过程。

三、绿色勘查

我国《自然保护区条例》规定，生态环保区内禁止一切矿山勘查工作，生态脆弱区允许适度进行勘查工作。据统计，目前我国10%的重点成矿带位于已划定的生态保护区内，35%的重点成矿带位于生态脆弱区内。随着保护区、脆弱区数量、面积不断增多加大，地质行业的“倒逼”压力愈来愈重。旧式的地质勘查方式已不适合生态文明建设的要求，新式的地质勘查方式即绿色勘查应运而生。

为全面贯彻落实新发展理念和党中央国务院决策部署，加快矿业转型和绿色发展，推动矿业领域生态文明建设，原国土资源部、财政部、环境保护部、国家质检总局、银监会、证监会六部委联合印发了《关于加快建设绿色矿山的实施意见》，全面推进绿色矿山建设工作。

绿色勘查是一种新的勘查模式。绿色勘查以绿色发展理念为引领，以科学管理和先进技术为手段，通过运用先进的勘查手段、方法、设备和工艺，实施勘查全过程环境影响最小化控制，最大限度地减少对生态环境的扰动，并对受扰动生态环境进行修复的勘查方式。

绿色勘查指在地质勘查期间，以绿色发展理念为指导，以先进的、环保的技术工艺和勘查方法为基础，以及在勘查过程结束后，对生态环境造成的破坏进行恢复治理，最大限度地减少对生态环境造成的破坏或扰动，达到“绿色”与“勘查”协同发展的勘查技术手段，绿色勘查是绿色发展在地质勘查领域的实践，是“创新、协调、绿色、开放、共享”五大发展理念的具体体现。

绿色勘查是一种先进的发展方式。要正确运用绿色勘查理念指导找矿、解决环境保护与地质勘查相冲突这一难题。绿色勘查是把保护生态环境放到地质勘查工作的首要位置，通过科学合理布局勘查工程，采用对环境影响小、可恢复的勘查技术手段，减少地质勘查对生态环境的影响，最终达到实现生态环境保护与矿山勘查开发、地方经济协同发展的目的。

绿色勘查是一项系统工程，需要集成创新、综合研究，采用多项技术进行解决，在绿色勘查活动中要倡导“环保、和谐、高效、法治”四大理念。将“绿色、协调”全面贯穿于整个勘查过程中，减少探矿工程对环境的扰动，减少施工过程中“三废”对环境的影响，做好施工完成后的生态恢复治理措施。因此，在地质勘查项目设计、实施和验收的每个环节，都要将“绿色勘查”贯穿其中，力求在探索“金山银山”中留住“绿水青山”。

绿色勘查将成为地质工作最基本要求。“绿色”是永续发展的必要条件和人民对美好生活追求的重要体现。坚持绿色发展，推动生态文明建设，确保地质勘查在资源环境承载力范围之内，促进人与自然和谐共处，已是地质勘查工作的底线与最基本的要求。

四、绿色勘探

矿产勘查是矿产普查与勘探的总称，又称矿产资源勘查或矿产地质勘查，过去被称为找矿勘探、矿产普查与勘探等。

（一）勘探的狭义定义

探查矿藏分布情况，测定矿体位置、储量、岩石（土）性质等工作称为勘探。

矿产勘探是在发现矿床之后，对被认为具有进一步工作价值的对象通过应用物探、化探、遥感、钻探等各种勘探技术手段，或加密各种勘探工程实施进一步揭露，对矿床可能的规模、形态、产状、质量以及开采的技术经济条件做出评价，从而为矿山开采设计提供依据的工作。

（二）绿色技术的含义

技术是推动人类社会进步的巨大动力。

人类进入20世纪以来，随着全球工业化进程的加快，大规模的产业技术对生态系统的累计效应日渐突出，引发了“生态危机”。消除和减轻技术的生态负效应已成为当代技术的重心，绿色技术概念就是在这一背景下形成的。

关于“绿色技术”的概念，最早见于1994年，E. Brawn等学者首先提出了绿色勘探技术的概念。

有学者将绿色技术定义为“对减少环境污染、减少原材料、自然资源和能源使用的技术、工艺或产品的总称”。

有学者将绿色技术定义为“所有有利于环境保护和生态保持（改善）的技术”，也可称作为环境友好技术和生态技术。

绿色技术是遵循生态原理和生态经济规律，节约资源和能源，避免、消除或减轻生态环境污染和破坏，生态负效应最小的“无公害化”或“少公害化”的技术、工艺和产品的总称。

绿色技术的内涵可概括为：根据环境价值并利用现代科技的全部潜力的无污染技术，包括科学技术、应用技术和管理技术。根据绿色技术对于环境作用的深度和广度，又可将其分为三个层次。

第一层次是基础绿色技术——包括末端控制技术、洁净技术与再生技术。

1）末端控制技术是指在产品生产链的终端，通过应用物理、化学或生物技术，对损害环境与人体健康的因素进行控制与管理的技术。有效的末端处理是最直接地减少污染、保护环境的手段，从而也是最直接的绿色技术。

2）洁净技术是指在产品生产过程中采取的预防污染、减低消耗、节约能源的技术。

3）再生技术是指对生产和产品消费中产生的废弃物进行回收及再利用的技术，这种再生技术使产业链得以向前延伸。

总之，第一层次的绿色技术是指在各产业生产中预防及治理污染，防止生产及产品废弃物中的有害物质损害人体及环境健康的技术，以及降低耗能的技术。

第二层次是创新绿色技术——是指大幅度提高产业生产能力，提高产业的绿色化水平，能显著节约资源的重大创新技术。

第三层次是生态绿色技术——指生态保护与服务技术，即以社会经济持续协调发展为宗旨，以促进大范围生态环境不断改善为目的的环境保护（生态修复技术）、服务技术，包括林业生态技术、水土保持技术、环境景观建设技术以及生态保持技术等。

生态修复技术——是通过一定的生物、生态以及工程技术和方法，人为地改变或切断生态退化的主导因子或过程，调整和优化系统内部及其与外界的物质、能量与信息的流通过程和时空程序，使生态系统的结构、功能和生态学功能尽快恢复到原来甚至更高水平的技术。

按照绿色技术着眼点的不同，绿色技术分为浅绿色技术和深绿色技术。浅绿色技术则是指清洁生产及能源资源的节约和综合利用等技术，以减少污染为目的、以推进“绿色”化发展为主，如高效节能技术以及一些生物技术等；深绿色技术是指污染治理技术，以处置废弃物为目的、以保护“绿色”为主，如利用垃圾无害化处理技术、污水处理技术、再生技术等。

（三）绿色勘探的定义和内涵

绿色勘探是遵循生态原理和生态经济规律，将环保理念融入勘探工作的全过程，清洁生产，节约资源和能源，避免、消除或减轻对生态环境的污染和破坏，使生态负效应最小化，对环境最小的干扰和破坏，并把勘探所产生的废弃物进行绿色无公害处理，结束后进行环境恢复治理的活动。

1）绿色勘探是绿色勘查实施的重要手段。绿色勘查是勘查的一次革命，勘探是这次革命的主战场，践行绿色勘探是勘探者的责任和使命。绿色勘探是绿色勘查实施不可缺少的重要手段，是实现地质勘查高质量发展的重要举措。

2）技术创新是绿色勘探之本。绿色勘探技术是以绿色发展为基本理念，遵循生态原理，运用环保和生态知识，改进和创新组合勘探设备与工艺技术及方法所形成的节能高效、安全环保的技术体系。

从源头减少和控制勘探过程中对生态环境的影响，变“先破坏，后治理”为“少破坏，少治理”或者“不破坏，不治理”，就必须依靠先进的勘探技术、工艺和方法。环保和生态知识是绿色技术不可缺少的要素，绿色技术创新是环保和生态知识的应用。可见绿色技术是一种减少污染、降低消耗和改善生态的技术体系，是与生态环境系统相协调的新型的现代技术系统。

随着时代的发展和科技的进步，勘探的作用与目的不再是局限在地质找矿，已拓展到国家各项基础设施建设、国防建设、地下工程与考古调查以及探索深海奥秘等方方面面。可以将探查矿藏与文物资源分布情况、不良地质体以及隐蔽致灾因素等工作统称为勘探。

地质勘探主要包括矿产地质勘探、矿山（井）地质勘探和工程地质勘探三类。

（四）绿色勘探的基本原则

1）秉承绿色理念，坚持全过程覆盖。地质勘探全过程中坚持以人为本，注重生态保护和人身健康安全，坚持保护优先，始终将绿色发展理念贯穿于勘探活动的全过程，布置勘探工作优先考虑环境保护。

2）坚持技术创新。充分依靠科技进步和管理创新，采用先进的技术、方法、工艺和设备实施地质勘探工作，最大限度地避免或减轻勘探活动对生态环境的扰动、污染和破坏。

3）坚持因地制宜。结合勘探作业区的实际自然环境和人文环境条件，尊重当地民俗，构建和谐氛围；采用适宜的勘探手段、环境保护和恢复措施，统筹兼顾勘探、生态环境和社会综合效益。

4）将绿色勘探管理内容融入日常工作。把保护生态环境作为勘探活动中应尽的义务和责任，制定有关生态环境保护与修复治理规章制度及保障措施，避免重复勘探对生态环境的二次影响。

5）坚持“五同时”。绿色勘探要与施工质量、安全生产同等要求，与日常地质勘探工作同时计划、同时布置、同时检查、同时总结、同时评比。

6）坚持从小做起，从细微点滴做起。

（五）绿色勘探与绿色发展、绿色矿山、绿色勘查的区别及关系

发展是时代的永恒主题。绿色发展是在传统发展基础上以效率、和谐、持续为目标的经济增长和社会发展方式。

（1）绿色发展是建立在生态环境容量和资源承载力的约束条件下，将环境保护作为实现可持续发展重要支柱的一种新型发展模式。

地质勘探是地质资源勘查和地球科学研究领域的重要技术手段。传统地质工作主要功能就是单一的找矿，新时代地质工作的主要功能应是更加紧密地与经济和社会发展相结合，更加主动地为经济和社会发展服务。除开展深部找矿外，还要注重新能源勘查与开发、注重地质灾害防治与生态环境保护。

1）煤层气在未来能源中将占有重要的地位。

2）地热能作为一种可再生的新能源，除了少数可直接利用的地表温泉外，多数需要大量的钻探工作量进行勘探开发。

3）干热岩热能的勘探开发是钻探技术重要服务领域，干热岩储存热能的开发利用主要用于发电，其基本原理是通过钻探深井将高压水注入地下2000~6000m的岩石，使其渗透进入岩层缝隙并吸收地热能量；再通过另一个深井（相距200~600m左右）将岩石裂隙中的高温水、气提取到地面；取出的水、气温度可达150~200 ℃，通过热交换及地面循环装置用于发电；冷却后的水再次通过高压泵注入地下热交换系统循环使用。

4）天然气水合物的勘探与开采，更是需要高精尖的勘探技术，钻探取心（样）是其重要的不可缺少的技术。

5）地源热泵技术开发利用的是浅层地热能，温度低于25 ℃，深度一般在200m以内。浅层地热能的调查评价，需要钻凿大量的勘探孔，基于地温地热能开发利用的地源热泵技术，需要钻凿竖井或对接联通井。

6）核能作为一种高效清洁能源，自20世纪初发现以来，已成为一种可以大规模和集中利用的能源，可以代替能源矿产（煤炭、石油和天然气等），目前主要用于发电。铀矿的勘探开发需要大量的勘探孔。

7）发展水电清洁能源，建设水力发电站，水力发电坝址的工程地质勘查需要钻探工程技术的支持，在水电站的设计前期和建设过程中要涉及大量的岩土地质勘探及钻掘工程。

8）地质灾害治理工程、缺水地区找水钻井工程、地下工程等诸多领域也都离不开勘探技术与钻探工程。

总而言之，我国经济社会发展，新能源勘查与开发、基础工程建设、地质灾害防治与生态环境保护均离不开绿色勘探技术。

（2）绿色矿山是一种综合考虑资源开发利用和环境影响的现代矿山建设模式，其目标是矿产

资源的开发从设计、建设、生产、服务期满的整个生命周期中，资源利用率高、对环境负面影响小、综合效益大，使矿山企业经济效益与社会效益得到协调优化的生产模式，绿色矿山必须依靠绿色勘探作为其重要的基础支撑。

（3）地质勘查是整个矿业的基础和产业链的上游，勘查是矿业开发的重要环节，也是矿业转型的重要源头和可持续发展的基础，能否实现绿色勘查将直接影响整个行业的绿色发展，乃至生态文明建设的整体大局。

厘清“绿色”与“勘查”的关系，一定要置于当今时代和社会背景下。当前，“绿色”就是对勘查的外在限定，勘查不能付出过高的环境代价。实施“绿色勘查”是统筹协调两者关系的不二选择。绿色勘查是与环保有关的经济活动，其终极目标是同时产生环境效益和经济效益。要从“环保”中实施“勘查”，在“勘查”中保护环境，通过对环境的战略管理取得勘查的竞争优势，让地质勘查项目能够进场，从而获取经济效益，最终达到双赢。

绿色勘查的核心是理念、根本是技术创新，和谐双赢是目的，绿色勘查最终的目的就是让天更蓝、山更绿、水更清、生态环境更美好。关键在理念，重点在技术。开展绿色勘查是统筹推进“五位一体”总体布局的重要内容，践行绿色发展，功在当代、利在千秋。绿色勘查是当今地质行业的一次革命，那么，绿色勘探就是这次革命的主战场，是实现绿色勘查不可缺少的重要手段。

从矿产资源寻找、获取、加工、使用的整个产业链的角度来讲，绿色勘探是这个产业链的最前端，随后的绿色勘查、绿色矿山、绿色发展是依次递进延伸发展关系。就“探-采一体化”而言，绿色发展、绿色矿山、绿色勘查、绿色勘探又具有依次包含关系（图 1-1）。

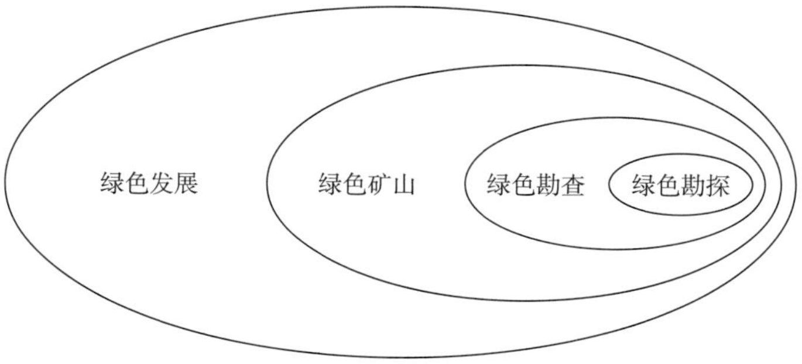

图 1-1　绿色发展-绿色矿山-绿色勘查-绿色勘探之间的关系

五、全生命周期管理

全生命周期管理，是趋势更是未来。

生命周期是指事物从产生到消亡的整个过程所经历的全部时间。建设项目全生命周期是指建设项目从决策设计到项目实施，到运营维护，再到项目翻新、或结束拆除所经历的全部时间。

2018 年，在《中华人民共和国宪法修正案》中，首次将生态文明写入宪法，绿色矿山建设已经上升为国家战略，在工业文明转向生态文明时代背景下，绿色矿山建设是大方向、大原则、大逻辑！是实现矿业高质量发展的重要途径和必然要求，也是我国实现由矿业大国向矿业强国转变的必由之路！

全生命周期管理是通过一套工具和方法论来系统、周密、长期考虑和规划矿产资源的勘查、勘探、开采和运营。而不局限在做地质找矿一个局部或者一个阶段工作。具体来说，预查阶段开始，就要以前瞻性的眼光来进行，不能将地质勘探只局限于勘探局部，而是要看到将来建立矿山、开采运营阶段的可用性怎么保障、高经济性怎么保证。

绿色矿山在矿产资源开发全过程中，实施全生命周期管理，体现创新、协调、绿色、开放、共享五大发展理念。科学有序开采，以生态文明理念作为指导与遵循，以科技创新为驱动，以追求资源、环境、经济、社会综合效益最大化为目标，对矿区及周边生态环境扰动控制在可控制范围内，建设具有“环境生态化、开采方式科学化、资源利用高效化、管理信息数字化、矿区社区和谐化”的矿山。

绿色矿山全生命周期管理就是对绿色矿山的各个阶段进行管理（图 1-2），体现矿山“资源、环境、经济、社会”综合效益的最优化。勘探是矿山全生命周期管理的第一步，对后续的矿山设计、建设、开采、闭坑、复垦至关重要。勘探前要全面审视，获取有价值的矿体，保护生态环境等同等对待。

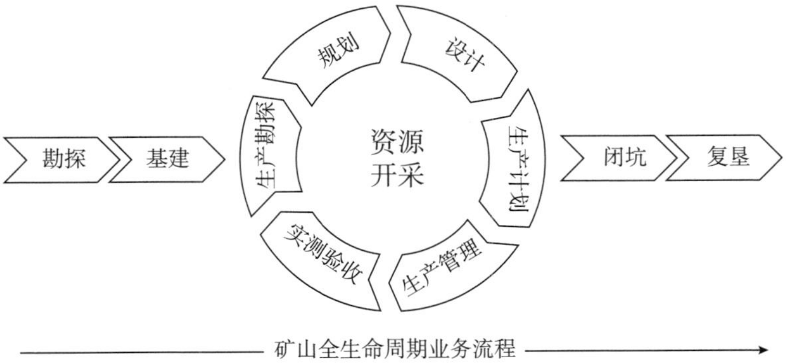

图 1-2 矿山全生命周期业务流程

作为新时代的勘探者，必须具备用“全生命周期”管理的基本素质，树立全局意识，从全局利益出发，指导所从事的地质勘探工作，从思想意识，到思维理念、工作方法直至付之行动，不再仅仅局限于眼前勘探阶段，而是要奠定后续整个矿山或建设项目的基础，必须打牢和夯实这个基础。

第二节 绿色勘探工作相关标准与规范

传统地质勘查工作确实给生态环境带来一系列影响，包括对植被和地表的扰动或破坏，对地表水地下水的影响，场地占地、油污污染、废弃物、扬尘等。矿产地质勘查位于矿业行业最前端，实行绿色勘查可以从源头上保护生态环境，减少植被破坏、降低环境污染和提高生态恢复治理效益，实现资源的绿色开发、绿色应用、绿色发展。

一、相关标准与规范

绿色勘探工作依据的标准与规范包括（不仅限于）以下：

（一）国家、行业标准与规范

《绿色勘查指南》（T/CMAS 0001—2018）
《绿色地质勘查工作规范》（DZ/T 0374—2021）
《固体矿产地质勘查规范总则》（GB/T 13908—2020）
《固体矿产勘查工作规范》（GB/T 33444—2016）
《岩土工程勘察规范》（GB 50021—2001）
《污水综合排放标准》（GB 8978—1996）
《大气污染物综合排放标准》（GB 16297—1996）
《污水综合排放标准》（GB 8978—1996）

《生活垃圾焚烧污染控制标准》（GB 18485—2001）
《一般工业废弃物贮存、处置场污染控制标准》（GB 18599—2001）
《建筑施工场界环境噪声排放标准》（GB 12523—2011）
《非道路移动机械用柴油机排气污染物排放限值与测量方法》（中国第三、第四阶段）（GB 20891—2014）
《地质勘探安全规程》（AQ 2004—2005）
《岩土工程勘察安全规范》（GB/T 50585—2019）
《职业健康安全管理体系 要求及使用指南》（GB/T 45001—2020）
《电离辐射防护与辐射源安全基本标准》（GB 18871—2002）
《铀矿地质勘查辐射防护和环境保护规定》（GB 15848—2009）

（二）地方标准与规范

贵州省地方标准《固体矿产绿色勘查技术规范》（DB52/T 1433—2019）
青海省地方标准《高原绿色勘查地质钻探规范》（DB63/T 1827—2020）

二、绿色勘查指南

《绿色勘查指南》是我国第一个绿色勘查团体标准，标志着我国的绿色勘查工作已开始进入制度化、规范化的新阶段。

近年来，为了更好地贯彻落实生态文明的要求，在自然资源部的推动下，在“多彩模式”等示范的引领下，绿色勘查工作已陆续启动，并涌现出了一大批先进典型。部分企业和地勘单位通过先行先试，取得了一定进展，积累了重要经验。为全面推进我国绿色勘查工作，指导地勘单位及企业践行绿色发展理念，自然资源部地质勘查司在总结提升绿色勘查模式的同时，全面启动和推进绿色勘查的标准制定工作，委托自然资源部矿产勘查技术指导中心、中国矿业联合会等单位起草了《绿色勘查指南》。

《绿色勘查指南》将绿色勘查定义为：以绿色发展理念为引领，以科学管理和先进技术为手段，通过运用先进的勘查手段、方法、设备和工艺，实施勘查全过程环境影响最小化控制，最大限度地减少对生态环境的扰动，并对受扰动生态环境进行修复的勘查方式。

《绿色勘查指南》标准主要适用于矿产勘查工作中的绿色勘查活动，也为岩土工程地质勘探等相关活动提供了很好的指导作用。《绿色勘查指南》标准坚持“绿色发展、创新驱动、和谐共赢、管理规范”的基本原则，规定了勘查工作中开展实践绿色勘查的基本原则和基本要求、施工企业管理、勘查工作中的生态环境保护和环境恢复治理、和谐勘查以及绿色勘查的其他有关规范内容。

三、绿色地质勘查工作规范

2021 年 6 月 18 日，自然资源部颁布了《绿色地质勘查工作规范》（DZ/T 0374—2021）（以下简称“《规范》”），这标志着我国的绿色勘查工作正式进入制度化、规范化的新阶段。

《规范》以习近平生态文明思想为遵循，以最大限度减轻地质勘查活动对生态环境的影响、改善地质勘查行业形象与外部环境、有效促进项目所在地质勘探和谐发展为主要目标，全民体现了生态文明建设的总要求，是绿色发展理念在地质勘查领域的一种具体实践。

《规范》总体分施工前、施工中、施工后 3 个部分，内容涵盖绿色勘查实施方案、施工道路修建和场地平整、项目驻地管理、各种勘查手段的绿色施工、环境的修复治理等方面的基本技术和环保要求。其中“施工中”为《规范》的核心，是以地质勘查主要工作手段（地质、物探、化探、遥感及重砂测量；槽探、浅井及坑探）、钻探（钻井）为主线，提出了规范要求。坚持“因地制宜”原则，《规范》将勘查区划分为“草地、林地等植被覆盖较多的场地；植被覆盖较少的场地；耕地、园地等有作物覆盖的场地；石流区、基岩裸露等无植被覆盖的场地”四类，体现了不同景观区、不同自我恢复能力、不同矿种的差异性“绿色”要求，将环保要求体现在地质勘查实施的全过程、各环节，倡导使用先进适用的技术、方法、工艺和设备，有效减少地质勘查工作对生态环境影响的范围、程度及持续时间。

第三节　绿色勘探技术体系与基本方法

自新中国建立以来的地质勘查实践，我国已经形成了具有中国特色、国际一流的固体矿产综合勘查体系，总结出了一整套固体矿产综合勘查理论和方法。

一、绿色勘查技术体系

绿色勘探是一项系统工程，需要集成理论创新、综合采用多项勘探技术来实现。以固体矿产为例，固体矿产绿色勘查应充分利用现代数据分析与挖掘技术，对区域性的地质资料进行综合分析，最终实现“数据勘查”“智慧勘查”，并在此基础上对数据勘查结果进行工程验证。

新时代的固体矿产资源绿色勘查技术体系以完善的固体勘查理论体系为基础，引入“绿色发展理念”，参照现行的绿色勘查相关行业标准和规程规范，选择合适的工程技术手段实施勘探，对固体矿产资源进行绿色勘查与评价，形成可共享、可转化的成果资料。固体矿产绿色勘查技术体系包含：绿色勘查理论体系、绿色勘查标准体系、绿色勘查工程技术体系、绿色勘查评价体系、绿色恢复体系等（图 1-3）。

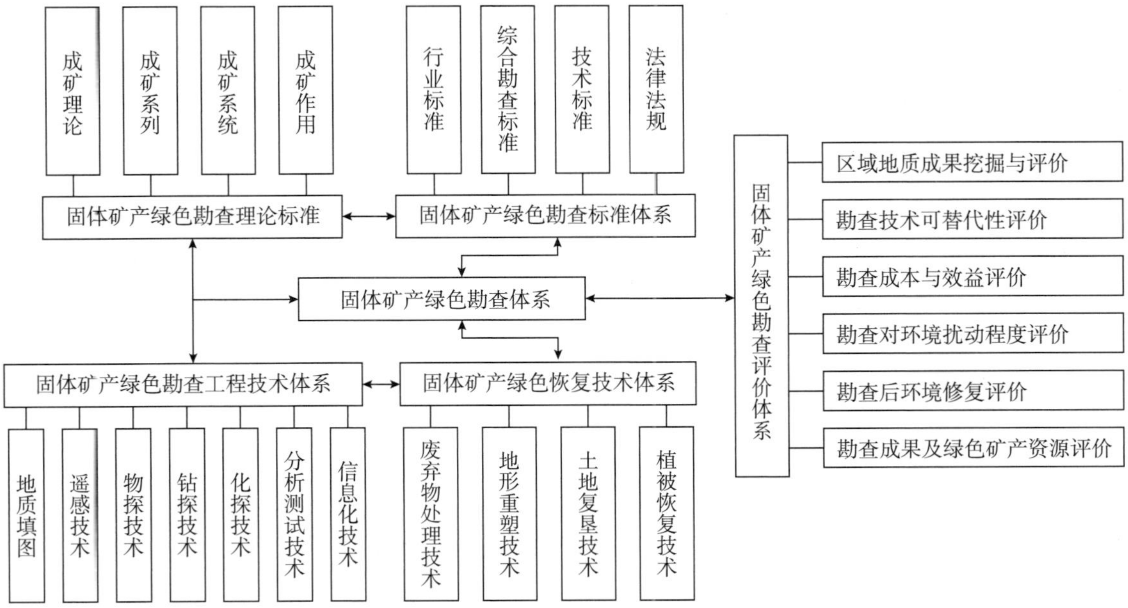

图 1-3　固体矿产绿色勘查技术体系

（一）绿色勘查理论体系

固体矿产勘查理论体系是以成矿系列、成矿系统、成矿作用、成矿规律理论为基础的理论体系，结合成矿动力学、年代学分析，研究矿床成因、成矿物质来源、成矿期、成矿阶段、控矿因素、找矿标志、成矿时代等。绿色勘查理论体系还应该包括生态环境保护理论。

（二）绿色勘查标准体系

我国固体矿产资源勘查标准体系以《固体矿产地质勘查规范总则》（GBT 13908—2020）、《固体矿产勘查工作规范》（GB/T 33444—2016）、《绿色地质勘查工作规范》（DZ/T 0374—2021）为核心，以地质填图、物探、化探、遥感、钻探、坑探、水文地质、工程地质、环境地质等专业规范为补充，形成了完善勘查标准体系，推动原有的规范制修订，引入“绿色勘查”理念，通过合理勘查工程替代，以最低的勘查工程投入取得最好的勘查效果，推动绿色勘查技术体系建设。

（三）绿色勘探技术体系

勘探技术体系，也称为勘查（察）工程技术体系，包含环保技术、遥感技术、物探技术、化探技术、钻探技术、坑（硐）探技术以及生态修复技术等。

在勘探工作布置过程中，需针对不同地形地质物性条件，最大限度地减少（轻）对生态环境的扰动和破坏，合理选择物探、化探、高分辨率遥感、探槽、钻探、坑探、化验测试、信息化技术等勘探手段，实施各项勘探工程，采集和分析研究各类地质信息，为编制地质勘查报告提供依据。

（四）绿色环境恢复技术体系

秉承“健康—安全—环保”理念，在传统地质勘查工作方式的基础上和满足地质勘探目的的前提下，注重以人为本、生态保护和人身健康安全，采用先进、绿色的勘探技术方法与装备，将绿色勘探技术与工艺方法融入各环节之中。

固体矿产勘查勘探过程中对环境扰动无法规避，随着勘探技术的发展，对环境的影响逐渐减少。勘查时应严格进行环境修复与评价工作，环境的保护与修复应贯穿整个勘查全过程，地表勘查场地布置、工程施工中固体与液体废弃物等对环境的影响等应在勘查设计、施工过程中予以考虑，在勘查结束后予以恢复，将对环境扰动影响降至最低。固体矿产绿色勘查环境恢复技术体系包含勘查过程中废弃物处理技术、地形重塑技术、土地复垦技术、植被恢复技术等。

（五）绿色勘查评价体系

固体矿产资源勘查应注重地质信息成果、勘查成本等评价工作。依据勘查目的，合理选择对环境扰动小、成本合理、高效的勘查手段，开展勘查活动。在勘查工作结束后，及时进行环境修复，对绿色勘查活动、所获得的固体矿产资源以及下一步开采的技术条件等方面进行综合绿色评价。

二、绿色勘探基本方法

（一）全过程统筹绿色勘探工作

绿色勘探，要全过程统筹绿色勘探工作部署。要将绿色勘探这一理念在立项（或规划）建议、项目设计、项目实施、项目结束、后续利用等各阶段的每一个环节植根于每个技术行业及生产从业人员的意识与实践当中，走在绿色发展的前沿。

绿色勘探涵盖范围与基本方法包括地球物理勘探、地球化学勘探、遥感勘探、槽探、浅井、坑探、钻探等。在地质勘探中，用“全生命周期”统筹勘探工作（图 1-4），采用钻探、物化探、测井等多种勘探手段有机结合，充分利用创新勘探工作新模式，最大限度地节约资源、保护环境和减少污染，提供优质、高效的高质量勘探成果，提交综合的勘探成果，为矿山开采及工程建设服务，是绿色勘探发展的方向。

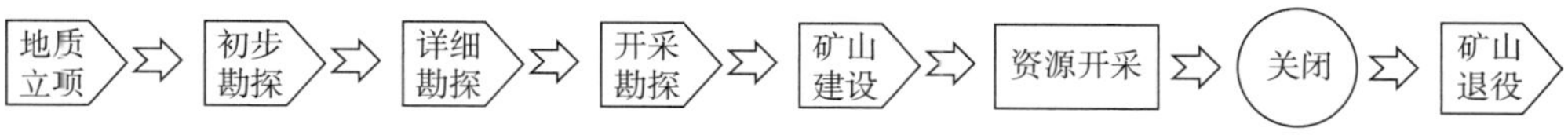

图 1-4　矿产地质勘探-全生命周期业务流程图

地质勘探是工程建设项目全生命周期管理的第一步（图 1-5），勘探工作的质量好坏直接影响到后续的项目设计、工程建设、项目运营、维护管理的每个环节。项目前期地质勘探工作程度的高低是影响着项目总投资，所以，绿色勘探要考虑“全生命周期过程”，提供优质、高效的高质量勘探成果，为项目设计提供更准确的设计依据，使项目最大限度地节约资源、保护环境和减少污染。

图 1-5　工程地质勘探-全生命周期业务流程图

（二）因地制宜，注重实效，开展绿色勘探

我国地域非常广阔，东、西、南、北地质勘探环境条件不同，草地、林地、田地、沙漠、生态脆弱区勘探条件千差万别，实施绿色勘探，切忌生搬硬套，更不能照抄照搬，坚持“因地制宜、科学合理、切合实际、注重实效”的原则，结合自身地质勘探区的实际，选择合适的勘探方法和工艺流程，扎实开展绿色勘探。

（三）采用先进、绿色的勘探方法

绿色勘探应采用高效、智能先进的物化探仪器，提高勘探效率和勘探质量。不论地质找矿技术（或岩土勘察技术）将如何发展，钻探仍是不可缺少的最直接的勘探技术手段，应结合实际选取高效快捷的、集成多工艺钻进的方法，如深孔绳索钻、定向钻进、复合钻进、孔底动力驱动钻进、套管钻进、反循环钻进、顶驱钻进、复合钻进、声波钻进等。

（四）采用环保、快捷、高效、智能的勘探装备

没有过硬的勘探装备，就无法实现优质、高效勘探目的，也无法为勘探开发提供保障。根据勘探作业环境的实际条件，选择轻质材料轻便化、模块化、机械化多功能、远程操控和监控、自动化和智能化钻机。选用节能型钻探设备，如带变频电机驱动的钻机，电动顶驱钻机等。

（五）实施绿色勘探，注重环境保护

（1）勘探设计前，应对施工区环境影响因素、危险源等进行调查识别，应对勘探活动可能造成的生态环境负面影响及程度进行调查研究和分析，预判未来矿产资源开发利用活动可能造成生态环境和社会环境的负面影响。应对所拟征用的道路和场地原始地形地貌拍摄照片或视频留存。

（2）重视绿色勘探施工设计，施工前的设计是影响整个施工能否顺利进行、能否达到预期目标的一项重要关键环节。

1）在地质勘探项目施工设计中要增设绿色勘探设计章节。根据各种地层条件、机械装备能力、自然条件、环境与人文及危险因素，总体对施工全过程的施工组织、生态环境保护、施工工艺流程、技术方法、工程质量、材料与后勤供应、生产安全、应急预案、应急救援与现场处置、环境修复以及各项措施等，进行周密而细致的策划设计，明确绿色勘查的具体措施。

2）勘探施工组织设计应坚持绿色勘探，充分贯彻绿色理念，应包括环境保护和恢复治理、和谐勘查等相关方面的要求。

3）勘探设计中，要对勘探活动各环节的绿色勘查工作做出明确的业务技术安排，并制定有效的技术及管理措施。

(3) 勘探实施过程中，通过对物探、化探、遥感、钻探、坑（硐）探等主要工作手段的“绿化”，从而实现各类地质勘探活动的“绿色”。要将绿色勘探工作的组织管理、预防控制和恢复治理的技术措施方案进行分解和落实，要对现场员工和操作者进行培训，进行绿色勘探及安全技术交底，要严格按照地质勘探施工设计和绿色勘探规范及安全规程进行操作，勘探实施中应对新修道路、驻地及探矿工程场地平整、钻探工程、山地工程等应保留施工记录、照片及视频等资料。

(4) 坚持“以人为本”，注重勘探作业现场的职业健康安全，注重勘探作业现场噪声、废气、废液、粉尘的控制与处理。

(5) 地质勘探工作结束后，应严格按照地质勘探设计中的绿色勘探内容要求，对勘探遗址（包括驻地、临时便道便桥、钻探场地、槽探、井口、硐口等）开展施工场地环境治理修复工作，并对已恢复治理的过程与效果以文字记录、表格、照片、视频等方式，予以资料留存、查验。

第四节　绿色勘探发展方向

绿色勘探发展的方向要与时代要求相结合，矿产的新型战略需要及工程建设的机械自动化程度不断提高，勘探的模式和方法也需要及时更新改变，让勘探服务在前期规划、生产运营及生产退役后的修复治理的全过程发挥应有的价值。矿产的新型战略需要新的探矿模式，工程的机械自动化程度决定新的勘探方法，这些都促使着勘探的不断发展。

随着环保意识的增强和生态建设的深入推进，加强环境保护尤其是生态脆弱区环境保护已成为国家和全社会关注的头等大事，给绿色勘探的发展带来挑战和新的机遇。

一、目前地质勘探业存在的困难和问题

(1) 采矿业遭遇寒冬，使位于矿业链前端的矿产勘查业受到极大影响，导致地质钻探技术含量下降，地质勘查和钻探工程空间趋于收缩。地质勘查行业、钻探装备制造业及钻探工程“产能”过剩，勘探行业正处于转型阶段，生态文明建设对地质勘探工作提出更高要求，勘探空间受生态环境保护、人文环境、用地限制等外部环境制约，推进绿色勘探工作尚存在诸多难点，绿色勘探理念与环境氛围尚未全面形成，与之配套的制度、规范标准及费用定额有待出台，相应的新设备、新技术尚未到位。

(2) 传统地质勘探手段粗放陈旧，重复开展地质勘探现象普遍存在，特别是在城市基础设施建设领域尤为突出，同一区域重复布设地质勘探，现有的勘探资料汇交方式未能得到充分有效的共享利用。

(3) 勘探装备陈旧，尤其是钻探设备（如立轴式岩心钻机），虽有一定的优势特点，总体结构上是几十年未能得到持续的改进和提升，技术含量低、自动化程度很低，勘探装备更新替代慢，缺乏自主核心关键技术和自动化、智能化的勘探设备。

(4) 传统地质勘探资料管理方式落后。通过 1998 年国土资源部组织开展的全国地质资料管理情况调查发现，全国非油气系统保存的原始地质资料（地质原本档案）40.5 万档、1420 万件，以及 30 万个钻孔资料大多分散在各行业地勘单位，地质勘探资料处于分散保管状态，加之体制和机制的转变，导致地勘队伍转产、合并重组、撤销等，使一些重要的地质资料散失、自然损毁，对原

始地质资料的利用比较薄弱。

（5）我国的地勘队伍规模十分庞大，但人才队伍建设滞后，队伍素质普遍较低，加之农民工流动极为频繁，钻探操作者大多为农民工，仍处于凭经验打钻水平。

二、新形势给地质勘探行业带来新机遇、新挑战

党的十九届五中全会深入分析了我国发展环境面临的深刻复杂变化，“十四五”时期是我国全面建成小康社会、实现第一个百年奋斗目标之后，乘势而上开启全面建设社会主义现代化国家新征程、向第二个百年奋斗目标进军的第一个五年。明确强调“当前和今后一个时期，我国发展仍然处于重要战略机遇期”。

习近平总书记在全国科技创新大会上指出：“向地球深部进军是我们必须解决的战略科技问题。”“从理论上讲，地球内部可利用的成矿空间分布在从地表到地下1万米，目前世界先进水平勘探开采深度已达2500m至4000m，而我国大多小于500m。”地球深部蕴藏了绝大部分的资源和能源，是维系万物生存的物质和能量基础。国家紧盯世界科技前沿，全力实施“三深一土”国土资源科技创新战略。目标是争取2030年成为世界地球深部探测领域的“领跑者”，在优势方向进入“无人区”。

（1）我国是世界上仅次于美国的第二能源消费大国，又是今后若干年内能源需求增长速度最快的国家之一。目前大量使用的是不可再生能源，从供应环节输出的能源在保证原品位的条件下只能使用一次，这是由于过程的不可逆性所决定的，大多数的能源都具有易损性，这主要表现在“跑、冒、滴、漏”现象上，这种现象在国产勘探设备（如钻探机械）上尤为明显。

从能源资源和人类技术发展状况来看，21世纪、特别是前中期，人类利用的一次性能源组成仍以化石能源为主，但核能、可再生能源的利用比例将会逐步增加。随着新技术的发展和社会进步，人类对能源的需求发生着新的变化。为解决日益恶化的环境问题和能源枯竭问题，大力研究和寻找发现新型矿物质原料及新能源，已成为当今世界发展的趋势。我国总体能源利用率只有33%左右，比世界平均水平还要低，主要用能产品耗能比发达国家加权平均高40%，GDP的能耗是世界平均水平的2.2倍，是发达国家的3~4倍，因此，我国仍是一个能源利用效率低、节能潜力很大的国家。

2005年2月，我国颁布了《中华人民共和国再生能源法》，并于2006年1月1日起生效，国家已提出可再生能源发展的总量目标，2020年可再生能源发电比例达到15%以上，2040年之后可达到30%或更高的水平，成为重要的替代能源。

2050年后，全球将有四大能源替代方向：①核聚变。2050年左右将建成世界第一座商业核聚变电站；②天然水合物；③空间太阳能发电。在地球外层空间发电，通过微波或激光传到地面；④氢能。一旦制氢、储氢和用氢技术实现突破，氢能将成为主力能源。

（2）面对新形势、新任务和新要求，当代地质工作必须以需求为导向，将当前生态文明建设过程中面临的资源约束趋紧、环境污染严重、生态系统退化等三大问题的破解作为己任，为优化国土空间开发格局提供服务，为促进资源节约循环高效使用提供支撑，为减灾防灾提供技术支持和服务，为生态文明建设提供重要支撑和服务。

推进地质科技进步与创新，加快高新技术在地质工作中的应用，实现地质工作现代化。

（3）在新常态形势下，经济社会发展对地质工作的“五大需求”，即服务国家能源资源安全，服务生态文明建设，服务防灾减灾，服务新型城镇化、工业化、农业现代化和重大工程建设，服务海洋强国建设，这“五大需求”正是地质工作转型升级的方向所在。我国能源与资源需求结构变化对地勘行业战略调整起到积极促进作用。

优化能源结构、发展清洁低碳能源将推动油气、页岩气、天然气水合物、铀等资源勘查，“三

气”（天然气、煤层气、页岩气）开发已列入政府工作报告之中，为全国矿产勘查工作注入了新的活力。“大地质观、大资源观、大生态观”的提出赋予了地质勘探工作新的内涵。“一带一路”倡议的实施，沿线国家广泛开展地质工作合作及国际地学交流，给地质工作带来前所未有的新机遇，勘探市场前景广阔。

《国土资源“十三五”科技创新发展规划》制定了以向地球深部进军为统领，全面实施深地探测、深海探测、深空对地观测和土地工程科技“四位一体”的科技创新战略，确立了“三深”战略领域跻身世界先进行列总体目标。

1）深地探测战略的目标是：到 2020 年，形成深度至 2000m 矿产资源开采、3000m 矿产资源勘探成套技术能力，储备一批 5000m 以深资源勘查前沿技术，显著提升 6500m 至 10000m 油气勘查技术能力。

2）深海探测战略的目标是：到 2020 年，攻克海域天然气水合物试采关键技术和装备，研制全海深（≤11000m）潜水器、1000~7000m 级潜水器通用配套技术和深远海核动力浮动平台技术。

3）深空对地观测战略的目标是：到 2020 年，健全国土资源卫星业务应用系统，实现卫星数据即时推送、处理和业务应用，推动深空对地观测在国土资源、海洋管理、测绘地信、防灾减灾领域进入世界前列。

随着我国产业政策的不断优化和完善，经济运行能力持续增强，为钻探行业创造了更为广阔的市场需求，新一波对外开放将助力勘探行业行稳致远，勘探行业将迎来新的发展机遇。将由传统经营模式向自主创新型和高质量发展转变。随着深部找矿战略的实施，地质勘查重点由浅表向深部、隐伏和难采区域进行拓展，地勘装备作业环境恶劣、偏远、信息阻断严重，运维管理成本高、难度大，深钻所遇到的诸多技术难题有待于人们去挑战和解决。

（4）如何面对未来的变革与挑战，运用先进科技和理念，构建绿色高效矿产开发产业链，是未来矿业的发展方向。应加强能力建设，提升服务水平，积极为地方经济发展和生态文明建设提供技术支撑。

1）提升我国地勘装备整体现代化和信息化服务水平。新时代我国地质勘探工作可持续发展的必由之路，是践行“绿色发展、绿色勘查”的重要体现，是新时代自然资源管理的新要求和未来发展趋势，是新时代地勘行业转型、高质量发展的内在需求。

新时代的地质勘探工作，以绿色发展理念为指导，通过信息化手段，在地质勘探全过程各个环节避免、减少、或控制对生态环境的负面影响，实现地质勘探和生态环境保护协同共进及勘探成果共享的绿色勘探过程。随着网络化、数字化、智能化技术的不断发展，地质勘探装备信息化需求是必然的发展趋势。基于北斗卫星导航系统，综合集成移动通信、互联网、宽带卫星通信、智能传感和移动互联技术，构建地勘装备信息化，实现地勘装备的定位、授时、监控和管理，搭建地勘装备北斗监控与信息服务平台，解决野外地质勘探急需的多层次、多手段应急通信保障、设备运行状态信息一体化采集与处理、集群作业调度与管理等需求，加强对野外地质勘探队伍的高效安全监控、对同地质队或同矿区设备的便捷协同指挥、对野外施工地质装备设备的快速故障诊断、运行状态分析及售后服务保障能力，提供优质、高效的装备支撑与信息服务，提升我国地勘装备整体现代化和信息化服务水平。

2）提高服务质量和快速响应能力。随着深部找矿战略的实施，地质勘查重点由浅表向深部、隐伏和难采区域拓展，地勘装备作业环境恶劣、偏远、信息阻断严重，运维管理成本高、难度大，充分利用北斗系统集定位、授时、短报文通信于一体的优势，可以使地质装备野外工作的运维管理更加高效、快捷和方便，有效降低管理成本、实现高效的生产调度、完善设备维护计划、实现数据便捷处理。同时，基于同一数据来源的线上数据实时共享，可实现装备制造企业与使用单位的零距离接触，实现快速处理事故、提高服务质量和响应速度。

超前钻探和多种物探技术方法等超前地质预报已经成为井下巷道或隧道工程建设过程不可缺少

的一部分。其中地质雷达法在25~30m范围内能近距离以微观角度进行较为准确的预报，几乎成为了每个隧道工程中不可缺少的一个步骤。地质雷达法、高密度电法、瞬变电磁法等已成为隧道施工快速超前地质预报的重要技术支撑手段。

3）发展智能勘探装备，提升勘探能力和水平。多种物探新技术方法在常规油气、页岩气、固体矿产、地热、岩土工程勘察、地下隐蔽致灾因素探测、超前地质预报等领域得到了成功应用，取得了理论-方法-技术、装备-应用的全创新链成果，实现了由粗放到精细、由半自动化到智能化的跨越，实现了绿色勘探的创新发展，为我国矿产资源保障、重大工程项目选址、基础项目建设、经济发展和社会安全提供了有力支撑，具有广阔的应用和市场前景。三维可视化与虚拟现实技术以及地震勘探新技术勘探新方法、新技术正在发展、完善和成熟，代表着今后一段时期内地震勘探技术的发展趋势。重、磁、电、地震三维等勘探多参数联合反演解译和可视化技术的发展，将大大提升物探成果解译的准确性和空间分辨能力，非线性联合反演可以促进地球物理解译的定量化，提高解译结果的客观性，也是未来发展方向之一。

随着计算机技术的快速发展和技术进步，先进的3D可视化软件的发展，使人们能够在三维空间内充分集成地质、地球化学和地球物理数据。在矿产勘探中改变地球化学数据处理和图示方式的变化，从2D（平面）走向了3D（立体），使地球化学分带模型、地球化学分散模型更加直观和形象，大大提高了地球化学异常解译推断水平。

微动勘探技术已无需人工震源，是一种具备抗干扰能力强、便捷环保，探测深度大等优势的勘探新技术，无论是在矿产资源、能源的勘探，还是在工程地质勘探和环境地质等方面，都受到青睐，具有广泛的应用前景。

未来的钻探工程服务于社会发展需要和民生地质工作，在地质调查评价、地热等新能源勘查、灾害地质调查监测和城市地下空间开发利用等方面有着很大的发展空间，随着我国地质找矿勘探深度的逐渐加大以及各类科学钻探项目的实施，深孔和特深孔钻探施工已经司空见惯。提钻取心和绳索取心钻进仍是我国矿产地质勘探和工程地质勘探最主要的钻进方法。深孔钻探设备是影响钻探效率和综合效益的关键因素之一。加大研发投入力度，研制具有自主知识产权与核心关键技术的自动化和智能化勘探装备，是勘探装备制造业发展的趋势。就现有机械传动立轴式钻机和全液压动力头钻机而言，都具有各自明显的优势和不足，未来的新型钻机将是上述这两种钻机优势的体现并与自动化和智能化的结合。主要有：①利用RFID无线射频技术，将RFID芯片植入钻杆内部，芯片内有耦合元件和内置天线，配用的手持式或固定式识读器与芯片可按约定的通信协议传递信息，实现钻杆数字化管理与科学使用；②研制自动化、智能化、轻便化、精确化的保真快速钻探取样技术；③定向钻探技术及定位测量实时轨迹描绘等数字化系统的开发研究，变频电机驱动的推广，岩心定向技术及装置的开发研究，以及与绳索取心钻探技术的结合；④复杂坚硬地层的钻探技术研究，积极推广“液动潜孔锤-螺杆马达-绳索取心”三合一或“ 液动潜孔锤-绳索取心”二合一等钻探技术。

4）依靠绿色勘探信息化建设，助力提升勘探管理能力和水平。传统粗放的地质勘探，使用罗盘、地质锤、放大镜老三件，实施粗放的槽探、井探、坑探和钻探手段，工作流程是各自独立、不连续的，野外信息数据的采集、汇总、室内资料的整理以及分析化验等工作大多都是手工操作，人力和物力成本较高，地质勘探信息反馈滞后，受计算能力和数据资料储存能力的影响，勘探过程漫长，地质勘探资料不能共享，利用价值大大降低，在信息技术日新月异的今天，传统粗放落后的勘探管理手段，已跟不上时代的步伐，难以保障高质量绿色发展的需求。

勘探信息化是地质勘探工作在新时代发展的必然趋势，是提高地质勘探工作水平与能力、质量与效益，降低勘探成本，保护生态环境，实现地质勘探高质量发展的最佳途径。绿色勘探信息化建设，是新时代我国地质勘探工作可持续发展的必由之路。

地质勘探信息化是在地质勘探的各个方面应用现代5G网络和计算机技术，将勘探每个环节资料数据化汇总至数据库，加速推进数字化建设的过程。早在 2015 年 3 月，中国科学院院士赵鹏大就撰文提出，近年来，随着大量智能技术和设备的出现，中国的地质工作已经迈入大数据时代，走向数字化与智能化。借助于信息化数字高科技管理手段，加快数字化、智能化勘探步伐。科技创新的加快推进，大数据、互联网、遥感探测等新技术与地质勘查交叉融合，数字化、智能化技术和装备研发应用，使地质勘查新动能日益强劲，为地质勘查结构调整与产业转型升级、实现创新发展开辟了新领域。

自 20 世纪 80 年代起，信息技术就开始在我国逐步应用于各个领域，发展迅速。信息化是以现代通信、5G 网络、数据库、云计算等信息技术为基础，对所研究对象各要素汇总至数据库，供特定人群生活、工作、学习、辅助决策等和人类息息相关的各种行为相结合的一种技术。应充分利用现代信息技术、网络技术和计算机技术，大数据技术、人工智能等高科技，优化勘探工作流程，减少重复勘探钻孔工作量和资源浪费，采用绿色勘探技术，实现数字化管理，野外现场同步采集信息数据、汇总、反馈，为决策层提供判断和决策依据，提高勘探效率，增强地质勘探成果与档案资料（包括岩心、矿心或岩土样实物档案资料）的综合利用率，实现勘探成果融入社会，勘探资料共享服务社会，为经济社会可持续协调发展快速提供资源保障。

5）加强钻探职业技能人才队伍建设。李克强总理在 2018 年 4 月 18 日主持召开的国务院常务会议上指出，推动经济转型升级和高质量发展，既要有先进装备作基础，又要有劳动者素质和技能提升作支撑。将工匠精神、质量意识融入其中，创新人才培养模式，缓解技能人才短缺的结构性矛盾，提高全要素生产率，推动经济迈上中高端。

第二章　绿色勘探设计与施工

牢固树立绿色环保理念，全面贯彻落实生态文明建设的总体要求，在传统地质勘查工作方式的基础上和满足地质勘探目的的前提下，注重以人为本、生态保护和人身健康安全，采用先进、绿色的勘探技术方法与装备，将绿色勘探技术与工艺方法融入各环节之中。在满足正常勘探作业的前提下，实施绿色勘探，注重勘探区域生态环境、水资源与微生物、鱼类与野生动植物保护，对勘探过程中产生的三废（废渣、废液、废气）、噪声、粉尘、放射性等做好防控，并进行废弃物的处置和场地的整理及修复。

第一节　编制勘探施工组织设计

一、开展环境因素调查与风险辨识

编制勘探施工组织设计前，应亲自到现场进行实地踏勘，对勘探区的水、大气、声、土壤、野生动植物、自然遗迹和人文遗迹等的环境因素及施工作业条件进行调查，确定主要的环境影响因素和安全风险，制定施工方案，包括环境保护、环境修复及安全防护措施等，并体现在勘探设计中，便于制订实施措施和施工前后对比，监督所设计和采用的勘探技术方法及施工手段对环境的扰动程度，有利于施工结束后的治理与修复。

开展环境因素调查，要提前编写好踏勘方案或踏勘提纲，首先要明确踏勘的目的，重点调查了解哪些方面的内容，为编写施工组织设计提供哪些必要的技术数据和资料。

一般的地质勘探项目，踏勘方案应包括以下内容：

（1）踏勘目的。

（2）踏勘时间与地点。

（3）踏勘人员组成与分工。

（4）踏勘任务与主要内容。

主动与勘探区所在地方政府、乡、镇有关部门密切联系，取得他们的支持和帮助。

1）了解自然环境概况，包括地理位置与环境因素（水、大气、声、土壤、野生动植物、自然遗迹和人文遗迹等）、道路交通状况、气象状况（气温、雾霾、降雨、风沙、雷电、冬季冰冻层厚度等）、地形地貌、大地导电率值等。

2）了解当地的经济状况与人文环境情况，包括经济发展水平、文化、宗教与风俗习惯，有何禁忌和注意事项。

3）了解勘探区的地质勘探相关情况，包括前人在该地区的地质勘探技术资料和工作痕迹（如测量桩、采样点、钻孔遗迹和遗留岩心、洞口等）并收集其工作成果，观察和掌握物化探作业视线的可视程度、树木与植被的疏密程度及对物化探作业的影响、管线（地面通讯电缆、电力线路和地下管线）情况、老矿区采空区、勘探区植被情况以及对钻探或坑探作业的影响。

4）了解勘探作业区是否覆盖重点风景名胜区、保护区，是否有文物埋藏及必须绕避的禁区等。

5）了解生产作业条件，包括生产与生活用水、供电、设备与生产物质的搬迁运输。

6）了解后勤服务与物资供应条件，包括通讯、营地与住房、生产物资（如油料与生产材料）与生活用品采购供应等。

7）了解勘探区所存在的作业环境风险与安全风险及其他相关问题。

8）其他。

（5）踏勘的车辆与物资准备

1）车辆及紧急备件。

2）踏勘工具。包括笔记本电脑、照相机、摄像机、望远镜、北斗卫星系统（或GPS定位仪）、卫星电话、对讲机、地质罗盘、地质锤、样品袋、放大镜、温度计、高程仪、测绳与钢卷尺、安全帽、口罩、手套、眼镜、雨具等，若需进洞要准备头戴矿灯、手电筒，高寒地带要准备睡袋。

3）图纸与资料、笔、记录本及表格。

4）生活用品。必要时要带帐篷与被褥、灶具与用餐生活用具等。

5）应急物品。如应急物资、保健药箱、急救药品、高原地区备用的氧气等；若在水域踏勘，另配备舟楫、救生用品等。

（6）踏勘安全保障措施。

踏勘安全组织分工与责任、注意事项、踏勘地应急联系方式等。

二、编制施工组织设计

（一）勘探施工组织设计与施工的基本原则

1）坚持健康安全绿色理念。

2）坚持全过程覆盖。

3）坚持因地制宜。

4）坚持科技引领、技术创新。

5）坚持从小、从细微做起。

（二）勘探施工组织设计要求

贯穿“健康-环保-安全”绿色理念，从全生命周期角度，进行勘探施工组织设计。要将绿色勘探的要求编入其中，应包括环境保护和恢复治理、安全风险与防控措施、节能减排与和谐勘探等相关方面的要求；设计中要对勘探活动各环节的绿色勘探做出明确的业务技术安排，并制定有效的技术及管理措施，优先选择绿色勘探新方法、新技术、新装备，防止和减轻地质勘探工作对生态环境的影响，并将绿色勘探工作的组织管理、预防控制和恢复治理的技术措施方案进行分解和落实。对野外施工可能造成的环境问题，应有应急预案。

（三）编制勘探施工组织设计的基本内容

1）编制依据（任务来源）。

2）工程概况。

3）技术标准与作业规范。

4）勘探施工条件（包括施工难点与所面临的问题）。

5）勘探技术体系与工艺方法。

6）勘探工作部署（包括施工期限、人员组织、进度计划等）。

7）勘探技术与施工管理（包括进度、质量、成本、外围协调与信息管理）。

8）作业环境管理与保障措施（包括存在的不利环境因素与对策）。
9）职业健康安全管理与保障措施（包括安全技术交底内容）。
10）节能降耗管理与保障措施。
11）勘探设施退役治理与恢复初步方案（或构想）。
12）现场应急管理（包括勘探作业现场生产事故突发应急处置方案措施）。
13）其他。

三、技术交底

技术交底的重点应包括：主要施工技术方案与工艺方法，新装备、新技术、新工艺、新材料的技术规程，施工环境存在的不利影响与保护措施，施工中存在的职业健康安全风险及预防措施，其他技术问题与注意事项。

第二节 勘探场地建设与设备搬迁实用技术

钻探施工场地可以分为勘探项目宿营地（简称“营地”）和钻探机台场地（简称“钻探场地”）。营地建设主要包括：营地环保管理、营地废物废水控制、废弃物处理与回收；钻探场地建设主要包括：钻探机场、道路、冲洗液循环系统等现场建设。

一、勘探场地建设

（一）驻地（营地）建设

勘探项目驻地应首先考虑就近租用当地居民的房屋或乡村公共建筑物，确需要搭建营地的，应综合考虑生态环境保护、安全与卫生等因素，最大限度地减少对环境的扰动、污染和破坏，选择在基础稳定，周边截、排水良好，无地质灾害及洪涝安全隐患、对环境影响较小的区域进行建设，应控制驻地占地面积，合理规划布局项目驻地工作区和生活区，注意保护生态环境和安全、进行废物与废水控制、做好废弃物的回收与处理。

1. 安全与环保要求

（1）应避开植被丰富的区域，选择无植被或植被相对稀疏、地势平坦的位置进行搭建。

（2）按照现场作业人员住宿、设备及物料存放等方面的需求，结合现场条件，计算营地占用面积，合理规划营地布局，减少破坏。

（3）需要对坡度大、坑洼多的营地现场进行处理，不得使用挖掘机，避免造成深度破坏，尽量采取人工方式，植被剥离保存，便于复垦。

（4）营地摆放的钻探设备，要尽可能地存放于没有植被生长的位置。若无法避免，使用木墩垫放钻机四角，不得直接压于植被上。设备下方要铺设吸油毯或集油盘，防止设备漏油。维修设备必须在干净的集油盘中进行，并避免油类物质沾染土壤。生活固体废弃物应分类处置，按照《生活垃圾焚烧污染控制标准》（GB 18485—2001）、《生活垃圾卫生填埋技术规范》（CJJ 17—2004）执行。

（5）营地建设的临时存放的钻探材料物资，如钻杆、钻孔冲洗液材料等设备和物资下方采用楞木（或钢管架）架空 10cm 以上，避免或减少对植物的压实影响。轻便的大尺寸的物料，适当堆高，利用好有限空间。

（6）保护野生动植物。减少与野生动植物的接触和对栖息地的扰动，通过必要的方式保护鱼类和野生动物的栖息地。

（7）确保安全。修筑和搭建宿营地应进行规划布置，宜选择在交通便利、地势平坦开阔、附近有饮用水源、相对避风地段。应尽量避开低洼地带或干涸的河床、河道（水道），避开地质灾害危险地段（如陡峭的悬崖和沟壑、植被稀疏（或无植被）的山坡、滑坡、山洪或泥石流下泄、岩崩或雪崩的地带等），还应避开野兽的通道，避开其他不安全的地方（图 2-1、图 2-2）。

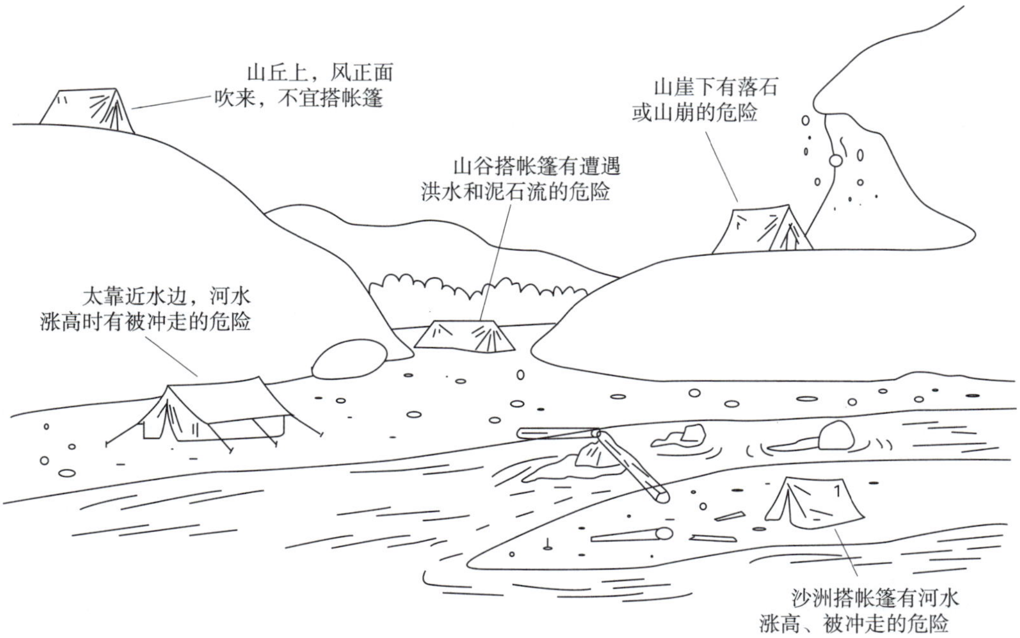

图 2-1　野外营地的选择

图 2-2　地质勘探项目部驻地

2. 废物、废水控制

（1）宿营地设置可回收与不可回收废弃物存放设施，并设有明显标识，按要求分别进行定点投放，定期回收，同时还建立了项目卫生检查与清理制度，项目部专人负责监督。垃圾箱（或桶，容量不低于 0.6m^3），不少于 2 个，明显标识可回收与不可回收，废物处置分类投放，定期回收。

（2）生活废水、剩菜、剩饭等垃圾使用塑料桶回收集中盛装，装满回收。生活污水和机械冲洗废水严禁直接排入地表水体。河流水系两岸不得堆放易被雨水冲刷淋溶的物体。不得将垃圾、电池、油污染物、果皮、纸屑等杂物及有毒有害物质倒入河水，以免污染水源水质。

（3）在宿营地下风处植被相对稀少且远离水源的合适位置建厕所，作业现场设置专门的移动式厕所，并定期进行清洁和消毒处理。

（4）废物、废水采取深埋措施，若施工作业区域较大范围内没有垃圾回收站，则对可降解垃圾进行掩埋；对不可降解垃圾进行短期储存，工程结束或定期运送至有条件地方进行处理。

3. 设置绿色环保和安全警示标识

对项目部及钻探现场配置悬挂绿色环保标识和安全警示标示标牌，必要时用汉语或少数民族语言文字予以说明，遵照要求执行，标识标牌配置见表 2-1。

表 2-1 驻地和机台环保标识标牌配置标准

序号	标识标牌类型	来源	悬挂区域	长宽规格/mm	配备数量
1	劳保穿戴入场提示牌	自制	入场口	120×80	1
2	机台岗位职责牌	自制	入场口	55×30	4
3	岗位工作职责牌	自制	入场口	55×30	4
4	环保标牌	自制	场内	50×20	2
5	绿色环保操作规程牌	自制	入场口	120×80	1
6	绿色环保标牌	自制	场内	50×20	2
7	防火标识	自制	油料区	20×12	1
8	防触电标识	自制	发电机区	20×12	1
9	设备操作标识	厂家	操作台		自带

施工实例：四川某钻探公司在与国外顶级或知名的矿业公司多年的合作发展中，积极探索和创新，已形成一系列独具特色的环境管理体系，在生产实践中积累了先进的环保理念和丰富的环境保护措施，在提供优质高效的钻探施工服务过程中，坚持环保优先，坚持资源节约，实施科学钻探，促进绿色发展的绿色勘探理念，严格按照《岩心钻探绿色环保操作规程》《地质勘探规程》（AQ 2004—2005），坚持勘探项目驻地规范化建设（图 2-3），能够在钻探施工的各个环节中实现最大限度地降低对生态环境所造成的扰动和损害，有效地保护生态环境。

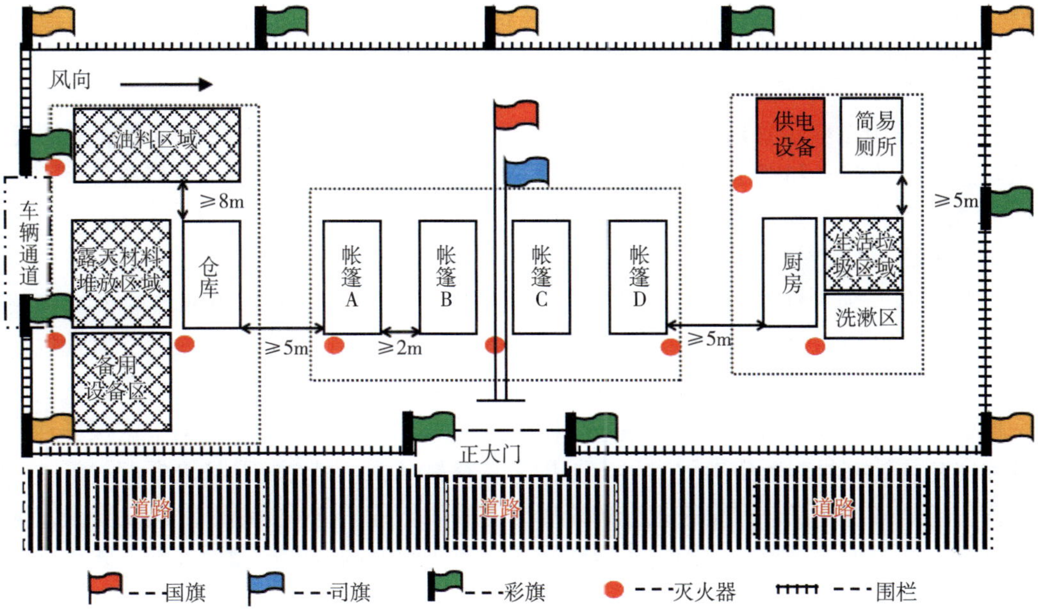

图 2-3 勘探项目驻地规范化建设示范图

（二）勘探场地建设

钻探、坑探、井探、槽探、修路确需占用草地的，应科学部署探矿工程，优化工程布置方案。

1. 陆地钻探工程（地表钻探）

（1）应在最大限度减少对环境的人为扰动、确保安全的前提下满足钻探生产需要，一般应按照现场施工需要（勘探设备、附属设施安装、施工操作、冲洗液循环系统、钻探材料物资堆放、岩心箱的措施临时存放、附属设备设施存放，值班休息房、废弃物资及垃圾场、厕所等），依据现场地形条件进行分区布置，若要实施“一基多孔”钻探作业，可适当增大场地占地面积，并符合钻探规程要求，尽量避开二次开挖平整，严格控制占用土地（森林、草场、农田等）面积。

（2）平整钻探场地，尤其是小型钻探施工，能不开挖的，最好不进行开挖，在缓坡地形可采用搭设作业平台的方式搭建钻探场地，应保证搭设架的牢固可靠和安全。

（3）对于必须要开挖的场地，应将植被尽可能完整规则地集中妥善摆放，开挖出来的土方及碎石不得任意沿坡倾倒，更不得直接倒入山坡下，应在合适位置堆积或作为道路堡坎使用。开挖作业结束后，人工清理边坡上松动的滚石，并采取集中堆积的方式避免长期压迫植被，影响植物生长。

（4）在施工前应将占地范围内的表层土壤铲起堆放在指定位置进行养护，钻探工程需设泥浆沉淀池，作业结束后及时封堵钻孔，废泥浆与泥浆沉淀池一同填埋平整，恢复表层土壤的植被。

（5）涉及边坡开挖要按照安全规程要求，坡度不得超过安全限值，防止超限开挖而破坏水土、植被以及边坡结构稳定。

（6）确保现场无低洼积水，钻探场地周边应设置排水沟，若场地边坡上方汇水面大或位于冲沟附近，应设置截水沟。

（7）在钻探施工平台上下侧铺设环保布，避免修筑场地和施工期间损坏植被，同时防止开挖后新出露的土壤遭受雨水冲刷。

（8）冲洗液循环系统的清水池或浆液池及废浆液池可不与钻进施工机场同一场地布置，其开挖容积应满足设计钻孔深度要求。

（9）钻探作业现场的岩心棚、材料设备库、休息室、办公生活房屋、厕所等临建设施，宜采用便于拆卸安装、可重复利用的钢构件式组合搭建，规格统一标准，布置规范、整齐。施工现场绿色勘探文明及环保设施齐备可靠，相关管理制度、图表及标牌齐全、规范、醒目。

2. 坑探、井探、硐探工程

（1）槽探工程施工应预先勘查通行路线，选择影响生态环境轻微的路线，车辆沿固定路线行驶，严禁随意开辟新路线和碾压草场。结束后，进行槽探回填、恢复表层土壤植被等。

（2）槽探、坑探、井探工程需设临时弃渣场，弃渣场要设置截水沟、拦石坝等，施工结束后对弃渣场、坑道口进行植被恢复。

（3）硐探工程与地表钻探相比，可节约钻探工作量，避免对地表生态环境的干扰和破坏，降低钻探生产开支，可提高地质找矿效果或工程勘察的目标准确率，提高钻探效率，实现绿色钻探。

平整硐室钻探场地，事先要实现收集和了解坑道的工程布置、供水供电、通风排气、水文地质条件、采掘施工计划安排等情况，要尽量选择围岩相对稳定的坑道部位作为硐室钻探场地，就钻探设备运输和安装、钻探材料物资存放、供水与排水、材料存放、岩心箱、垃圾桶摆放等进行硐室钻探场区布置。场地平整范围应严格按批准的现场施工平面布置图进行控制。在满足安全文明施工基本要求的情况下，避免大开挖。若围岩稳定性较差，应对硐室围岩进行加固处理，防止冒顶、坍塌等地质灾害的发生，确保钻探施工安全。

生产实例 1：青海省多彩地勘项目实施中，ZK2601 钻孔由矿区的临时公路到钻机孔位施工现场，就没有再修葺临时便道，钻孔所处的位置虽是碎石堆积区，未进行开挖平整作业，可用钢管搭建出一个钻探基场（图 2-4a），这样临时公路到钻孔处几百米的道路就可以不再修了。

生产实例 2：川西北高原某整装勘查区项目，从一开始就引入钻探环保新的施工理念，对地质设计的钻孔进行钻探工程施工设计，避开较陡的地形，适当移动孔位，选择利用历史遗留下来老钻探场地遗迹或相对平缓的地带，在平整场地时，不随意倾倒废石土渣，全部将废石土渣装入编织袋，同时利用编织袋做机台场地堡坎（图 2-4b），可不修筑上山便道，而是利用卷扬机提升钻探设备和钻探材料，这样既减少了破坏，又有效地保护了生态环境。这一新理念和做法，得到了当地政府环保部门的认可和牧民的高度称赞。

（a）实例1

（b）实例2

图 2-4 钻探场地

（三）修筑施工道路

修筑施工道路、钻探场地、供水泵站以及其他临时设施，应坚持“环保优先、绿色勘探、因地制宜”的原则，尽可能地减少对周边环境的扰动和破坏。

应充分利用当地已有公路、村道、居民区通道、草原自然路及农耕道等，原道路已经无法通行的，应尽量修整后利用，不能随意下道行驶或另行开辟便道。在没有道路的前提下，行走路线尽量选择荒漠化地段和河滩地段。针对草原区普遍无通行道路时，车辆通行过程中应尽量避免反复碾压。

勘探施工确需新修筑简易道路时，应在满足项目勘探作业区、工程施工点基本需求的同时，兼顾项目后续勘查开采阶段施工及当地社会经济发展需要。应根据自然条件及安全文明、环境保护等管理要求进行规划布置，在确保安全情况下，道路修筑尽可能减少占用土地、植物移植，最大限度地减少对土地、农作物、草地、树木与植被的破坏，以及对水环境和野生动物保护的影响，应尽可能地选择基岩裸露区或植被不发育地段，需要并可移植的树木应尽量移植保存，用于项目施工结束的复绿或就近栽培。

施工剥离的适合复垦的表土，应当收集存放管理，作为施工结束后的复垦、复绿用土。宜将开挖的土石用于工程回填、路基建设及边坡填筑，需外运土石应指定位置并规范管理。

施工中挖填形成的边坡及土石堆场边坡应做好支护或拦挡，预防崩塌、滑坡、泥石流等地质灾害，尽量减少土石压占土地面积。开挖出来的土石不得随意倾倒。

修路需剥土施工时，若产生大面积的扬尘，要及时洒水降尘，避免对环境造成多次扰动现象。

二、勘探设备搬迁运输

传统的勘探作业，设备搬迁必须修路，对环境造成很大的影响。实施绿色勘探新理念，能不修路则不修路，实在要修路，也必须尽可能地减少对植被的扰动和破坏。应牢记“以人为本”的理念，坚持“绿色勘探、因地制宜”的原则，选择适合勘探区自身实际、经济合理、便于实施的搬迁运输方式。我国地质勘探工作者，充分发挥各自的聪明才智，已创新出了很多种具有特色的搬迁运输方式，如直升机吊装运输、车辆运输、拖拉机-“雪橇”运输、卷扬机-“雪橇”搬运、履带整机行走、架空索道、小型履带运输车等多种形式，有效地保护了勘探区作业的生态环境，很好地践行了绿色勘探。

绿色勘探应首先考虑选择机械运输，其次考虑选择牲畜驮运，再次是人力搬迁运输。

（一）直升机吊装运输

欧美发达国家早已有采用直升机吊装运输勘探设备器材的实例，20 世纪 70 年代，美国和加拿大等西方发达国家对于“难进入地区”或“边远地区”的矿产勘查工作，已形成一套先进成熟的钻探设备运输和搬迁的方法，即运用直升机吊运和飞机载运的技术。用直升机搬迁吊装 LF-70 型钻机全套钻探设备器材（总重约 14t），从已完工的钻探场地搬迁至新的施工工地只需往返飞行 7 次，在陡峭山区搬迁到 15km 直线距离远的新钻探工地，总共只需要 75min。这比运用公路汽车运输和人力畜力驮运效率提高数倍甚至几十倍。目前，运用飞机运输、搬迁和吊装钻探设备的技术方法，除在美国、加拿大及欧洲与澳大利亚等发达地区广泛而成熟的应用外，在发展中国家也已逐步推广应用，有的直升机公司专门承担这方面的业务。如设在布鲁塞尔的空中技术（Skytech）飞机公司运输地质钻探装备业务已遍及亚洲的印度尼西亚、巴西、几内亚以及南美厄瓜多尔等国家。该公司于 1996 年和非洲乌干达地质调查与矿业局联合组建了新的直升机公司，主要对中非地区提供单次运输 2~20t 钻探设备运输业务。

鉴于我国由于受经济实力和技术水平，我国民用直升机利用水平与发达国家还存在较大差距，我国在绝对数量和人均数量方面均偏低，尤其在人均拥有量方面，与其他经济发达国家相比存在明显差距，直升机吊装运输尚未正式用进入勘探行业。近年来，在突发灾害和紧急情况下，有些行业已经作了直升机吊装运输的尝试。我国石油系统开发出了国内首台 2000m LSH20 直升机吊装钻机。把主机化整为零，合理划分为 22 个模块，用承载 4t 的小直升机就可以轻松吊运，在此基础上，又开发了电驱动 3000m 直升机吊装钻机，每个吊装模块重量不超过 10t。2008 年汶川地震抗震救灾时，采用了大型直升机吊装挖掘机等工程机械进入堰塞湖作业现场（图 2-5a）；电力系统在海拔近

（a）吊装挖掘机　（b）吊装铁塔材料　（c）吊装钻探物资

图 2-5　直升机吊装

3000m 的西部地区采用直升机吊装电力铁塔材料（图 2-5b）。近年来航空物探得到了快速发展，在地质勘探行业也有了利用直升机吊装运输钻探装备、工器具和钻探材料的尝试（图 2-5c）。

研究开发适于空运和吊装的钻探设备及运作的技术和方法，积极探索运用搬迁运输钻探设备的技术方法与实践，是钻探者们努力的方向，随着我国社会经济的发展和智能制造业的快速崛起，相信在不久的将来，现代航空吊装与运输技术将会进入地质勘探行业，作为常态运输方式，助力绿色勘探能力与水平的提高。

（二）拖车式钻机整体搬迁

在北方平原地区，宜采用拖车式钻机，钻机、钻塔、泥浆泵和泥浆搅拌机等全部预先安装在拖车上，钻孔结束后，稍做调整即可实现整体快捷搬迁（图 2-6），可减少场地的平整、不需要专门修筑道路，减轻了钻探工作者的劳动强度，提高钻探生产效率，实现绿色勘探。

图 2-6　拖车式钻探机组

（三）履带式钻机自动行走搬运

钻机履带行体式结构，是现代钻探装备比较常见的结构型式，将钻机、钻塔、泥浆泵及管材工具等装在履带底盘上（图 2-7），充分利用已有道路或者不修路，实施整体搬运，大大提高搬迁运输效率和钻探效率。

（a）小型履带式钻机（工程地质勘探）

（b）履带式钻机（地质岩心钻探）

图 2-7　履带式钻机

（四）船只搬迁运输

在江河上下游或水库较多的地区进行钻探施工，若由陆路搬迁需要绕道而行，修路毁林工程耗费巨大，船只就是水路搬迁简易有效的运输工具。可租船或自制浮桶船，自制浮桶船可将若干个密闭的汽油桶用废旧 Φ73mm 岩心管或 Φ50mm 钻杆，通过上下夹板螺杆将它们夹紧连接成一整体，并在上面以杉木加强船体的刚性、辅以机台板即成。

（五）履带拖拉机（爬山虎）、“雪橇”（爬犁）搬运

采用爬山虎运输或履带拖拉机牵引爬犁搬运（图 2-8、图 2-9），采用柴油机动力驱动，与小型履带车相比马力更强劲，牵引力大，爬坡抓地性能好，运输能力强，操作省力，易实现自动化控制，适用于沼泽、河滩、沙漠、水田、热带雨林、雪地和冰面等复杂的路况，降低劳动强度，提高运输效率。

图 2-8　爬山虎

图 2-9　拖拉机-爬犁运输

在爬山虎运输也不能胜任运输的山区，因地制宜，采用钢丝绳卷扬机拖动爬犁搬运（图 2-10），是一种简单易操作、行之有效的搬运方式。

图 2-10　钢丝绳-卷扬机运输

（六）架空索道搬运

轻型架空索道是在相对高差较大的山区、沟谷地形运输的有效实用方法之一。

应因地制宜选择合适的架空索道，轻型架空索道主要由动力机、支架、主承力索、副承力索、牵引索、地锚六大部分组成（图 2-11）。

不同地域、地形，架空索道搬迁钻探物资（图 2-12）。

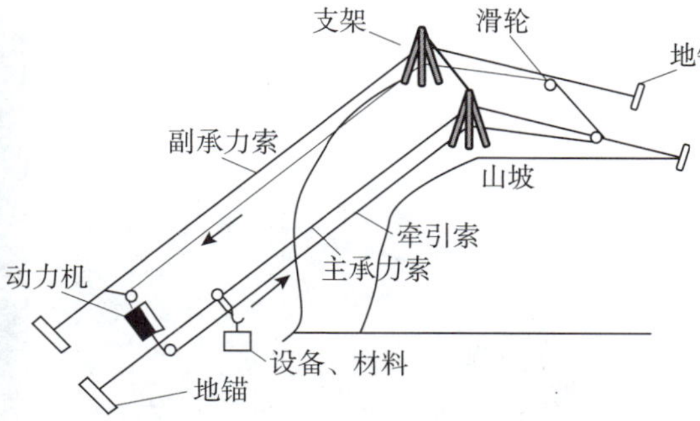

图 2-11　轻型架空索道搬运钻探物资

图 2-12　架空索道搬运钻探物资

（七）小型履带运输车搬运

在南方山区，山高坡陡，崎岖迂回，远离公路，大型车辆无法进入，采用小型履带运输车机动搬运（图 2-13），如英格尔便携式钻机，配套小型履带运输车，基本解决了设备搬迁问题，这是一种比较经济实用、绿色环保的搬运方式。

图 2-13　小型履带车运输钻探物资

（八）牲畜驮运

在有牲畜的地区，采用牛、马帮或骆驼牲畜搬运（图 2-14），可减轻人力搬迁的劳动强度，提高搬运效率，也是一种绿色环保的搬运方式。

图 2-14　牲畜驮运

（九）人力搬运

在远离公路无法实施机械运输搬迁的崎岖山区、高山峡谷地带、原始森林或边远地区，又无牲畜，为有效保护生态环境，尽量少修路或不修路，采取原始的人力搬迁仍是大多勘探施工的无奈选择（图 2-15）。

图 2-15　人力搬运

随着人工智能技术和智能制造业的迅猛发展，智能勘探装备和高效机械化智能化运输机械一定会早日问世和到来，从根本上解决勘探行业用工难问题，有效解决艰险地区、高海拔与高寒地区、高山峡谷、林区与沼泽地、沙漠地区等设备长距离快速搬迁的难题，着实推进绿色勘探向前发展。

第三节　勘探节能技术

能源是人类赖以生存的物质，是发展生产和改善人们生活水平的重要物质基础。人类文明的一切活动都离不开能源。钻探设备包括原动机和驱动机，消耗的能量为柴油或电能，在钻探设备中，原动机一般使用柴油机或柴油发电机，利用柴油为原料，供应钻探施工所需的动能。事实上，在许多场合或工况条件下，如钻进浅孔的时候，尤其全液压动力头式钻机大都属于大动力配备，大都存在着不同程度的“大马拉小车”的现象。加之大多数的能源都具有易损性，这主要表现在“跑、冒、滴、漏’现象上，这种现象在国产勘探设备（如钻探机械）上尤为明显，这就意味着钻探节能有很大潜力。

一、节能相关基本概念

（一）能源消费量

能源消费量是指在生产过程中作为燃料、动力、原料、辅助材料使用的能源以及工艺用能、非生产用能。非工业企事业单位（地质勘探单位）能源消费主要包括以下几个方面：

1）用于生产经营活动和其他有关的能源，如机电设备、照明、采暖、空调；

2）用于技术更新改造措施、新技术研究和新产品试制以及科学试验等方面的能源；

3）用于设备大修理、机电设备和交通运输工具等方面的能源；

4）用于劳动保护、安全生产方面的能源；

5）用于其他非经营性活动消费的能源。

（二）节能

节能是我国可持续发展的一项长远发展战略，是我国的基本国策。

1979 年世界能源委员会给出的节能定义是：节能是采用技术上可行、经济上合理、环境和社会可以接受的一切措施，来提高能源资源的利用率。

节能的宗旨是旨在降低用能强度，即单位产值的能耗。

节能涵盖“加强用能管理、技术上可行、经济上合理、环境和社会可以接受、各个环节合理有效利用能源”五层意思。技术上可行是指在现有技术基础上可以实现；经济上合理就是要有一个合适的投入产出比；环境可以接受是指节能还要减少对环境的污染，其指标要达到环保要求；社会可以接受是指不影响正常的生产与生活水平的提高；有效就是要降低能源的损失与浪费。

（三）节能技术

节能技术是指采取先进的技术手段来实现节约能源的目的。具体可理解为，根据用能情况、能源类型分析能耗现状，找出能源浪费的节能空间，然后依此采取对应的措施减少能源浪费，达到节约能源的目的。节能技术包括使用新型高技术装备，改进能源消耗方式，降低生产过程的能耗，采用能效高的新生产程序，尽可能使用耗能低的材料和产品等。

二、节能对策

节能的根本是强调更加有效合理利用能源。在可持续能源发展战略新形势下，地质勘探行业必须把节能工作放在重要的位置，坚持“节能优先”的原则，推行绿色勘探技术和生产施工模式，开展节能攻关专项行动，开展节能减排标准化示范建设，提高节能设备的利用率，将原始的常规钻探设备进行更新改造，降低设备的各种能量消耗，如柴油发电机的原料消耗，各种机械设备的电能消耗，优化设计节能技术，应用较少的能量消耗，提高节能减排的工作水平，创造最大的工作效率。

（一）增强节能意识

加强节能培训，增强节能意识。确保落实绿色勘探的节能技术措施，加强设备管理，提高设备的运行效率，降低各种能量的消耗，达到节能的目的。

（二）建立节能机制

建立完善节能减排指标体系、计量体系、监测体系、统计体系和目标分解考核体系，将节能减排业绩纳入各级人员的生产经营考核指标，并加强过程管理，层层开展监督检查，使各项制度、措施落到实处，严格考核兑现，才能充分调动各级人员工作的积极性和主动性，才能激励先进、鞭策后进，使节能节水工作由“少数人管”转为“全员参与”，才能实现企业节能降耗工作的良性发展。

（三）建立节能管理制度

建立健全节能的管理制度，加强微观能耗定额管理，制定节能措施，对生产过程中的各流程进行合理优化及管控。实施全员的节能管理，确立节能降耗的指标，加强对节能目标管理。对钻探施工过程中增加能耗的项目进行分析，找到解决问题的途径，达到节能的要求。

（四）注重技术节能

促进勘探设备快速更新，结合我国实际研制新型节能勘探设备，勘探设备产品也应积极开展节能认证（图 2-16），不应盲目跟随国外勘探设备大功耗的做法；推广使用无功补偿节能技术；推广使用变频调速技能技术；推广使用高效节能电机（如稀土永磁电机）；推广环保、节能的钻进工艺，针对不同的地质条件，选择适宜的钻进方法和工艺参数同样有助于实现节能的目的。

图 2-16　中国节能认证标识

三、勘探节能技术措施

采取技术上可行、经济上合理以及环境和社会可接受的一切措施，更有效地利用能源。

（一）使用高效的传动装置、节能仪器装备

高效的传动装置能够提高传动效率，减少动力机与回转装置之间的动能损耗。高效节能电机采用新型电机设计、新工艺及新材料，通过降低电磁能、热能和机械能的损耗，提高输出效率。与普通电机相比，使用高效电机的节能效果非常明显，通常情况下效率可平均提高 4%。

1. 钻机采用变频技术，实现无级调速，节约电能

变频器最重要的功能就是调速，变频器可以节能省电是不争的事实，在某些情况下可以节电 40%以上。变频调速之所以节能，主要是把“全速运行”中浪费的电能（裕量）节约下来。针对钻探施工的特点，利用变频调速的原理，改变电源的频率，实现电机的无级调速，同时降低电动机的能量损失，节约更多的电能消耗。在不调速的情况下，变频器不会省电，只能改变功率因数。

2. 钻机采用稀土永磁变频电机，实现无级调速，节能环保

稀土永磁电机是节能设备，稀土永磁高效节能电机本身可比普通电机节约电能 15 %以上，稀土永磁变频电机直驱钻机可实现无齿轮传动、变频无级调速，实现高精度自动送钻功能，能耗制动，节能环保，提高传动效率和钻机自动化水平，减少维护成本。

将稀土永磁电机及其控制技术应用到工况环境恶劣的深孔钻探设备中，克服了大功率（800kW）、大扭矩（60kN · m）、低频的（0.01～200Hz）的稀土永磁电机实用化设计制造、与伺

服控制系统的匹配的技术难题，大幅度减少设备重量，节省大量的原材料和能源，之前在国内外都没有成功的先例。2018 年底，新一代 4000m 永磁直驱顶驱钻机研制成功，并完成厂内钻孔实验，通过了现场验收，并将钻机应用于雄安新区地热施工中，实现了钻机的恒压、恒速自动化钻进，在该技术领域属国内首创，拥有自主知识产权，处于国内外深孔钻机研制的最高水平，使得我国钻探装备研发水平成功跻身国际第一梯队。

（二）采用节能动力源

由于高压电动机的运行效率一般在 95%左右，远高于柴油机百分之三十几的效率。因此，在供电条件许可和钻进作业周期较长的区域，应首先考虑选取电网电力驱动，其次是柴油发电机组发电，通过电缆输送至勘探现场，驱动电动机作业，再次是柴油机直接驱动钻机工作。

（三）加强勘探作业的节能管理

对生产、生活、办公和主要耗能施工设备设置，采取有效的节能控制措施：

1）加强节能宣传教育，增强节能节水意识。不使用国家、行业、地方政府明令淘汰的施工设备，选择节能型耗能设备、器具，作业区和生活区使用节能的品类。绿色节能标识见图 2-17。

图 2-17 绿色节能标识

2）使用钻进新技术、新工艺，提高钻进速度。加快钻进速度、提高施工效率减少动力消耗，是钻探作业实现节能降耗的关键。针对不同区域、不同地质环境，因地制宜，选用钻进新技术、新方法，优化钻进工艺，有针对性地采用适宜的钻进规程，努力提高钻进速度，缩短钻探生产周期，实现钻进施工全过程的节能增效。

3）加强对钻探机械设备的维护保养，确定维护保养制度，提高设备维护保养人员的专业素质，提高对设备的维护保养效率，保证设备的完好率，促进钻探机械设备发挥正常的功用，达到预期的节能目标。

4）采用能耗少的施工工艺，合理安排施工工序和施工进度；尽量减少夜间作业和冬期施工的时间；合理安排耗材及设备位置布局，减少运距，降低能耗。

5）增强节约用水意识，在钻探现场设立储水箱，节约用水；根据钻探施工条件，适宜选取不同的钻进方法（如空气钻进、气动潜孔锤冲击回转钻进、泡沫或微泡沫钻进、局部反循环钻进等）；对漏失地层实施快速堵漏；采取冲洗液净化措施，提高冲洗液利用率，减少岩粉、岩屑、钻渣等废物排放。

6）对主要耗能施工设备定期进行耗能计量核算。

第四节　三废、噪声、粉尘、放射性辐射的防控与处理

一、相关标准

（一）国家相关标准

《工业企业厂界环境噪声排放标准》GB 12348—2008
《建筑施工场界环境噪声排放标准》GB 12523—2011
《大气污染物综合排放标准》GB 16297—1996
《污水综合排放标准》GB 8978—1996
《非道路移动机械用柴油机排气污染物排放限值与测量方法》（中国第三、第四阶段）GB 20891—2014
《铀矿地质勘查辐射防护和环境保护规定》GB 15848—2009
《危险废物焚烧污染控制标准》GB 18484—2001
《危险废物贮存污染控制标准》GB 18597—2001
《危险废物填埋污染控制标准》GB 18598—2001
《一般工业废弃物贮存、处置场污染控制标准》GB 18599—2001
《钻井液材料规范》GB/T 5005—2010
《固体矿产地质勘查规范总则》GB/T 13908—2020
《绿色勘查指南》T/CMAS 0001—2018

（二）地方相关标准（技术要求）

《固体矿产绿色勘查技术规范》DB41/T 2082—2020
《固体矿产绿色勘查技术规范》DB52/T 1433—2019
《高原绿色勘查地质钻探规范》DB63/T 1827—2020
《宁夏绿色勘查技术规程》DB63/T 1827—2020
《内蒙古自治区绿色勘查技术要求》（内国土资字〔2018〕552 号）
《山东省绿色勘查技术要求（试行）》（鲁自然资字〔2019〕90 号）

二、污染的危害及来源

在地质勘探作业过程中，所产生的污染主要有三废（废渣、废液、废气）、噪声、粉尘、放射性辐射等，应依照法律法规和有关技术标准及规程规范，进行有效的防控和处理。

（一）固体废物（废渣）

野外地质勘探勘探施工中产生的固体废弃物主要有办公垃圾、生活和生产施工垃圾。生活和办公垃圾露天堆放会使大量氨、硫化物等有害气体释放，污染大气环境、污染水、侵蚀土壤造成土地退化。钻探作业中产生的废渣（岩屑、岩粉和泥浆混合物）中携带有冲洗液的化学成分，会对地表环境和地下水造成污染。

（二）废液

在地质勘探过程中会产生大量的废液，包括泥浆废液、设备的冷却液等，废液带来的影响主要

有废液含有废油、重金属盐类、难降解的有机物等，这些流体本身会对施工的安全性构成影响，在经过一系列化学反应后，甚至会产生有害气体或物质，污染整个施工环境，对水资源和土壤造成持久性的污染，对动物、植物和微生物等均产生危害。

（三）废气

地质勘探作业现场的废气污染物主要来自柴油发动机的排放，坑道钻探硐室开挖过程中，爆破作业后形成了炮烟和其他有毒烟尘。

勘探钻机用柴油机属于固定式柴油发动机，即用于固定式机械设施的柴油发动机。“固定式”相对于“移动式”而言，指装用该发动机的实施，在连续 12 个月内固定在某个位置，不发生移动。

废气带来的影响主要有烃类、二氧化碳、氮氧化物、硫化物等污染大气。柴油机的废气排放是造成环境污染的重要来源之一，其中的成分除 99.7%（75.7%的 N_2、10%CO_2、8%的水蒸气和 6%的 O_2）对人类无害外，其余 0.3%（0.2%的 NO、0.01 的 NO_2、0.03%的 HC、0.05%的 CO、0.01%的 SO_2 和小于 0.01%的 PM）都是有害物质，它是形成酸雨和破坏臭氧层的罪魁祸首。废气中包含有气态、液态及固态的污染物。气态污染物中含有 CO_2、CO、H_2、NO_x、SO_2、HC、氧化物、有机氮化物及含硫混合物等；液态污染物中含有 H_2SO_4、HC、氧化物等；固态污染物有碳、金属、无机氧化物、硫酸盐以及多环芳烃（PAH）和醛等碳氢化合物。在硐室开挖过程中，爆破作业后形成了炮烟和其他有毒烟尘，其主要成分为一氧化碳和氮氧化物；如果炸药中含有硫或硫化物时，爆炸过程中还会生成硫化氢和亚硫酐等有毒气体。开挖过程中如遇到煤层，还可能存在瓦斯等有毒气体。

在勘探过程中，发电机、柴油机等设备产生的废气在狭小的空间内积聚，长时间下去会对施工人员身体造成损害。废气通过呼吸道和皮肤进入人体后，长期低浓度和短期高浓度接触，可造成人的呼吸、血液、肝脏等系统及器官暂时性或永久性病变。

（四）噪声

噪声是地表钻探和坑道硐室钻进过程中的另一种主要职业性有害因素。产生噪声的振动设备和场所主要有：钻机、泥浆泵、空压机、泥浆搅拌机与泥浆固控设备、坑道硐室运输设备、凿岩机、挖掘机和装矿（岩）设备等；作业场所有机台现场、柴油发电机组、空压机和空压机泵房；坑（巷）道与硐室等。

生产性噪声达到一定强度时成为有害因素，对人体危害突出表现在对听觉器官和听力损伤上。会造成暂时性或永久性听阈（yu）位移，对神经系统、内分泌系统、消化系统等均会造成不良影响。噪声的声级用分贝（dB）来表示，70dB 以上会干扰交流，影响工作效率。长期在 90 dB 以上的噪声环境中工作，会严重影响听力和引起神经衰弱、头疼、血压升高等疾病。如果突然暴露在高达 150 dB 的噪声环境中，听觉器官会发生急剧外伤，引起鼓膜破裂出血，双耳完全失去听力。所以，长时间的噪声污染会对施工人员的听力、精神状况造成损伤。

（五）粉尘

粉尘是指能够较长时间飘浮在空气中的微小固体微粒。粉尘来源主要是钻探干式作业，比如空气潜孔锤钻进（图 2-18）。优点是钻进速度快，尤其是钻进坚硬岩层，钻进效率优势更为明显，被广泛地应用与水井钻探、锚杆锚索孔、矿山大直径爆破孔施工等。但由于是干式作业，钻进时孔口会排出大量的粉尘，会随风可飘浮很远距离，对周围环境造成污染，对操作者的身体健康，存在极大的伤害和威胁。井下坑道勘探作业场所，钻探工作者在长时间生产过程中，吸入游离 SiO_2 含量较高的粉尘可引起硅肺病。

图 2-18 空气潜孔锤钻进孔口作业现场粉尘任意飘散

（六）放射性辐射

主要来源于放射性地质勘探及其他放射性作业环境。人体长期接受超过允许剂量的放射性物质，会造成少量进入并蓄积在体内，可能会引起慢性放射病，临床表选为乏力、呕吐、脱发、牙龈出血、神经损伤、白内障、皮肤红斑、溃疡，长时间的小剂量照射蓄积也会导致器官组织诱发癌变，并会使受照射的生殖细胞发生遗传缺陷。放射性环境污染会导致牲畜和人死亡。

三、防控处理对策

（一）固体废物（废渣）的防控处理

办公及生活垃圾按可回收、有毒有害等分类存放（分类垃圾桶），严禁任意丢弃，应实行袋装，专人集中运送至垃圾集中回收，环境和安全条件允许时，亦可采用掩埋和焚烧的方式进行处置。生产施工废渣主要是岩屑和岩粉及与泥浆的混合物，主要采用就地固化掩埋处理。

（二）废液的防控处理

废液主要是钻探施工产生的废冲洗液。钻探作业现场应设置专门的废液池，并对周围用围栏围挡，防止人或牲畜跌入池内。坑道施工场地设计一般要略高于平巷水平面，采用自然排水。废液的防控处理详见本节“四、废液的控制与处理”。

（三）废气的防控处理

在选配柴油发动机时，应优先选用增压柴油机带有电子控制和废气再循环（EGR）装置，因采用增压中冷技术，不但可显著提高发动机平均有效压力，降低排放和噪音，并能有效提高燃油经济性；电子控制技术的应用可使柴油机排放控制与燃油经济性之间的矛盾得到有效的调和，使柴油机运行工况能得到良好的匹配；废气再循环（EGR）技术可有效地控制 NO_x 排放量，EGR 技术的关键适当使 NO_x 在最大程度降低的情况下，有不影响柴油机的经济性和 HC 与 PM 的排放，可有效降低废气物的排放和提高柴油发动机的整机性能。

根据《非道路移动机械用柴油机排气污染物排放限值与测量方法》（中国第三、第四阶段）（GB 20891—2014）规定，该标准适用于工业钻探设备，则固定式柴油机排放标准见表 2-2。

表 2-2　非道路移动机械用柴油机排气污染物排放限值

阶段	额定净功率（P_{max}）kW	CO（g/kWh）	HC（g/kWh）	NO_x（g/kWh）	HC+NO_x（g/kWh）	PM（g/kWh）
第三阶段	P_{max}>560	3.5	—	—	6.4	0.20
	130≤P_{max}≤560	3.5	—	—	4.0	0.20
	75≤P_{max}≤130	5.0	—	—	4.0	0.30
	37≤P_{max}≤75	5.0	—	—	4.7	0.40
	P_{max}<37	5.5	—	—	7.5	0.60
第四阶段	P_{max}>560	3.5	0.4	3.5，0.67※	—	0.10
	130≤P_{max}≤560	3.5	0.19	2.0	—	0.025
	75≤P_{max}≤130	5.0	0.19	3.3	—	0.025
	56≤P_{max}≤75	5.0	0.19	3.3	—	0.025
	37≤P_{max}≤56	5.0	—	—	4.7	0.025
	P_{max}<37	5.5	—	—	7.4	0.60

※：适用于可移动式发电机组用 P_{max}>900kW 的柴油机。

项目部应每周进行例行检查，应将粉尘、噪声、废水和废气的处理情况作为一个检查项目，并记录在质量安全大检查综合评定表中。发现中不符合应通知项目部及施工班组立即进行整改，必要时发出纠正/预防措施要求。依照《大气污染物综合排放标准》（GB 16297-1996）要求，钻探施工的机械设备尾气污染物排放量在规定范围以内，并对相关设备实时检测（表 2-3）。

表 2-3　相关机械设备尾气排放污染物实测数据

设备类型	设备来源	污染物	理想状态运行时间/h	满负荷实测值（g/h）	是否满足要求
动力头式全液压钻机	进口（Atlas）	烃类	23	2.07	满足
		CO		1.50	
		CO_2		0.80	
柴油发电机/组	国产（洋马）/进口（Atlas）	烃类	15	1.10/1.47	满足
		CO		0.62/0.80	
		CO_2		0.30/0.50	
汽油发电机（营地）	国产	烃类	3	0.72	满足
		CO		0.41	
		CO_2		0.22	
传动型水泵	国产（洋马）	烃类	23	1.12	满足
		CO		0.62	
		CO_2		0.30	

（四）噪声的防控处理

《工业企业厂界环境噪声排放标准》（GB 12348—2008）规定：工业企业厂界环境噪声排放限值不得超过表 2-4 规定的排放限值。

《汽车加速行驶车外噪声限值及测量方法》（GB 1495—2002）规定：汽车加速行驶车外噪声限值不超过表 2-5 规定的排放限值。

表 2-4　工业企业厂界环境噪声排放限值　　　　单位：dB

边界处声环境功能区类型	时段	
	昼间	夜间
0 类功能区（康复疗养区等特别需要安静的区域）	50	40
1 类功能区（以居民住宅、医疗卫生、文化教育、科研设计、行政办公为主要功能，需要保持安静的区域）	55	45
2 类功能区（以商业金融、集市贸易为主要功能，或者居住、商业、工业混杂，需要维护住宅安静的区域）	60	50
3 类功能区（以工业生产、仓储物流为主要功能，需要防止工业噪声对周围环境产生严重影响的区域）	65	55
4 类功能区（交通干线两侧一定距离之内，需要防止交通噪声对周围环境产生严重影响的区域）	70	55

注：功能区类型按照《声环境质量标准》（GB 3096—2008）划分；
夜间频发噪声的最大声级超过极限值的幅度不得高于 10dB。
夜间偶发噪声的最大声级超过极限值的幅度不得高于 15dB。
当厂界与噪声敏感建筑物距离小于 1m 时，厂界环境噪声应在噪声敏感建筑物的室内测量，并将表中相应的限值减 10dB 作为评价依据。

表 2-5　汽车加速行驶车外噪声限值

汽车类型		噪声限值/dB
M_1		74
M_2（GVM≤3. 50t），或 N_1（GVM≤3. 50t）	GVM≤2t	76
	2t <GVM≤3. 50t	77
M_2（3. 5t<GVM≤5t），或 M_3（GVM>5t）	P<150kW	80
	P≥15KkW	83
N_2（3. 5t<GVM≤12t），或 N_3（GVM>12t）	P<75kW	81
	75kW≤P<150kW	83
	P≥150kW	84

说明：噪声限值为第二段（2005. 1. 1）以后生产的汽车。

《建筑施工场界环境噪声排放标准》（GB 12523—2011）规定：建筑施工过程中场界环境噪声排放限值：昼间 70dB（A），夜间 55dB（A）。夜间噪声最大声级超过极限值的幅度不得高于 15dB（A）。

空压机站、风机、泵房等勘探机械生产性噪声危害作业场所尽量远离作业人员，应对机械设备安装消声装置或场地修隔音设施，降低施工噪声；在重噪声区的作业岗位，作业人员配用防噪耳塞等防护用品，无关人员应尽量撤离现场。

对钻探柴油机组、发电机组等噪声源，安装消声器、加衬弹性垫料减震降噪等措施降低设备噪声；禁止现场人员敲打内管、钻杆及其他可能产生尖锐声音的工具和设施；对已经完成工作任务的机械设备，及时停机，避免空转，降低对周边居民和环境的影响。经处理后对钻探机台进行噪声检测（表 2-6），噪声排放符合要求。

地质勘探设备，大都是在野外作业，极少在城镇、居民区和社区勘探作业，周围环境与建筑施工及行驶在空旷道路上的汽车有类似之处。当钻探场地附近有民居、学校等噪声敏感点时，应在采取降噪措施，在有人居住区和野生动物栖息附近，夜间应停止有噪声影响的作业活动；车辆进入居民区、村庄，车速不得超过20km/h，并禁止鸣笛，重型车辆选择白天进入；当机台离乡、镇、村庄、居民、农户在200m以内，现场对主要声源设置隔音屏障，通过噪声传向和削减措施来降低影响；当机台离乡、镇、村庄、居民、农户在50m以内，应与业主当面进行沟通，采取机台移动或对受扰对象进行补偿方式解决。

表2-6　某项目钻探机台现场主要噪声检测结果表

施工工序	主要噪声源	噪声值/dB					时间控制		可控
		0m	25m	50m	100m	200m	昼间	夜间	是、否
修路平场	挖掘机	90	82	68	52	30	运行	禁止	是
设备搬迁	挖掘机	91	82	69	51	32	运行	禁止	是
	车辆	64	54	41	31	13	运行	运行	是
钻探施工	钻机	92	79	64	42	31	运行	运行	是
	发电机	86	77	64	49	25	运行	运行	是
	钻孔冲洗液泵	70	61	45	30	19	运行	运行	是
物资供给	车辆	73	64	49	35	22	运行	运行	是
复垦	挖掘机	90	82	67	50	30	运行	禁止	是

目前我国地质勘探行业尚无勘探装备设备和施工作业环境的噪声专项标准及规定。

瑞典的阿特拉斯·科普柯（Atlas Copco）公司已经研制出低噪声钻机，使钻机工作时的噪声从传统的80dB降低到52dB。

（五）粉尘的防控处理

对粉尘的治理措施主要有通风、降尘和个人防护三个方面。场地干燥且遇Ⅵ级以上大风时，不得从事土方回填、开挖以及可能产生扬尘污染的作业；修筑道路、钻探平台时，开挖土方应控制扬尘浓度，夯实平台和路基，减少扬尘产生量和影响范围；气候干燥季节，降低车辆行驶速度，并定期对道路洒水，保持道路湿润，控制粉尘。地表钻探干式作业，如空气潜孔锤钻进，应对孔口进行扑尘处理。某地质大队针对空气潜孔锤钻进孔口粉尘飘逸恶劣环境，尝试进行了孔口扑尘处理，研制了简易的孔口扑尘装置，该装置由集尘段、导向段和扑尘段组成（图2-19）。经过实际应用，在泥岩中钻进，从孔中排出的大量粉尘在扑尘段与雾化水充分接触后，以泥浆状态排出，扑尘效果良好，对于坚硬岩石层钻进，能达到无尘状态。

（a）结构示意图

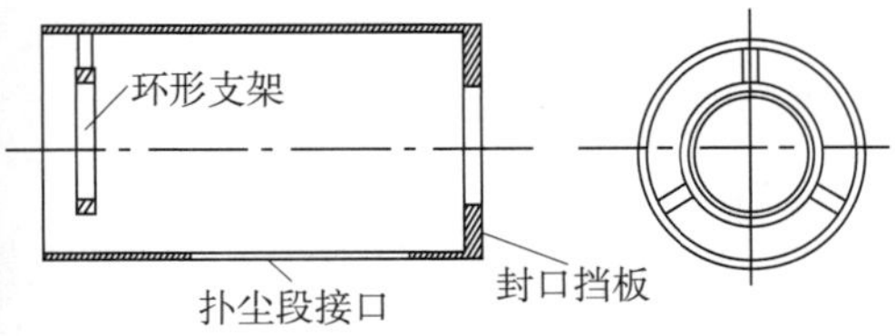

（b）导向段示意图

图2-19　孔口扑尘装置

在坑道及相关地下狭长空间内从事勘探作业，应设计合理的自然通风系统和强制通风系统，包括自然通风和强制通风，以确保地下空间内的粉尘、烟尘及时、有效排出。降尘的措施包括：优先采用湿式作业、使用扑尘设施，严禁直接打干钻；狭窄部位进行电焊作业应加强局部通风，防止电焊烟尘聚集等措施。个人防护主要是让作业人员配用足够的防尘口罩。

（六）放射性辐射防护

《铀矿地质勘查辐射防护和环境保护规定》（GB 15848—2009）规定，从事铀矿地质勘查职业工作人员年有效剂量约束值不高于 15mSv（毫希弗）；孕妇、授乳妇不得从事铀矿地质坑井探作业，从事铀矿地质其他工作时年有效剂量约束值不高于 1mSv；铀矿坑、井探使公众中有关关键人群组的成员所受到的年有效剂量约束值不得超过 0.5mSv。

1）应严格执行国家颁布的环境法规、技术标准，开展放射性地质勘探工作，采取综合防辐射措施，特别是防止放射性物质对人体的内、外照射。①铀矿地质勘查工程施工前应依法进行环境影响评价；②铀矿地质勘探施工中的辐射防护和环境设施应与主体同时设计、同时施工、同时投入使用；③采用自动化、智能化装备，提高机械化水平，减轻作业人员的劳动强度，减少不必要的放射性照射；④加强通风，凡产生放射性粉尘和有害气体的地面作业场所，应设置通风装置，平巷和斜井深度超过 20m、竖井（或浅井）超过 10m 均应进行机械通风；⑤从事施工生产的人员正确穿戴劳动防护用品和器具；⑥注意个人清洁卫生，减少人体表面污染。

2）放射性辐射外照射防护措施：尽可能减少或避免射线从外部对人体的照射，使之所受照射不超过国家规定的剂量限值。采取的基本方法包括：①减少照射时间，应严格安全作业规程要求的作业时间，不得超时作业；②增大照射距离，辐射工作场所与居民区和饮水源应依照有关规定保持一定的距离；③设置屏蔽。

3）放射性辐射内照射防护措施：主要是“包容、隔离、净化、稀释”。包容是指在操作过程中，将放射性物质密闭起来；隔离就是分隔，根据放射性核素的毒性大小、操作量多少和操作方式等将工作场所进行分级分区管理；净化就是采用吸附、过滤、除尘、凝聚沉淀、离子交换、蒸发、贮存衰变、去污等方法，尽量降低空气、水中放射性物质浓度、降低物体表面放射性污染水平。稀释就是在合理控制下利用干净的空气或水使空气或水中的放射性浓度降低到控制水平以下。

放射性物质进入人体的途径包括：吸入、食入和通过皮肤吸收。因此，在井下坑探和硐室钻探作业时，严格禁止在工作期间抽烟、饮水和进食。

四、废液的控制与处理

（一）地质钻探常用冲洗液固相控制设备

钻探常用冲洗液固相控制设备类型有旋流器、清洁器、振动筛、离心机等。振动筛可除去从大于 0.5mm（12 目）到 0.090mm（100 目）的钻屑；除砂器可除去 95%大于 74μm 和约 50%大于 40μm 的钻屑；除泥器可除去 95%大于 40μm 的钻屑和约 60%大于 15μm 的钻屑；离心机可分离 3~12μm 钻屑和 2~10μm 的重晶石。

地质勘探常用的冲洗液固控设备主要有：旋流器、QJQ 型冲洗液清洁器、TG 型小型振动筛、DH800 型微型振动筛、TGLW 型小型离心机、GK-15 型泥浆处理装置、NCT-10 冲洗液不落地装置、两级及三级固控循环系统等。

1. 旋流器

旋流器是一个带有圆柱部分的锥形容器。锥体上部内圆锥部分叫液腔。圆锥体外侧有一进液管，以切线方向和液腔连通。容器的顶部是上溢流口，内部形成的上溢流通道，以便泥浆上溢排出；底部是底流口（也叫排料口），旋流器的尺寸由锥体的最大直径决定。水力旋流器作为一种常见的分离分级设备，可分为除砂器、除泥器和微型旋流器三类（见表 2-7）。

表 2-7 除砂器、除泥器和微型旋流器处理能力表

类 型	直径/mm	输入压力与处理能力		分离、清除固相
		输入压力/MPa	处理能力/(m^3/h)	
除砂器	Φ150~Φ300	0.2	≮20~120	可清除大约 95% 大于 74μm 的钻屑和 50% 大于 30μm 的钻屑
除泥器	Φ100~Φ150	0.2	≮10~15	可清除大约 95% 大于 40μm 的钻屑和 50% 大于 15μm 的钻屑
微型旋流器	Φ50	0.2	≮5	分离粒子范围为 7~25μm。主要用于非加重冲洗液以清除超细颗粒

注：旋流器的直径尺寸由锥体的最大内径决定。

聚氨酯弹性体制作的水力旋流器具有耐磨蚀、抗老化、质量轻等优点，有利于室外及野外作业。

2. 泥浆清洁器

泥浆清洁器是一组水力旋流器（除泥器/除砂器）与一台细目振动筛组合而成的固控设备（图 2-20）。上部为旋流器，下部为细目振动筛。筛网一般在 100~200 目，通常多使用 150 目左右，可有效地清除悬浮在冲洗液中的 20~74μm 的有害固相，是稳定、调节冲洗液性能指标不可缺少的重要设备之一，可作为第二级/一级固控。

主要特点是小型化、轻型化、模块化，安装拆卸方便，便于搬迁。

图 2-20 QJQ 型冲洗液清洁器

QJQ 型冲洗液清洁器的主要性能参数见表 2-8。

表 2-8 QJQ 型冲洗液清洁器的主要性能参数

规格型号	QJQ100 型	QJQ200 型
除泥器规格/mm	Φ100×1 个	Φ100×2 个
除砂器规格/mm	/	Φ200×1 个
进液管直径/mm	Φ50	Φ90
溢流管直径/mm	Φ60	Φ100
处理量/(m^3/h)	5~12	40
工作压力/MPa	0.1~0.4	0.1~0.4
分离粒度/μm	20~74	20~74

续表

规格型号	QJQ100 型	QJQ200 型
激振电机功率/kW	0. 12	0. 25
底流筛电机功率/kW	0. 12	0. 25
外形尺寸/mm	690×616×990	1285×870×1500
整机重量/kg	110	300

3. 振动筛

振动筛是一种过滤性的机械分离设备，是冲洗液固控循环系统一级净化设备，振动筛具有小型化、轻型化、模块化，安装拆卸方便、便于搬迁、快速分离泥浆有害固相的特点，它是泥浆固控的关键设备。可有效清除 74μm 以上有害固相，保证冲洗液性能，为后续净化设备提供合适的冲洗液，也可作为冲洗液清洁器的底流振动筛。

TG 型小型振动筛主要由固定支架、筛框、筛网和振动电机组成（图 2-21）。决定振动筛好坏的因素有：振动形式、振幅和频率、筛网的斜度和筛网的目数、筛网面积。

图 2-21　TG 型小型振动筛

TG 型小型振动筛的主要性能参数见表 2-9。

表 2-9　TG 型小型振动筛的主要性能参数

规格型号	TGZDS-01 型振动筛
筛网规格/目	60/20、80/20
	150/20、200/20
处理量/(m^3/h)	8
激振电机功率/kW	0. 25
整机重量/kg	100
外形尺寸	690×616×500

图 2-22　NCT-10 泥浆不落地装置

4. 泥浆不落地装置

NCT-10 泥浆不落地装置见图 2-22。该装置主要由泥浆分离机、液下渣泵、砂泵、搅拌器、泥浆仓、电控系统等组成。

技术特点：集整合、造浆、收集、净化分离、泥浆闭路循环在一台拖车之上，并进行自动控制，搬迁方便、省时 省力。处理后的钻渣含水率低，呈块状，方便收集。无需开挖泥浆坑，回填泥浆坑，施工完成后，撤走装备，做到绿色钻探。

5. 离心机

离心机是一种能够从分离的固相颗粒上清除自由水的泥浆固相控制装置，目前最常见的离心机是倾注式离心机（又称沉降式离心机），它是一种实现离心沉降操作过程的离心机。其工作原理是利用固—液密度差，依靠离心力场使之扩大几千倍，固相在离心力的作用下被沉降，从而实现固液分离，并通过专门的机构分别排出机体，整个进料和分离过程均是连续、封闭、自动地完成。

TGLW 型小型离心机与主要性能见图 2-23 和表 2-10。最小清除固相可达 5μm，可适应不同冲洗液固相处理要求，有效提高钻进速度、延长钻头寿命、降低综合钻探成本，大幅减少废浆排放，满足节能环保要求。冲洗液离心机具有体积小、效率高、易搬迁等优点。

图 2-23 TGLW 型离心机

表 2-10 TGLW 型离心机的主要性能参数

规格型号	TGWL220 型离心机	TGLW350 型离心机	TGLW450 型离心机
定频转速/(r/min)	3000	1500	1800
	0~3000（VFD 定频）	0~2400（VFD 定频）	0~2400（VFD 定频）
有效处理量/(m^3/h)	1.5	6	40
分离粒度/μm	5~7	5~7	5~7
主电机功率/kW	7.5	11	18.5/22.5
辅电机功率/kW	N/A	N/A	5.5/7.5
整机重量/kg	400	800	1950
外形尺寸/mm	2050×565×760	2400×830×1000	2300×1582×1480

离心机的核心部件是锥形滚筒、滚筒内的螺旋输送器，以及连接滚筒和螺旋输送器的变速器。离心机工作时，要处理的冲洗液通过进液管进入液腔，再通过进液口进入分离室（即滚筒与输送器的空间）。大颗粒首先沉降，小颗粒最后沉降，不能沉降的很细的颗粒随液相从溢流口排出。沉降下来的固相颗粒由输送器不断地推动它们向滚筒的小端移动，从小端的底流口排泄出来。离心机结构原理如图 2-24 所示。

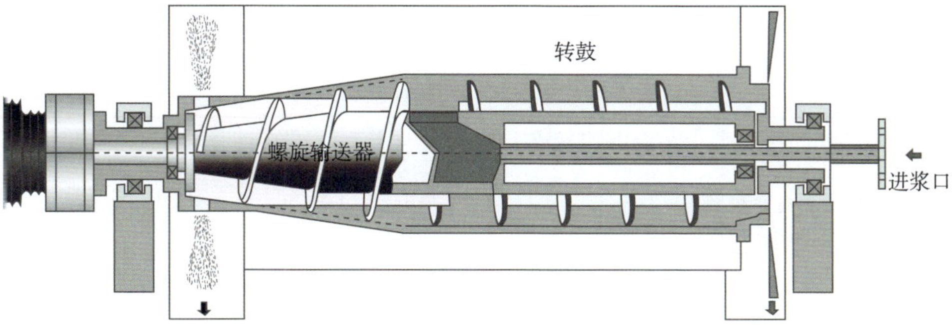

图 2-24 离心机结构示意图

6. 泥浆净化装置

两级固控设备及其配套系统装备（图 2-25）改变了地质钻探以往采用开挖冲洗液池自然沉降

的处理方法，通过利用多级供液泵和全封闭循环管路将孔口冲洗液引流至地表增设的固液分离装置和循环罐体仓室内逐级进行分离处理，经过处理产生的岩屑、岩粉等固相物质，通过导流板输送到废弃固相收集储存坑内集中存放处理，液体经过处理之后实现回收重复利用。可满足“冲洗液不落地”等绿色、节能、环保勘探要求，改变现有小口径地质钻探没有合适固控设备的现状。

图 2-25　泥浆净化固控装置

（二）废弃冲洗液的处置和回收技术

废弃冲洗液是钻探过程中的主要污染物之一，它是一种含黏土、加重材料、各种化学处理剂，污水、污油及钻屑的多相稳态胶体悬浮体系，其主要成分是烃类、盐类及各种聚合物等。传统粗放的地质岩心钻探工程现场的废弃冲洗液，大多是采用废浆池统一露天储存（图 2-26），待钻探施工结束后直接排放或就地覆土填埋，这样极易造成钻探施工废弃冲洗液对环境的污染。

图 2-26　传统钻探施工废弃冲洗液露天存放

这一类污染物对环境的危害很大，如果不对其加以处理，使其任意排放，或者管理、处理不当，长期堆积经雨水淋滤深入地下，将对周边的土壤、植被、地表水和地下水造成严重污染，给人类的生产生活带来潜在的危害。

1. 废弃冲洗液处置

废弃冲洗液处理方法主要包括直接填埋法、固液分离法、冲洗液转化成固液法和固化法等。直接填埋法和固液分离法见表 2-11。

表 2-11　部分废弃冲洗液处理方法

处理方法	适用对象	工艺流程或处理原理	优点	缺点
直接填埋法	适用于盐类、有机物、重金属含量低的废弃冲洗液	自然蒸发风干到一定程度，待固相干化后就地填埋	处理费用低，操作简便	不适于油类、COD、重金属含量高的废冲洗液；自然状态下脱水极慢，遇降雨天气污染物易扩散迁移，污染环境
固液分离法	适用于不同类型的废冲洗液	在废冲洗液中加入一定量的混凝剂（絮凝剂和凝聚剂的混合液），实现固液分离，分离出的水经处理达标后排放，污泥直接填埋处理	分离后的污泥可直接掩埋，不需要长时间干化，占用土地时间短	混凝剂用量较大，污泥中的污染物易被水浸泡流失，污染环境；固液分离装置操作复杂，不便于搬运和组装

2. 废弃冲洗液固化处理技术

废弃冲洗液固化处理是钻探作业中较普遍使用的一种无害化处理技术，向废弃冲洗液中添加不同比例的固化剂和添加剂，搅拌均匀，最后形成了具有一定强度的固化体（图2-27）。从而将污染物质封闭，并固定下来，在外力的作用下其污染成分不会浸析出来，从而减小有机聚合物、重金属等对环境的毒害作用。

固化处理的关键在于找到适合所处理的冲洗液本身性能的固化处理剂。目前常用的固化剂一般分为三类：有机固化剂、无机固化剂、复合固化剂。

有机固化剂适用于污染物质较复杂的冲洗液，具有应用范围广，固化效果良好且固化块体积小的优势，但是由于有机固化剂费用较高，且处理条件较复杂，还有可能存在二次污染的情况，因此目前使用较受限。

无机固化剂适用于固相含量高的废弃冲洗液，无机固化剂因其原料易得、价格低廉、无毒且不会造成二次污染，固化后强度较大，稳定性强，抗侵蚀，抗渗滤性能高，目前推广使用较多，但是缺点在于固化剂的添加量大且固化后体积较大。目前，单一的有机固化剂或无机固化剂并不能满足实际钻探作业的需要，因此复合固化剂得到了广泛应用，它是将多种固化剂按照一定的比例混合而成，结合了二者的优点，具有更优良的性能。

图2-27 废弃冲洗液固化处理

第三章　遥感勘探新技术

现代遥感技术起源于20世纪60年代，以数字化成像方式为特征，是衡量一个国家科技发展水平和综合实力的重要标志。随着遥感卫星技术的快速发展，高空间分辨率遥感空间分辨率已经达到“亚米级”，高光谱遥感利用成像光谱仪可在连续的几十个甚至几百个光谱通道获取地物空间图像核地物辐射信息。微波遥感技术通过接收地物在微波波段（波长为1 mm 至 1m）的电磁辐射和散射能量，以探测和识别远距离物体的技术，具有全天候昼夜工作能力，能穿透云层，不易受气象条件和日照水平的影响。

现代遥感探测技术已经应用于多个领域，而且其应用领域还在不断拓展。在矿产勘探中包括地质调查（图3-1）、区域地质填图、矿产勘探、水文地质调查等；煤炭资源及煤炭伴生矿产资源调查，如普查找矿找煤、地质填图、煤层气资源调查等；地下水资源调查；煤矿生产中地质灾害调查预报；煤层自燃监测和矿区环境调查监测；土地、森林、草地、湿地、农田等资源的勘测、农作物和牧草长势与估产的监测，以及地热、陆地水资源和海洋资源调查等。

图3-1　地质矿产遥感调查

现代遥感探测技术是大数据、测量技术、成像技术的综合应用，是一种高效、区域性、安全的无人探测方式，航空遥感技术是地质调查不可替代的工作手段之一，是新型绿色勘探的重要方法，随着数据处理技术的不断提升，遥感探测技术在绿色勘探领域拥有广阔应用前景。

遥感技术总的发展趋势是提高遥感器的分辨率和综合利用信息的能力，研制先进遥感器、信息传输和处理设备以实现遥感系统全天候工作和实时获取信息，以及增强遥感系统的抗干扰能力；现代遥感技术的发展趋势是由紫外谱段逐渐向 X 射线和 γ 射线扩展。从单一的电磁波扩展到声波、引力波、地震波等多种波的综合；星空地多源数据的融合应用是下一阶段的发展方向。总的来说，应在充分发挥自身技术优势的同时，融合航天对地观测技术、地面调查技术和大数据技术等，形成区域定期采集、多时相、多手段的动态观测模式，建立航空遥感调查数据库，搭建航空遥感调查三维可视化展示与信息服务系统，依靠科技创新和信息化建设提升地质灾害高精度航空遥感调查技术水平，实现航空遥感地质调查工作的转型与升级。

随着高空间分辨率遥感、高光谱分辨率遥感、高时间分辨率遥感、热红外遥感、合成孔径雷达遥感、激光雷达遥感、偏振与重力测量遥感等各项技术的不断快速发展，未来遥感卫星系统将围绕精准化、便捷化、大众化的要求向智能化方向转变；在传统航空航天遥感技术持续进步的同时，无人机遥感以其灵活机动的数据获取方式将呈现井喷式的发展；伴随着大数据技术的兴起，遥感大数据分析（遥感 AI）已经进入蓄势待发的节奏。

第一节 光学遥感勘探技术

光学遥感勘探技术包含基础资料收集与分析、遥感解译、矿化蚀变信息提取及综合分析四个方面内容，具体技术工作流程如图 3-2 所示。

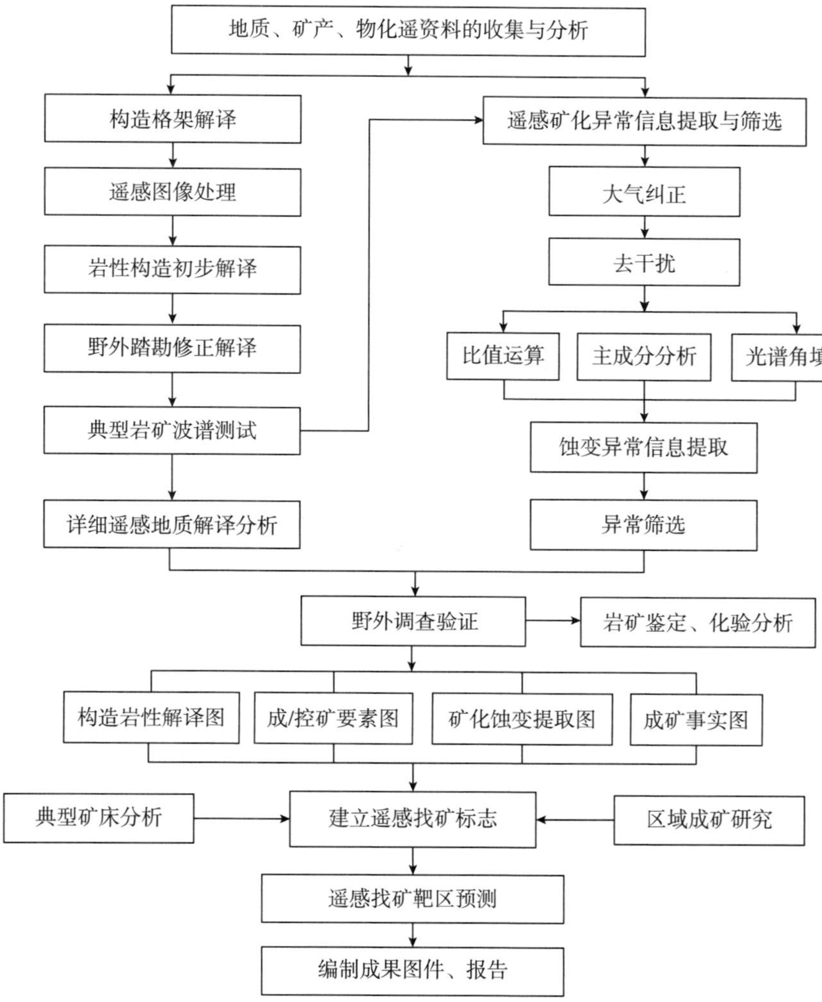

图 3-2 光学遥感绿色勘探技术流程图

首先，深入了解和综合分析勘探区已取得的地质、矿产、物探与化探等调查研究成果，以最新成果和新的成矿理论为指导，查明勘探区矿床地质特征及矿化蚀变类型，为开展遥感工作奠定理论基础；其次，以光学遥感影像作为主要信息源，开展初步遥感解译、野外踏勘及岩石地层单元和典型蚀变矿物波谱测试工作，分析与主要蚀变矿物分布有关的矿化蚀变带波谱特征及其图像识别标志；再次，在开展构造、岩性解译基础上，对勘探区成/控矿岩石、地层、构造信息进行提取，研究构造空间组合特征与矿产分布、矿体产出的关系，总结构造与矿产的关系，并编制遥感地质解译图；同时，针对已知矿床（矿化点）蚀变类型，进行多种图像增强处理及其叠加运算，确定最佳遥感矿化异常的提取方法，最大限度地提取蚀变信息，圈定遥感矿化蚀变异常区（带）并进行异常筛选与分级，并编制矿化蚀变信息提取图；最后，针对解译成果及筛选的遥感异常选定野外验证目标进行现场地质调查，采集岩矿样品进行鉴定分析，通过综合分析建立勘探区遥感找矿标志，圈定遥感找矿远景区，开展矿产资源潜力遥感评价，为后续矿产资源勘探提供找矿靶区，并编制遥感绿色勘探报告及图件。

一、资料收集

收集勘探区有关的遥感数据与地形图及地质、矿产、物探、化探等资料。

二、遥感影像处理

遥感图像处理是对遥感图像进行辐射校正、几何纠正、图像镶嵌、图像增强、特征提取、图像分类、专题信息提取，以及图像整饰、影像地图制作等处理方法。地面接收站向用户提供的遥感数据，一般都做了传感器辐射校正和系统几何校正。这种辐射校正和系统几何校正，需要有关卫星和传感器等系统的相关参数，按照相应的模型进行校正。在实际工作中，一般用户只需要考虑大气校正、去噪、图像镶嵌、几何精纠正、正射校正等图像恢复处理，按照应用需求，选择校正项。

（一）辐射校正

地表地物接受太阳照射后反射的光谱辐射信号，经过大气层的吸收和散射，为传感器所接受。成像过程中，成像系统响应函数引起的图像退化、大气的吸收和散射、探测器响应的非一致性和非线性、光照条件的差异和成像几何的变化、成像和传输过程中引入的噪声等，都会使传感器所接受的辐射信息和光谱信息发生畸变和失真，损失了一部分目标信息，同时又附加了一部分非目标信息。具体表现为图像模糊，空间分辨率下降，反差降低，出现坏线、条带，以及迭加随机噪声等。针对辐射畸变进行的误差校正称之为辐射校正。辐射校正包括传感器辐射校正、大气校正和噪声消除（去噪）。

（二）几何校正

遥感成像时，由于飞行器的姿态、高度、速度、传感器扫描速度不稳定以及地球自转、地形高差变化等因素，造成图像相对于地面目标发生几何畸变，表现为像元相对于地面目标的实际位置发生挤压、曲、伸展和偏移等。针对几何畸变进行的误差校正称为几何校正。几何校正一般分为：几何粗校正、几何精校正、正射校正、图像镶嵌。

（三）影像融合

针对遥感图像不同光谱和不同分辨率的特点，融合处理主要集中于像素级与特征级融合，可将来源于不同传感器的遥感图像的优势集中起来，减少数据的冗余度，增强图像的清晰度，提高解译的精度和准确性，针对多分辨率遥感数据图像融合的方法比较多，主要有色彩空间变换如 HIS、Lab、CN 以及 KL 变换、小波变换等方法。对不同的数据组合、不同地形情况、不同区域及不同的研究目标使用的融合方法各异。地质勘探中融合方法包括利用 HIS 融合方法对 ETM+ 的 7、4、3 波段与 PAN 波段组合，SPOT5 的 4、2、1 波段与 PAN 波段组合进行融合处理的结果图像能较好反映矿山地质环境各要素。

（四）图像镶嵌

工作中时常需要将多幅图像拼接在一起，便于更好地统一处理、解译、分析和制图。图像镶嵌就是将这些互为相邻并有一定重叠的遥感数字图像通过彼此间的去重叠和色调调整等处理，生成一个在几何形态上和色调分布上协调一致、统一为一个整体的新的数字图像（图 3-3）。

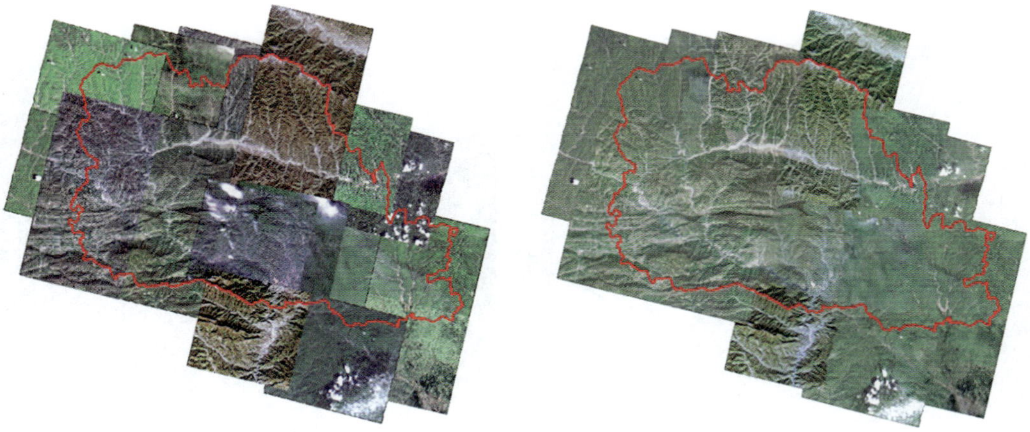

图 3-3 数据匀色镶嵌前后图像

（五）图像增强

通过对图像的变换或运算调整图像的灰度分布、频率分布、色调特征或信息结构，扩大不同影像单元之间的特征差别，突出目标信息，压制背景信息和干扰噪声的图像处理方法。图像增强处理可提高图像的对比度，改善图像质量，压制图像噪声，使原来不清晰的图像变得清晰或强调某些关注的目标特征，抑制背景或非关注的特征，提高图像判读和识别效果。

1. 反差增强

通过改变图像的灰度分布或动态范围，扩大图像的对比度，增强不同物体之间或目标与背景之间的灰度差别（图 3-4）。常用的反差增强方法有线性增强、分段线性增强、等概率分布增强、对数增强、指数增强、自适应灰度增强和直方图变换方法。

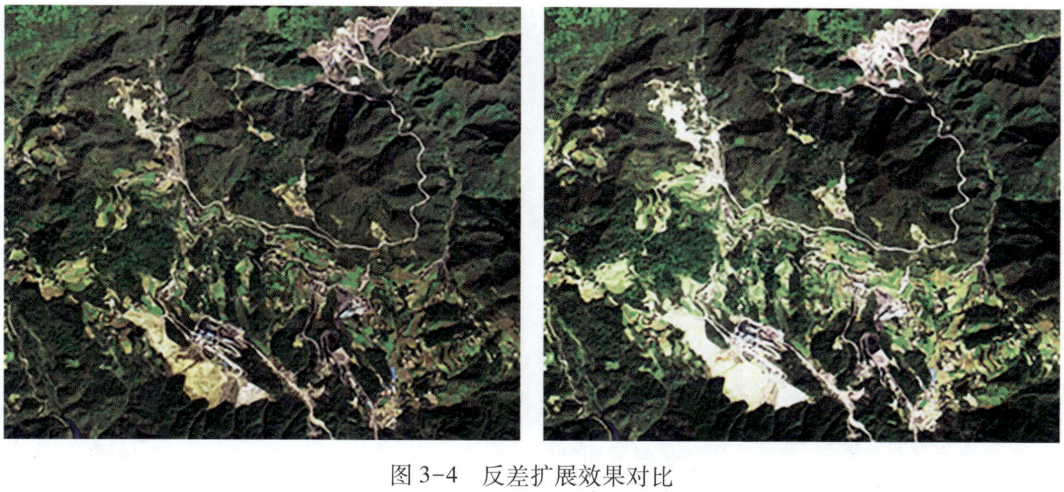

图 3-4 反差扩展效果对比

2. 空间增强

空间增强是为了增强图像上的某些空间特征，如边缘、线性地物或纹理信息；或者去除图像上的某些噪声，压制图像的细节差别或局部变异，增强图像的背景特征或整体特征。空间增强即是用图像滤波方法，用高通或低通滤波器，选择性地增强图像中的高频或低频成分，而相应地压制图像中的低频或高频成分。滤波既可在空间域中实现，也可在频率域中进行。空间域中滤波用空间卷积方法实现，滤波器一般为“权矩阵”形式，称为卷积核、算子或模板。常用的方法有平滑滤波、锐化滤波（图 3-5）、方向滤波等。

图 3-5　锐化增强效果对比图

3. 彩色增强

常用的彩色增强方法有彩色合成、伪彩色增强、彩色变换等。

（1）彩色合成。根据红、绿、蓝 3 基色加色合成原理，将 3 个波段黑白图像分别赋予 R（红）、G（绿）、B（蓝）3 种颜色合成为彩色图像的处理技术（图 3-6）。

图 3-6　Landsat8 假彩色合成不同效果对比

（2）伪彩色增强。指把一幅黑白图像不同灰度级或灰度区间按照一定的函数关系分别映射为不同的色彩，将图像变换成一幅彩色图像的方法（图 3-7）。

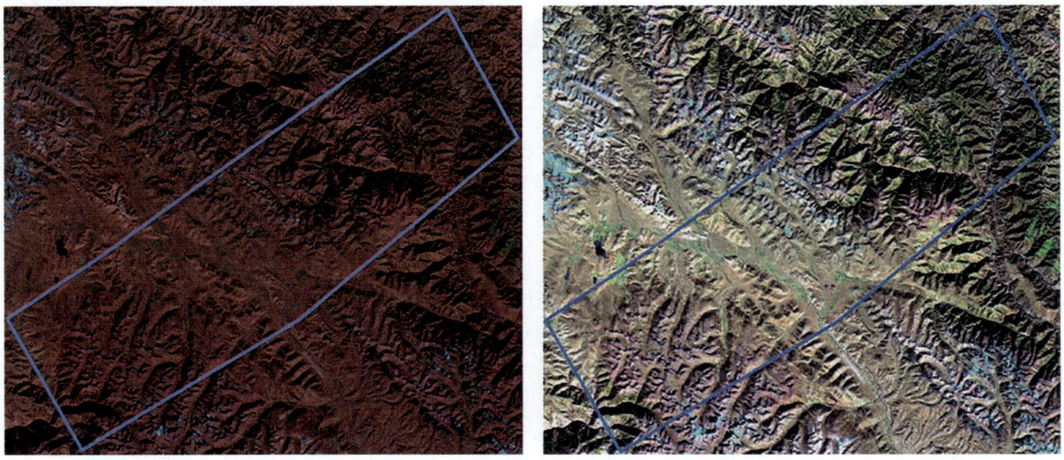

图 3-7　Landsat8 754 假彩色组合饱和度增强前后对比

（3）彩色变换。又称彩色坐标变换或彩色空间变换，指不同彩色系统之间的转换（图 3-8）。遥感常用的表色系统主要有用 R、G、B 三基色定义的色彩坐标系统，称为 RGB 系统或 RGB 模型，和用 I（亮度）、H（色度）、S（饱和度）色彩 3 要素定义的颜色系统，称为 IHS 系统或模型。遥感中的彩色变换主要指 RGB 和 IHS 色彩模式之间的互相转换，常简称为 IHS 变换。

图 3-8　彩色变换增强处理效果

4. 多波段处理

常用的多波段处理方法有波段之间的代数运算、数据融合和图像变换。

（1）代数运算。对两波段或多波段图像进行加、减、乘、除运算。其中以图像差值（减运算）和图像比值（除运算）最为常用。差值图像主要用于作变化检测；图像比值可以用来压缩地形信息、突出地物的光谱梯度特征，对岩性识别具有重要作用，也是蚀变信息提取的常用方法。

（2）数据融合。将不同传感器、不同空间分辨率和光谱分辨率、不同时相的图像按照某种数学方法运算生成一种新的图像，以达到信息互补的目的。最常用是将低分辨率的多光谱图像和高分辨率的单波段图像融合，使在尽可能保持多光谱信息的前提下，提高图像的空间分辨率。常用的数据融合方法有 IHS 变换法、主成分分析法、高通滤波法、小波变换法、基于能量不变原则的光谱保真融合方法等（Hunt，1977）。Landsat-8 和 Landsat-5 堆叠遥感图像，可以看出堆叠后的图像信噪比有效提高（图 3-9）。

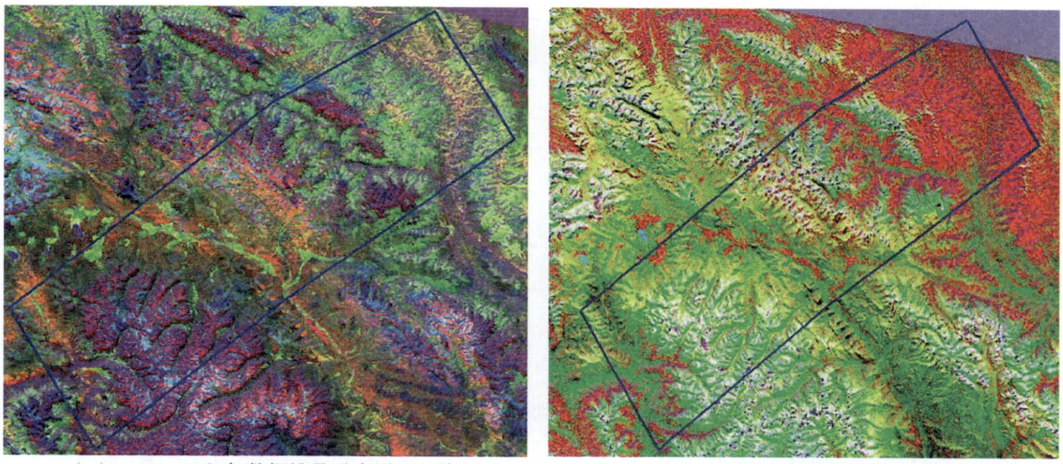

（a）Landsat8近5年数据堆叠融合增强图像　　（b）Landsat5近10年数据堆叠融合增强图像

图 3-9　堆叠融合增强图像

（3）主成分分析。主成分分析是一种数学正交变换方法，又称为 KL 变换。遥感图像的主成分分析是用各波段图像数据的协方差矩阵或相关矩阵的特征向量矩阵为变换矩阵的正交线性变换，变换后的图像称为主成分或主组分图像，它们之间互不相关。变换后图像的总方差保持不变，即变换不损失图像的信息，而只是将信息在新的主成分图像中重新分配。PCA 变换是主成分分析最常用的方法之一。PCA 变换是建立在统计量特征的非单维正交多线性的变换，也就是说把 N 个计量波段的非高分辨率的图像信息变为 K-L 的变换量，其通过灰度（非彩色）延伸的单频率波段的高分辨率的图像信息，使其均匀的非彩色平均值的方差和 K-L 变换的首个分量的图像信息让其保持高度一致，然后将首个分量图像信息变化为以延伸过的高分辨率的图像信息，并经过 K-L 的非正变换（逆变换），使其变换到以前的原始空域。PCA 增强前后工作区 Landsat-8 遥感图像，可以看出增强后的图像色彩更丰富（图 3-10）。

增强前　　增强后

图 3-10　PCA 增强前后工作区遥感影像对比

（4）缨帽变换。缨帽变换是根据对多波段遥感图像数据中土壤、植被等信息在多维光谱空间中信息分布结构的分析而确定的一种经验性线性正交变换。早期研究 MSS 图像农作物或植被生长过程的数据特征发现，在 MSS 四个波段构成的四维光谱空间中，不同类型土壤的点群与反映植被发育过程的点群分布的空间形态像一顶带有缨子的帽子，反映植被成长的“绿色”方向、植被枯萎的“黄色”方向和土壤线三者互相垂直，从而可以通过正交线性交换将它们变换到由这三个轴和另一个轴组成的新的特征空间中，而将它们分开，因而将具有这种数据分布结构的线性变换称之为缨帽变换。

三、遥感解译与信息提取

光学遥感图像蕴含了地层岩性、构造、矿化蚀变、地质环境等丰富的地质信息，其在地质勘探中作用主要包括地层岩性解译、地质构造解译、遥感异常提取三个方面工作。

（一）地层岩性解译

各类岩石的矿物成分、赋存环境以及抗风化强度决定了它的电磁波谱特征，岩性解译就是利用不同岩层反射光谱差异所形成的形态、结构、纹理、色调等影像差异，来判定出露地面的岩石的物理特性和产出特点，划分不同岩石类型（沉积岩、岩浆岩、变质岩）或岩性组合。同时借助图像增强、图像变换和图像分析方法，增强图像的色调、颜色以及纹理的差异，通过典型区段或样区的研究，取得研究区地层影像特征，建立岩性（地层）解译标志。

以西昆仑塔什库尔干地区布伦阔勒群 Wordview-2 影像为例（图 3-11），不同岩石组合影像色调、纹理差异明显，此外，遥感影像还包含了地层产状、岩性展布和变化规律等其他地质信息。根据以往工作经验在基岩裸露植被不发育地区高分遥感技术能够实现高效、准确的识别地层岩性，最大程度地减少野外工作对自然环境造成影响，真正实现绿色勘探目标。

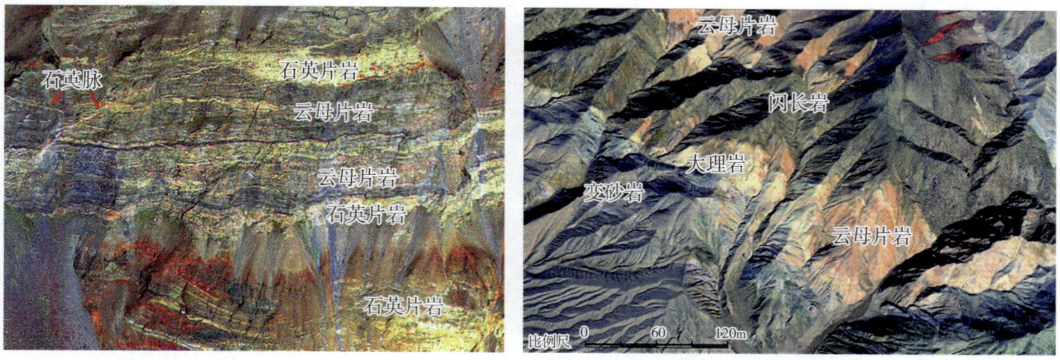

图 3-11　西昆仑塔什库尔干地区高分遥感岩性解译

（二）地质构造解译

地质构造信息的提取是遥感地质信息提取中另一个重要方面。大多数金属矿（化）带总是沿一定的地质构造分布，构造是成矿的重要控制因素，对内生矿床尤为重要。针对不同的成矿构造环境条件，可以提取不同的成矿构造信息。地质构造在遥感图像上常表现为线性与环形特征。线性形迹主要指断裂和节理等构造，它控制着岩浆活动及矿液的运移、储存，对导矿、运矿、储矿起着重要作用。环形构造多是地球内部活动形迹在地壳中的总体表现，如隐伏岩体、火山机构、火山盆地、火山构造带等，它与热液成矿密切相关。线性环形构造及构造交叉部位，又往往是成矿的重要部位，容矿构造常处于线性影像交汇处或线性影像与环形影像交汇处，而线与环两要素组合成的向斜、背斜构造等，更是成矿的有利部位。这些地质特征在遥感影像上多以色调、图形、水系、地貌及组合特征等显示。

由于遥感图像具有宏观性与直观性等特点，提取遥感影像中线状影像和环状影像时，遥感技术显得更加直观，特别是在解译一些断裂交汇部位、环状影像与线状影像交切部位时，遥感技术是地面调查所远不能及的。人们通过目视解译和人机交互式方法，对遥感影像进行处理，如边缘增强、灰度拉伸、方向滤波、比值分析等，可以将这些构造信息很明显地突现出来。除此之外，遥感还可能通过地表岩性、构造、地貌、第四纪地层含水程度、水系分布、植被分布等特征，来提取隐伏的构造信息，如褶皱、断裂等。采用卫星遥感技术在对鄂尔多斯盆地断裂构造综合解释的基础上（图 3-12），划分出基底构造和浅层构造，并对深部构造与浅部构造的成生联系进行了分析；通过对重点区域解析断裂构造遥感地质特征的研究，探讨了断裂构造与油气成藏过程中的内在成因联系及空间组合关系。

（三）矿化蚀变信息提取

岩石蚀变信息的提取是遥感地质信息提取中的一个重要方面，矿化蚀变是成矿成岩作用的直接产物，被认为是找矿的一种直接指示标志。围岩蚀变是含矿热液与围岩相互作用的产物，围岩蚀变的类型与围岩的化学成分、相关的矿床类型关系密切。围岩蚀变的范围通常大于矿化的范围，围岩蚀变可作为有效的找矿标志。常见的围岩蚀变有硅化、绢云母化、绿泥石化、碳酸盐化、高岭土化、云英岩化、青磐岩化、矽卡岩化和褐铁矿化等。矿化蚀变岩石与其周围的正常岩石在矿物种类、结构、颜色等方面具有一定的差异，这些差异导致了岩石反射光谱特征的差异，特定蚀变岩石在特定的光谱波段形成光谱异常（表 3-1）。

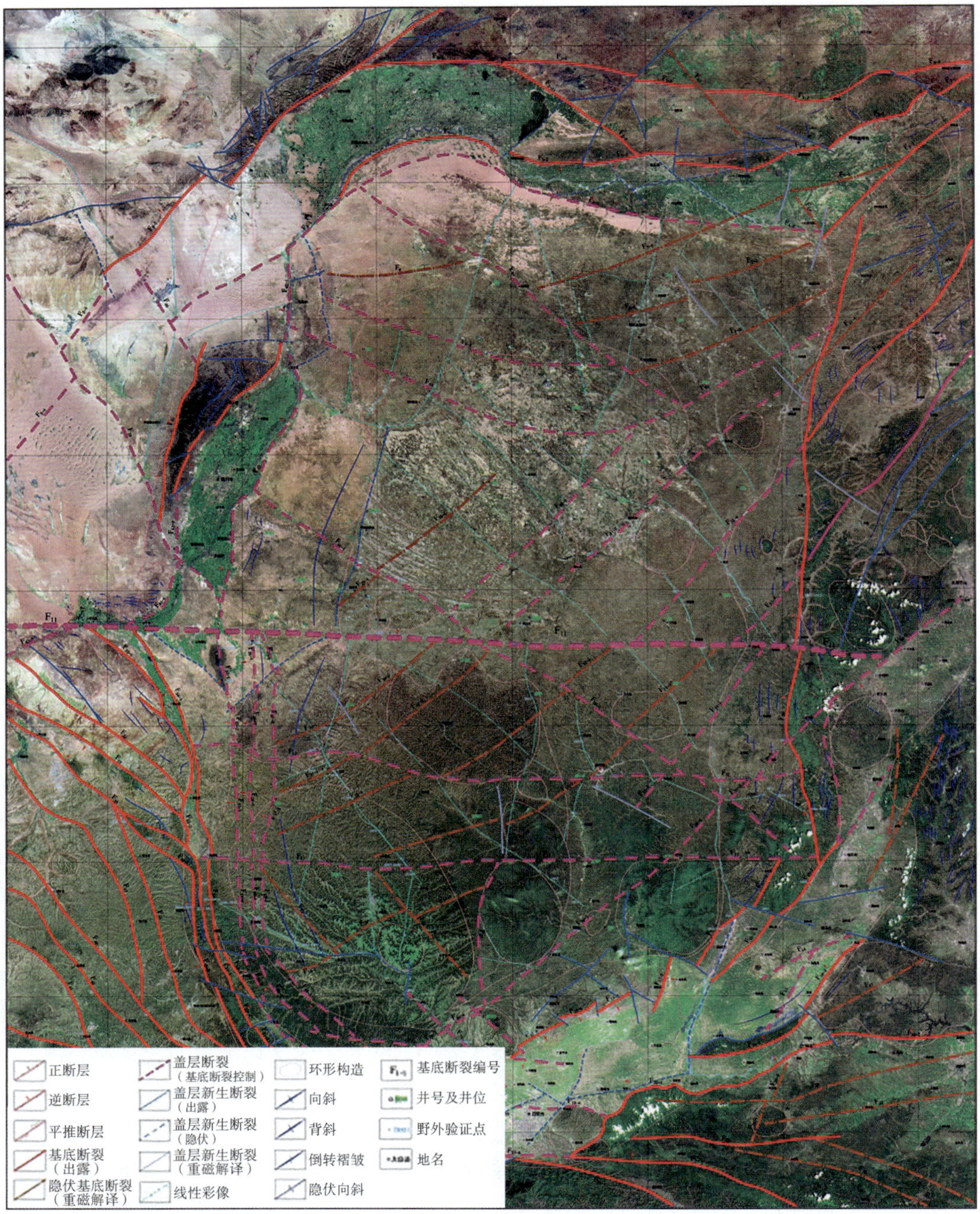

图 3-12　鄂尔多斯盆地遥感构造综合解译图

表 3-1　可见光—红外波段可识别矿物分类

波段	波长范围/μm	可识别矿物
可见光—近红外（VNIR）	0.40~1.20	Fe、Mn 和 Ni 的氧化物、赤铁矿、镜铁矿
	0.50~0.80	植被
短波红外（SWIR）	1.30~2.50	氢氧化物、碳酸盐和硫酸盐
	1.47~1.82	硫酸盐岩、明矾石
	2.16~2.24	含 Al—OH 基团矿物：白云母、高岭石、迪开石、叶蜡石、蒙脱石、伊利石
	2.24~2.30	含 Fe—OH 基团矿物：黄钾铁矾、锂皂石

蚀变岩石与背景岩石的波谱差异由于宽波段的平均效应而显著弱化，加之地表岩石风化物、土壤和植物等的影响，现在应用的数据有多光谱 TM，ETM+，ASTER 数据以及少量的高光谱与微波遥感数据等。从 TM/ETM 图像中一般仅能识别铁染异常和羟基异常（包括泥化和碳酸盐化）两大类蚀变信息。ASTER 由于在相当于 TM7 的短波红外光谱区间设置了 5 个细分波段，而能区分 Al-OH 矿物、Mg-OH 矿物及碳酸盐矿物。

TM/ETM+图像是遥感地质使用最多的数据，其光谱分辨率较低，在对地质最有用的短波红外谱段设置了两个波段，即 TM/ETM+5（1.57~1.78μm）和 TM/ETM+7（2.10~2.35μm），波段带宽都在 200nm 以上。蚀变岩石与背景岩石的波谱差异由于宽波段的平均效应而显著弱化，不同类型和不同强度的蚀变 TM 等宽波段图像上一般都表现为一种综合效应，加之地表岩石漆、地衣、土壤、植物等的影响，从 TM/ETM+图像中一般仅能识别铁染异常和羟基异常（包括泥化和碳酸盐化）两大类蚀变信息（杨金中等，2003；毛晓长等，2005）。

ASTER 由于在相当于 TM7 的短波红外光谱区间设置了 5 个细分波段，光谱区间分别为 2.145~2.185μm、2.185~2.225μm、2.235~2.285μm、2.295~2.365μm、2.360~2.430μm，光谱带宽为 40~70nm。可有效地划分绢英岩化、青盘岩化、泥化等不同的蚀变带，识别和区分 Al-OH 矿物、Mg-OH 矿物、碳酸盐矿物（Mars et al.，2006；毛晓长等，2005）。ASTER 还在热红外区光谱区间设置了 5 个光谱波段，可用于定量反演岩石中 SiO_2 含量，并且从 ASTER 数据可以提取了铁氧化物、硅酸盐铁、全铁、明矾石、方解石/白云石、绿泥石/绿帘石、高岭石、白云母/蒙脱石、二氧化硅 9 大种类矿物或成分（闫柏琨等，2006）。

光谱异常的存在为遥感图像矿化蚀变异常信息的提取提供了依据。因此，可以通过遥感图像的异常识别，圈定矿化蚀变异常区和确定找矿靶区。在我国西部地质工作程度较低的岩石裸露半裸露地区，提取矿化蚀变信息是指导找矿行之有效的方法。西昆仑地区黑恰铁多金属成矿带与 ASTER 矿化蚀变矿提取的范围在空间上很好套合（图 3-13），表明遥感矿化蚀变信息提取是一种快速经济的遥感找矿手段。但需要注意的是矿化蚀变信息提取也存在一定的局限性，如干扰因素多，矿化信息弱，单一的提取方法不能将蚀变信息有效提取等，实际工作中需要结合地质情况对异常进行去伪存真和深入分析。

图 3-13 西昆仑黑恰地区矿化蚀变信息提取（ASTER 数据）

四、遥感综合分析

在上述工作基础上，选择不同类型、不同矿种的典型矿区进行遥感技术实验，通过深入总结分析成矿与遥感提取岩性、构造和矿化蚀变的关系，建立遥感找矿标志和找矿模型，为资源预测提供依据；在勘探区结合地质特征和遥感特征划分遥感找矿有利区，并与地质、矿产、物探、化探等信息复合，通过野外验证查证，最终圈定找矿靶区，指导矿产勘探工作。

五、光学遥感在地质勘探中的示范应用

应用实例 1：在煤炭勘探中的应用

基于遥感进行煤炭资源勘探有着广泛的应用价值，从 20 世纪 80 年代，中国开展了遥感技术找煤应用研究。1989 年，管海晏通过太原煤田的航空遥感试验研究，提出航天遥感数据适用于煤田预测，航空遥感可用于普查找煤、煤田填图、煤矿火区探测、煤矿防治水和地面塌陷调查。1992 年，邹远耀等在卫片上研究了湖南雪峰煤田环形影像与重磁异常的关系，认为环形影像可以指导找煤，并利用环状向斜影像模式在湖南中新生代盖层下找煤，取得了良好的效果。杨锋杰等（1996）利用 MSS、TM 图像通过隐伏构造分析，进行了鲁西南浅埋区含煤块段的预测。刘玉荣等（1997）通过安徽淮北煤田 TM 图像的研究，发现覆盖层下的地质体和地质现象通过直接或间接方式作用于土壤层或地表地物（如植被），这种隐伏地质信息可用于找煤。2000 年以来，中国地质调查局、国家发改委、财政部先后以不同的投资和补偿形式，在全国范围内开展煤炭资源大调查，而遥感作为重要的技术手段，被广泛应用在 1 : 20 万的区域性矿资源远景分析与评价、1 : 10 万以及 1 : 5 万遥感地质填图之中，在中国新疆阿勒泰地区、云南彝良马河、四川等地，取得了重要成果。中国煤炭地质总局航测遥感局于 2007 年 10 月 22 日首次起草制定《遥感煤田地质填图技术规程》，为遥感技术在煤炭地质填图工作提供了工作指南。

应用实例 2：在多金属矿勘探中的应用

2010 年，中国煤炭地质总局承担了中国地质调查局 2010 年度下达的“昆仑—阿尔金成矿带地质矿产调查（计划项目）所属工作项目“西昆仑成矿带矿产资源遥感综合调查（2010 — 2012）”。西昆仑地区高寒缺氧，地形切割强烈，地势险峻，人烟稀少，交通极为不便，植被稀疏，基岩裸露，生态环境脆弱（图 3-14），面积性的野外地质调查工作往往面临挑战，常规勘探手段难以实施。

（a）作业区的地形地貌　　（b）作业区9月份的气候环境

图 3-14　西昆仑地区的自然环境

中国煤炭地质总局“西昆仑成矿带矿产资源遥感综合调查（2010—2012）”项目组，牢固树立生态保护第一的新理念，打破传统思维，切实把生态保护放在首位。充分发挥遥感技术优势，走绿色勘探之路。运用遥感技术在西昆仑高寒、高海拔、低植被覆盖区开展一系列遥感找矿工作，建立了多种遥感找矿模型。实践表明，高分遥感技术在西昆仑、东昆仑、花牛山地区矿产地质综合调查中作用显著，为实现找矿工作的快速突破创造了条件，并为遥感技术在相同或类似地区的找矿工作提供依据和借鉴。

详见第十章绿色勘探工程案例之一：“发挥遥感技术优势，走绿色勘探之路”。

应用实例 3：在铀矿勘探中的应用

我国利用遥感技术找铀工作始于 20 世纪 70 年代中期，首先利用陆地卫星图像华南基底断裂系、环状构造及铀矿分布规律进行了研究；80 年代中期，通过对内蒙古狼山地区的遥感地质解译概括出了该区域层控铀矿的影像模式；90 年代初，利用遥感技术在伊犁盆地成功解译了第四系覆盖下的隆起区和坳陷区，发现了一条东西向断裂富水带控制着该区铀矿床的空间分布，为覆盖区遥感应用做出了良好的示范；到了 90 年代末期，将雷达技术和高光谱遥感技术引入到铀矿勘探应用中，在吐哈盆地、准噶尔盆地和苗儿山地区进行了应用。21 世纪以来，遥感技术在铀矿地质中的应用也进入了新的发展阶段，利用遥感技术进行与铀矿有关的岩石矿物（蚀变）分类和填图，实现铀矿绿色勘探，发现砂岩铀矿的产出与后生蚀变具有密切关系。

应用实例 4：在岩溶地区找水勘探中的应用

四川省万源市属岩溶石山区，连年干旱，地表水枯竭，人、畜、工业用水困难，成为制约当地社会和经济发展的主要问题之一，当地政府曾经提出拦河筑坝引水供水设想。1999 年，四川省核工业地质局采用遥感与核地质及其他物探等技术手段，对城北水源地进行了勘探，首先进行了遥感地质调查，调查面积达 $400km^2$，认真对处理后的 TM 图像做了岩溶水文地质遥感分析和地质解译，认识到了断裂带深岩溶和河谷深岩溶的发育规律及控制因素，确认城北区内存在丰富的地下水资源，再经过核物探等勘探技术手段复验，找到了以观音峡为代表的管道岩溶水，最后通过钻探揭露，成井 3 口，钻探 2843.78m，允许开采水量 $2.69\times10^4m^3/d$，为万源市提供了一个中型供水基地。

第二节 高光谱、热红外遥感技术

一、高光谱遥感技术

高光谱遥感技术是由以 Landsat 为代表的多光谱遥感技术演化发展而成，于 20 世纪 80 年代中期初步成型，因其光谱分辨率高和图谱合一的优点，高光谱遥感技术具备从空间大尺度上精细探测和分析地表岩石矿物成分的能力。其不仅能提供地面宏观影像，而且可在像元级别的细节上确定地质体中矿物的种类和丰度、甚至某些矿物的化学成分等信息。高光谱遥感技术在勘探领域的应用得到了加速推广，从大型成矿区带到中型规模的矿田，高光谱遥感技术在地质填图、热液蚀变带的界定划分和矿化异常区的圈定和判别等方面，都起了重要作用。

二、热红外遥感技术

随着新型热红外传感器的相继问世及热辐射相关理论的不断发展，热红外遥感在地下煤火勘探领域呈现出了巨大的应用潜力。

利用卫星过境同时段红外辐射计的地表温度观测数据，通过多种方法获取了像元尺度的地表温度实测值，并对基于TM数据反演地表温度的单窗算法、普适性单通道算法和Weng算法得到的地下煤火区地表温度进行对比分析与验证，选取最优反演算法。然后对多时相Landsat5 TM（Thematic Mapper of Landsat-5）和Landsat7 ETM+（Enhanced Thematic Mapper of Landsat-7）遥感数据进行简单归一化处理，对比分析多种遥感热异常信息提取模型，选取合适的遥感热异常信息提取方法，针对提取出的地下煤火热异常信息进行时间和空间角度地表热异常信息动态监测分析，提取火区地表热异常流程如图3-15所示。

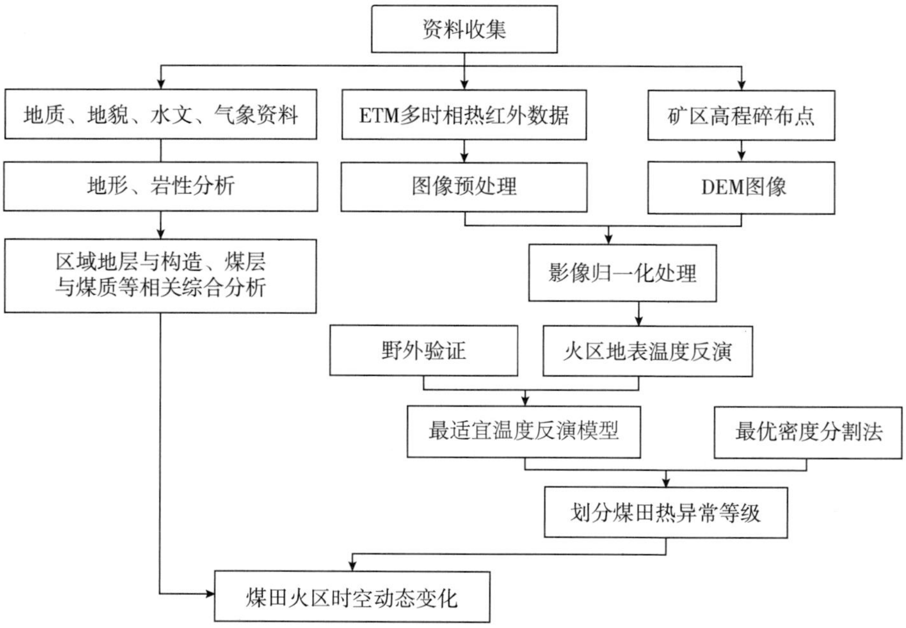

图3-15 提取火区地表热异常流程图

三、高光谱、热红外遥感绿色勘探技术应用范围

随着高光谱技术的发展，成像光谱仪的光谱分辨率和空间分辨率越来越高，因此，它的应用越来越广，已在大气探测、植被调查、农作物估产、冰雪覆盖调查、土地利用监测、海洋叶绿素浓度调查，岩石、矿物填图方面进行了大量应用。岩矿识别、矿物丰度制图以及找矿勘探是成像光谱应用的主要方向，也是率先应用的领域。通过对矿物种类、丰度和成分的识别，特别是与成矿作用密切相关的蚀变矿物的识别，可以用来有效地圈定热液矿化蚀变带，定量或半定量估计相对蚀变强度和蚀变矿物含量，给出对成矿作用的规模和强度的有益认识，这对加强矿产资源调查，为矿产资源调查寻找靶区和新发现矿产地提供了可靠的理论依据。

热红外遥感对研究全球能量变换和可持续发展具有重要的意义，在探矿、探地热，岩溶区探水、地表温度反演、城市热岛效应、林火监测、煤层自然、旱灾监测等领域都有很广泛的研究。

第三节 雷达、微波新遥感技术

一、雷达、微波新遥感技术概述

微波遥感技术是通过接收地物在微波波段（波长为1mm至1m）的电磁辐射和散射能量，以探测和识别远距离物体的技术，微波遥感技术具有全天候昼夜工作能力，能穿透云层，不易受气象条件和日照水平的影响。微波遥感按其工作原理可分为有发射源的主动微波遥感和无发射源的被动微波遥感。

合成孔径雷达（SAR）就属于一种高分辨率二维成像的主动微波遥感，它也是目前微波成像遥感应用最广的技术。第一颗合成孔径雷达是1978年5月美国宇航局（NASA）发射的海洋一号卫星（Seasat-A），首次完成了地球表面$1\times10^8km^2$的面积测绘。而后40年间，SAR遥感技术凭借所特有的全天时、全天候以及对某些地物的穿透能力，广泛应用于全球变化、资源勘探、环境监测、灾害评估、城市规划等领域。

随着20世纪90年代雷达技术和SAR数据地学物理参数反演建模技术的进步，SAR技术的发展模式逐步实现了从技术推动到用户需求拉动的转换。如SAR、极化SAR可以测量土壤湿度、雪被深度和地质构造等；InSAR借助多次观测或者同步多视角观测数据可以进行干涉测量，从而实现目标三维地貌高精度成像和地壳微小移动高精度检测等。

InSAR技术是利用雷达向目标区域发射微波，然后接收目标反射的回波，得到同一目标区域成像的SAR复图像对，若复图像对之间存在相干条件，SAR复图像对共轭相乘可以得到干涉图，根据干涉图的相位值，得出两次成像中微波的路程差，从而计算出目标地区的地形、地貌以及表面的微小变化，可用于数字高程模型建立、地壳形变探测等。

InSAR技术的发展和应用，使我国的传统地质勘探工作从传统领域向环境地质、灾害地质等领域拓展，有效突破了人工实地排查、传统地面调查测量等传统识别方式的局限性，实现了传统的野外调查向运用先进遥感技术勘探手段转型。

InSAR对地观测是基于面状测量，无需地面现场测量作业，相对于传统“点状”地质勘探工作具有更加全面、合理和全局性，并且随着信息化、智能化等科学技术的不断发展进步，未来地质灾害的监测技术也将逐步向高精度、自动化、实时化的监测目标发展。而且，随着SAR卫星系统专业化发展、行业支撑和应用驱动，更多科研机构及从业者的知识不断积累和深入的研究，加上社会各行各业对InSAR技术的应用和认可，InSAR绿色勘探将成为我国地质灾害识别与监测领域重要发展方向。

二、雷达、微波新遥感技术在勘探中的应用

应用实例1：煤田火区探测

利用煤层燃烧的物理、化学特性进行探测具有一定的危险性，而且探测成本高、效率低，仅适用于小范围火区探测。由于新疆煤田火区涉及区域广、地质条件复杂，使得煤火区动态监测及有效治理变得愈发困难。遥感技术适合于进行大面积同步监测，具有获取信息速度快、周期短、全天时、全天候监测、经济效益高等特点，利用遥感手段进行地表温度反演和沉降监测，已成为煤炭灾害监测领域的一个重要研究方向。

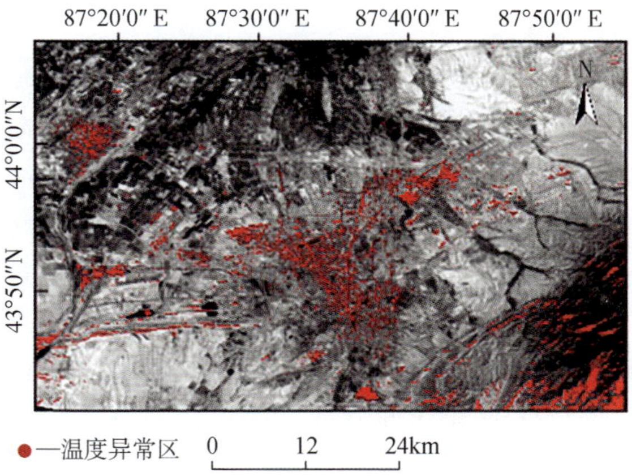

图3-16　研究区地表温度异常区

用于火区地表温度反演的是Landsat-8卫星的遥感数据，包括OLI数据和TIRS数据。采用高分辨率和具有广域覆盖的Sentinel-1卫星提供的工作模式为IW、极化方式为VV的SLC数据，用于火区地表变形监测。

利用单窗算法对Landsat-8数据进行地表温度反演，获取煤火区域的地表温度信息，同

时利用 TCP-InSAR 技术对 Sentinel-1A 影像进行处理，获取煤火区域的地表沉降速率；再对获取的温度异常区和火区地表变形范围进行叠加分析，最终获得疑似煤火分布区域。

如图 3-18 所示，经调查，$1^{\#}$区即为大泉湖火区，$3^{\#}$、$4^{\#}$、$5^{\#}$、$7^{\#}$、$8^{\#}$区地表有明显的煤矿企业工业广场；$2^{\#}$、$6^{\#}$、$9^{\#}$、$10^{\#}$区存在疑似煤炭堆放或煤层燃烧后形成的黑色区域，由此判断该类区域极有可能受到地下煤层燃烧的影响；$11^{\#}$区为建筑物密集区，该区分布有热力发电厂，导致误判该区域为煤火区的原因是电厂燃煤发电，产生的热量使得该区出现了温度异常，并且恰好该电厂所处区域也存在较大的地表沉降。

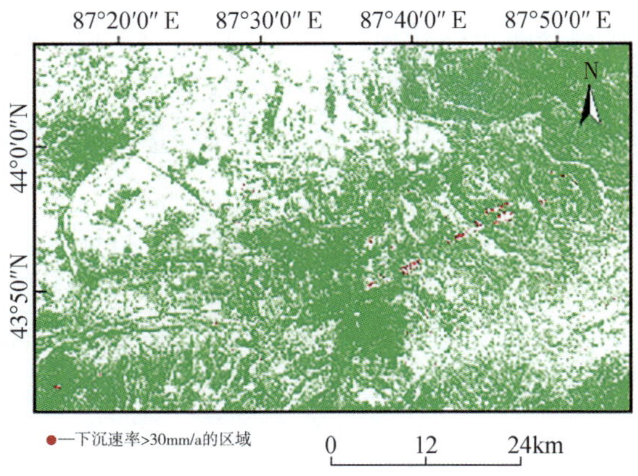

图 3-17　研究区域密度分割后的地表下沉速率

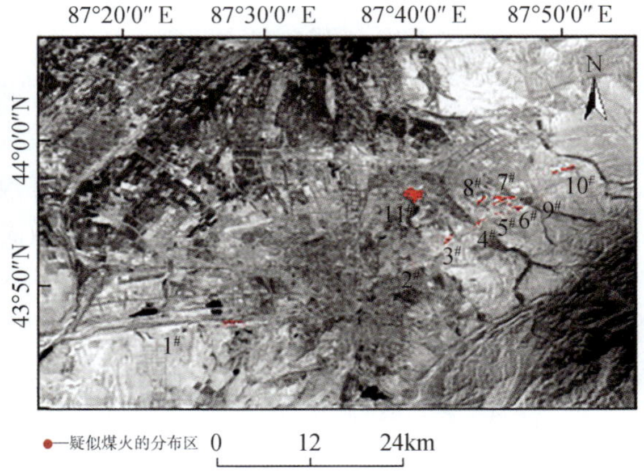

图 3-18　研究区疑似煤火的分布区域

通过上述实例分析，基于遥感技术的煤田火区探测是行之有效的，新型遥感探测技术的应用免去了地面勘探的施工过程，大大提高了工作效率，降低了勘察成本，整个勘探过程基于遥感大数据与先进信息技术处理手段，无污染无浪费，属于绿色遥感勘探的典型案例。

应用实例 2：水体污染遥感监测

矿产资源的开采和加工不仅对地表水和地下水造成大面积的污染，还会加剧土地的退化。矿山废水的排放、渗漏等导致周围河流也受到了一定程度的污染，从而影响人们的生活。因此，进行矿山环境治理，尤其是水污染治理的前提是要了解矿山周围水的分布及污水的范围。通过遥感技术可快速、大范围、周期性地监测水质及其动态变化，为矿山环境治理提供了有效的技术支持。

结合矿山开发区域特征，根据遥感影像光谱特征，选取辽宁省辽阳县兰河流域为研究区，以 Land-sat8 为数据源，在水体信息提取的基础上，通过实验对比，结合水体污染光谱曲线的差异，采用光谱对比法实现研究区污染水体的监测分析，进而为矿区污染的水质监测、水污染监测提供数据和技术支撑。

物质的含量不同对水体的反射率有很大的影响。基于此，不同污染程度水体对太阳辐射的反射和散射也不同，进而对遥感传感器的辐射也不同，所以通过水体光谱反射率的差异可以反映出水体污染的程度。研究区污染水体的数据用的是 landsat-8 数据，参考“合肥南淝河流域”黑臭水体的光谱曲线，而非污染水体则参考纯净水的光谱曲线特征。从水体光谱曲线上分析得到，被污染严重的水体在各个波段的光谱值平均值均高于非污染水体。

根据水体光谱差异，并结合区域光谱反射率阈值，将区域污染水体分为重度污染和轻度污染，监测结果如图 3-19 所示，其中蓝色为轻度污染水体、黄色为重度污染水体、绿色为矿山占地范围。根据图 3-20 显示结果，结合图 3-19 光谱反射率曲线表明，矿山的开发对周边区域水体带来了一定的污染，靠近矿山区域，由于政策的限制，矿山做了净化处理，所以中间一段污染较少，大部分为轻度污染水体，但距离矿山较远的上游和下游污染较为严重。

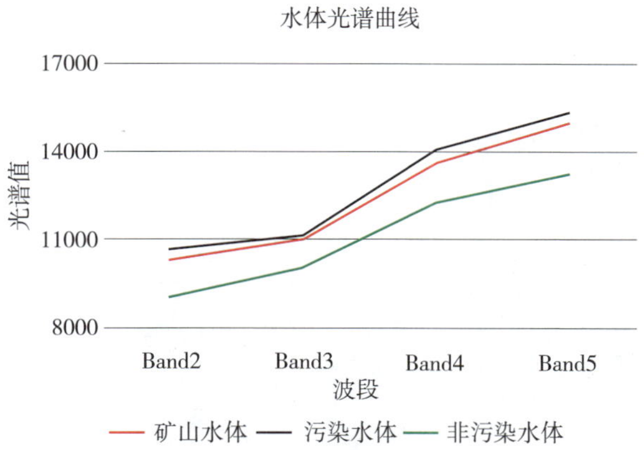

图 3-19　矿山水体与污染、非污染水体光谱曲线对比图

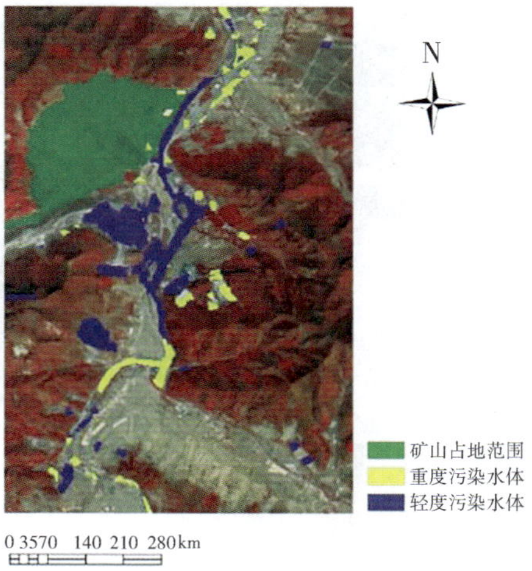

图 3-20　矿山污染水体光谱监测图

基于遥感探测技术的水体监控是水资源监控与保护的重要方法。通过遥感技术，快速识别、提取区域水资源分布，水体特征，为区域水资源开发、利用、保护提供重要技术支撑。

应用实例 3：生态地质环境调查

2009 年 4—9 月间，航遥中心开展了三峡库区数字航空摄影。应用 DMCI 型数字航摄仪，共飞行了 28 架次，获取了长江中上游江津—宜昌段全流域 40000km^{2}数字航空遥感影像，真实记录了反映三峡库区自移民迁建、175m 水位蓄水和“5·12”汶川大地震震后坝体微变化的遥感影像成果，制作完成了大量 DOM 图和 DEM，建立了库区三维仿真系统，实现了三维环境下地质解译；开展了生态地质环境遥感调查与监测，以及基于 LiDAR 的地质灾害调查，为深入开展三峡库区库岸稳定性、地质灾害和生态地质环境变化调查等工作提供了宝贵资料（图 3-21）。

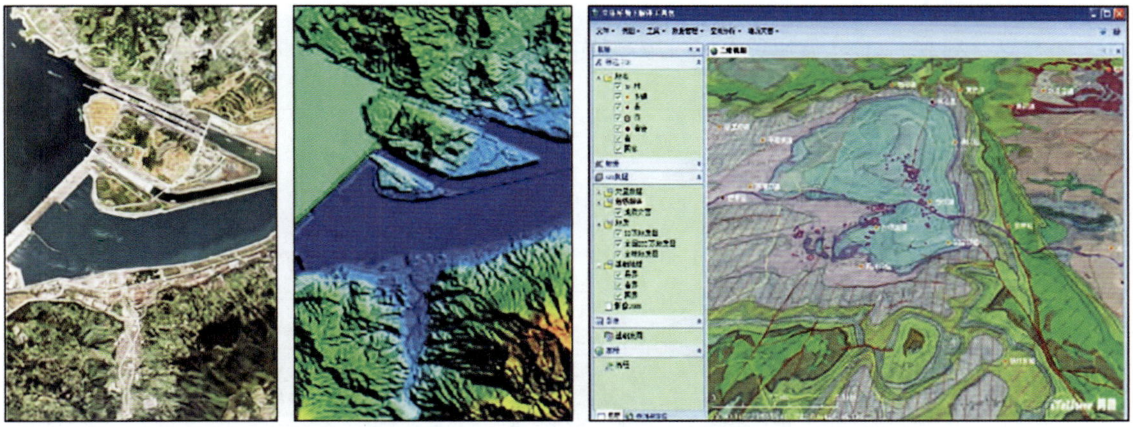

（a）DOM　　（b）DEM　　（c）三维仿真系统

图 3-21　三峡库区 DOM、DEM 成果和三维仿真系统

2018 年，使用 ADS100 型推扫式航空摄影仪，作业飞行 10 架次，获取了长寿至忠县段和巴东至秭归段长江两岸第一分水岭影像地面分辨率为 0.3m 的航空遥感影像 4000km^2，完成了三峡库区新一轮航空遥感数据更新，为解决库区资源环境和基础地质问题提供了最新的遥感基础数据。以此次推扫式航空遥感影像制作的 DOM、DEM 为主要数据源，参考历史遥感数据和背景资料，通过遥感解译和现场调查，查明了三峡库区长寿—秭归段消落带岸坡岩质类型与分布，解译出水库蓄水后滑坡、崩塌、塌岸、泥石流等新发生的地质灾害 221 处，分析得出库岸地形变化模式。其中，秭归县消落带变形模式分布图如图 3-22 所示。

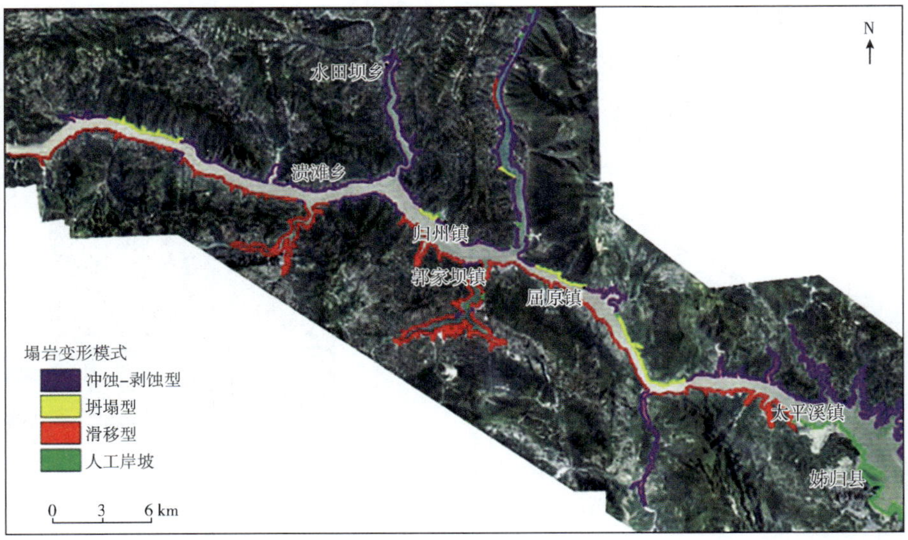

图 3-22　秭归县消落带变形模式分布

三峡库区的遥感探测实例证明在区域地质调查过程中遥感技术发挥重要作用。通过新型绿色勘探方法——卫星、无人机遥感技术，清晰呈现勘探区地形地貌、地质特征及潜在地质危害，为打造三峡生态工程提供技术支持，是绿色勘探领域的重要实践。

应用实例 4：地质灾害调查及灾害规律研究

1. 地质灾害调查：数据选用 2018 年 2 月分辨率为 1m 的高分二号、Google 影像数据（2015—2018 年）及 DEM 数据。利用 ENVI5.3、Arcgis10.4 对高分二号数据进行了几何校正、正射校正、图像融合等信息增强处理，用于该区 1∶5 万地质灾害解译，DEM 数据用于获取该区的各地灾点的坡度、坡向、前后缘高程等信息。同时结合地质图、土地利用规划图等对该区进行遥感地质解译及用地类型等进行解译。

2. 灾害规律研究：①地形地貌与研究区地质灾害的发育有着强烈的相关性，从图 3-24 可以看

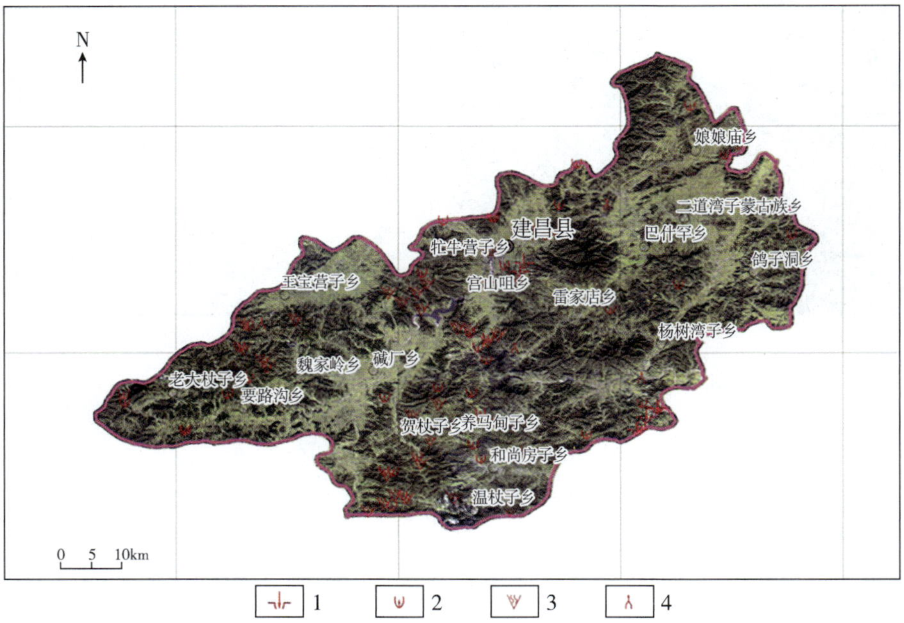

图 3-23　研究区地质灾害空间分布图

1—地面塌陷；2—崩塌；3—泥石流；4—滑坡

出，这种周围高向中部和东北部迅速降低的地势，形成了该区域山坡陡峭，沟谷短小而急促的地形特点，使大部分山谷呈“V”形。地质灾害点多分布于中西部剥蚀侵蚀低山丘陵及山前山间谷地，研究区坡向90°~250°之间滑坡和崩塌发育。

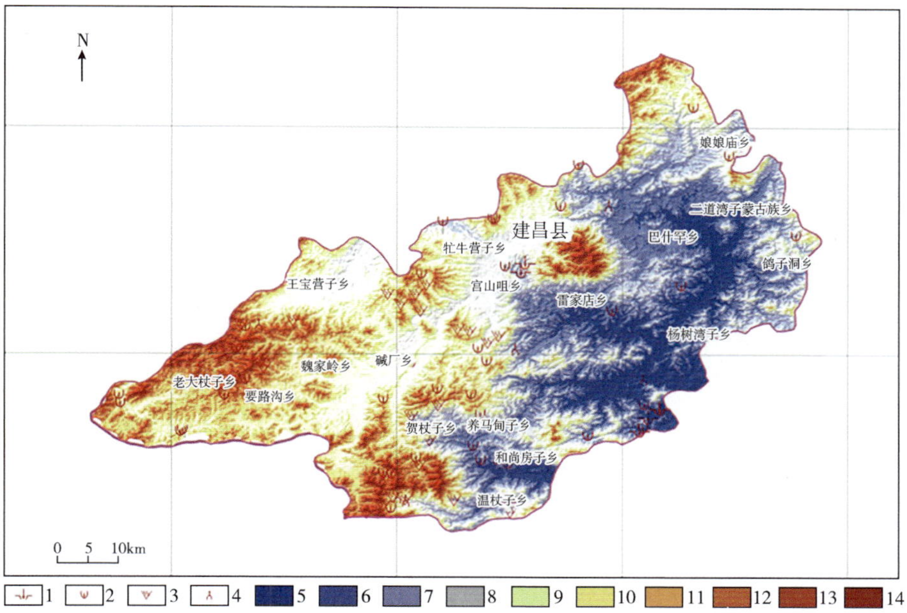

图3-24　研究区地貌与灾害点关系图

1—地面塌陷；2—崩塌；3—泥石流；4—滑坡；5—冲积低平原；6—剥蚀丘陵；7—缓隆起剥蚀低山；8—冲洪积平原；9—山间冲洪积谷底；10—山间坡洪积谷底；11—侵蚀剥蚀丘陵；12—侵蚀剥蚀低山丘陵；13—断块侵蚀低山；14—断块侵蚀中低山

②水系与地质灾害的关系，从图3-25中可以看出，崩塌与滑坡主要分布于主要支流旁，而泥石流多发育于支流汇集处。

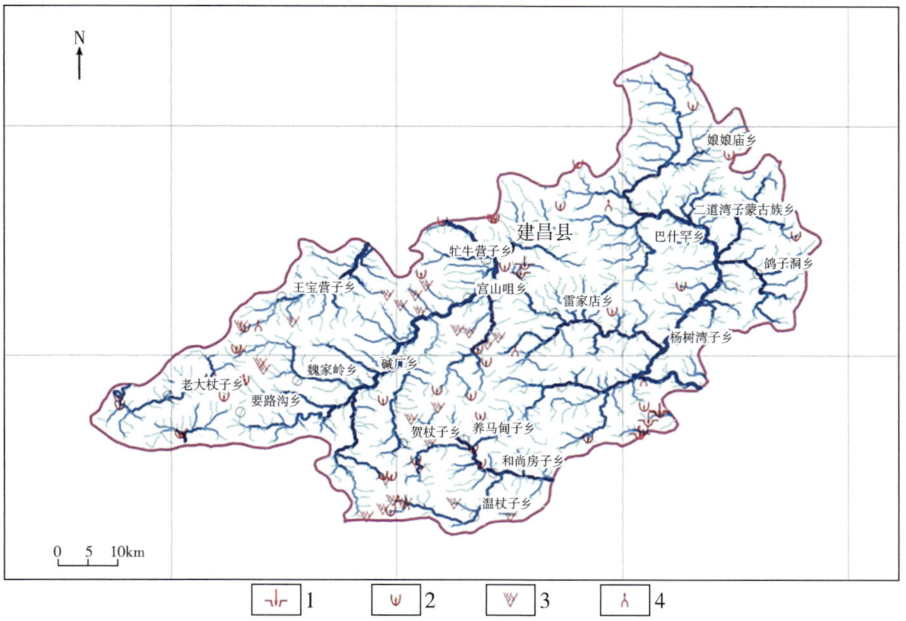

图3-25　研究区水系与灾害点关系图

1—地面塌陷；2—崩塌；3—泥石流；4—滑坡

实例证明新型绿色遥感探测技术在地质灾害监控与防治方面取得良好效果。通过遥感技术解译卫星图片，呈现区域地质灾害分布及特征，并与实际地质资料对比进一步研究地质灾害发生、运移规律，为地质灾害科学防治提供技术力量，对保护生态环境、人民群众生命财产安全起到积极作用。

第四章　地球物理勘探新技术

随着物探技术的发展，物探的新方法、新技术和无人机的推出，物探仪器装备更加快速、灵活、便携与智能化，精度、灵敏度的不断提高，抗干扰能力的增强，同时可进行多道和多参数的采集，使得地球物理探勘深度和精度不断增加，仪器装置更加节能、快捷、高效、环保，节约了人力与物力，工作效率和经济效益大大提高，从源头上减少对生态环境的扰动，更加精准的指导布设钻孔，也更加适合复杂的矿山环境勘探，减少工程量。绿色物探的实施正一步一步为绿色勘探做出贡献。

地球物理勘探数据处理的软件不断推陈出新，如三维反演，多参数联合反演、三维可视化技术逐渐应用于生产，对数据的分析处理更加快速、高效，图像分辨率不断提高，后期编辑处理干扰数据能力提升，软件的发展为解译提供了更多可靠的依据。

总的来说，传统的物探方法及软硬件经过不断的发展，轻便、快捷、绿色环保、高分辨率、三维反演及解译成为主流趋势，目前在矿山应用较广的是电磁法及地震类方法，随着新型绿色勘探要求的提出，航空类物探方法及天然场源类电磁法拥有广阔发展前景。

第一节　无人机航空物探技术

航空物探技术是地球物理勘探技术与航空技术的结合，随着航空技术、电子技术和计算机技术的有机结合，勘探地球物理技术无论是在仪器设备和方法技术，还是在成果解译和服务范围等方面都得到了很大的发展。我国航空重力技术、航空放射性仪器从无到有，航空磁测技术、航空电磁技术发生了质的飞跃，多种航空物探仪器实现了向高精度、小型化、集成化的方向迈进，达到世界一流水平，实现了航空物探技术的跨越式发展，形成了重、磁、电、放种类基本齐全的航空物探勘查方法体系，作为航空物探中的老方法航空磁测，继续保持旺盛的生命力和良好的前景。

早期的“有人机航空物探”，物理仪器的飞机还不能独立使用，需要人的同行，靠人来驾驶飞机、操作仪器，存在着作业人员的安全风险。

无人机航空物探是无人机与航空物探仪器设备有机结合形成的航空物探技术的一个新兴分支。近年来，随着无人机制造业的迅猛发展，无人机航空物探技术也得到了快速提升。无人机航空物探系统具有体积小、重量轻、生产成本低、能实现多种起降方式等特点。可在复杂地形环境中执行繁琐的、重复性很高的飞行测量工作，最重要的是不会因超低空飞行事故造成人员伤亡，因此，无人机航空物探技术日益受到地质勘探业及各界的广泛关注。

目前我国的无人机航空物探技术已挤身世界先进国家的行列。国产彩虹-3 型中型无人机平台（图 4-1），翼展 8m，商载 160kg，续航能力达 12h，巡航速度 180km/h，低空飞行高度 100m，测控范围 200km，测控精度±5m，采用轮式滑跑起降。

我国地域辽阔，地质条件复杂，很多有用的矿产资源大多分布于人迹罕至的山区、峡谷、荒漠化区域，随着社会经济持续快速发展，西部大开发形成新格局，加快基础设施建设是重点，铁路、公路、水利等大型基础设施建设项目剧增，无论是进行矿产地质勘探，还是进行工程地质勘探，由于高寒山区地形和地质条件复杂、交通不便甚至没有道路，导致常规地质勘探手段难以实施，地面物探工作难以开展，而无人机作为一种使用操作灵活、成本低、无人员伤亡危害的高效空中移动探测平台，有着非常广阔的使用前景。

图 4-1　国产 CH-3 中型无人机航空物探（磁/放）测量系统

应用实例 1：

2013 年，在黑龙江多宝山矿区，使用国产 CH-3 中型无人机航空物探（磁/放）测量系统完成了 200km^2 的飞行测量工作，完成测线 2000km，平均飞行高度 120m，飞行速度 160km/h，飞行姿态平稳，航次补偿精度为 0.054nT，航测数据调平前总精度 2.5nT，调平后总精度 1.77nT，取得了良好的应用效果，标志着我国首次实现无人机航空物探面积性测量，并取得了圆满成功。

应用实例 2：

2014 年，在新疆克拉玛依进行了 2500km^2 的测量工作，完成测线 11600km。该地区地形复杂，属于中—低山区，海拔最高 1500m、最低 400m，相对落差 1100m，地形切割较剧烈。测量工作有效地克服了复杂地形的影响，突破了在复杂地形山区应用无人机超低空飞行航空物探测量的技术瓶颈，最终航磁补偿精度达到了 0.02nT，实际测量总精度为 1.2nT，大于优于现行航空磁测量及封规范中补偿精度≤0.08nT、总精度≤3nT 的要求，应用效果良好。

图 4-2　无人机执行航空物探任务

第二节　三维地震勘探技术

地震勘探是利用人工激发的地震波在弹性不同的地层内传播规律来勘探地下的地质情况。三维地震勘探技术是在二维地震勘探技术的基础上发展起来的重要的地球物理勘探方法之一。它是一项集地质学、物理学、数学、计算机学等于一体的综合性应用技术，其目的是使地下目标的图像更加清晰，位置更加可靠，形态更加真实，细节更加突出，可大大提高对地下目标体的认识和勘探的成功率。

一、工作原理

三维地震勘探主要依靠人工激发的地震波在地下岩层中转播遇界面形成的反射来判断和确定地下岩层界面的埋藏深度和形状，主要由采集野外地震数据、室内处理地震数据、分析解译地震资料三个工作步骤。

二、勘探技术特点

与重力勘探、磁法勘探、电法勘探、化学勘探及二维地震勘探相比，三维地震勘探有着显著的特点和优越性。

（1）三维数据采集不存在二维数据采集时来自非射线平面内的侧面反射波。

（2）按三维空间成像处理，可真实地确定反射界面的空间位置。

（3）三维观测可以避开地形、地物的障碍，对地表条件适应性强。

（4）三维地震勘探资料的完整统一性及显示技术的现代化，更便于人工联机解译。

（5）三维地震勘探获得信息量丰富，地震剖面分辨率高，三维观测对资料有更大的保真度，相位数据更齐全。

三、勘探方法

在地面上按照设计要求布置测线（两组测线相互垂直），沿测线进行地震勘探作业（图 4-3），依靠震源（井炮或可控震源），采用面线接受方式采集地下地层（地质体）反射回地面的地震波信息，经过计算机处理后得到三维数据体。之后，地质工作者可根据工作需要提取地质信息，获得相关平面图、剖面图、三维可视图、构造图、断裂分布图、沉积相图等。

图 4-3　三维地震野外作业场景

四、适用条件

适用于矿山领域大面积详查、精勘工作。地质构造探查、地层信息探查、矿产资源赋存及分布探查、地质异常体（区、带）探查及解译；适合地形较平缓、人文因素少、基岩埋深较浅且深度较平均的区域，可取得良好的探测效果。

五、应用实例

应用实例1：三维地震勘探技术探测识别陷落柱

陷落柱是我国煤田广泛存在的一种地质构造，且极富区域特色，在山西、河北地区分布较多，并以汾河沿岸、太行山东西麓矿区最为发育。华北石炭系—二叠系煤系的基底，存在有溶洞非常发育的奥陶系石灰岩，由于地下水的长期溶蚀，这些溶洞愈来愈大，在地质构造力和上覆岩层重力的长期作用下，有些溶洞发生塌陷，覆盖在上面的煤系地层也随之陷落，由于这种塌陷的剖面形态为柱状，所以称为陷落柱（或者，由于下伏易溶岩层，经地下水强烈溶蚀，形成大量空洞，从而引起上覆岩层失稳，向溶蚀空间冒落，塌陷所形成的筒状柱体，简称陷落柱）。煤矿典型的不同类型的陷落柱见图4-4。

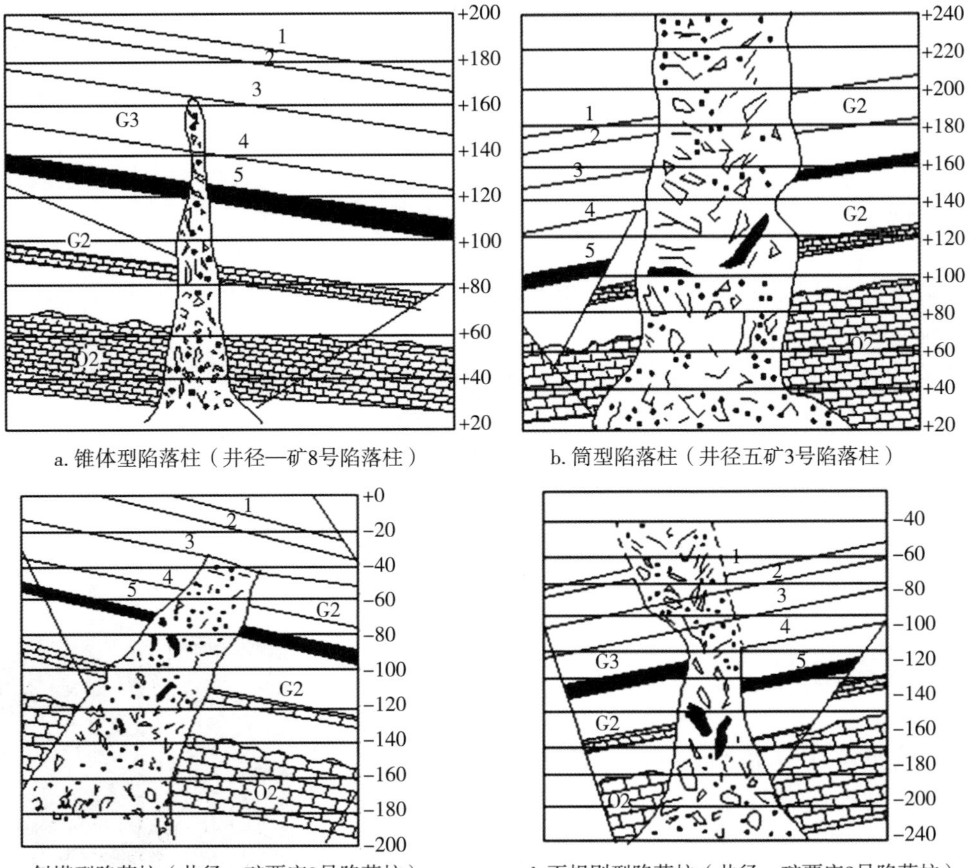

a. 锥体型陷落柱（井径一矿8号陷落柱）

b. 筒型陷落柱（井径五矿3号陷落柱）

c. 斜塔型陷落柱（井径一矿贾庄9号陷落柱）

d. 不规则型陷落柱（井径一矿贾庄8号陷落柱）

图4-4　典型煤矿陷落柱示意图

（据王良等，1988）

陷落柱特殊地质体的性质也决定了它在地震剖面上表现形式的特殊性。陷落柱地震反射特征为大部分平面上呈椭圆状，时间剖面上显示为反漏斗状，其地震反射为杂乱反射、振幅异常、相位延迟等现象（图4-5）。

在陷落柱内部，地震反射波到达时间延迟，能量弱，相位下凹，甚至出现反射波凌乱。较大的陷落柱的地震响应在时间剖面上表现为标准反射波的中断；而较小的陷落柱的地震响应在时间剖面上表现为在陷落柱发育的部位受陷落柱边棱绕射不能完全偏移归位的影响，仍然有绕射波残余的存在，但该段反射比正常标准反射能量弱（图4-6）。

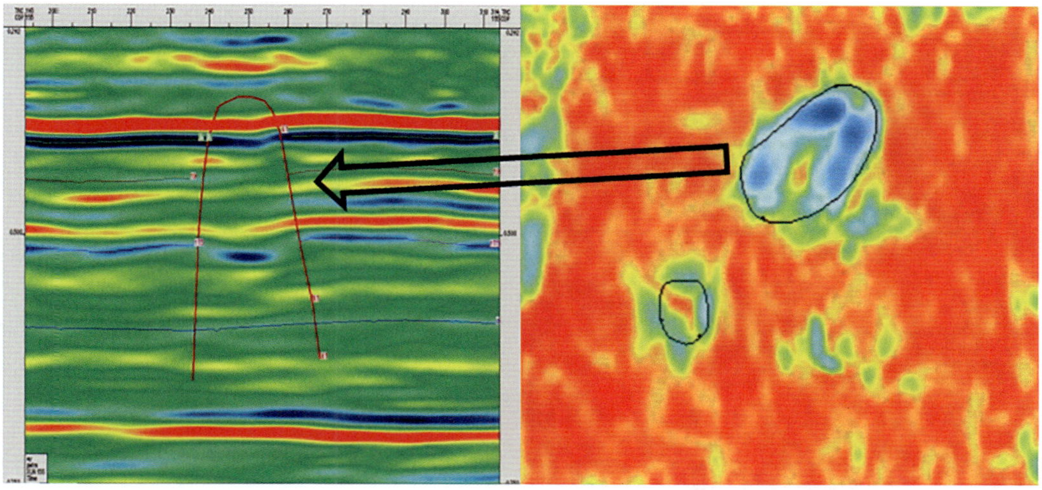

图 4-5　陷落柱在时间剖面上（左）和相干体属性平面上（右）的显示

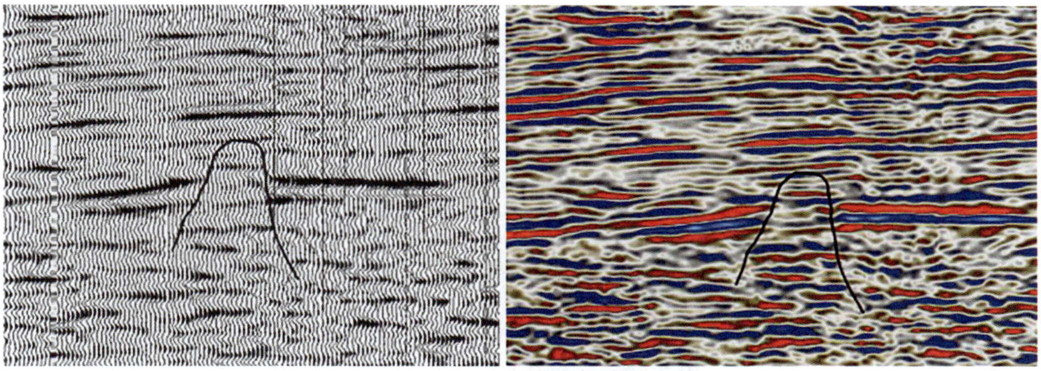

（a）大陷落柱

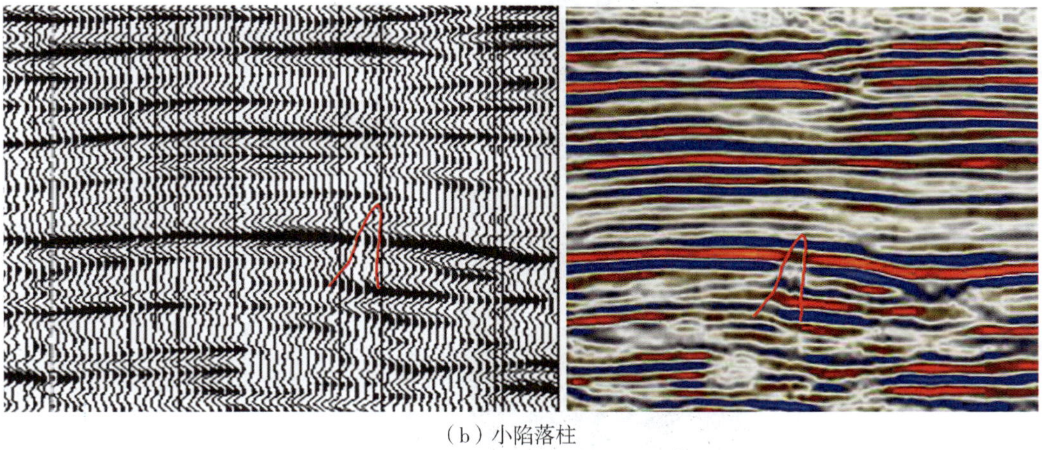

（b）小陷落柱

图 4-6　陷落柱在地震时间剖面上的显示

三维地震勘探技术应用于阳煤新元矿区，在采区 3#煤层实际揭露发现了长轴直径≥20m 的陷落柱 6 个（图 4-7），区内含煤地层中煤层顶底板基本上以砂岩、粉砂岩、炭质泥岩为主，煤层埋深 400m～780m。示范区内主要含水层是煤系以下的上马家沟组岩溶含水层，富水性强，但距煤层远，正常情况下不会危及开采，但遇到导水裂隙、断层、陷落柱时，奥陶系形成的灰岩中所含的水会涌出。因此对陷落柱的精细解译对矿方的安全生产尤为重要。

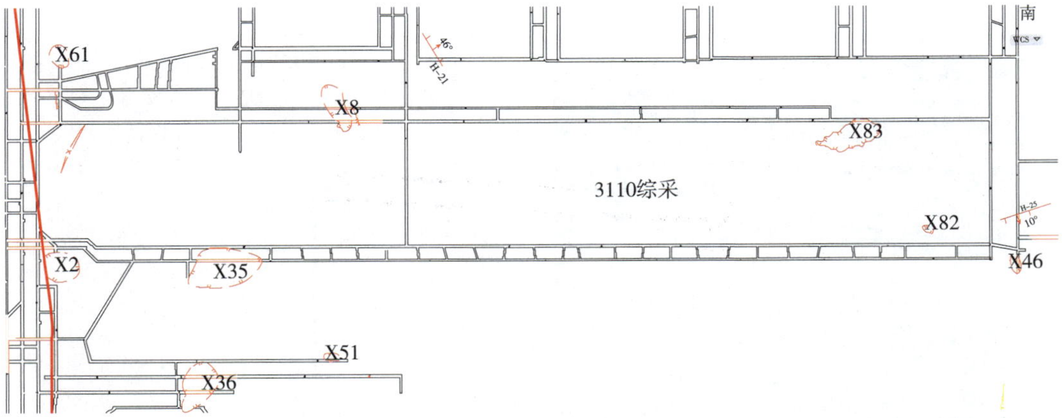

图 4-7　实际揭露的陷落柱分布图

应用实例 2：三维地震勘探技术探测煤层异常区

桃园煤矿北翼采区 10 煤层中因构造产生的破碎带较为发育（蓝色异常带、浅蓝色异常带），大多破碎带多呈线性条带状分布。除了以上所述线性条带状分布的断层破碎带异常外，本书另一方面关注的是因陷落柱（或隐伏陷落柱）造成的煤岩层破碎及裂隙发育呈团块状异常特征。

从图 4-8 分析可知，区内 10 煤层中发现 7 个异常区（A、B、C、D、E、F、G）分布在本研

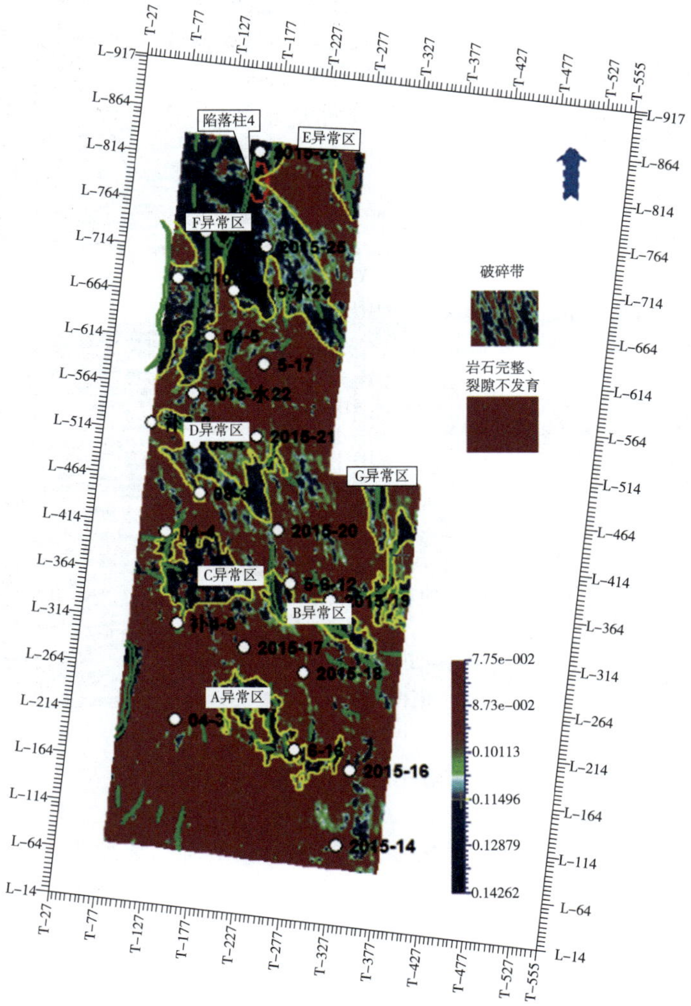

图 4-8　桃园煤矿北翼采区 10 煤层（±10ms）波形差异性层间统计属性特征图

究区内，而在高精度三维解译中相应解译为异常区、冲刷区、煤层变薄区等。通过主采煤层煤层典型波形差异异常区属性特征分析成果表明，利用三维地震资料，基于波形差异属性特征的岩石完整性（或破碎性）分析研究，不仅有利于对断裂发育带、陷落柱（或隐伏陷落柱）等异常发育区进行客观的分析与识别，而且，对异常的导水通道的分析、识别、解译更为直观。

应用实例3：三维地震勘探技术探测采空区

图4-9为三维地震勘探在采空区勘查中的典型成果，图中地震波同相轴中断、消失，为典型采空区反映。

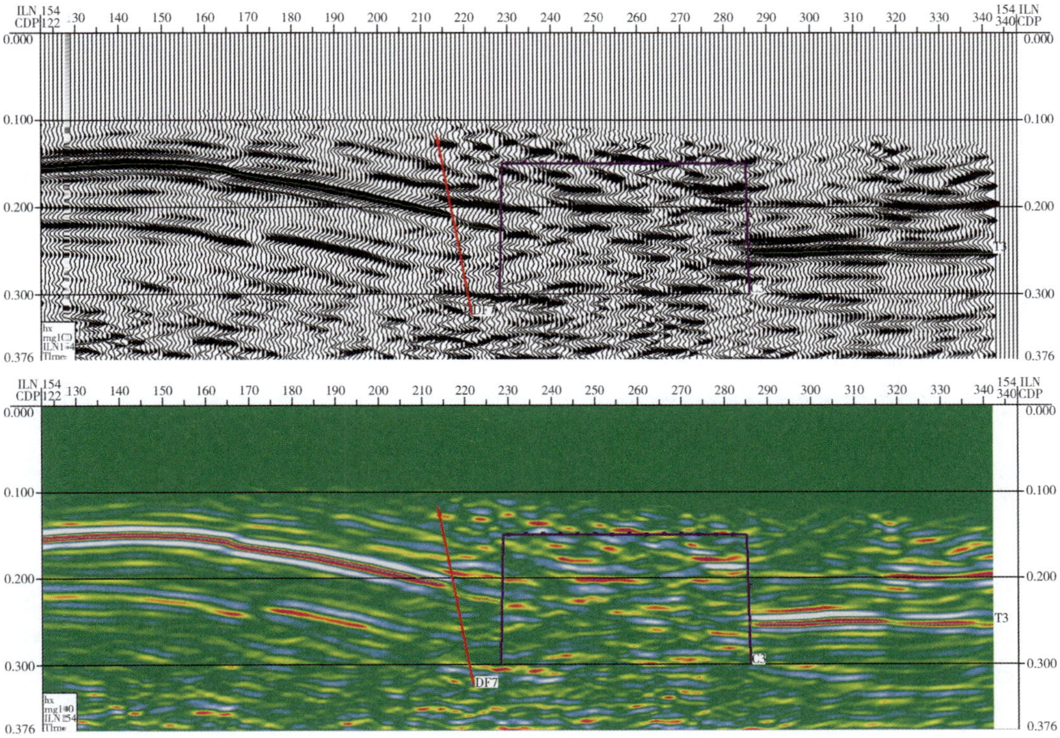

图4-9 典型采空区地震剖面

第三节 微动勘探技术

地球表面时刻都处在一种微弱的震动状态下，这种连续的微弱震动称为微动。

微动是由体波（P波和S波）和面波（瑞雷波和勒夫波）组成的复杂振动，其中面波的能量占信息总量的70%以上。微动没有特定的震源，振动来自观测点的四面八方，主要源自两个方面。一是由车辆、机器及人类日常生活、生产活动频率大于1Hz的高频信号源；二是各种自然现象，包括潮汐变化与海浪对海岸的撞击、江河水流动、天气（雷、雨、风）与气压等现象产生的频率小于1Hz的低频信号源，它们在时间和空间上具有无规律性和无重复性的特点。

一、工作原理

微动勘探技术是近年来在传统微动测深的基础上发展起来的一种探测新技术，它是以平稳随机过程理论为依据，利用拾震器在地表接收各个方向的来波，通过空间自相关法从微动信号中提取面波（瑞雷波）频散曲线，经过对频散曲线的反演获取地下介质的S波速结构，从而进行岩性分层级构造分析的新型地球物理勘探方法。

微动勘探不同于常规地震勘探（图 4-10），无需人工震源，是通过技术手段，采用独特的观测方式（最常用的是三角观测台阵），接收和提取自然界各种微弱震动中的面波信息，利用随机过程理论对微动的频谱在时间域和空间域的各种特性进行分析，获得频散曲线，反演地层横波速度进行勘探的。

如图 4-11 所示，图中 r 为圆形观测台阵半径，在采用 SPAC 法反演计算时，最大探测深度 H 与观测半径 r 之间通常存在以下关系：$H=(3\sim5)\times4r$。圆心处布设 1 台采集器，圆周上至少布设 3 台采集器，一次观测可获得测点下方地层介质的横波速度及界面深度。成线性排列的测点构成探测剖面。

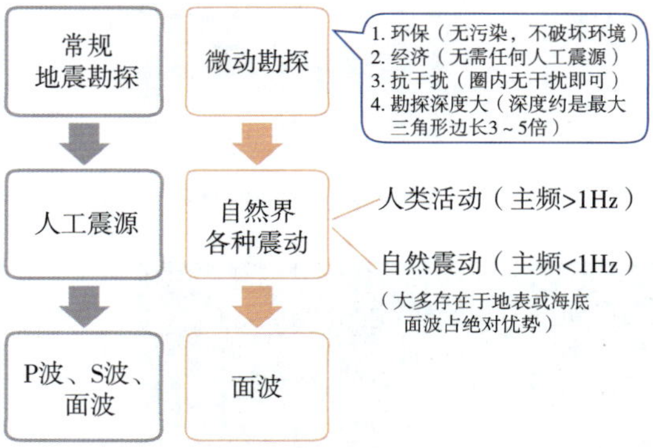

图 4-10　微动勘探与地震的区别

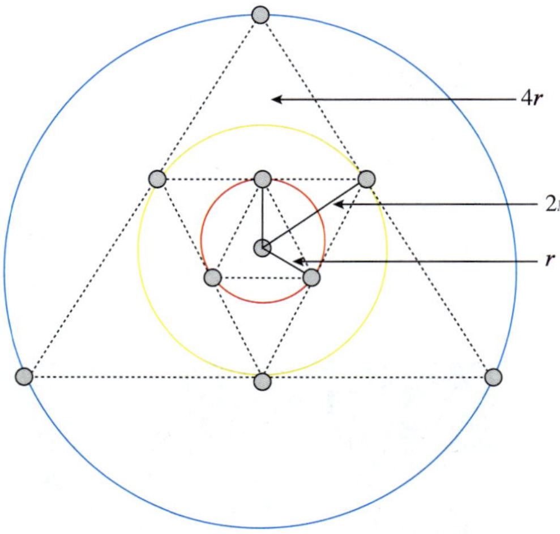

图 4-11　微动单点探测台阵布置方式

二、特点

微动勘探技术采集天然微动，不受场地限制，无需任何人工震源，抗震动干扰能力强，即可达到勘探目的，有利于保护环境；野外作业简便，勘探周期短，成本低；由于是面波勘探不受浅层高速层屏蔽作用的影响、不受浅层高速层屏蔽作用的影响、不受电磁环境干扰，无盲区，浅层勘探精度更高；速度结构分层比电磁法分辨率更高，对地层分界、采空区边界反映明显。微动勘探技术是基于天然振动源面波信号，可实现无损勘探，对环境友好，符合绿色勘探理念，一种绿色的勘探技术方法。

三、技术指标

根据台阵观测半径大小，传感器自然频率，设备灵敏度，勘探深度从地表以下近千米。

四、适应范围

微动勘探技术适应于浅—中层地震勘探，无需人工震源，可实现三维动态监测，适用于地表地质灾害区监控，采空区边界、地质异常体探查。尤其适用于地面障碍物覆盖及环境振动干扰区的构造勘探，在构造、采空区、岩溶、覆盖层勘查方面取得良好应用效果，也逐渐成为矿产资源和能源勘探及岩土工程地质勘探的重要物探手段。

五、典型实例与成果

微动应用实例：微动勘探技术用于岩溶探测

测区开展瞬变电磁法与微动探测，在同一测线，相比常规瞬变探测，微动探测信息更加丰富，浅层探测分辨率更高，岩性界面更清晰。分析微动探测成果，在相对均一岩性的岩层中出现的两个相对封闭的低阻异常体，推测为岩层中发育溶洞。后经施工 BZK16 和 BZK17 钻孔揭露出溶洞，而瞬变探测成果无明显反映（图 4-12）。

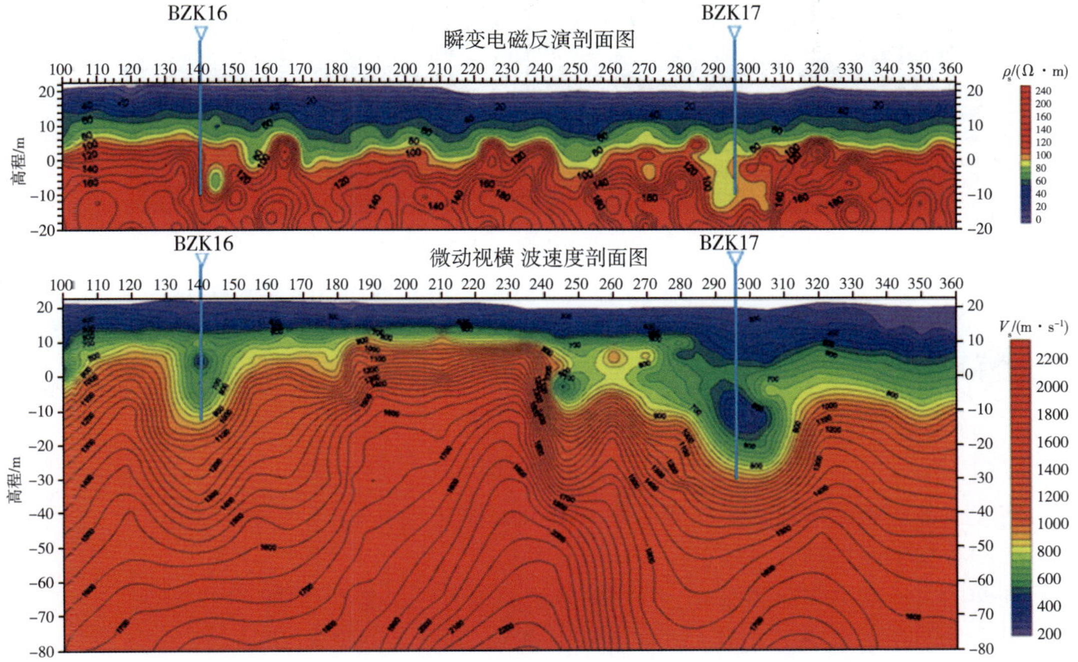

图 4-12 微动探测结果

微动方法是绿色地球物理勘探的最新发展与应用，在多个勘探领域取得良好效果。因其采用天然场源、测深大，不受地物及人工震源影响，成为绿色地震方法的典型。由于其特殊的工作原理，实现了地震方法的实时监控、监测，使得该方法在勘探、预报、监控、预警等领域大放异彩。

第四节 广域电磁勘探技术

一、基本原理

广域电磁法是通过人工接地场源建立谐变电磁场，向地下发送不同频率的交变电流，在广大的、不局限于传统“远区”的区域内，观测一个或多个电磁场分量，计算广域视电阻率，达到探测不同埋深地质目标体的一种频率域电磁测深方法。

广域电磁法是在现有人工原电磁法基础上，对现有理论进行创新并引入伪随机信号理论，继承了 CSAMT 使用人工场源克服场源随机性的优点，也继承了 MELOS 方法非远区测量的优势，构建了全息电磁勘探技术体系，形成了独具特色的一种新的电磁法勘探方法，将人工源频率域电磁法探测的深度延伸到了地下 8km，且具有较强的抗干扰能力，实现了频率域电磁法由平面波到曲面波的跨越。颠覆了频率域电磁法只能在“远区”测量的思路，可在不限于“远区”的“广大区域”测量的“广域电磁法”，提高了观测速度、勘探精度和野外工作效率（图 4-13）。

图 4-13　广域电磁勘探技术野外作业场景

二、特点

（一）技术特点

（1）将人工源频率域电磁法的探测深度由 1.5km 提升至 8km；
（2）频率数据密度提高 7 倍以上；
（3）同样的发送功率和探测深度，广域电磁法的信号强度是 CSAMT 的 125 倍；
（4）最大发送功率 200kW，最大发射电压 1000V，最大发送电流 200A。
目前，“广域电磁法”已经成为“深地”战略的关键支撑技术。

（二）应用特点

（1）勘探作业时不用放炮，不会形成对环境的破坏，能实现绿色勘探；
（2）施工效率高，与常规物探方法相比完成同等工作量的工期仅需一半时间；
（3）低成本，与常规物探方法相同工作量的投入仅需 1/4~1/20。
因此，广域电磁法被誉为“绿色、高效、低成本”的勘探技术。

三、应用范围

可用于能源矿产勘查，用于金属与非金属和煤炭及放射性固体矿产勘探，用于立体地质填图、地热资源、水文地质、工程地质、环境地质、灾害地质等调查，用于常规及非常规油气藏、干热岩压裂实时电磁监测，探测其他与围岩存在电性差异的目标体等。

广域电磁法适合于全域计算视电阻率，大大拓展了人工源电磁法的勘探范围。

四、应用条件

（1）目标体与围岩存在明显的电阻率差异；
（2）目标体有足够的规模可以分辨；

（3）测区内无强烈的电磁干扰；

（4）测区内地形地貌条件适合场源布设与野外数据采集。

五、典型实例与成果

应用实例 1：广域电磁法应用于江西省朱溪钨铜矿深部勘探

江西省朱溪钨铜矿拥有世界最大规模的钨矿储量。由于地质构造复杂，尤其面对 3000m 深度的精细勘探要求，矿体这么深，常规的物探方法无能为力，它们根本得不到相关的信息。采用了广域电磁勘探技术与装备后，获得了该矿区 3000m 深度范围内电阻率的精细分布，首次清晰地揭示了深部控岩控矿构造，与钻探揭露结果一致，为后续勘探提供了科学依据。江西朱溪钨铜矿深地探测是我国“深空、深海、深地”三深战略中的一个生动案例，中央电视台给予了报道（图 4-14）。

图 4-14　中央电视台 2019 年 1 月 8 日报道（截屏图）

应用实例 2：广域电磁法用于探测岩溶裂隙

某研究区 D3-2 线 1204-1254 号点广域电磁法原始数据曲线（图 4-15）。

D3-2 线中 1204-1254 号测点的广域电磁法视电阻率-频率原始曲线（图 4-16）。

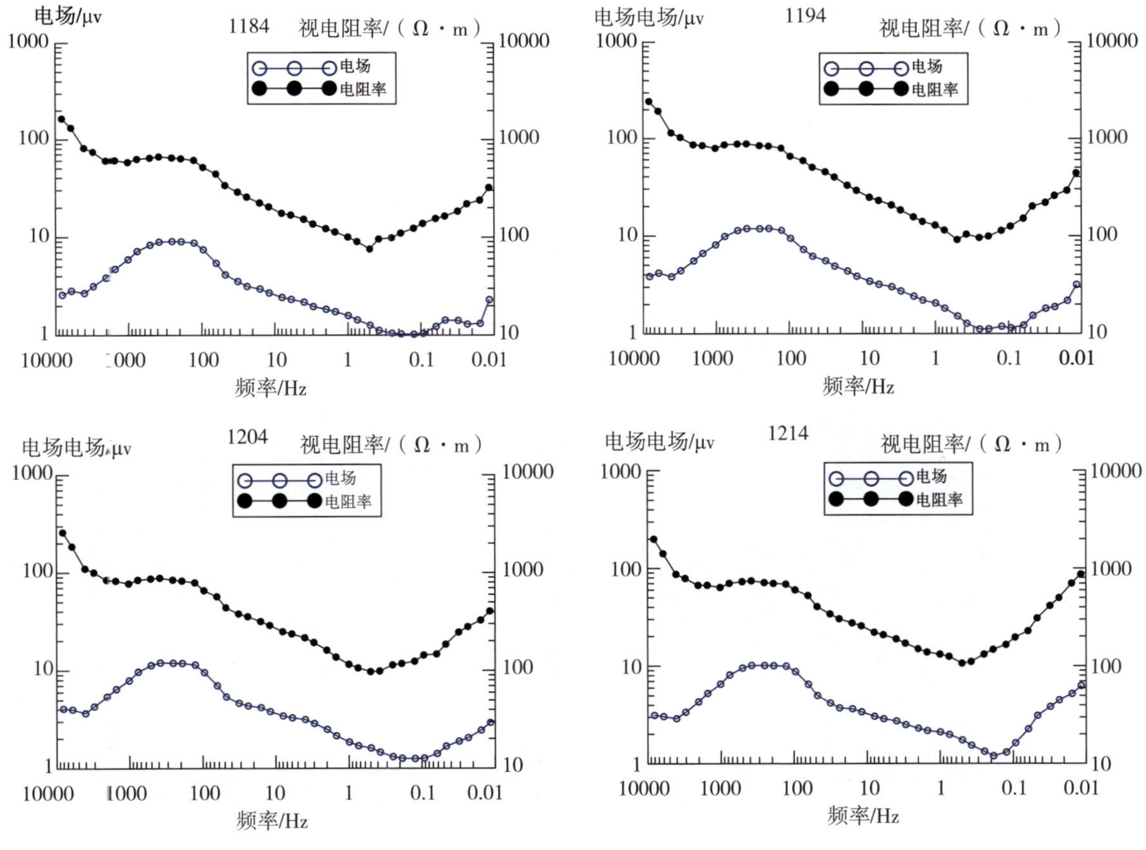

图 4-15　D3-2 线 1204-1254 号点的广域电磁法原始曲线

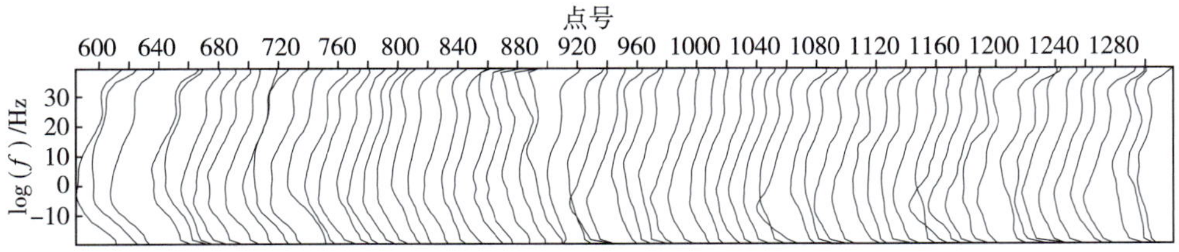

图 4-16　D3-2 线 1204-1254 号点的视电阻率原始曲线图

通过图 4-16 视电阻率原始曲线看到，勘探区内电阻率曲线主要为 HKH 类型，在测线 840-880 和 1200 附近电阻率曲线差异较大，分析推断主要为断层造成的。

频率-视电阻率拟断面图是广域电磁法资料分析解译中最基本的一种图件（图 4-17）。

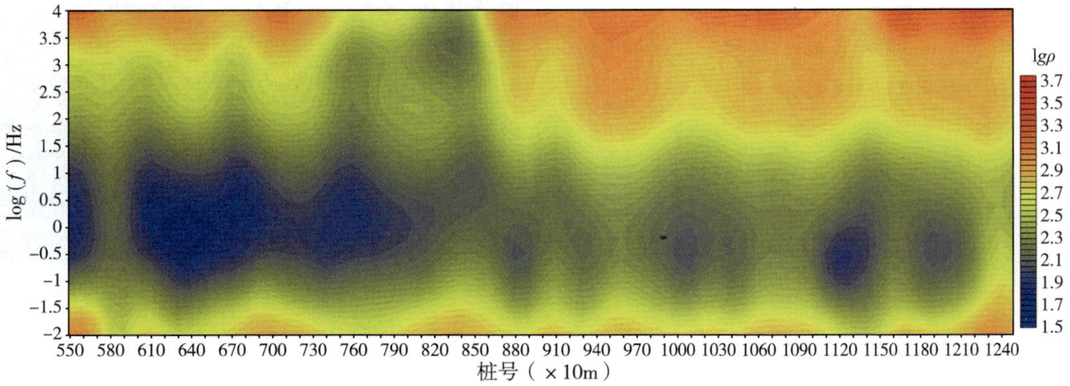

图 4-17　广域电磁法线视电阻率-频率拟断面图

通过图 4-17 测线视电阻率-频率拟断面图看到 730-880 附近视电阻率变化较大，推断该区域存在较大断层发育。

反演电阻率断面图解译（图 4-18）。从横向上看：视电阻率等值线反映了测线下方基底的构造形态。横向上（沿桩号）地层变化不大，电阻率的变化主要反映出地层的异常变化。灰岩地层局部低阻凹陷区解译为可能的岩溶裂隙区域。

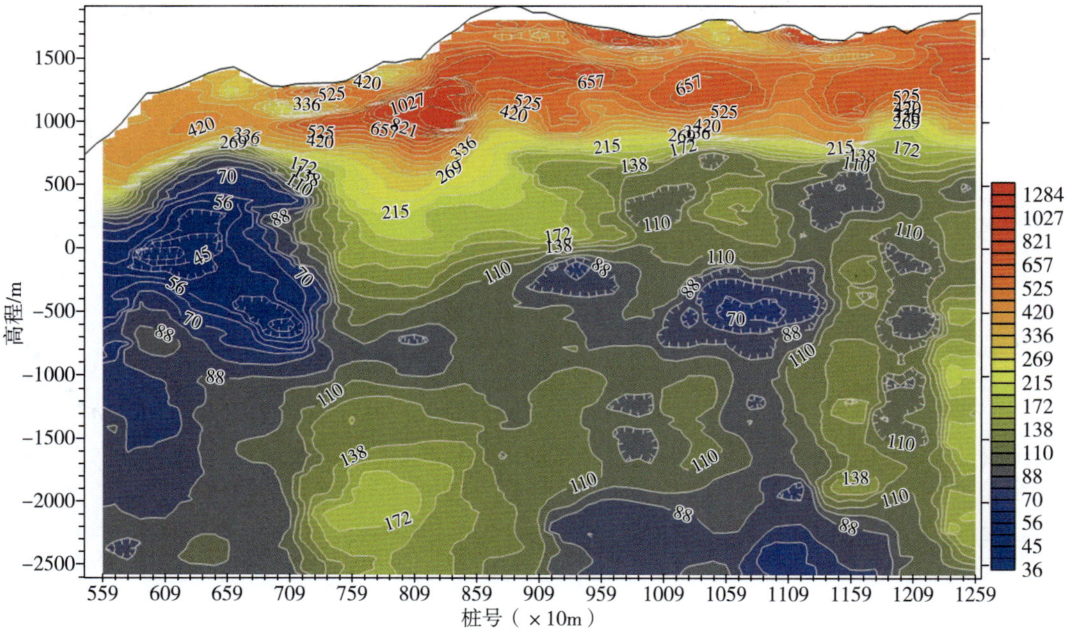

图 4-18　广域电磁反演电阻率断面图

结合广域电磁法反演成像、原始数据曲线图、频率-视电阻拟断面图和地质资料分析判断岩溶裂隙发育情况。

牛蹄塘组以上地层中低阻异常区域主要位于测线东部和西部。东部分布在点号559~729，标高-900~400m区域。西部分布在点号1009~1059，标高-800~1400m区域，在二叠系和三叠系中存在几个相对低阻区域。

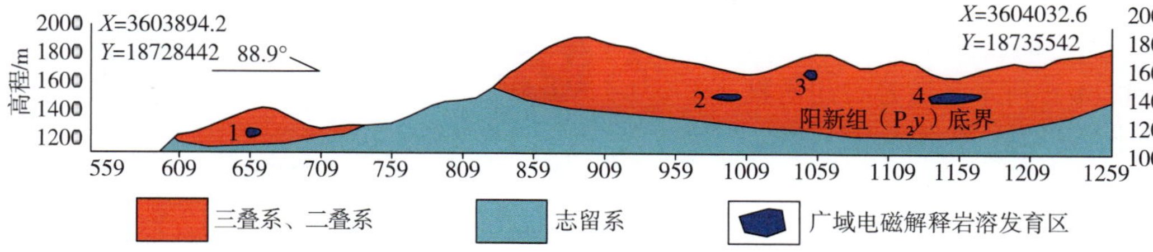

图4-19 推断二叠系、三叠系中岩溶异常区分布图

根据推断的地质剖面共圈定岩溶异常发育异常区有9处。其中1、2、3和4号异常区主要位于二叠系和三叠系中；5、6和7和8号异常位于寒武系石龙洞组中；8和9号异常位于奥陶系仙女洞组中。

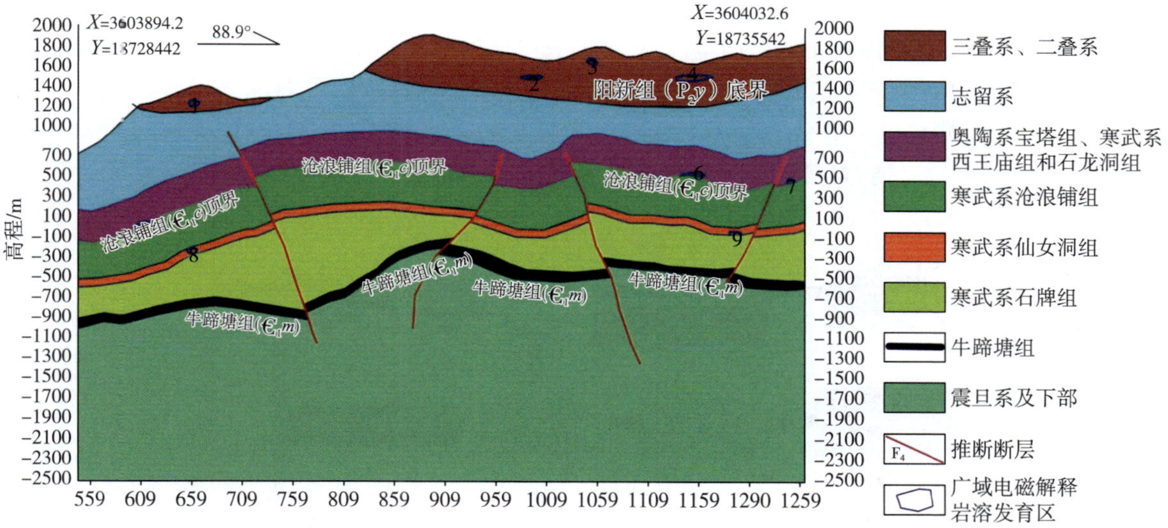

图4-20 分析推断岩溶裂隙异常区分布图

第五节 瞬变电磁勘探技术

一、基本原理

时间域电磁法（TEM）是一种建立在电磁感应原理基础上的时间域人工源电磁探测方法。它是利用不接地回线或接地电极向地下发送脉冲式一次电磁场，在一次脉冲磁场（或电场）的间歇期间，用线圈或接地电极观测该脉冲电磁场感应的地下涡流产生的二次电磁场的空间和时间分布，从而解决有关地质问题的时间域电磁法。

时间域电磁法是电阻率参数勘探的地球物理方法，地面瞬变电磁探测，按照收发回线位置不同，主要分为中心回线方式、大定源方式、偶极-偶极方式和重叠回线方式。

图 4-21（a）所示，首先向铺设在地面上的发射回线中施加一定电流，该电流在周围空间建立起稳定的一次磁场；然后突然关断该发射电流，一次磁场随之消失。这一剧烈变化传至地下，在地层中激发出二次感应电流，该二次电流产生的磁场称为二次磁场，如图 4-21（b）所示。随着时间的推移，地层中的感应电流逐渐向外扩散，电流强度逐渐减弱，二次磁场强度也逐渐减弱；二次磁场的衰减速度及大小与地下地质构造有关。通过铺设于地面的接收回线或磁探头接收二次磁场，再通过反演处理与解译，即可以探测地下地层的视电阻率分布情况。

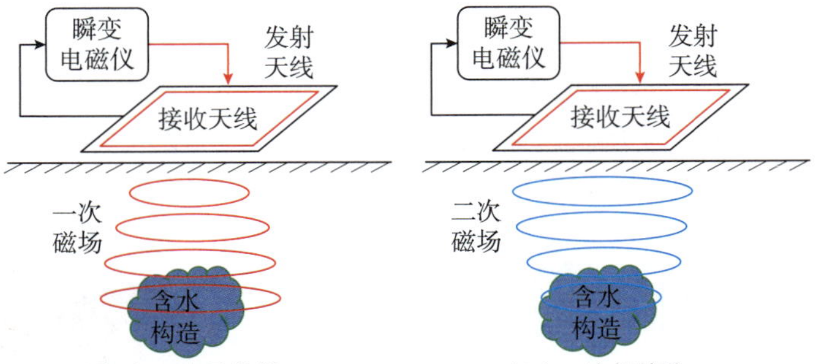

（a）一次场发射　（b）二次场接收

图 4-21　地面瞬变电磁探测原理示意图

由于我国西南地区地形复杂，传统地面瞬变电磁法勘查施工困难，地形影响过大，随着航空技术发展，空-地瞬变电磁技术在复杂地形区域取得较好的应用效果。该系统以超大功率的电性源发射作为激励场源，发射信号的波形包括正负交替方波、占空比可调的矩形波及伪随机信号波形等，频率可根据需要调整。利用发射电极深部接地技术，采用高纯度铜线降低发射电极线的电阻，以及接地耦合匹配技术，达到极低的接地电阻，实现超大电流发射；利用双源多频伪随机波实现时频同时发射以及多个应用频点的一次全覆盖。超大功率的电源发射技术，可对深部异常体进行有效激发，从而为深部探测提供了有效支撑，另将时、频域电磁采集装置固定在空中无人飞行器上，获取地下感应电磁信号，通过电阻率成像获取地下电性结构信息。系统工作流程与电磁原理分别见图 4-22 和图 4-23。

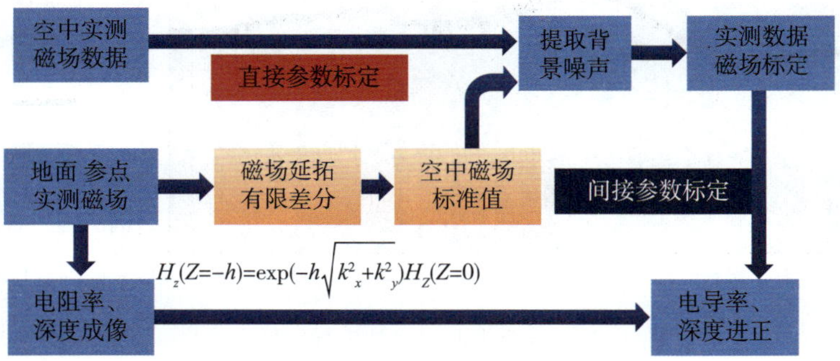

图 4-22　系统工作流程示意图

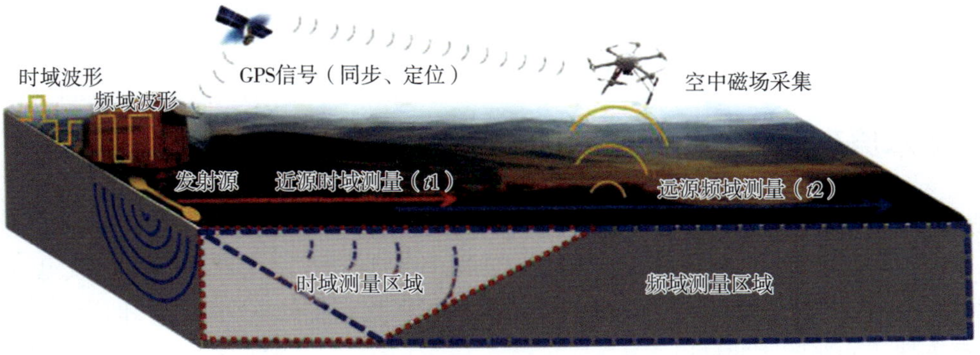

图 4-23　系统时、频域电磁原理示意图

二、特点

地、空时频域电磁探测系统以无人机作为载体，具有探测范围广、空间分辨率高、受地形影响小、工作效率高等优点。

无人机航空瞬变电磁法是基于瞬变电磁、无人机技术综合发展而来的新型绿色勘探方法，具备安全、无污染、绿色、高效等优势，是绿色勘探领域物探方法的典型代表。

三、适用条件

瞬变电磁法探测深度和对目标体的分辨率与仪器的工作参数、分辨率、目标体的大小、电阻率、围岩电阻率，环境噪声等因素有关，主要用于寻找低阻体目标物，对高阻体反映不佳。相同装置情况下，深度越大，分辨率也越低。常规瞬变电磁对充水老采空区、含水大断层、大型破碎带、陷落柱的探测，由于目标体较大，探测深度最高可达到1000m；对于充水巷道的探测，由于目标体较小，探测深度将大打折扣；目标体埋深大于100m之后，随着深度增加，对目标体的分辨率逐渐降低。

四、适应范围

一般适用于埋深小于600m、基岩大面积出露等高阻屏蔽地区和地形起伏较大区域，易受地面导体或高压线的干扰，对于积水采空区勘查具有明显优势。随仪器的数字化和智能化、功率的增大、数学模型计算正反演的应用、解译水平的提高，现在瞬变电磁法可以解决的地质问题相应增多，该方法对低阻体反应灵敏，且施工方便，被广泛应用于矿产勘探、地质填图、环境地质调查与监测、水文地质和与工程地质调查、煤矿水害探测、隧道超前地质预报等。近年来在找水、市政工程、土壤盐碱化和污染调查及浅层石油构造填图中都有较广泛的应用。

五、典型实例与成果

应用实例1：航空瞬变电磁法用于新疆库拜煤田拜城矿区察尔齐煤矿五号井田采空区探测

本次物探工作的主要目的是在目标区域上空采用地、空协同时（频）域电磁法对其范围内采空区分布情况进行探测，初步查清其范围内1#、2#、3#号煤采空区分布情况，通过掌握的采空区资料情况指导矿井安全生产。目标区域为五号井田内，位于拜城北西310°方向40km，行政区划隶属于阿克苏地区拜城县管辖。极值地理坐标为：东经81°26′17″—81°33′41″，北纬41°57′56″—42°03′16″；中心地理坐标为：东经81°30′15″，北纬42°00′15″；井田范围长约12.39 km，宽约2.01km，由7个拐点圈定，面积23.17km^2。本次物探工作量统计：地、空飞行测区6块，测区总面积6.07km^2；源线6条，测线166条，全长约15.27km，线距40m；测点7802个，点距20m。

施工布置图4-24，测线距40m，测点距20m。设置无人机搭载接收系统飞行高度30m，测量高度5m。测线为西北—东南方向，测线长度为920m。

区域古生界的地层分布于普查区以北的中高山区，中新生界地层在区内发育较全，沉积连续，自北向南由老到新呈近东西向展布。井田位于拜城县北部山区，地处天山哈尔克他乌山南麓，库-拜盆地北缘，呈狭窄条带状近东西向展布，地形北高南低，北部哈尔克他乌山标高5000m以上常年积雪，向南地势渐低，地形切割剧烈，高低悬殊，地形复杂。井田区属天山山前中高山区剥蚀地貌，海拔为1735.40~2508.80m，相对高差773m，本区属被剥蚀单元，地形切割强烈。沟谷发育，冲洪积地形起

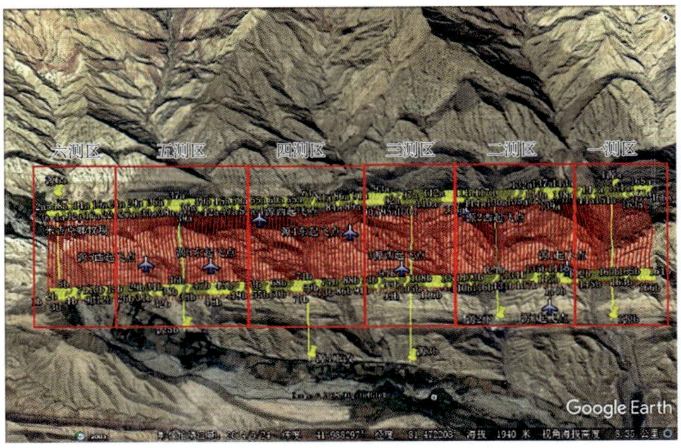

图 4-24　新疆库拜地、空飞行探测整体测线布置图
（据重庆煤科院，2018）

图 4-25　新疆库拜煤田拜城矿区航空瞬变电磁探测现场

伏较大，山体走向呈北东—南西向，与含煤地层走向一致，为一向南东倾斜的单面山，山势北高南低，北坡坡度在30°以上。南坡坡度15°~30°，砂岩体常形成陡壁，沟谷呈北西—南东向展布。

勘探范围呈规则长方形，测区由东向西排序为1~6，如图4-26及图4-27（a）可知，勘探范围整体西北高、东南低，中部高、两翼低。地表为强高山剥蚀地貌，上覆高阻岩体，整体呈中部巨厚、两翼浅薄。中新生界地层分界面清晰，沉积连续且破坏作用较小，沿测线垂直方向（北东—南西）近东西向展布。符合本区地质特征。地空瞬变电磁探测深度700m，岩层物性反映良好。

将本次地空瞬变电磁勘探测线剖面图进行空间位置的对比分析，图4-27（b）为L161-L166的测线视电阻率切片排列图，可以看出测线南端在空间上有一连续低阻体，结合地质资料，测区山势北高南低，南坡坡度较缓，沟谷汇集，小窑多发，地表水流经此处时小范围汇合、流速减缓，沿采动裂隙、岩体破碎区或构造面对采空区进行补给。

应用证明，空-地无人机瞬变电磁法在复杂山区地形可以快速有效地探测出测区范围内各种电性结构的空间分布情况；将瞬变电磁各测线剖面成果在区域空间上对比分析，可直观的与区域地质特征结合解译，有利于精准圈定采空积水区范围；为新疆地区复杂地质条件下矿区大面积勘查采空积水区工作做出示范，为绿色矿山做出了积极贡献，是绿色勘探的良好实践。

应用实例2：瞬变电磁法用于深部矿井水害探测

实地勘测工作是一种从实践到认识逐步深入的提高过程，时间电磁资料的处理和解译工作是在资料处理后的感应电压多测道曲线、视电阻率拟断面图、顺层视电阻率富水性分析图的基础上，反复进行比对，提高资料解译精度。

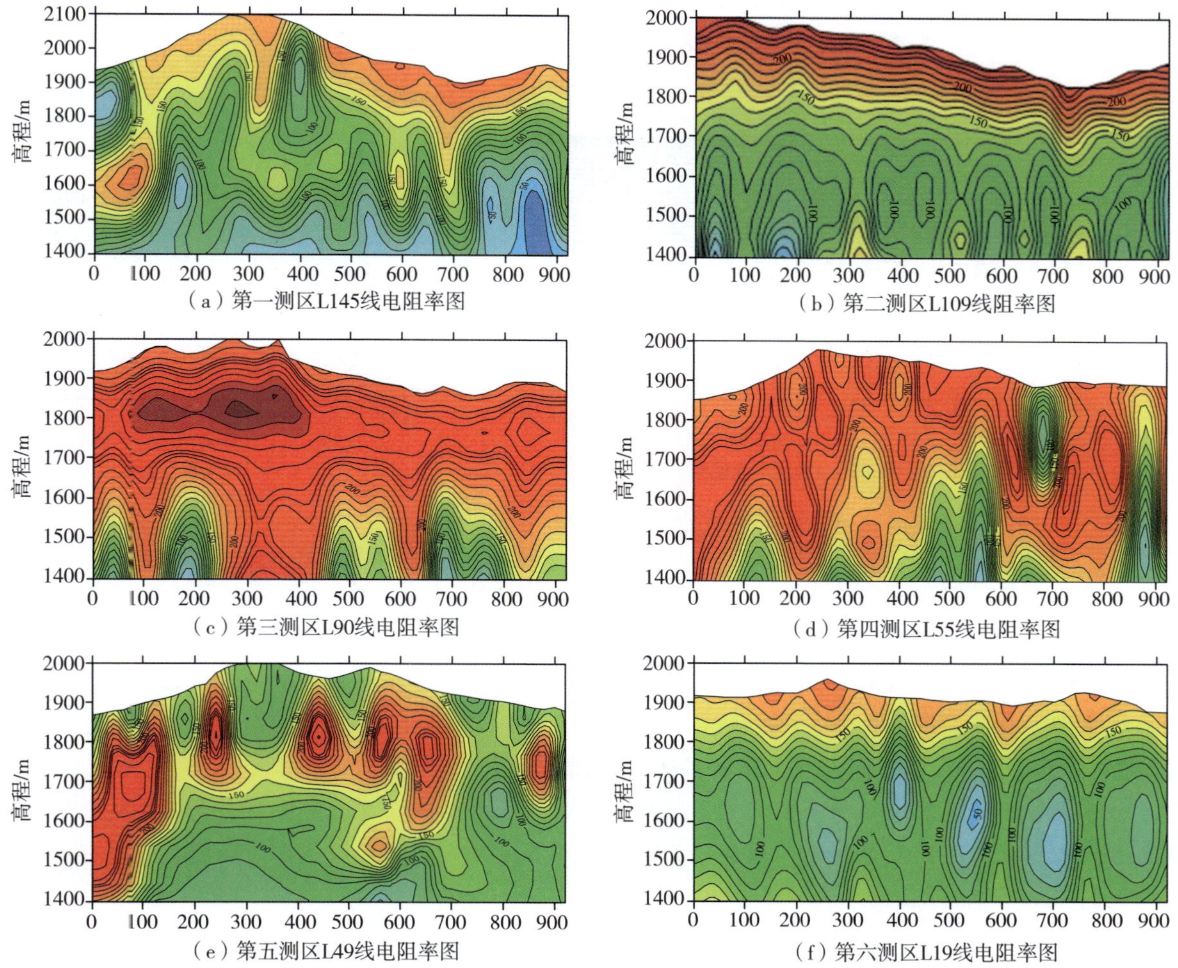

图 4-26 勘探区各测区典型测线视电阻率剖面图

（据重庆煤科院，2018）

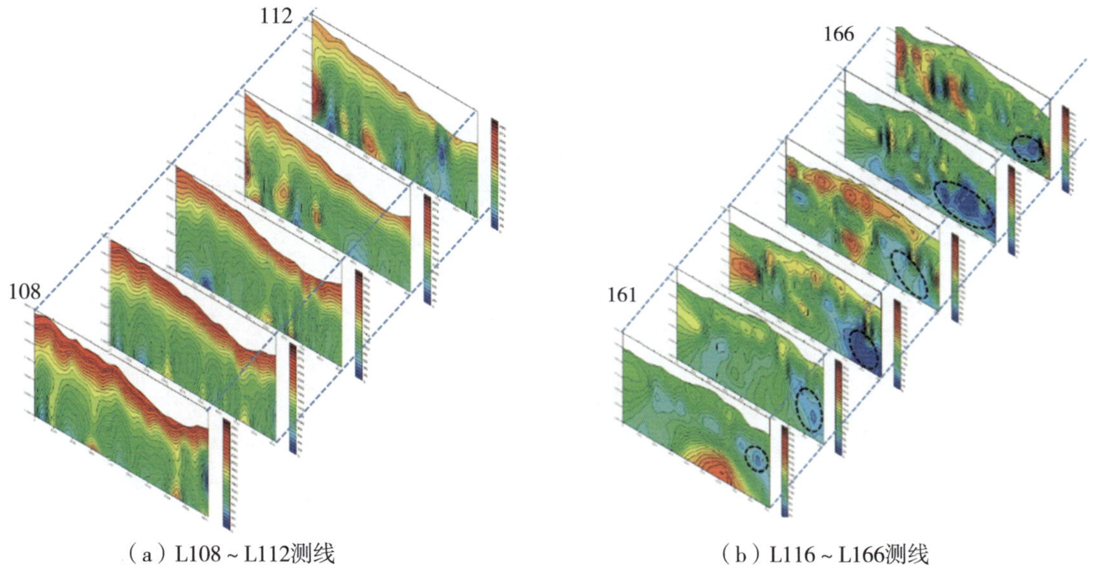

图 4-27 组合电阻率图

（据重庆煤科院，2018）

1. 根据瞬变电磁多测道曲线对含水异常体进行判断

某矿区瞬变电磁多测道曲线见图 4-28。

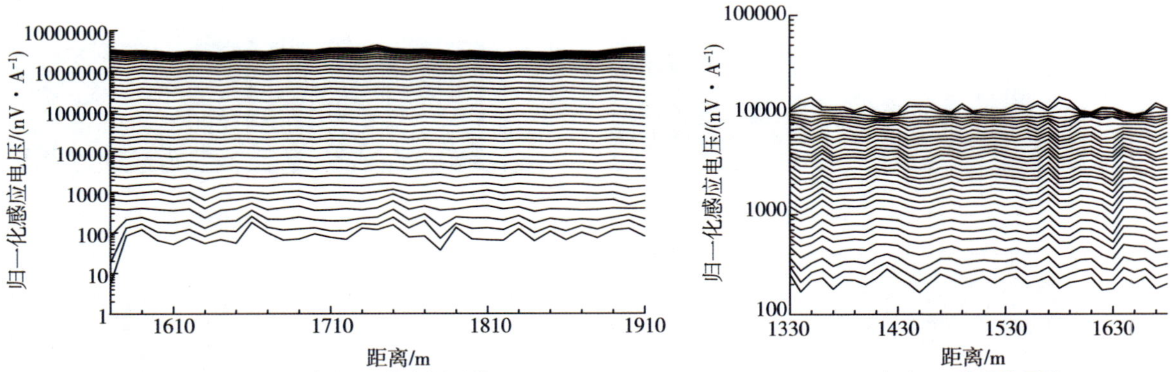

（a）420线定源回线　（b）322线重叠回线

图 4-28　瞬变电磁多测道曲线

通常定源回线变化平缓说明电阻率的变化较小，存在电性异常体（含水地质体）的可能性也较小；重叠回线瞬变电磁法多测道曲线变化幅度大，意味着构造、砂岩裂隙、灰岩的含水性在时间域电磁法依据多测道曲线有明显变化，有沿测线有变化则可能存在含水异常体，变化幅度越大富水性相对越强。

2. 根据视电阻率拟断面图对含水异常体进行判断

含水异常在视电阻率拟断面图（图 4-29），通常含水异常体在重叠回线瞬变电磁法视电阻率拟断面图多表现电阻率高或电阻率等值线急剧变化，它在定源回线视电阻率拟断面图多表现视电阻率低或视电阻率等值线急剧变化。

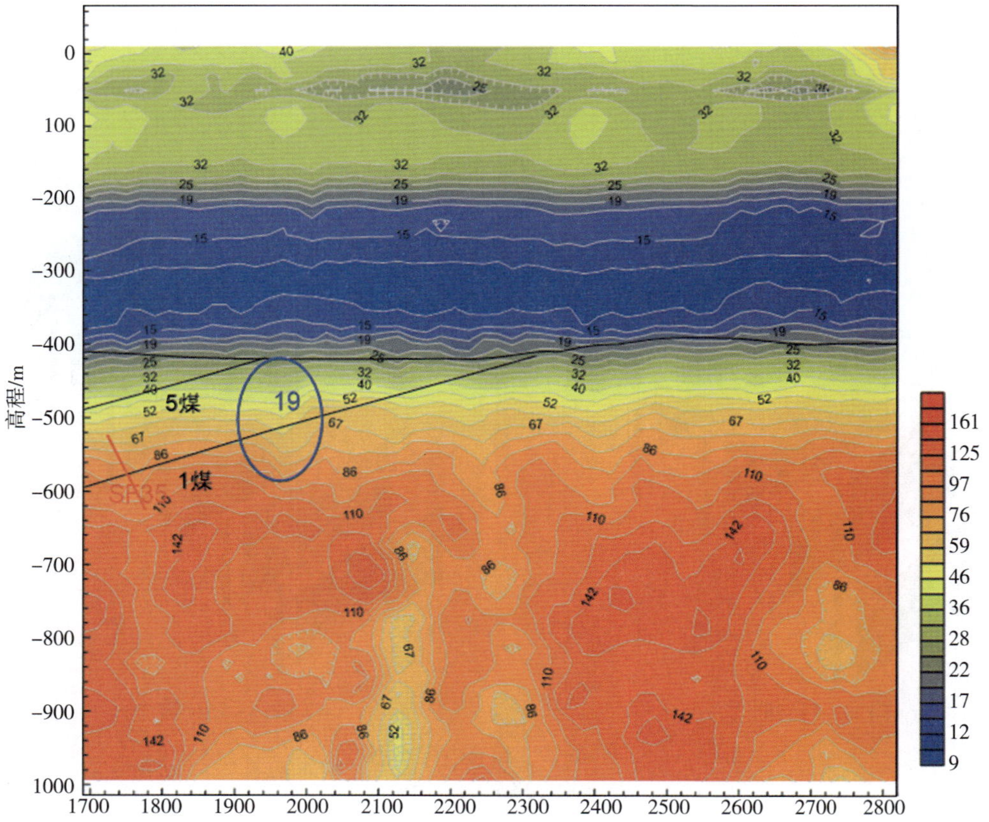

图 4-29　含水异常在视电阻率拟断面图

3. 根据视电阻率拟断面图进行富水性进行判断

富水性解译视电阻率拟断面图（图4-30），它不仅可以显示含水异常的整体轮廓，而且配合视电阻率拟断面进行详细的含水异常解译。

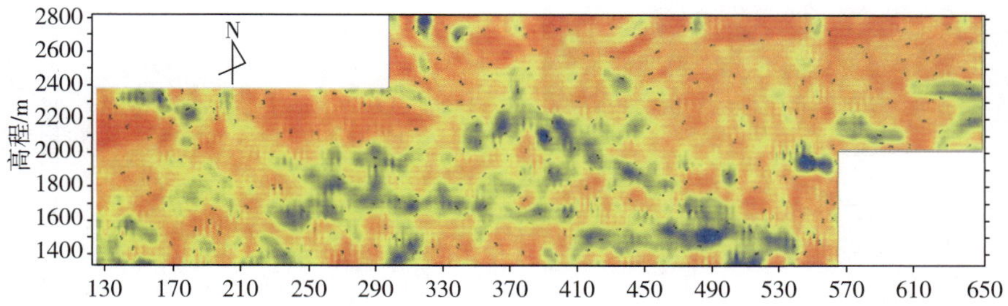

图4-30 富水性解译视电阻率拟断面图

4. 视电阻率拟断面图对断层富水性进行判断

断层瞬变电磁视电阻率拟断面图（图4-31）。由断面图可以看到在断层的东边存在一个电阻率低阻带，由此推断断层在该附近是富水的。

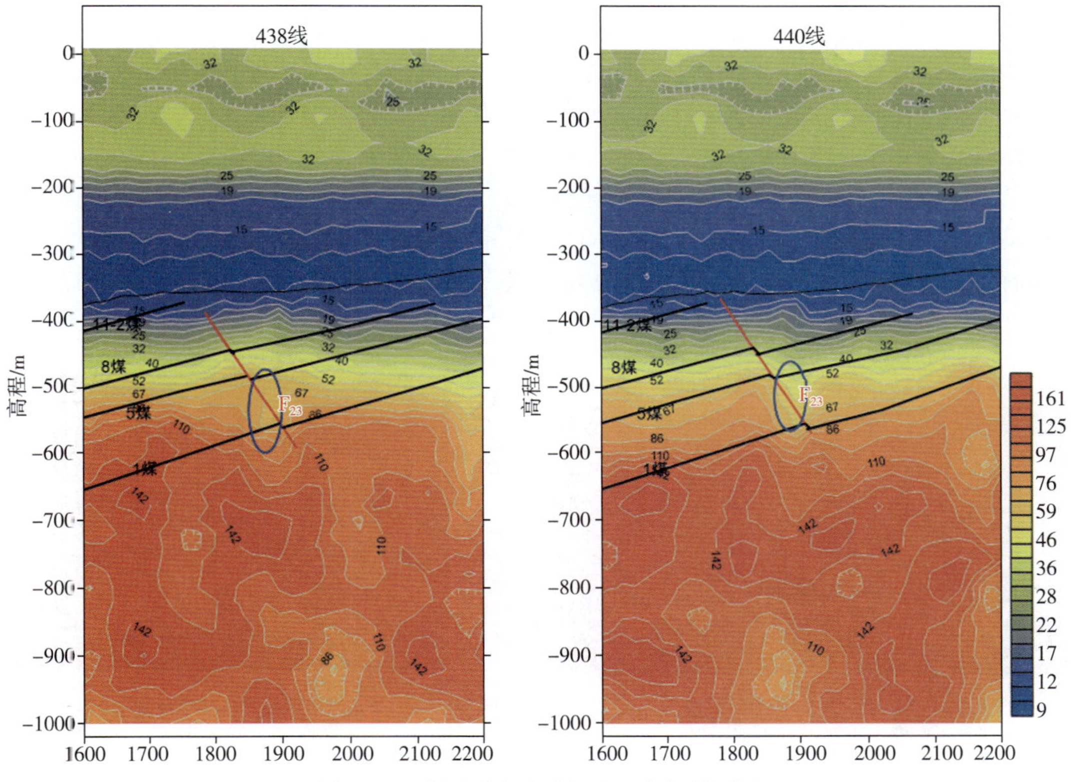

图4-31 断层瞬变电磁视电阻率拟断面图

5. 富水异常区的综合判断

含水异常区综合解译图（图4-32），结合各测线多测道曲线、视电阻率拟断面图和顺层电阻率富水性分析图对勘探区断层和各含水层的含水性进行判断。视电阻率拟断面图（图4-32左）上有低阻或电阻率急剧变化的异常显示，含水层富水性平面分析图（图4-32右）也有低值异常显示，那么可以判断该处含水层有含水异常区，依据富水性分析的低值异常与周边的幅度相对变化，含水异常的富水性相对强弱进行划分。

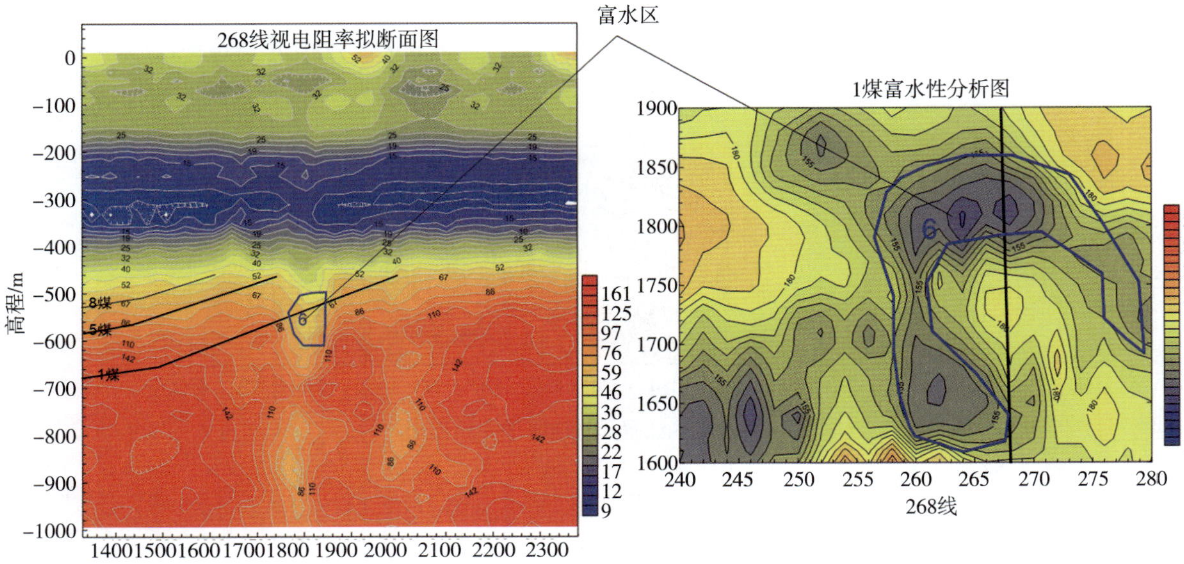

图 4-32　含水异常区综合解译图

应用实例 3：多通道瞬变电磁法（MTEM）用于英国北海 MTEM 探测

多通道瞬变电磁法（MTEM）由于采用伪随机编码发射、最佳匹配相干解码技术，所以相比于传统时间域电磁方法勘探深度大且抗干扰能力强，是目前地面资源勘查领域的研究热点。它的突出特点是：编码发射；拟地震多道观测；提取大地响应，类地震资料处理等。

近年来 PGS 公司在北海布雷塞、本特利和克拉肯海域的拖曳式电磁探测系统的探测结果。图 4-33（a）为地震成像结果，图 4-33（b）为利用反射地震数据的成像结果进行电磁数据的约束反演得到的电阻率剖面。从图中可以看到，通过电磁法的反演有效的确定了两处高阻油气藏的位置。

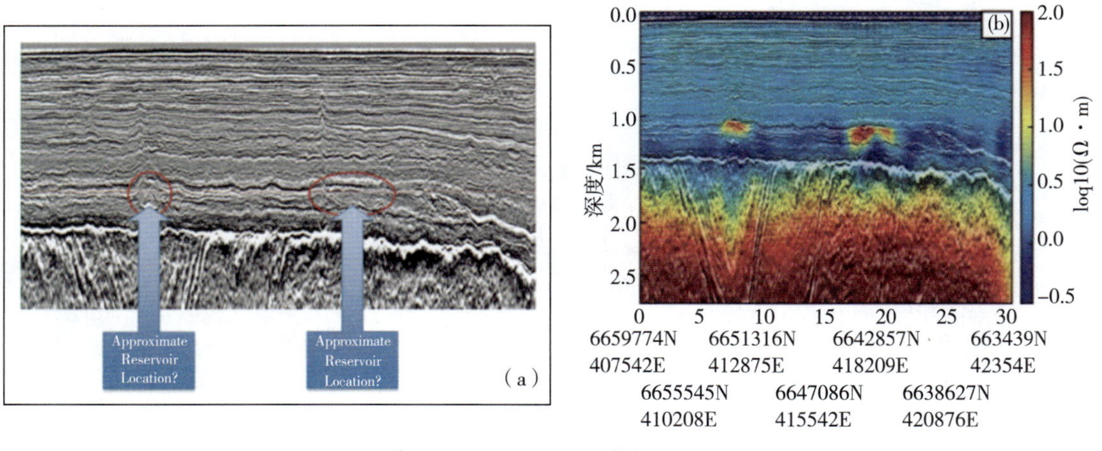

图 4-33　英国北海 MTEM 探测数据 2.5D 反演结果

（a）反射地震成像结果；（b）MTEM 反演结果与地震成像结果结合

多道瞬变电磁法的数据采集方式类似于地震勘探技术，采用电性源多次发射，阵列式多道接收多次覆盖的全波场信息，可以对数据进行类地震处理，在同等发射强度的条件下大幅度提高探测精度和深度。开展这一方法的研究具有重要的意义。多道瞬变电磁法技术是在传统地面瞬变探测基础上全面创新和改进的物探方法，是新型绿色勘探方法的典型代表，是有效拓展第二深度空间（500~2000m）矿产资源探测战略任务的重要手段。

第六节　高密度电法勘探技术

一、基本原理

电阻率法勘探是以地壳中岩石和矿石的导电性差异为物性基础，通过观测与研究人工建立的地下稳定或交变电流场的分布规律，进行找矿和解决其他地质问题的方法。

高密度电法是20世纪80年代提出老的一种电法勘探新技术，其工作原理与常规电阻率法相同，是以常规直流电阻率法为基础，在探测断面上同时布置多个（几十至上百个）电极，由人工向地下发送电流，使地下形成稳定的电流场，通过自动控制转换装置，对所布设的断面进行快速自动采集（观测和记录）的一种物探方法。当探测数据送入计算机后，即可对数据进行处理。显然，高密度电法本质上是电阻率法的一种升级版，高密度电法勘探技术使电法勘探的智能化程度大大向前迈进了一步。

二、特点

与常规电阻率法相比，高密度电法的电极在进行现场布置时一次性完成，这样不仅提高了电法勘探的工作效率，而且也降低了因电极设置引起的故障和干扰；可选择多种电极排列方式进行测量采集数据，这样能够帮助勘探人员获得更多丰富的地电断面的信息；可实现野外数据采集自动化或半自动化的目标，有效帮助勘探人员快速的采集数据，并有效避免手工误操作产生的隐患。

高密度电法具有测点密度大、信息量大、工作效率高等特点，随着观测方式与地球物理反演方法技术的发展，高密度电法资料的电阻率成像技术也从一维和二维发展到三维，极大地提高了地电资料的解译精度，阵列式三维高密度电法是新型绿色勘探方法的典型代表。

三、适用条件

高密度电法的物理前提是地下介质间的导电性存在差异。地面高密度电法探测的探测精度与电极距大小及供电电流大小等有关，探测深度与最大供电电极距离等有关。一般情况下，横向分辨率约等于最小电极距的1/2，纵向分辨率与纵向数据层数多少有关，供电电流越大，探测精度和深度均越大。例如，当电极距为5m，横向分辨率大小约为2.5m，纵向分布于约平均层厚的1/2。探测深度在300~400m；在无电线干扰情况下，探测含水体精度相对较高。

适应于地面探测深度不大的情形，能适应于复杂地形条件下探测。供电电压和供电电流越大形成的人工电场强度也就越强，对天然电场的压制也就越明显，有效探测深度也越深；接地电阻越小，人工场供电效果也就越好。因此，如果地表层若为低阻覆盖层，则容易形成低阻屏蔽现象，探测深度偏小；相反，如果地表为高阻地层，则电流难以供入地下，则会导致勘探深度变小、勘探效果变差。

四、适用范围

高密度电法适用于地形较为平缓浅层探测，不易受地面导体或高压线的干扰，对于不含水采空区勘查具有明显优势。适用于金属与非金属矿产勘探，适用于水文地质、工程地质勘探及环境地质调查等，近年来还广泛适用于隧道及矿井巷道的超前地质预报，适用于重大场地的坝基与桥墩选址，用于对断层、采空区、溶洞、水利工程设施地下裂隙漏水地质灾害的探测等。

五、典型应用实例与成果

应用实例：高密度电法用于湖北恩施地质灾害探测

2020 年 7 月，湖北恩施进入防汛一级响应状态，由于连日强降雨，山体滑坡、泥石流等地质灾害危险大大提高，且不排除由于大面积山体滑坡后形成堰塞湖威胁下游大面积区域的风险，部分山区紧急撤人，物探单位紧急施工，对危险区域进行了高密度电法勘探，为防汛专家组提供技术依据。

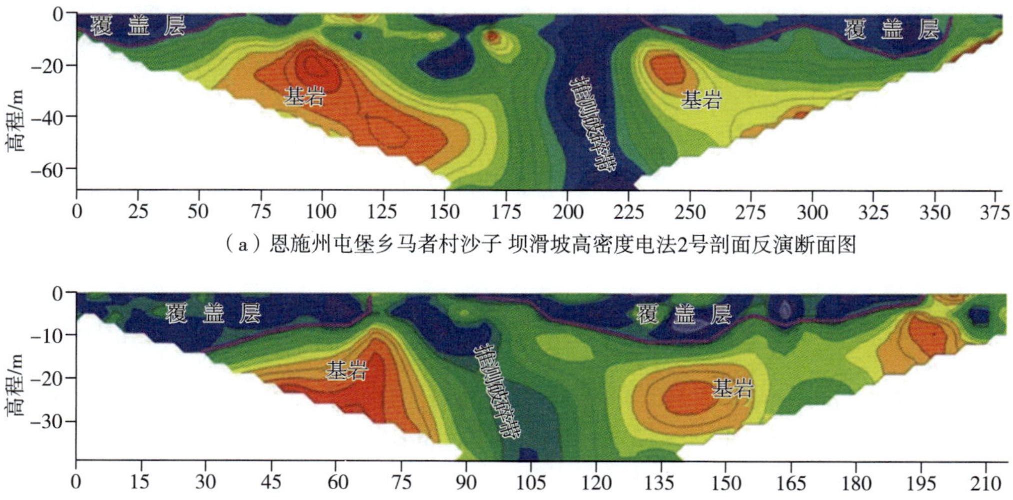

（b）恩施州屯堡乡马者村沙子 坝滑坡高密度电法3号剖面反演断面图

图 4-34　恩施州屯堡乡马者村沙子坝滑坡体高密度电法成果图

2#剖面长度 390m，温纳装置，电极间距 10m，供电电压 432v。从断面图上可以看出剖面覆盖层较薄，最大推测厚度小于 15m，下伏岩体较完整，剖面中部 200m 位置呈低阻梯度带，推测为隐伏破碎带；3#剖面长度 245m，温纳装置，电极间距 5m，供电电压 620v。覆盖层较薄，最大推测厚度小于 15m，下伏岩体较完整，剖面 140m 位置呈低阻梯度带，推测为隐伏破碎带。2#、3#剖面平行，相距约 150m。整体来看滑坡北侧覆盖层较薄，下伏岩体相对完整。稳定性较好，但需考虑破碎带的影响。

可以看出，二维高密度电法沿测线生成深度上的剖面，在测线方向上对不同深度的岩层有不同的电性响应，在测线呈排列时，可对勘探区域地下情况进行二维解译。高密度电法应用范围广，对岩体电性差异敏感，随着物探技术的发展，三维高密度也逐渐被应用，三维高密度包含多层次、多方位地质信息，利用不同方向切片图、旋转图和等值面图可直观反映地质体空间分布、地质体形态，异常体边界更精确；三维数据联合反演，排除目标层上覆低、高阻覆盖层（体）干扰，实现浅部高精度勘探，高密度电法属于绿色勘探领域常用方法。

第七节　地质雷达勘探技术

一、基本原理

地质雷达勘探（GPR）是利用超高频电磁波探测地下介质分布的一种方法，是近年来迅速发展的高新探测技术。它是利用主频为数十兆赫兹至千兆赫兹波段的高频宽带短脉冲电磁波，由地面通过天线发射器发送至地下，经地下目的体或地层的界面反射后返回地面，为雷达天线接收器所接收，经过对所接收的雷达信号进行处理和图像解译，达到探测判断地下目的体的一种交流电法勘探方法，其工作原理见图 4-35。

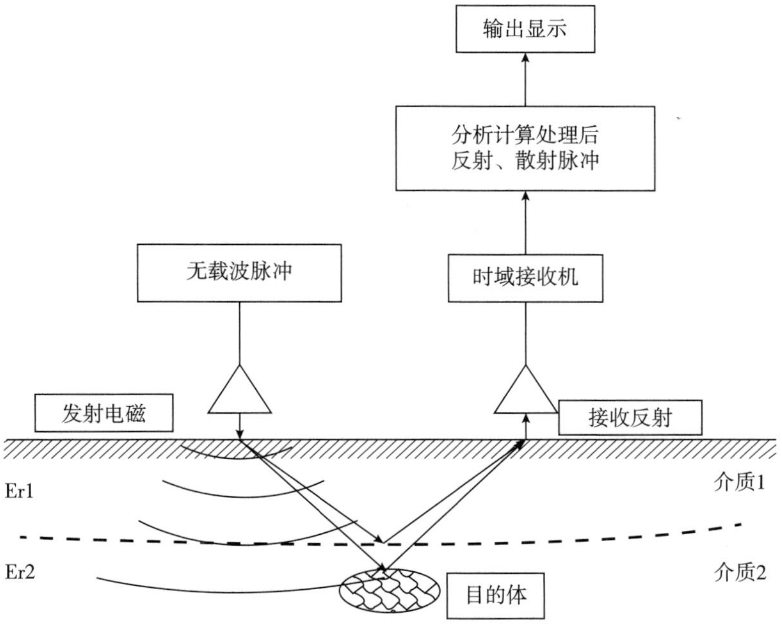

图 4-35　地质雷达工作原理示意图

地质雷达工作原理类似于地震勘探法，也是基于研究波在地下的传播时间、传播速度与动力学特征。

二、特点

地质雷达主要优势在解决地表浅层的地质问题，在探测浅部地层地质异常体时，具有分辨率高、经济性好、施工效率高等特点。由于发射的是超高频电磁波，故探测深度较浅、探测广度有限，一般在数十米范围内，但是探测精度很高，可以达到毫米级。地质雷达在浅部（30m 内）高精度地质异常体（空洞、裂隙、异物充填等）探查方面拥有高分辨率。因此，地质雷达具有无损、快速、探测精度高、定向等特点。

三、适用条件与技术指标

1. 使用条件

地质雷达探测是根据土质、岩层及其他物质电导率（电阻率的倒数）及介电常数的不同，以及相邻两种物质的电性物性差异作为探测条件，形成反射界面而探测地下目的体。地面探地雷达利用高频电磁波的反射原理进行探测，只要介质中存在能够产生反射雷达波的电性差异界面，就能够利用地面探地雷达探测目标体。探测时只要雷达天线与地表接触耦合较好，地表没有金属网对电磁波进行屏蔽和干扰，就可以进行地面探地雷达探测。反射波形的分辨率是地质雷达成果地质解译的重要依据，当地下介质为均匀完整或虽有不同的介质，但无物性差异时，雷达波基本不发生反射，信号识别很困难。

2. 技术指标

探测精度随天线频率而变化，频率越高，精度越高，反之亦然。不同频率天线大致的探测深度（表4-1）。

表 4-1 不同频率天线的探测深度参考值

天线频率	探测深度值
2.5GHz	30~60cm
1.0GHz	60~1.0m
900MHz	75~1.5m
500MHz	1.5~3m
300MHz	3~6m
100MHz	10~30m
50MHz	30~50m

具体施工方式有两种，连续扫面及定点接收。在地表平缓区域可进行连续不间断的收发，在崎岖凹凸的地表可进行测点的定距（1m 或其他间隔）收发。

四、适应范围

随着雷达探测天线技术的不断发展，地质雷达的应用范围越来越广，雷达探距与中远距的分辨力逐渐提高。

（1）地质雷达可用来划分地层、查明断层破碎带、滑坡面、岩溶、土洞、地下硐室和地下管线，也可用于水文地质调查。

（2）地质雷达在煤矿区一般用于探测厚煤层采后的剩余厚度，煤层下面的石灰岩层或其他需要探测岩层的深度、喀斯特发育情况，巷道或工作面前方的小断层、老窑水、喀斯特陷落柱、火成岩岩墙、煤层夹矸和其他地质异常体，探测小窑浅埋区顶板裂隙带等。

（3）地质雷达法在公路、桥梁、地基、隧道、大坝等工程路桥检查方面和地质超前预报等方面发挥着重要作用，可探测地表浅部裂隙、通道、构造探测，比如河道、沟渠漏水点等。

（4）根据探测深度的不同其应用范围可分为：中心频率>1GHz，探测深度<0.5m，主要用于公路路面、机场跑道等的探测；中心频率为 100~900MHz，探测深度为 0.5~10m，主要用于地下管线、考古、地下工程围岩、混凝土质量检测等；中心频率<100MHz，探测深度 10~50m，主要用于岩土工程勘查，以地下岩溶洞穴、堤坝隐患、地基勘查、岩土层划分等。

地质雷达勘探技术适宜地表浅层的探测，是绿色勘探领域一种无损、高精度的重要物探方法。

五、典型实例与成果

应用实例 1：地质雷达用于岩溶探测

某矿办公大楼前广场发生塌陷，通过调查认为广场下部的灰岩岩溶发育，由于地下水活动带走岩溶内充填的泥土造成的。为了查清整个广场下 20m 范围岩溶裂隙发育的情况，采用地面探地雷达进行了网格探测。图 4-36 是某测线探地雷达剖面图像，图中不同色彩反应的是地下反射雷达波振幅的强弱，其中白色为最强的反射波，说明地下介质差异最大，通过结合其他地质情况，判断该区域即为岩溶发育区域，该区域在测线上横向范围在 38~60m，纵向上从 1.4m 往深部发育超过 4m。通过探地雷达探测查明了岩溶分布的范围，为后续处理提供了可靠准确的依据。

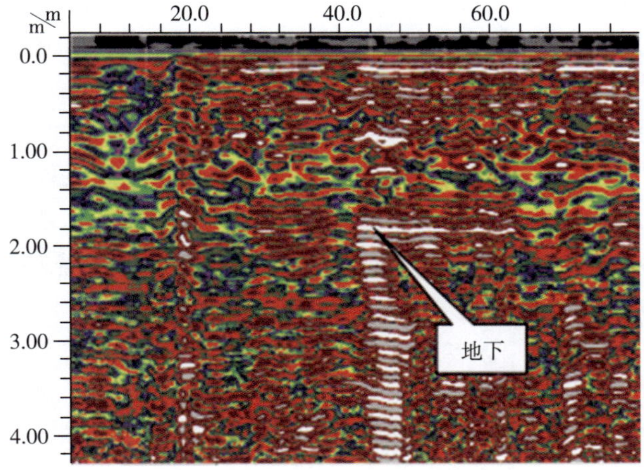

图 4-36　某煤矿办公楼广场探地雷达探测剖面图
（据重庆煤科院，2006）

应用实例 2：地质雷达用于朝家山 1 号隧道超前地质预报

1. 工程概况

朝家山 1 号隧道位于青海省民和县，穿行于低中山体中，属于黄土高原中温带亚湿润气候区，冻土最大深度为 108cm，进出口两端低洞身部位高，地形起伏大，山体植被发育较差，山体两侧坡度差异较大，上覆为第四系风积砂质土、冲积砂质黄土，下部有基岩。

隧道受如加里东期和燕山期构造形迹等多种地质构造影响，褶皱、断裂和破碎带较为发育，由此产生的裂隙导致围岩失稳，破碎的岩石再受地下水的挤压，最终形成含水层。

现场勘查阶段主要发现有 2 处较大的黄土滑坡。其中位于 DK72+968 处的最为典型。为了保证隧道的安全施工和后续的安全运行，预防隧道的施工存在的极大不确定因素和安全隐患，决定对隧道实施超前地质预报。

2. 地质勘探仪器

采用美国 SR-3000 型高精度探地雷达，仪器天线频率为 100Hz，扫描率为 100 扫描/秒，采样率为 512 样点/扫描，仪器的预报距离为 25m。探测布置方式：共布置测线 5 条，总里程 56m。具体布置见图 4-37。

3. 现场探测情况

现场实测的原始数据图主要为线扫描显示模式和波形显示模式。依照规范结合隧道施工现场的实际情况，将介电常数修订为 7.0，实测按照地质雷达的分析解译步骤进行，得到隧道扫描图和波形图及波形处理深度变换图，最终分析得到隧道的 Wiggle 模式图形（图 4-38）。

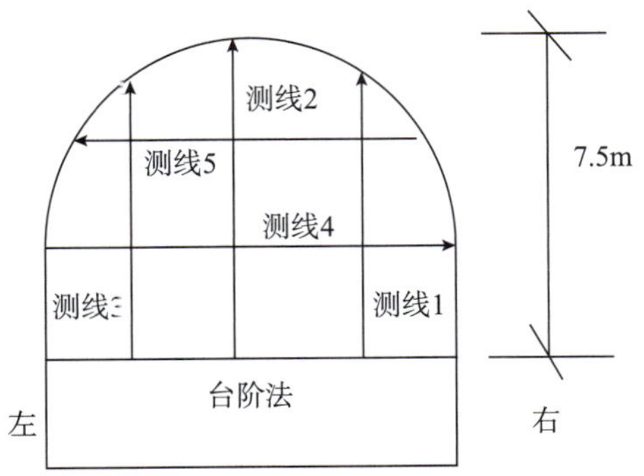

图 4-37　朝家山 1 号隧道地质雷达测线布置图

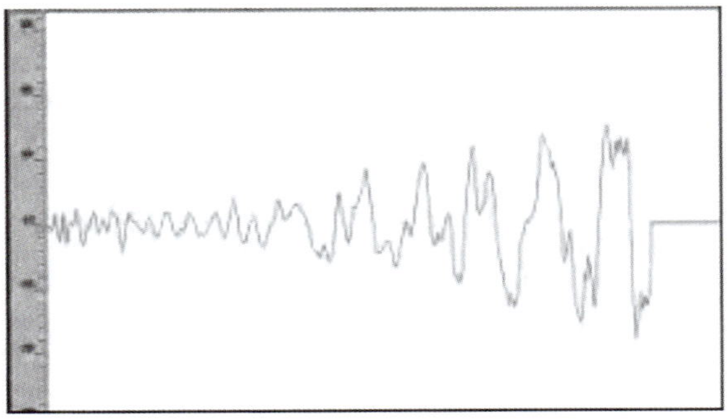

图 4-38　Wiggle 模式图形

依据地质雷达工作原理，电磁波的能量在完整的地质体匀速进行传播，当进入断层破碎带后会形成时间延迟，因为此时的岩层整体性差、规则不完整，雷达信号到此会产生漫反射，在图形上就会显示为有一定持续的宽度。

从所得到图形和波形来看，隧道掌子面的前方5m的区域处Wiggle模式图上的波形发生异常的突变，分析很可能是由于雷达波从完整界面进入断层破碎带界面所导致。由于仪器的有效测距为25m，在5~25m范围内雷达反射波形非常杂乱，同时轴错乱不连续，局部振幅较大，雷达反射信号明显，目标体对雷达波的吸收作用明显。因此，结合岩土地质勘查资料和区域地质情况，判断隧道在此处的围岩较为破碎，存在断层破碎带的可能性非常大。

4. 指导掘进施工

依据地质雷达探测结果，施工现场制定了隧道开挖此处前后10m范围内，在采用机械掘进开挖前进行超前管棚支护的专项安全措施，并缩小每次的进入尺寸，留核心土，降低爆破强度，开挖的同时加强支护。尤其在接近DK72+968时，实行边开挖支护，开挖紧跟支护，开挖后及时进行喷护封闭，根据实际情况调整开挖进度和逐步增强支护方案。

5. 施工验证

后经现场实际开挖证实，该地段属于强风化破碎带，以裂岩、角砾岩和糜棱岩为主，夹有大量断层泥。预报为断层破碎带的区域实际上是一个塌陷的淘金洞，位置与隧道走向斜交，此处的岩层产状非常凌乱，这与探测此处的波形突然发生变化非常吻合。

施工实践表明，根据此次地质雷达探测结果，所制定的施工方案在最大的限度上防止了隧道掌子面和拱顶极大的脱落、垮塌可能性，是一次非常典型的、成功的超前地质预报指导施工的案例。

第五章 地球化学勘探新技术

随着时代的发展及仪器设备精密度的提高，地球化学也与时俱进，提出了“绿色勘探地球化学”的概念，主要围绕生产急需的区域地球化学勘探方法技术展开，即在实施勘探地球化学施工的过程中，以绿色发展理念为指导，通过应用先进的技术设备、方法，最大限度地减少对生态环境的负面影响，实施整个勘探过程环境影响最小化控制，实现勘探施工与环保双赢的一种勘探地球化学。

目前绿色勘探地球化学已经广泛地应用于地质、环境地质、污染调查、农业、畜牧业、地方病等领域。随着化探分析仪器更加快速、灵活、便携与智能化，精度与灵敏度的不断提高，使得勘探地球化学越来越快速便捷，既节约了人力与物力，又提高了工作效率和经济效益。由此可以看出地球化学勘探在技术方法源头上减少了对生态环境的人为扰动，成为绿色勘探的重要技术支撑。

第一节 国内、外进展概况

一、国内进展概况

（一）区域化探方法技术和化探基础性研究

1. 区域化探扫面方法技术

该技术主要开展了完善森林沼泽区、干旱半干旱、高寒山区、高寒湖沼丘陵区、黄土浅覆盖区等特殊景观区的区域化探扫面方法技术研究，制定了适应上述不同景观条件的化探扫面方法技术。

2. 成矿带资源潜力地球化学评价方法

在全国资源潜力评价项目的支持下，制定出几项具有中国特色的资源潜力地球化学评价方法，如面金属量法、丰度估计法、体积品位估算法、滑动平均衬值法、地球化学块体法、分形-混沌法、多元模型比对法等。

在世界上首次编制完成了76种元素的地球化学图，使得我国的地球化学填图水平又上一个新的台阶，保持了我国勘探地球化学在国际上的领先地位。

3. 1∶5万地球化学普查方法

初步确定了森林沼泽区中低山和丘陵两类亚景观条件下资源勘探的化探方法技术，完善了干旱荒漠区资源勘探的化探方法技术，制定出黄土浅覆盖区资源勘探的地球化学调查方法技术。

4. 中国花岗岩类元素丰度研究

依据全国750个有代表性的花岗岩体的768个组合样品的实测数据，计算出了中国花岗岩类、碱长花岗岩、正长花岗岩、二长花岗岩、花岗闪长岩、石英二长岩、石英二长闪长岩中70种元素的丰度。

（二）生态环境地球化学调查方法技术和基础性研究

1. 多目标区域地球化学调查方法技术

该方法主要围绕低山丘陵和黄土沟壑地区开展研究工作，初步制定出低山丘陵区和黄土沟壑区多目标地球化学调查野外采样工作方法。同时，补充了有机污染物采样的有关规定，制定出以土壤（浅海/湖底沉积物）地球化学填图为基础，取样介质不仅拓展到地表水、大气、植物，而且延伸到地下水、岩石，建立了对地球表层整个生态系统进行地球化学填图的方法技术体系。

2. 土地质量地球化学评估方法

该方法提出了主要从影响土地质量的地球化学因素对农用地进行等级划分和适宜性评价，对土壤、灌溉水质、大气干沉降物、农作物中所含的有益元素和有害元素制定出评价标准，以养分评价、环境评价、养分和环境综合评价为土地划分等级。在上述基础上，叠加大气质量、灌溉水质量与农产品安全性形成的等级，最终确定土地质量的地球化学评价等级。

3. 土壤圈-大气圈 CO_2、Hg 交换通量监测方法

监测土壤圈—大气圈 CO_2 交换通量是研究全球碳循环的重要方法之一。获得的长期 Hg 交换通量观测曲线，可用于评价土壤中 Hg 向大气输出的量和对环境的长期影响程度。

（三）隐伏矿地球化学勘探方法技术研究

20 世纪 90 年代以后，又出现了地气（又称为地球气纳微物质测量）、金属活动态提取、酶提取等方法技术，并在原生晕创新、土壤覆盖层中元素迁移机理、荒漠戈壁区土壤活动态方法、地电化学方法、浅钻化探方法等方面取得了一定的进展。

（四）深穿透地球化学勘探技术

广义的深穿透地球化学勘探技术包括以下几个系列。

（1）物理分离提取技术：细粒级测量，磁性分离氧化物测量；

（2）电化学测量技术：大电流供电提取技术，小电流独立供电提取技术；

（3）选择性化学提取技术：偏提取法，元素有机质形式结合法，活动金属离子法，酶提取法，金属活动态提取法；

（4）气体和地气测量技术：地气测量，纳米物质测量，气溶胶测量，地球气纳微金属测量，气体测量（包括常规气体和烃类气体）；

（5）水化学测量技术：元素测量，离子（硫酸根、氯离子、钙离子等）测量；

（6）生物测量技术：植物测量，细菌测量。

狭义的深穿透地球化学勘探技术实际是指选择性化学提取技术。

（五）化探与钻探技术的结合

近年来，在地质勘探中，将化探与钻探技术（浅钻和深钻）进行有机结合，不断建立了新的找矿模型，在寻找深部盲矿中取得了新进展。

二、国外进展概况

加拿大和美国学者针对非晶质 MnO_2 研制出酶提取技术；澳大利亚学者研制的活动态金属离子法（MMI），针对不同矿种和景观条件研制了 8 种用于不同环境和矿种的提取剂，做了实验性和试点性应用。除试验性研究外，一些研究机构和矿业公司联合对大量不同性质的提取剂进行了实验，包括 4 酸提取、王水、大样堆浸（BLEG）、EDTA 、MMI、酶提取、Deep leach 11 和 35（Newerest 公司研制）、1%HNO_3、弱 NaCN、弱 HNO_3+KI、Terra leach 1 等。

不同矿床类型的元素和化合物指示标志的研究与评价。近年来，国外比较重视利用地下水地球化学测量方法在覆盖区找矿，对不同景观环境中的各类矿床，包括火山成因的块状硫化物矿床（VMS）、斑岩铜矿及铜钼矿、金矿、岩浆型铜-镍-铂族矿、金刚石等，进行了详细研究。Leybourne（2007）和 Cameron（2005）等总结了几个与各种矿床类型有关的地下水响应特征的实例和不同类型矿床的主要地球化学特征。

Bastakcv（2007）等研究了澳大利亚南部铁氧化物 Cu-Au 系统中 Nd 和 S 的同位素特征，指出同位素不仅可用于判别物质来源，而且可用于区分弱矿化和强矿化体；Oates（2007）等应用土壤中 N 和 S 同位素作为区域勘探指标，认为在特定环境下，如果区域地球化学循环明确，矿床周围土壤的硝酸盐和硫酸盐中 N、S、O 同位素组成就可确切地反映矿床类型；Carr（1996）等用 Pb 同位素地质特征模型来辨别地球化学异常；Hall（1998）等用土壤选择提取的 Pb 同位素验证了 VMS 型矿点上的覆盖层中的 Pb 是从掩埋在下方的硫化物矿床中搬运上来的。

第二节　化学勘探技术方法

按照采样介质的不同，化探分类可划分为地球岩石化学测量、土壤化学测量、水系沉积物测量、水文地球化学测量、生物地球化学测量、气体地球化学测量、多目标地球化学调查等。

一、岩石地球化学测量技术

岩石地球化学测量是以岩石为采样介质的地球化学勘探工作。其目的是检测与矿化和地质体有空间关系和成因联系的某些元素组分（主要是成矿、成晕）的含量及其分布特征，以发现与矿（矿化）或成矿作用有关的各类原生异常，进而寻找矿床（体）或解决其他地质问题。

1. 特点

勘探施工时不动用任何轻型山地工程，目前利用较广泛的快速分析仪具有仪器体量小、分析快速的特点。对周边生态环境无任何影响，属于绿色勘探的化探技术方法。

2. 适用条件

被探测的地质体分布面积较大、出露良好且连续。

3. 适用范围

岩石地球化学测量广泛用于普查与勘探能源矿产、金属矿产、多金属矿产及部分非金属矿产来进行直接找矿。

4. 岩石地球化学测量应用实例

辽宁某铅锌矿区，有一条 1000 多米长的近南北向断裂，过去一直认为该断裂是成矿后的，无找矿意义。为了重新评价其含矿性，沿断裂带布置了十几条短剖面的岩石地球化学测量，结果发现了清晰地 Pb、As 异常，应属于控矿的成矿前断裂，经钻孔验证打到了盲矿体，为矿区扩大了找矿方向。这个矿区的岩石地球化学测量成果还表明，沿断裂带走向方向指示元素的含量变化是与深部矿化发育程度有关，断裂带中成矿主要元素异常含量显著增高的部位，常常表明盲矿体的赋存位置。

二、土壤地球化学测量技术

土壤地球化学测量也简称为土壤测量，以残积、坡积物为采样介质，分析其中元素含量或其他地球化学特征，发现土壤化探异常，已达到矿产勘探的目的。

1. 特点

土壤测量是目前应用最广泛的化探方法，具有快速、经济等特点，属于绿色勘探施工的技术方法，对生态环境影响甚微。

2. 适用条件

水系不发育，地表覆盖浅、基岩风化良好的地区。

3. 适用范围

土壤地球化学测量广泛应用于金属矿床勘探、土壤质量调查、环境地质调查等。

4. 土壤地球化学测量应用实例

应用实例 1：用于西藏自治区加查县某岩金矿勘探

测区位于西藏自治区加查县，植被发育良好，测区基岩露头稀少。岩金矿探矿权面积 50.32km²，1∶25000 土壤测量采样线布设垂直于主构造线方向，按 150°方向 250m×50m 网度进行测网布设和采样。全测区共布置化探测线 44 条，扣除陡坎、深沟和部分密林、沼泽地未布设采样点外，测区共布设采样点 4070 个，截取-10~+60 目粒级样品。本次化探工作的主要目的是在探矿权范围内寻找金异常线索并圈定找矿靶区。经土壤测量测区共圈定出 Au 单元素异常 12 个，综合异常 11 个，快速地缩小了找矿范围，圈定出找矿靶区，在节省工作时间的同时，减少了大量山地工程的投入，为绿色勘探做出了努力，详见图 5-1、图 5-2。

图 5-1　1∶25000 万土壤测量现场采样图

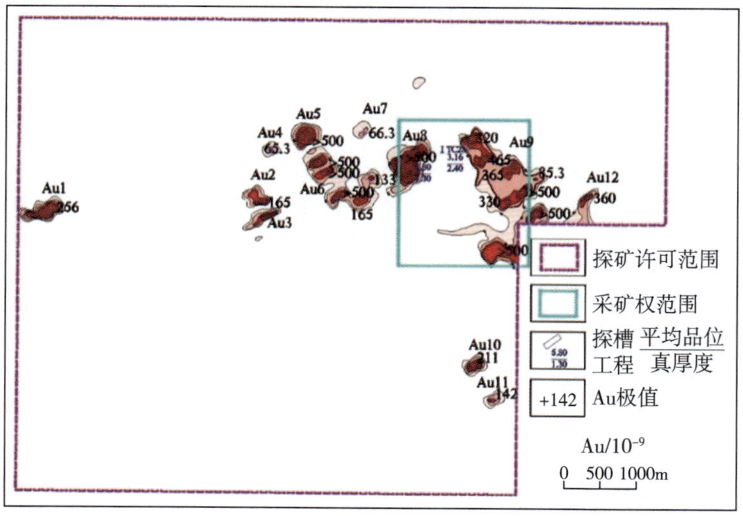

图 5-2　Au 单元素异常图

由图 5-1 可看出，在采样过程中利用小铁锹先将附有植被的表层整体挖掘起来，置于一侧，然后利用洛阳铲采集所需层位样品，待采样结束后，将采样坑回填，然后再将表层的植被整体放置于化探采样坑上方，踩实，采样前后分别采集影像资料保存。这样可以将采样过程对环境的影响降到最低限度，土壤测量由于其应用广泛，目前是绿色勘探领域的主要方法之一。

由图 5-2 可看出，土壤测量快速地将探矿权范围内金异常显示出来，其中 Au8、Au9 这两个异常内外带分带清晰、浓集中心明显，Au 极值为 $>500\times10^{-9}$。于是将工作重心转移到这两个异常上，做到了有的放矢。后经详细地质工程施工，Au8、Au9 均见到 Au 工业矿体，Au8 异常布设一探槽，见矿厚度 1.30m，平均品位 5.80g/t。Au9 异常布设一探槽，见矿厚度 2.40m，平均品位 3.16g/t。并将这两个异常区作为了采矿权范围。

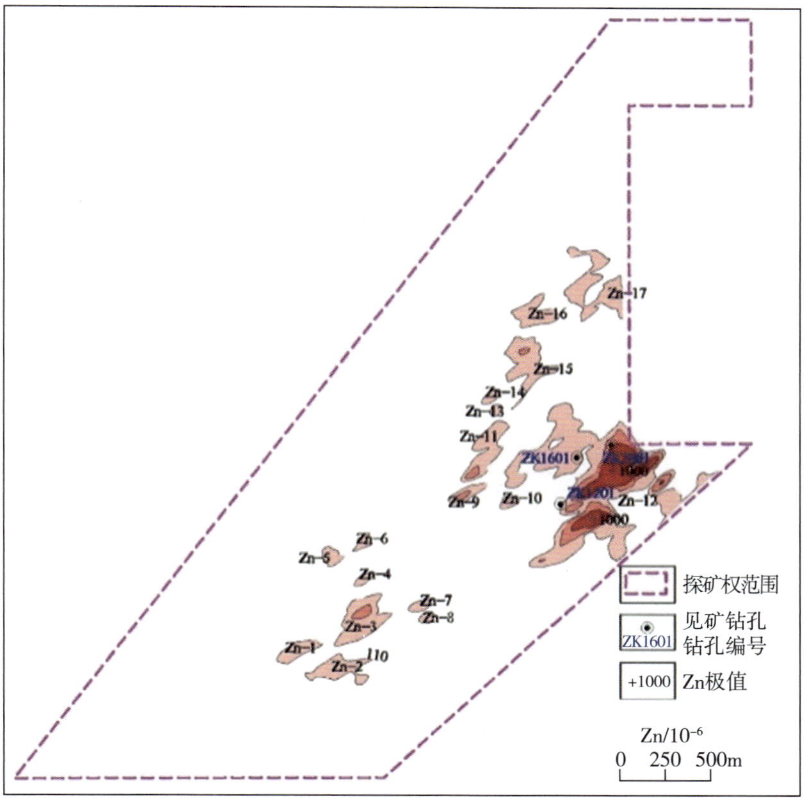

图 5-3 锌单元素异常图

应用实例 2：用于内蒙古自治区四子王旗某铜多金属矿勘探

测区位于内蒙古自治区四子王旗，植被稀疏，风积砂覆盖较厚，测区基岩露头较差。该探矿权面积 7.07km^2，1∶10000 土壤测量采样线布设垂直于主构造线方向，按 150°方向 100m×40m 网度进行测网布设和采样。测区共采样 1755 个，截取-4～+20 目粒级样品。本次化探工作的主要目的是在探矿权范围内寻找多金属矿床。经土壤测量测区共圈定出 Zn 单元素异常 17 个，综合异常 3 个，经三个钻孔验证，均见到 Zn 工业矿体。由图 5-3 可看出，Zn-12 异常区规模最大，浓集中心明显，分带清晰。Zn 极值为 1000×10^{-6}，于浓集中心布设钻孔 ZK2001，该孔于 132.9m 至 138.9m 处见铜锌多金属矿层，矿层伪厚 6.0m。其中锌矿层伪厚 2m，平均品位 1.14%，铜矿层伪厚 2m，平均品位 0.5%。

ZK1601 布设于 ZK2001 南西侧，该孔 201.5m 至 210m 见 8.5m（伪厚）的矽卡岩矿（化）体，经化验分析，铁、锌均达工业边界品位。其中铁平均品位 28.15%，锌平均品位 1.15%。

ZK1201 布设于 ZK1601 南西侧，该孔 115.9m 至 117.4m 处见锌矿体一层，伪厚 1.5m，平均品位 3.42%。

应用实例 3：云南基本农田环境质量动态监测

通过农田土壤监测发现，干热河谷缓坡旱地、高原平坝区蔬菜地土壤 pH 有升高趋势，中海拔陡坡旱地土壤 pH 有降低的趋势，3 个监控区土壤 CEC 有降低的趋势，土壤 OM 无明显变化方向，反映了监控区土壤不断退化的趋势，应引起足够的重视。3 个监控区，土壤 Pb、As 和 Cd 含量的升高趋势值得关注，应为监测的重点，土壤 Hg、Zn 和 F 含量有降低的可能。

表 5-1　农田环境质量动态监测数据表

监控项目 Monitor item	干热河谷缓坡旱地 DOS		高原平坝区蔬菜地 VP		中海拔陡坡旱地 DSS	
	2003 年	2004 年	2003 年	2004 年	2003 年	2004 年
pH	8.48	8.64	7.61	7.84	5.03	4.98
CEC（cmol/kg）	20.1	19.4	15.8	13.5	15.4	12.6
Cr（mg/kg）	102.9	111.8	88.0	80.8	119.3	119.1
Ni（mg/kg）	67.1	68.7	42.1	40.7	72.6	73.0
Pb（mg/kg）	20.6	22.9	62.9	65.4	23.1	20.1
As（mg/kg）	19.7	20.8	9.2	12.2	2.6	2.2
F（mg/kg）	674	475	1118	771	623	327
Cd（mg/kg）	0.139	0.125	0.115	0.134	0.130	0.169
Cu（mg/kg）	49.4	57.7	58.5	55.7	332.5	333.1
Zn（mg/kg）	81.4	78.1	129.5	127.0	128.2	136.9
OM（mg/kg）	19.6	21.5	37.0	34.7	19.5	20.7
Hg（mg/kg）	0.067	0.064	0.108	0.103	0.079	0.050
DDT（mg/kg）	0.068	0.063	27.9%++	17.8%++	23.5%++	未检出
六六六（mg/kg）	8.3%+	12.8%++	4.5%++	3.8%+	8.8%+	未检出
甲胺磷（mg/kg）	未检出	未检出	未检出	未检出	未检出	未检出
氧化乐果（mg/kg）	未检出	未检出	未检出	未检出	未检出	未检出

注：++表示检出率 10%~30%；+表示检出率低于 10%。

由表 5-1 可看出，将化探技术应用到土壤监测，是新型绿色化探在土地生态资源领域的重要应用。利用化探技术可以科学指导农作物生长与种植、科学监控土壤变化，为农业发展与土地复垦、生态保护提供科学技术支撑。

三、水系沉积物测量技术

地球表面被各种运积物（冲积物、洪积物、冰碛物、湖积物等）覆盖的面积要比正常的残积-坡积土壤分布范围大得多。因此，利用这些近期松散沉积物中的异常来找矿称之为水系沉积物测量。

1. 特点

采样时不动用任何工程，经济效益高、对环境无任何影响、绿色环保。属于绿色施工的化探方法。

2. 适用条件

覆盖较厚、地形切割强烈适宜采用水系沉积物测量。例如，我国的黄土高原地区。

3. 适用范围

运积物中的同生异常由于与异常源的空间关系疏远，再加上搬运过程中指示元素含量的稀释，使异常的衬度降低，但它的范围较大，因此水系沉积物测量特别适合于概略普查阶段。

4. 水系沉积物地球化学测量应用实例

勘探区位于河南伏牛山区，地形切割强烈，水系发育，风化作用强烈。水系沉积物地球化学测量所发现的异常集中分布于复向斜范围内次一级的背斜上，Mo、Cu、W 组合异常反映了钼矿床的存在。钼矿床分散流的分布说明了褶皱对成矿作用的控制和 NW 向断裂对矿化的控制，据已知矿区研究，NW 向断裂与 NWW 向断裂交会处对成矿更有利。

分散流在空间上显示出分带性，划分出了三个带：中心带为 W、Mo、Cu 组合，中间带为 Zn、Pb、Ag 组合，边部带为 As、Ba 组合。凡 W、Mo、Cu“高温组合区”，均有花岗斑岩出露；每一个花岗斑岩小岩体的位置上，相应地有从 W、Mo、Cu 组合、Pb、Zn、Ag 组合到 As、Ba 组合分散流的分带现象，因此，认为燕山早期的花岗斑岩为该区域多金属矿的成矿母岩，在花岗斑岩的内外接触带为 W、Mo、Cu、Fe、Sn 等矿床生成的有利部位，其外侧为 Pb、Zn、Ag、Cu 等中温矿床生成的有利位置。

根据分散流中元素组合、控矿因素、成矿特点综合分析，在该区划分了 9 个地球化学区，提出了成矿预测区 26 个，其中一级预测区 10 个，二级预测区 16 个。

四、水文地球化学测量技术

由于地表水和地下水溶解了矿体及其原生晕、次生晕中的某些组分，利用在水体中形成的地球化学异常来进行找矿称之为水文地球化学测量。

1. 特点

由于水文地球化学测量在采样的过程中都是利用现有的井水及自然地表水，不动用任何工程，对环境无任何影响，既节约成本，又绿色环保。

2. 适用条件

水系较发育的地区。

3. 适用范围

区域地质调查、地震预报、油气田勘探、地热勘探以及区域性环境质量评价。

4. 水文地球化学测量应用实例

应用实例 1：

2010 年 1 月 23 到 2 月 10 日，东区王台矿井下突水，井下涌水点 3 组水样经水化学实验室分析，pH 分别为 5.6、3.6、5.5，水质类型 SO_4-Ca·Mg 型，负硬度为 0，符合矿区采空区水最终演化为酸性老空水的特点。后经证实为小煤窑涌入井下的老硐积水。

2010 年 4 月 6 日长平矿 4305 切眼底板出水，通过实验室分析后，pH 为 8.37，水化学类型为 HCO_3-Na 型，负硬度为 368.08mg/L $CaCO_3$，与矿区水化学基础数据库中砂岩裂隙类水相同，初步认为是煤系砂岩水。后经长平矿实际观测，水量不大，对正常生产不会构成水害威胁，确定为煤系地板砂岩水。

应用实例 2：

2013 年 4 月，晋煤集团沁秀公司胡底煤业有限责任公司在井下上仓巷施工至+338.520m 时，掘进头发生脉冲式涌水，由于前期对矿区奥陶系灰岩水有充分的研究，该处奥灰水处于滞留区，矿化度一般 2.1g/L 以上，通过对井下涌水点现场采取水样，采用电导率仪对水样进行了电导率测试，测得出水点的电导率为 1560μs/cm（矿化度 1.5g/L 以下），据此判断上仓巷施工措施巷出水点的充水水源不可能为奥灰水，巷道可以正常掘进。随后经后续实验室化验分析，涌水点水样应为顶板砂岩水，与前面快速判别分析结果吻合。

实例证明，通过水体化学测量与监控，查明水体特征变化及化学性质，定性水质，分析成因，可为水资源保护、净化处理、矿产资源安全开采提供有力保障。水化学测量法也是微观上化探的绿色新型方法，已经构成水体辨识与预警、水资源开发与保护、水生态环保的重要一环。

五、生物地球化学测量技术

生物地球化学测量是利用测定植物中灰分的某些元素来进行找矿的一种地球化学勘探方法。

1. 特点

成本低、效率高、绿色环保。

2. 适用条件

植物生长良好的地段，植物具有明显的群落分带。

3. 适用范围

区域地质调查、农业化探、土壤质量调查。

4. 生物地球化学测量应用实例

应用实例 1：

哥伦比亚省中部 QR 金矿区利用干燥松针内的 Au 含量来圈定异常

由图 5-4 可看出，检验结果清楚地辨识出了根据松枝分析结果圈定的异常区，钻探结果显示，北矿区沿走向的长度至少有 1km，估计金的平均品位为 6g/t，是 QR 矿产地内最大的金矿化带。从而验证了这种地球化学标志的可靠性。

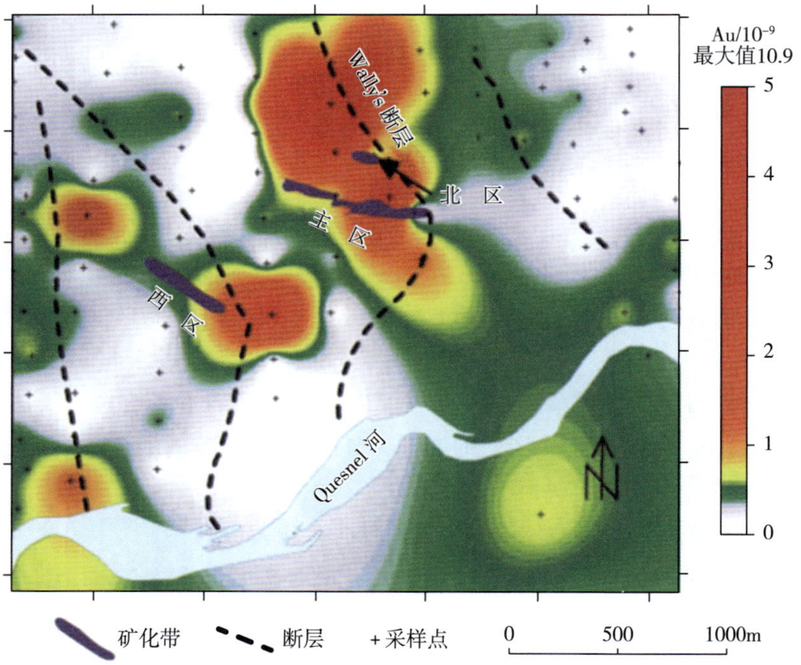

图 5-4　哥伦比亚省中部 QR 金矿区花旗松干燥松针内的 Au 含量

实例证明，植物化学成分测量可以指导、验证矿产资源的分布，新型的绿色化探手段在资源勘探领域取得良好应用。

应用实例 2：

非洲的纳米比亚及博茨瓦纳，勘探人员本来对该区的地质地貌、土壤及植物一无所知，基岩全部被钙质层或砂岩所覆盖。在遥感照片上勘探人员发现了一条明显的条带，由乔木及灌木组成，从现状构造来看，推测与下伏基岩的岩性有关，应相当于赞比亚元古宙含铜带向西延伸的部位。于是投入地面化探检查，垂直该带走向做地植物学及地球化学剖面。地表的砂砾层及钙质层含铜量不超过 30×10^{-6}，但地植物观察发现局部地区有铜矿指示群落，穿过地表钙质层取样，发现铜含量达到工业品位，最后在该地区共发现了4个工业矿床。

综合上述，地球化学勘探在地质找矿、能源资源调查、水资源调查、农业调查、生态调查等领域发挥了先导作用。特别是随着我国地质勘探程度的提高，隐伏矿产、难识别矿产和浅覆盖区矿产勘探项目越来越多，地球化学勘探与其他找矿方法结合的综合找矿项目越来越多，地球化学勘探得天独厚的生态环保技术，必将为绿色勘探做出更大的贡献。

六、气体地球化学测量技术

直接或间接地利用地壳中挥发性的化学元素和化合物来进行找矿的一种地球化学勘探方法。

1. 特点

绿色环保，属于绿色施工的化探方法。

2. 适用条件

硫化物矿床、氧化物矿床、富汞岩石、地热田、油气田等。

3. 适用范围

可应用于直接找矿，还可应用于地质制图、地热勘探、地震预报、环境调查等。

第六章　钻探工程新技术

钻探工程是唯一可获取地下实物岩（土）样的技术手段，是地质找矿和地产勘探取得地下实物地质资料进行探明矿产及其储量的主要技术方法，在岩土工程地质勘查和地质灾害治理勘查中也是必不可少的。因此钻探技术的进步对于服务于社会经济发展和民生发展，具有极其重要的意义，实施绿色钻探意义深远。

第一节　以钻探代替槽探施工技术

过去，坑探曾称作“山地工程”。可分为两类：①地表勘探坑道。包括探槽、浅井和水平坑道，水平坑道又分沿脉、穿脉、石门和平硐；②地下勘探坑道。包括倾斜坑道和垂直坑道，倾斜坑道又分斜井、上山、下山，垂直坑道又分竖井、天井、盲井。传统的剥土、探坑、槽探、浅井等山地工程会导致勘探作业场地大面积剥离，需要人力操作，劳动强度大、效率低下，导致对环境、林业、水土的破坏或影响（图 6-1），甚至有些施工场面触目惊心，令人十分心痛，况且在实际应用中因覆盖层或风化层太厚和代表性不足而难以达到研究目的。基于槽探及覆盖区槽探控制深度的局限性和绿色勘探的要求，迫切需要改进浅部勘探施工方式。

图 6-1　传统粗放落后的槽探作业方式

随着我国社会经济的快速发展，人们的环保意识大大提高和加强，“以钻代槽”勘探技术是对传统山地工程揭露手段的一种创新，是绿色勘探发展的方向和必然趋势。

利用轻型类钻机钻进浅层地层取样代替槽探作业，简称“以钻带槽”。所采用的技术主要是常规的回转钻进技术，钻机主要是背包式钻机和其他轻便型钻机。在成昆、南防等铁路勘测阶段，就曾使用过“螺旋手摇钻”，即由人工旋动钻具，提钻取心，一般钻到全、强风化层就终孔。正常情况下下，两人一天可钻 10 孔以上，最大深度可达 12m。浅层钻探技术作为最直观的进行定性定量分析研究的技术手段，不仅能加快工作速度，还能大量减少植被的破坏，保护环境，是浅层钻探技术服务于地质调查绿色勘查的直接体现。

“以钻代槽”技术勘探方法有明显的优势：①施工中占地面积小、地表破坏少、操作简单，对环境扰动轻微，安全系数高，符合绿色勘探的要求；②基本解决了难进入地区、特殊浅覆盖区取样的难题，有望彻底改变井探、槽探和人工挖掘等破坏生态的传统地质取样方法；③可施工直孔、斜孔（俯斜孔、仰斜孔）、水平孔，满足地质需要；④可以灵活、快速布孔，施工速度快，缩短了勘探周期；⑤装备简单轻便，相对于槽探和浅井作业，生产安全性好；⑥金刚石钻探取样质量高，完全可以实现对地质体结构、构造、形态、产状及接触关系等要素进行有效勘测和控制，拓展勘探深度；⑦综合费用低，尤其是避免了巨额占地赔偿，降低了生产成本、节约了项目资金。

实践表明：“以钻代槽”勘探方法已在全国很多个地区得到尝试和应用，产生了良好的生态效益和经济效益。①浅钻所揭露的岩性组合与传统槽探结果一致；②浅钻与槽探所对应的样品分析结果基本吻合；③通过探索孔与追索孔、确认孔的共同施工，能灵活、准确地对层状、面状地质构造进行控制，从而达到掌握层状、面状地质构造产状目的，以确定地质体产状；④采取施工斜孔的方法布孔可以快速达到地质目的，达到或接近槽探“施工范围内近水平方向上的连续观察剖面”的效果。

一、赣南钻（人力冲击取样钻）技术

赣南钻是一种人力冲击取样钻，是在洛阳铲的基础上，经过不断改进和创新，自主研发的一种探矿取样方法，被收录至《矿产资源节约和综合利用先进适用技术目录（2019 版）》。

（一）基本结构

赣南钻主要由操纵杆、接手（接头）、钻杆、岩心防掉器、取样筒总成组成（图 6-2）。取样筒总成由异径接头、钻头焊接筋、贮样筒、钻头刀口构成。赣南钻是由洛阳铲改进而来的，与洛阳铲的不同见表 6-1。

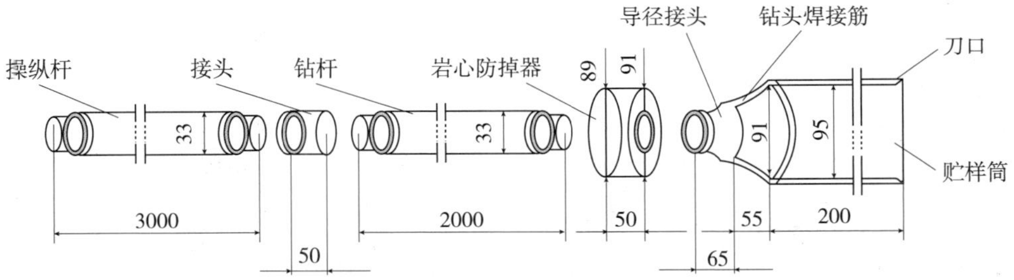

图 6-2 赣南钻组成结构示意图

表 6-1 赣南钻与洛阳铲的区别

指 标	洛阳铲	赣南钻
核心部件	为一半圆柱形的铁铲	为不锈钢圆环形取样筒
操纵杆	白蜡木杆、或胶木杆、或钢管	直径 Φ33mm 的镀锌钢管（钻杆），可逐步加接加长
铲头形状	对开形、四开形、弧形	圆环形筒
刃口材质	铁质	合金钢
直径规格		Φ95mm、Φ80mm、Φ76mm
取样筒长度		200mm、300mm、400mm，壁厚 2mm
钻进深度	可钻进 20m	可钻进 45m

（二）主要特点

（1）结构简单、轻便、可拆卸、易搬运安装，勘探深度可达 45m；
（2）仅需 $1m^2$ 左右的工作场地，占地面积小，破坏植被及山体很小；
（3）仅需 2 人操作即可，无需机械动力及冲洗液、润滑油料，不污染环境；
（4）施工速度快、工作效率高、成本低、安全性好。
缺点是人力施工劳动强度大，且对人员施工操作技术要求较高，否则达不到预期目的。

（三）操作程序

赣南钻的施工程序包括确定孔位→平整场地→施工准备→开孔钻进→岩（矿）心整理→缩分取样→终孔→校正孔深→封孔→验收。与钻探施工程序类似，增加了现场的缩分取样工作，省略了简易水文观测和钻孔弯曲度测量。钻进和取样均靠人力完成（图 6-3），不需要机械动力，避免了污染。

（四）操作方法

（1）场地平整：修正 1m×1m 左右的简易场地即可。

（2）施工准备：连接钻杆、取样筒和钻头，摊开取样布，摆好工具，由 2 人即可组织施工（图 6-3）。

（3）开孔钻进，要保持钻探钻具垂直地面向下钻进，若遇到树根或大砾石、孤石无法钻进时，应在原位周围另行选位重新开孔。

（4）钻进过程中，每回次下钻时须将钻具慢慢放入孔底，避免与孔壁发生摩擦导致孔壁物质掉入孔底，引起岩（矿）心混染。一般取样时，将取样器上部混染岩矿心剔除。

（5）施工过程中，每个回次钻进深度不得超多贮样筒的长度（一般 0.20～0.40m），在提钻时，将钻具慢慢提起，以防贮样筒中岩（矿）心掉出。

图 6-3　赣南钻的操作取样

（五）应用范围与使用情况

赣南钻作为一种探矿技术手段，可替代小圆井、浅井及部分浅钻，主要适宜于深度≤45m 内的软弱土层、强风化岩层地质勘探与评价。

经江西省国土资源厅批准同意，2001—2003 年在对 88 个稀土矿山进行储量核实时，将赣南钻

（当时称为取样铲）吸收为勘查评价的探矿工程之一而试用。2009年后，在赣南开展的稀土矿勘查评价项目均陆续以赣南钻作为主要手段，大大缩短了工作周期、节省了大量勘查资金。

核工业某地质调查院在云南省澜沧县上允稀土矿详查勘探中，岩性主要为花岗岩顶部的风化砂质黏土层，采用 Φ95mm 赣南钻实施勘探，共完成钻孔4542个，累计进尺84064.6m，平均孔深18.51m，最大钻孔深度达72m，平均岩心采取率>90%，见矿率78.96%，两人配合一天可施工完成2个钻孔。钻孔揭露的层位对应较好，初始见矿的深部位和矿体厚度相近，钻孔取样控制的工业矿体平均品位误差<3%，勘探质量较高、成果显著、经济效益和社会效益较好。

实践表明，赣南钻优于小圆井，赣南钻施工效率是小圆井、浅钻的3~10倍，成本是小圆井的1/4、浅钻的1/6左右。

经生产实践验证，赣南钻结构简单、轻便、易搬运，无需机械动力、油料冲洗液，对自然环境扰动很小，无环境污染，是值得推行的一种新的勘探技术方法。但赣南钻无法钻进半风化岩层，当遇有夹石、风化球或进入潜水面以下时也无法揭穿。

二、小倾角钻探技术

小倾角钻探是与地表较小倾角（接近水平）方向钻探，称为小角度钻探，钻孔倾角范围0~45°。

（一）基本原理

小倾角钻探其实质是通过操纵钻机主机驱动钻杆、带动取心钻具及钻头回转，沿小倾角（或水平）方向刻取岩石使钻孔延伸，采用特定的取心方式打捞获取岩心，达到勘探的目的（图6-4）。

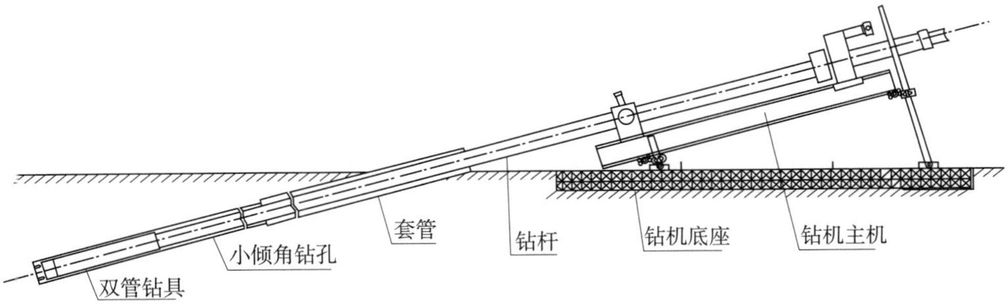

图6-4 小倾角钻孔施工示意图

（二）关键技术

（1）配套英格尔全液压便携钻机设备，钻进能力大；

（2）采用插口式的铝合金槽钢底枕，长度可任意调整，实施锚管固定；

（3）“逆作法”开孔。即改变传统“由大到小”的开孔方法及套管下入顺序，先以 Φ76mm 口径钻进开孔，钻进到一定深度且阻力很大时，将 Φ73mm 口径钻具留在孔内；然后用大一级的 Φ91mm 口径钻具外套钻进扩孔至 Φ73mm 口径钻具的深度时，在孔口处卸下 Φ89mm 钻具顶部的异径接头，将 Φ89mm 钻具留在孔内作为套管；再将钻杆连接 Φ76mm 口径钻具继续钻进，以此循环“跟管钻进”操作，直到见到完整岩石为止，确保套管完全坐在完整基岩层上和后续钻进的孔内安全。

（4）采用钢索（泵送）打捞取心。

以上概括为“英格尔全液压便携钻机+铝合金槽钢底枕+锚管固定+泵送捞矛绳索取心+跟管护壁+全倾角数字测斜”钻探工艺技术方法。

（5）小倾角钻孔的布设

不同于地表基岩浅层垂直钻孔和常规斜孔的布设，小倾角（含水平）钻孔的布设（图6-5），是在接近地表一定范围内（5~50m垂深），设计布置与地表倾角（≤30°）钻进再定向水平的取心钻孔，达到以钻代槽的目的。

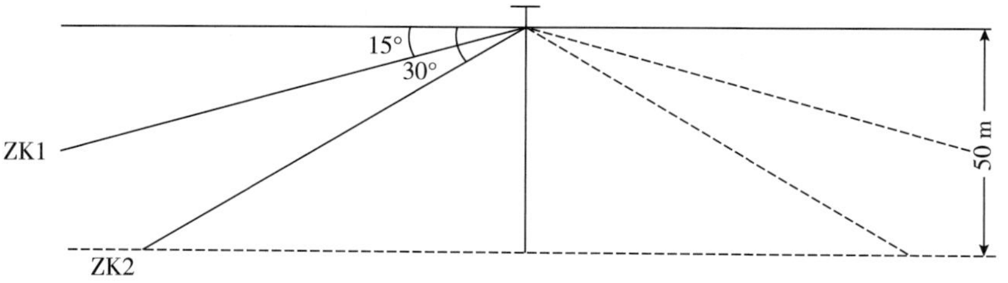

图6-5　小倾角钻孔布设示意图

（三）绿色优势

小倾角钻探占林占地面积小，减少了对自然森林环境的扰动和破坏。利用全液压便携钻机施工小倾角钻孔，占地面积大约50m^2，相当于10延长米槽探的占地面积。相同长度的钻孔与探槽相比，探槽长度越长，节地效果越显著。按照槽探100m范围内用1个地表钻机场地替代，节地效果见表6-2。

表6-2　探槽与钻孔占地面积及节地效果

探　槽	长　度/m	10	20	50	100
	占地面积/m^2	50	100	250	500
1个钻孔的占地面积/m^2	50				
槽/钻占地比例	1：1	2：1	5：1	10：1	
钻探节约占地/%		50	80	90	

从便携、实用、绿色环保等方面入手，开展的小倾角钻探代替槽探的地质找矿工作，仅需对机台部分用地进行平整，无需对地表进行大规模挖掘，其占地面积小、地表破坏少，大大减少了对林地的占用和破坏，确保了生态自身的恢复能力，加之施工结束后，及时进行人工修复，可有效地保护生态环境，符合绿色勘探的发展方向。

（四）应用范围与适用条件

小倾角钻探主要用于代替槽探，在生态功能敏感区开展地质调查、矿产勘查、地质填图、标准地质剖面测量、固体矿产勘查中倾斜矿体的浅层地质揭露控制等、物化探异常查证等方面。适用于农田、沼泽、地势低洼、陡峭、森林茂密、残坡积覆盖层较厚，槽探施工困难，甚至无法揭露到基岩，达不到地质目的地区。山脊、沟谷、沼泽等普通立轴岩心钻机交通运输、搬迁困难地区；非常适合于生态环境保护区、林业占地手续审批困难地区、补偿费用高、环保要求高地区及绿色勘查项目等。

（五）应用情况

该勘探技术在《黑龙江省漠河县某岩金矿普查》项目中，采用“英格尔EP600PLUS全液压便携钻机+铝合金槽钢底枕+锚管固定+泵送取心+跟管护壁+全姿态数字”的钻探技术（图6-6），共实施30°小倾角钻孔9个，完成钻探实物工作量730.25m，其中最大孔深117.90m。

（a）钻探前　（b）钻探中　（c）钻探后

图 6-6　小角度钻探生产现场

实践表明，在森林覆盖区开展地表 30°小倾角浅钻揭露，环保及综合效益明显优于槽探，还可避免高额杯地赔偿费，提升地质勘查项目的绿色环保能力，有效改善钻探施工周边的生态环境，促进地质钻探业内部绿色勘查结构调整，是一条适合当地环境特点的“以钻带槽”施工的新技术方法，示范作用突出，具有极高的推广应用价值。

详见本书第十章绿色勘探工程案例中“案例六：小倾角钻孔代替槽探技术创新与生产实践”。

第二节　液动潜孔锤技术

液动潜孔锤（简称液动锤或冲击器）钻探是在回转钻探的基础上，通过利用现场泥浆泵输送的冲洗液驱动液动锤内部的冲锤对钻头施加一定频率和能量的冲击功，加速碎岩，也就是钻头上带有冲击负荷的回转钻探。

我国自 20 世纪 50 年代后期就开始对液动冲击回转钻进技术进行研究，从 20 世纪 70 年代中期至 80 年代，我国除地矿系统以外的煤田、冶金、核工业等有关部门都对此开展了和技术推广工作，先后研制出了阀式、射吸式、射流式以及正作用、反作用、双作用的十余种类型号的液动冲击器，原地质矿产部曾把“液动冲击回转钻探”列为重点技术推广项目之一，将我国液动潜孔锤钻进技术推向一个较高的水平。由于传统的液动锤存在着阀、锤的工作弹簧对冲击能量影响大、弹簧寿命短（一般不超过 40h）；运动密封副多且橡胶密封件极易造成泄漏或运动阻卡；深孔受背压影响明显（一般在 500~700m 孔深以内）等缺陷，随着地质行业发展的波动和市场的淘沙，有的产品就逐渐销声匿迹。经过几十年的发展和不断改进和完善，中国的液动潜孔锤技术已处于世界领先水平。

一、冲击器种类

按照流体控制方式，液动潜主要有阀式、射吸式、射流式三大类；按照其液能做功方向，液动潜孔锤又可分为正作用、反作用、双作用三种。

二、YZX 系列阀式双作用液动锤

经不断对液动锤进行优化结构设计和技术升级，对用于普通单动双管提钻取心钻进的单体液动锤，采用双喷嘴配流结构，进一步简化其内部结构，取消原有的固定式节流环，无易损坏的弹簧零件，运动副不再使用橡胶件，减少密封副（由 4 道减少至 2 道），结构调整参数由 5 个减少到 2 个，

使输出冲击功提高25%以上，易损件在泥浆中寿命从10h提高到50h，在清水中提高到100h。极大地改善了液动锤工作的可靠性和安全性，新研制形成了YZX系列阀式双作用液动锤（图6-7），成为定型产品，已处于规模化使用，取得了显著的经济效益。

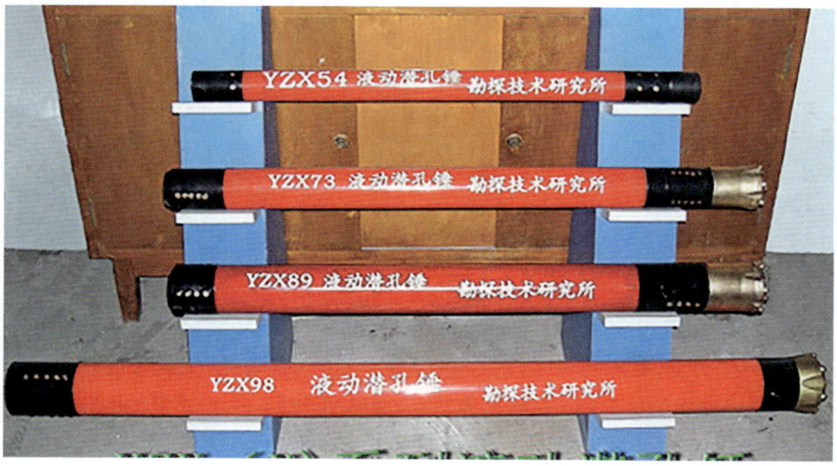

图6-7 YZX系列液动锤实物

（一）主要组成

YZX系列单体液动锤主要由上接头组件、上阀组件、外管、冲锤组件、传功座、和传功接头等组成（图6-8和图6-9）。

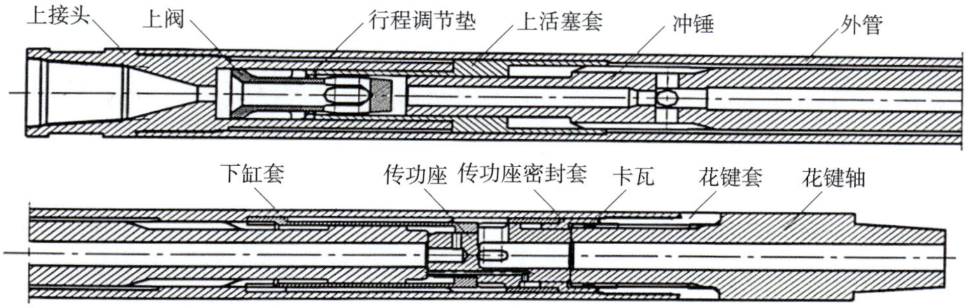

图6-8 YZX系列液动潜孔锤结构示意图

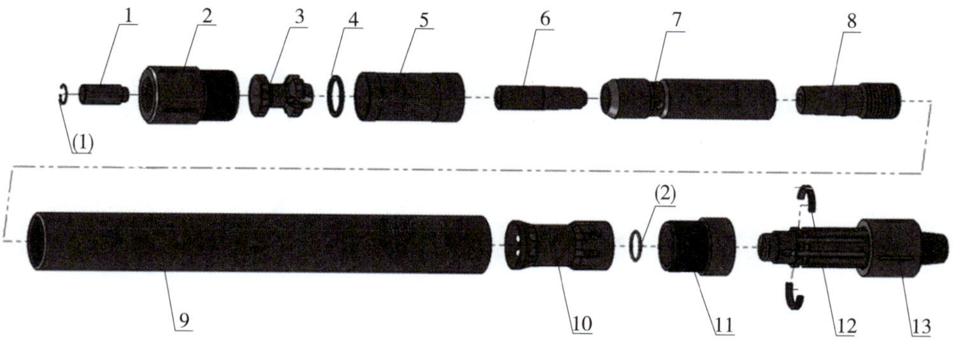

图6-9 YZX系列液动锤组装示意图

1—喷嘴；2—上接头；3—上阀；4—上阀行程调节垫；5—上阀座；6—上活塞；7—冲锤体；8—下活塞；9—液动锤外套；10—花键套；11—锤套；12—卡瓦；13—花键轴

（1）孔用弹性挡圈；（2）O形密封圈

（二）技术性能

YZX 系列液动锤的主要技术性能见表 6-3。

表 6-3 YZX 系列液动锤主要性能技术参数

参数 \ 型号	YZX54	YZX73	YZX89	YZX98	YZX130	YZX146
液动锤外径/mm	Φ54	Φ73	Φ89	Φ99	Φ130	Φ146
适应于钻孔直径/mm	Φ56~Φ65	Φ75~Φ85	Φ91~Φ105	Φ112~Φ120	Φ136~Φ158	Φ165~Φ190
冲锤质量/kg	3.5	5.5	7.0	15.0	35.0	37.0
冲锤行程/mm	15~25	20~25	20~30	30~40	40~50	40~50
自由行程/mm	5~8	6~10	7~12	10~12	10~15	10~15
冲击频率/Hz	25~45	20~45	20~40	20~40	7~15	7~15
冲击功/J	10~50	15~70	20~90	80~10	120~250	150~300
工作泵量/($L \cdot min^{-1}$)	60~90	90~150	120~190	250~320	350~550	600~1000
工作泵压/MPa	0.5~2.0	0.8~3.0	1.0~3.0	1.5~4.0	2.0~5.0	2.0~5.0
液动锤总长/mm	863	1000	1000	1600	1950	2280
液动锤总重/kg	12	25	35	72	160	220
冲洗介质	清水、乳化液、优质低固相泥浆					

将单体 YZX 液动锤与绳索取心钻具进行技术结合就形成了 SYZX 绳索取心液动锤（图 6-10 和表 6-4），看似两个类型的液动锤，其实核心的部件是一样的液动锤。

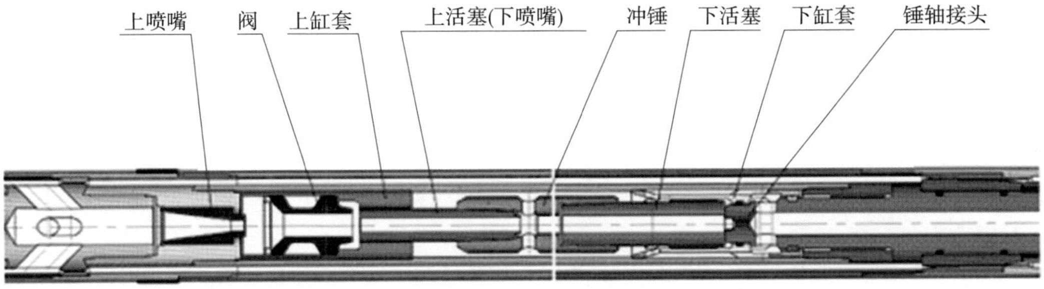

图 6-10 SYZX 系列绳索取心液动锤

SYZX 液动锤主要技术性能参数见表 6-4。

表 6-4 SYZX 系列绳索取心液动锤的主要技术性能参数

绳索取心液动锤型号	配套绳索取心钻具			内置液动锤型号	长度/mm	质量/kg
	系列代号	钻具外径/mm	钻头直径/mm			
SYZX75	S75	Φ73	Φ75.5	YZX54	5200	75
SYZX96	S96	Φ89	Φ95.5	YZX73	5500	115
SYZX122	S122	Φ114	Φ122	YZX89	5230	180
SYZX137	S137	Φ131	Φ137	YZX98	6180	340
SYZX150	S150	Φ140	Φ150		6530	380
冲洗介质	清水、乳化液、优质低固相泥浆					

（三）适用范围

液动潜孔锤钻进技术是一种具有中国特色的经济、高效、实用的岩心钻探实用技术，适应领域广泛。常规地层钻进中基本都可以应用，对于硬脆碎、坚硬、致密“易打滑”地层，尤为适宜液动锤冲击回转钻进；在硬碎及层理、片理发育的地层中使用液动锤钻进，减轻岩心堵塞，提高回次进尺和采用率；在易斜地层中钻进，具有抑制弯曲、防斜作用。

对于水敏性地层、松散无胶结地层、可钻性Ⅴ级以下地层以及使用惰性材料堵漏孔、泥浆含砂量大和采用PDC钻头时，不建议使用液动锤。

（四）使用条件

泥浆泵必须满足液动锤动力的工作泵量和泵压；必须高度重视泥浆的质量和净化工作；必须检查并确保钻杆的内径畅通无阻；启用新的（或经过调整、检修的）液动锤时，必须先在孔口进行试验；必须保证钻杆连接处的密封性，防止泄漏；必须定期检查维修和保养液动锤。

应用不好液动锤的主要原因之一是现场缺乏组织和技术不熟练，多数是未掌握现场组装、调试和操作工艺，一旦出现使用不正常或产生故障，就弃置不修、不用。使用液动锤切忌只管用、不管维护和保养。

（五）应用实例

应用实例1：

SYZX75绳索取心液动锤工作深度超过1600m。山东省某地质大队2008年在兖州某铁矿勘查中，钻遇地层以白云岩，云斑灰岩为主，岩石破碎，裂隙溶洞发育，属严重漏失地层。1000～2000m为绿泥绢云千枚岩。岩心轴夹角大，局部见有石英脉，属易造斜地层，多段岩石破碎；采用常规绳索取心钻进，出现时效低、回次短、钻头寿命低、孔斜强度大等问题，经采用SYZX75绳索取心液动锤在zk001孔，从1121m开始钻进至1648m，取得良好的效果。时效提高30%，回次进尺增加18%，钻头寿命增长15%～80%，孔斜强度由6.03°/百米降到1.75°/百米，成本降低10%～30%，台月效率提高40%。通过连续钻进527m，表明该绳取液动锤具有设备配套简单，使用操作方便，性能稳定，经济效果显著。

应用实例2：

2009年10月至2010年1月，在山东省某矿区ZK43-1孔761～1461.3m孔段使用SYZX96绳索取心液动锤累计进尺700.3m，与单纯的绳索取心回转钻进相比，时效提到142%；在1464.8～2211.4m孔段使用SYZX75绳索取心液动锤累计进尺746.6m，与单纯的绳索取心回转钻进相比，时效提到145%。生产实践表明，SYZX液动锤在高背压条件下能稳定工作，提高了钻探效率，降低了钻孔弯曲强度，成为保证该孔顺利实施的条件之一。

第三节　随钻定向钻进技术

在绿色勘探工程实施中，随钻定向钻探是一种绿色环保、提供精确地质资料、减少自然环境破坏的很有发展前途的绿色钻探方法。可以充分利用定向钻进技术进行“一基多孔”钻进、多孔底分支钻孔钻进，既可造斜又能纠斜，满足特殊钻进需要，加快勘探施工速度、提高钻探工程质量、减轻设备搬迁对生态环境的破坏，同时可减轻劳动力、降低勘探成本。

目前地质钻探随钻定向钻探主要是有缆（线）随钻定向、无缆（线）随钻定向、高精度对接井定向技术等。

一、有缆（线）随钻定向钻进技术

有缆（线）随钻定向钻进是将随钻测量技术（又称 MWD 技术）与孔底动力钻具相结合，利用孔底动力钻具（如涡轮钻具、螺杆钻具、电动钻具等）进行滑动定向钻进，将有缆（线）随钻测斜仪器放入钻具内，孔底信号通过电缆线传输到地面主机，实时监测钻孔顶角和方位，实现轨迹控制的一种定向钻进方法（图 6-11）。使钻孔轴线实际轨迹与设计轨道近似重合，从而钻进至目标靶点。

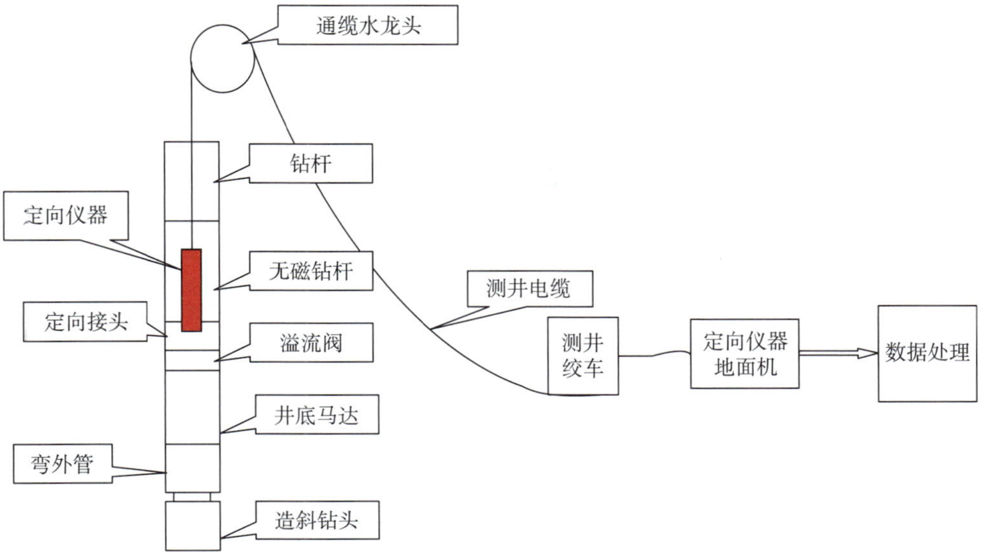

图 6-11 有线随钻测斜技术工作示意图

（一）主要组成

有线随钻螺杆定向钻进所需的钻探设备机具主要有：钻机、泥浆泵、钻杆、无磁性钻铤、螺杆钻具、高压胶管、稳压罐、造斜钻头；仪器包括随钻测斜仪、通缆水龙头（又称“高压旋转循环头”）、电缆与绞车、地面数据监视与处理仪器等（图 6-12）。

图 6-12 螺杆定向钻进主要设备、仪器、机具图

1—螺杆及无磁钻铤；2—绳索钻杆；3—加（打）压油泵；4—定向接头；5—全面钻头；6—地面数据处理仪；7—有线随钻测斜仪配套；8—有线随钻测斜绞车

常用的有线随钻测斜仪见表6-5。

表6-5 常用有线随钻测斜仪一览表

型号	主要技术指标					
	外径/mm	顶角范围及精度/°	方位角范围及精度/°	工具面向角范围及精度/°	最大耐压/MPa	最高工作温度/℃
DST	27，32	0~180±0.1	0~360±1.5	0~360±1.5	100	125
LDOM	35，45	0~180±0.2	0~360±2.0	0~360±2.0	70	120
ST35/45	35，45	0~90±0.15	0~360±1.5	0~360±1.5	140	125
YST-25	25	0~180±0.2	0~360±1.5	0~360±1.5	100	125
YST-35	35	0~180±0.2	0~360±1.5	0~360±1.5	100	125
SSC	35，45	0~180：0.2	0~360±1.5	0~360±1.5	140	125
ADST	35，45	0~180±0.2	0~360±1.5	0~360±1.5	100、150	125~150
LHE2000	35，45	0~180±0.2	0~360±1.0	0~360±0.5	100	125
PST	27	0~180+0.1	0~360±1.0	0~360±1.0	100	125
SST	35	0~180±0.3	0~360±2.0	0~360±2.0	102	125
RSS	25	0~180±0.3	0~360±2.0	0~360±2.0	136	125

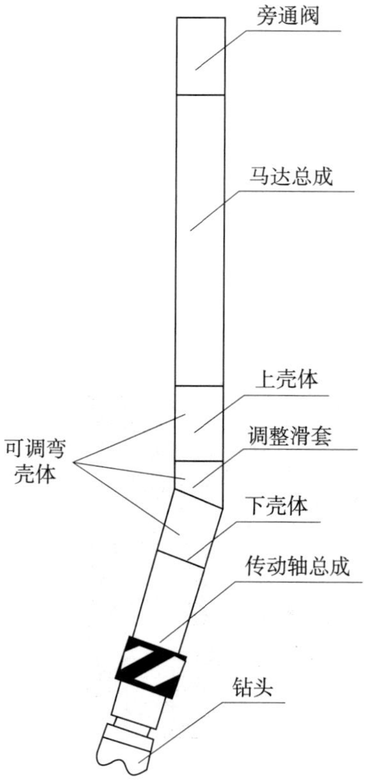

图6-13 可调弯螺杆结构示意图

较适合于当前地质钻探的定向钻进要求的孔底动力为弯外管液压螺杆马达钻具，其结构见图6-13。它是以冲洗液为动力，并通过冲洗液来驱动的一种孔底发动机式钻具，其发动机是由定子和转子组成。当泥浆泵泵出的泥浆流旁通阀进入马达，在马达的进出口形成一定的压力差，推动转子的轴线顺时针旋转，并将转速和扭矩通过万向轴和转传递给钻头，从而实现钻孔作业。

（二）技术性能

螺杆定向关键技术主要包括：①定向钻进轨迹设计，确定孔口和靶点位置，通过计算钻孔各项参数，确定定向段、稳斜段的长度、钻孔弯曲强度等，确保定向钻进有实现可能；②定向钻进参数控制，在钻进过程中，克服施工过程中各环境因素影响，随时调整定向钻进参数，确保钻孔沿着设计轨迹进入靶区。

将带有斜蹄口全流式引鞋的测斜探管，由钻杆内沉入孔内底部造斜钻具，在斜蹄口斜面的作用下，引鞋的切口槽会自动转动下滑，使切口槽对准定向键，从而相对固定测斜探管不能随意转动，仅能随钻具的转动而转动（图6-14）。因此，可准确地测量出探管底部的方位角和顶角空间参数，进而有效地控制钻具的钻进方向，达到定向目的。

有缆（线）随钻定向钻进时钻杆不转动，可以减少钻杆的疲劳和磨损，与高精度定向仪器配合，提高了孔底工具面定向的准确度，而且节省了大量的定向测量时间，可实现随钻定向钻进。

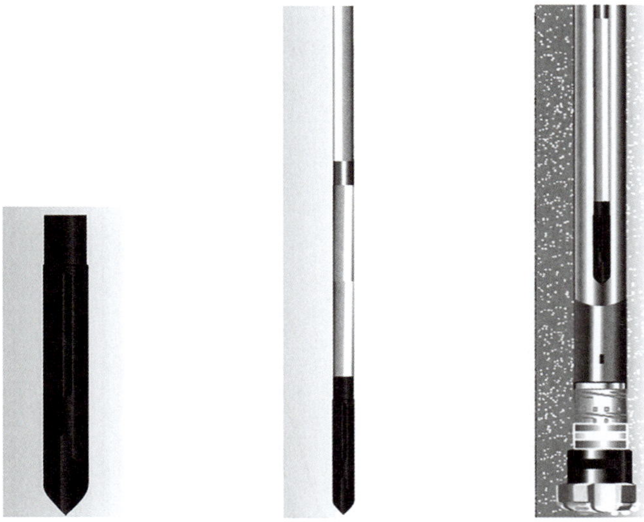

（a）全流式引鞋　　（b）测斜探管总成　　（c）孔底造斜钻具

图 6-14　定向的实质图

（三）应用实例

应用实例 1：

2013—2015 年期间，在川西北某矿区开展了有线随钻定向钻进，成功实施了定向钻进/纠斜施工/分支孔/侧钻绕障等作业。在 1 个钻孔中分别完成 2 个分支孔（ZK3-1、ZK3-5）；在 1 个钻孔位置上，成功实施“一基三孔”（ZK8-1、ZK8-5、ZK4-1），包括 1 个跨越勘探线三维（空间）定向孔（ZK4-1）施工；完成 1 个二维（平面）定向孔；在多个钻孔中完成纠斜、绕障处理孔内事故，成功实现了“一基多孔、一孔多支”的高原生态脆弱区绿色钻探目标（图 6-15、图 6-16），取得了高精度的定向效果，满足地质设计要求，最大限度地减少了因设备搬迁必需的道路和新建机台修建对地面植被的破坏，减少搬迁、保护生态、提高效率，在西部高原地区起到示范与推广作用。详见本书第十章绿色勘探工程案例中“案例三：探索高原生态脆弱区绿色钻探之实践”。

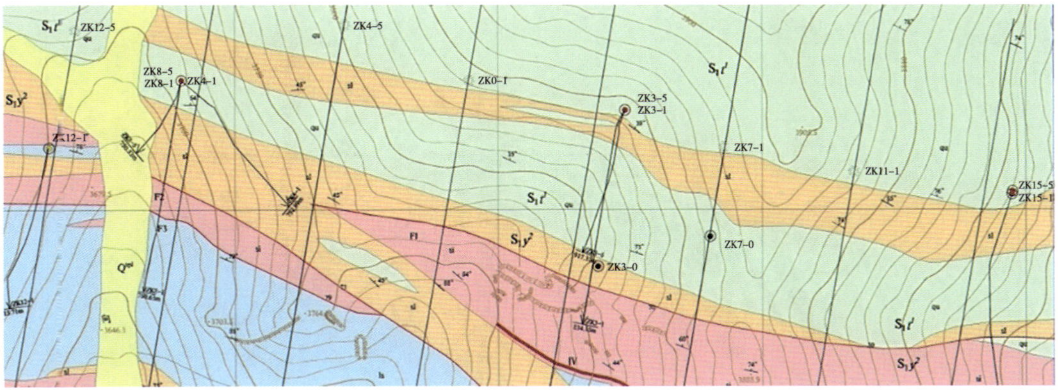

图 6-15　实施定向钻进平面图

应用实例 2：

甘肃省某勘查院在旱子沟、格尔托、大水等矿山的生产勘探和增储勘探中，以坑道钻探为主，采用扇形和放射状的“一基多孔”方式（图 6-17），实施绿色钻探，提高了钻探效率，地质效果显著，起到了很好的示范作用。

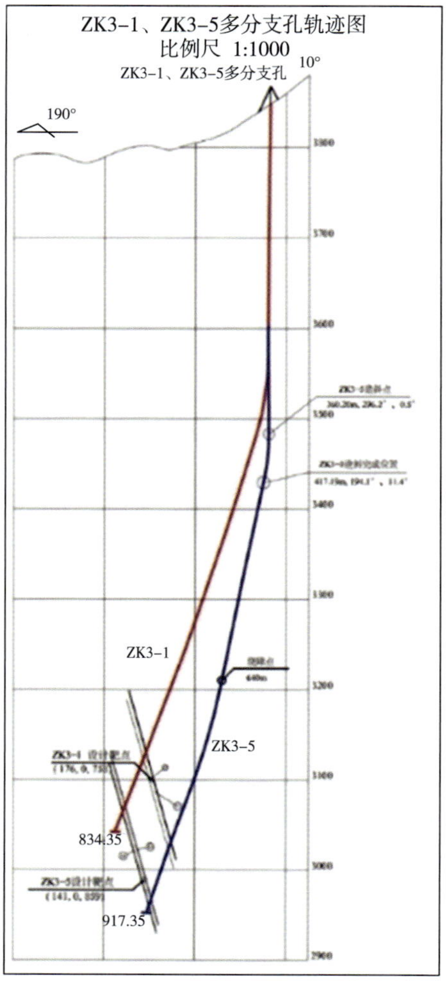

图 6-16　ZK3-1、ZK3-5 分支孔轨迹图

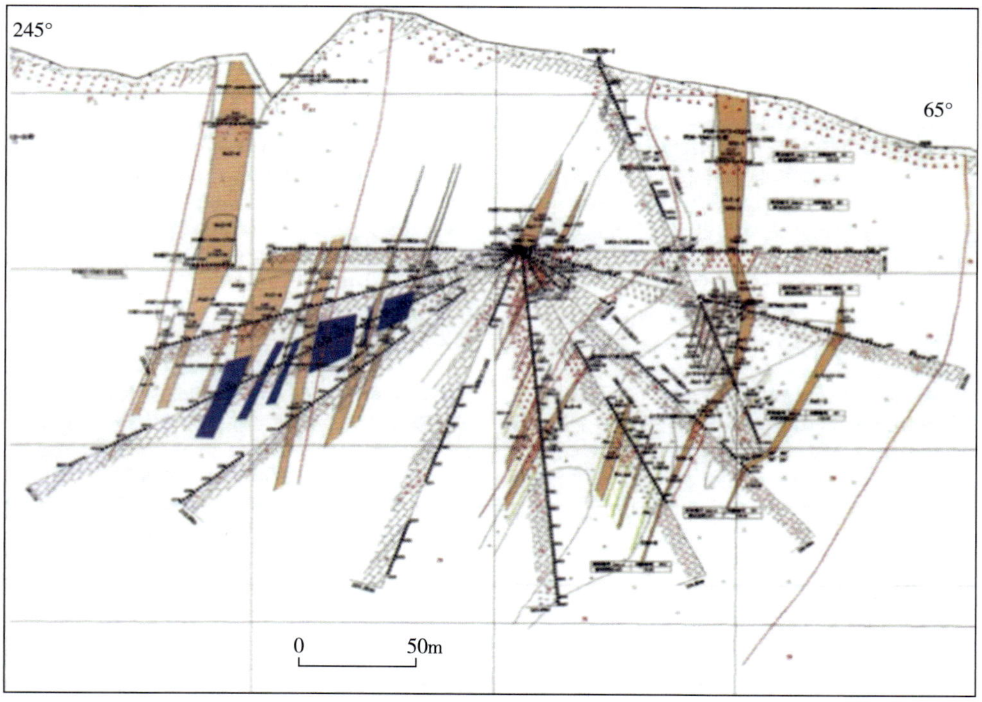

图 6-17　坑道内放射状钻孔布置图

二、无缆（线）随钻定向钻进技术

无缆（线）随钻定向钻进技术是以无线方式传递孔底数据信息，主要有三种无线传输技术，即声波技术、泥浆脉冲技术及电磁波技术，其中应用最为广泛的是基于某种形式的泥浆脉冲遥测技术，孔底信息借助水力通道以压力脉冲的形式传输，经过地面解码、滤波等处理得到孔内测量数据，信号传播的载体是冲洗液。因此，无缆随钻定向钻进技术相比有缆定向主要是孔底信号传输方式的不同，但由于省去了传输电缆线，加接钻杆时无需下放和提升电缆，减少了定向花费的时间；此外，在定向钻进过程中可以随时回转钻杆柱，实现复合钻进，减少了狗腿度及卡钻事故，使用范围更广。

（一）主要配套器具

弯外管螺杆马达、无磁钻铤、全面钻头、定向接头、无缆随钻测斜仪。

（二）钻具组合

全面钻头+螺杆马达（弯外管）+定向接头+无磁钻铤（内含随钻测斜仪）+钻铤+钻杆（图6-18）。

图 6-18 螺杆马达（弯外管）及无缆随钻定向仪器

无缆随钻定向钻进技术在应用中由于是通过泥浆脉冲获取孔底参数，对冲洗液性能及泥浆泵排量有一定要求，同时由于仪器直径较大，因此限制了其使用口径，通常应用钻孔口径在 Φ122mm 及以上，此外该项技术仪器设备价格昂贵，使用成本相对较高，也进一步限制其在地质钻探中的推广应用，一般油气钻井领域应用较为广泛。

（三）应用实例

应用实例：在汶川地震断裂带科学钻探 4 号（WFSD-4）孔钻进施工中多次采用无缆随钻定向钻进技术进行了定向钻进、侧钻绕障等施工。其中如在 712.78m 处开始采用螺杆马达弯外管+无线随钻测斜仪（MWD）滑动定向钻进，定向钻进与复合钻进交替进行，钻进至 1435.0m，顶角从 15.3°定向至 26.4°，方位从 133.2°定向至 132.6°，满足地质设计要求。此外，在孔深 2261.81～2319.07m 由于发生多次卡钻事故和断钻具事故，通过定向钻进形成 8 个侧钻孔段，其中开展了 4 次无缆随钻定向侧钻绕障，通过对钻孔轨迹的精确控制，未发生碰撞事故，取得了良好的应用效果。

三、高精度定向对接井技术

“慧磁”高精度定向对接井技术是在定向钻进技术基础上发展成的一种高效、节能、定向技术，集成了定向钻进技术、随钻测量技术及“慧磁”定向钻进高精度中靶技术等先进技术。第四代“慧磁”钻井中靶导向系统具有较强的抗干扰性，在磁干扰地区其有效测距仍可达到90m，可引导钻头准确进入靶区矿层，使位于地下数百米甚至数千米的两井或多井在矿层内实现对接连通。

（一）技术原理

“慧磁”高精度定向对接井技术原理图见图6-19。

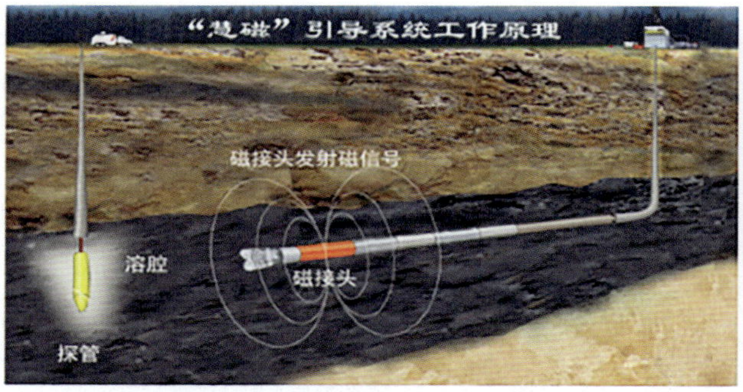

（a）定向对接技术工作原理图

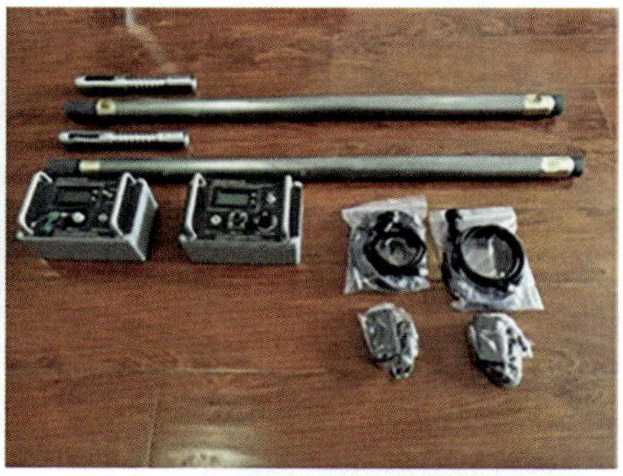

（b）定向中靶导向系统主要部件

图6-19 第四代“慧磁”高精度定向对接井技术工作原理图

（二）关键器具——“慧磁”钻井中靶导向系统

其核心关键器具是“慧磁”钻井中靶导向系统，该系统有点像车载“导航仪”，只不过“慧磁”是在地下为钻孔“导航”。人为营造人工磁场，抛开地磁克服了常规MWD产生的累计误差，测量靶点和钻头的相对位置，进行引导中靶，具有越趋近靶点，测量精度越高的优点。“慧磁”钻井中靶导向系统主要部件见图6-18。

“慧磁”钻井中靶导向系统采用旋转磁测量技术，实现了精确中靶的目的。大量的中靶作业表明，在靶区直径低至50cm的靶区内，仍能实现一次钻进、直接连通，这说明该系统具有极高的中靶精度。最直接的证明是，在山西乡宁的煤层气对接井中，靶井采用直径50cm钻头扩孔形成底部靶区，在实际中靶作业时，取得了直接钻进、一次连通的效果。

（三）高精度定向对接井技术优势

采用定向钻井技术直接将两井高效对接连通，具有以下优势：

（1）矿山开采布井占地少，节约了宝贵的土地资源，是一种典型的绿色开采方法；

（2）技术先进，能实现一次对接成功，不需要建槽，而且避免了反复中靶作业，实现节能开采；

（3）两井水平距离长，可达300m，控矿范围大大增加，可采矿石量大，两井使用寿命长；

（4）两井井位不受地形地貌的限制，对接点可以控制，不受任何条件限制；

（5）不论何种构造的矿床，不论矿床品位的高低，这种方法均可应用。对其他岩层均不产生污染；

（6）卤水浓度高质量稳，井内事故少。

（四）应用情况

自 2009 年“慧磁”钻井中靶导向系统开发成功后，中国地质调查局勘探技术研究所利用该仪器相继完成 200 余次的连通作业，一次连通率达 95%以上，二次连通率接近 100%。

“慧磁”定向高精度中靶系统在土耳其贝帕扎里四期工程天然碱矿采集卤钻井工程（水平对接井 8 组，图 6-20）、江西九二盐矿 C307-C308 井组、内蒙古博源集团银根矿业有限公司钻井工程等 20 多个井组中成功应用。

（a）施工现场　（b）连通瞬间

图 6-20　土耳其卡赞对接井

“慧磁”高精度定向及对接井技术以其精确定向引导功能，开创了水平井采矿的新纪元，为我国能源或资源增添了一种全新的绿色采矿手段，是一种高效、绿色、节能、无开挖、无尾矿的先进的技术方法，使得我国的定向钻井技术居于世界前列，并为全球采矿业注入了新的活力。

第四节　环保冲洗液与泥浆不落地技术

随着人们环保意识的增强，对冲洗液体系的环保性能有了更加严格的要求，迫切需要能够保护钻进地层、保护周边环境的环保冲洗液体系的更新和推广。因此，冲洗液需要在保持原有性能的基础上，满足环保无公害排放标准。

目前国内尚无“环保冲洗液”或“环保泥浆”的准确定义概念，也没有相应的技术标准。环保冲洗液应首先是使用环保型材料和处理剂，能满足钻探工程本身的性能要求，又最大限度地减轻对环境的污染，能让环境可接受，并且在使用及废弃物处置过程中能满足环境法规的要求。这种既能满足钻探工程需要，又能满足环境保护要求的冲洗液体系可称之为环保冲洗液。含义应包含以下 4 点：①使用环保型材料和处理剂；②必须满足钻探工程本身的性能要求；③最大限度地减轻对环境的污染；④环境可接受。

一、环保冲洗液体系

地质勘探常用的环保冲洗液体系包括无固相冲洗液体系、有机盐冲洗液体系、低固相冲洗液体系等。

（一）无固相冲洗液

也被称为无黏土冲洗液，是以低固相冲洗液为基础开发的第三代冲洗液，冲洗液体系以盐类作为增黏剂和抑制剂，高分子聚合物为主要增黏剂，与清水相比，冲洗液体系具有更好的携岩能力，更好的孔壁防护和防塌能力，还具有更好的润滑和减阻能力。

地质钻探常用的无固相冲洗液体系主要包括植物胶冲洗液、聚合物冲洗液等。

1. 植物胶冲洗液

（1）密度小，静液柱压力低，有助于提高钻进效率；

（2）有较强的润滑性，有利于机械运转；

（3）黏性和流变性较强并具有较大的调控性，可充分满足岩层钻进和除屑要求；

（4）高分子聚合物的含量较高，可有效保护岩心、稳定孔壁，防止地层膨胀和岩屑分散；

（5）维护简单，绿色无污染，有助于生态保护，凭借自身特点和优势被广泛地应用于地质勘探施工中。

常用的植物胶包括SM植物胶、SH植物胶、LG植物胶、KL植物胶等。

2. 聚合物无固相冲洗液

（1）固相含量和亚微米颗粒所占比例较低；

（2）具有良好的流变性，主要表现为剪切稀释；

（3）钻进速度快；

（4）稳定孔壁的能力强，钻孔直径相对规则；

（5）防止发生孔漏。

应用于环保冲洗液体系中的聚合物主要是天然高分子聚合物，主要包括改性淀粉类、纤维素类衍生物和丙烯酸类衍生物。

（二）有机盐冲洗液

主要为甲酸盐冲洗液，与无机盐相比，该体系抗污染能力强、腐蚀性低、与聚合物的相容性及可回收再利用等方面具有显著特点。甲酸盐冲洗液体系由甲酸的碱金属盐、增黏剂和降滤失剂等组成，不需要固体加重剂，就可使该体系的密度保持在$1\sim2.37g/cm^3$的范围之内，其体系中无悬浮颗粒，能在高密度时仍保持低黏度，容易实现无固相钻进或低固相钻进。

甲酸盐冲洗液比常规的盐水体系更易于为环境所接受，对水域生物的试验证明，甲酸钠和甲酸钾均无毒性，甲酸铯实际上无毒性。所有甲酸盐引入水稀释后，都能很快降解，在水中只能短期存在，生物降解试验表明，所有甲酸盐在28天内生物降解率大于70%，都可以归入“易生物降解”类物质。

（三）低固相冲洗液

通常指的是固相含量不大于4%，且以掺加不同的聚合物处理剂维持冲洗液性能的冲洗液体系。低固相冲洗液是小口径金刚石钻进最常用、最有效的冲洗液体系。

1. 普通低固相冲洗液

其主要特点是既有无固相冲洗液体系的高钻速，又有较好的携带悬浮岩屑的能力，且低固相冲洗液的配方简单，成本低，能有效保证岩心质量。固相含量低，有利于提高机械钻速，能满足地质钻探工程对冲洗液的性能要求。

2. 防塌、防漏低固相冲洗液

在复杂地层进行钻进施工时，经常会遇到孔内坍塌、漏失等情况，容易引发孔内钻井事故。因此在使用低固相冲洗液的前提下，在其中加入防塌剂、防漏失剂等添加剂可以满足钻进要求，有效保持孔内的孔壁稳定，防止孔内事故的发生。

二、环保冲洗液检测评价方法

冲洗液中含有大量的无机和有机处理剂，废冲洗液会对生态环境造成严重污染，废冲洗液的主要污染物来源包括有机物、烃类、无机盐及土粉、加重材料和钻屑等固体废物，主要污染指标是高色度、高矿化度和高化学需氧量（COD_{Cr}）、五日生化需氧量（BOD_5）等，同时存在重金属污染和生物毒性等问题。

（一）生物降解性评价方法

生物降解性评价方法主要有 BOD_5/COD_{Cr} 比值评定方法、生化呼吸线评定方法和三磷酸腺苷（ATP）量测定法。

BOD_5/COD_{Cr} 比值评定方法由于设备普遍和操作简单，得到了国内外的广泛认可。普遍认为，$BOD_5/COD_{Cr}>0.3$ 的废液易于生物降解。而 $BOD_5/COD_{Cr}<0.3$ 的废液属于难生物降解废液，在进行必要的预处理之前不宜采用好氧生物处理；在各种有机污染物指标中，总有机碳（TOC）、总需氧量（TOD）等指标与 COD_{Cr} 相比，能够更为快速地通过仪器测定，且测定过程更加可靠，可以更加准确地反映废水中有机污染物的含量。

随着近几年来上述指标测定方法的发展、改进，国外多采用 BOD_5/TOD 及 BOD_5/TOC 的比值作为废水可生化性判定指标，并给出了一系列的标准。但无论 BOD_5/COD_{Cr}、BOD_5/TOD 或者 BOD_5/TOC，方法的主要原理都是通过测定可生物降解的有机物（BOD_5）占总有机物（COD_{Cr}、TOD 或 TOC）的比例来判定废水可生化性。该种判定方法的主要优点在于：BOD_5、COD_{Cr} 等水质指标的意义已被广泛了解和接受，且测定方法成熟，所需仪器简单。

另外，针对海洋环境，还有一些其他的评价方法：①海水 OCED306 评价法；②海水 BODIS 评价法；③海水 ISO/DIS11734 评价法。

（二）生物毒性评价方法

生物毒性评价是用于评估冲洗液体系对环境潜在污染和毒性危害的直接手段。美国石油学会（API）推荐冲洗液毒性评价采用急性毒性试验方法，根据试验生物的不同，主要有糠虾法、微生物毒性法、生物累积发光法和海胆受精法等。

三、“冲洗液不落地”技术

“冲洗液不落地”技术是通过运用冲洗液循环袋、循环槽等设备，使冲洗液在整个钻探过程中与地表分隔开并对冲洗液进行回收处理的新技术。“冲洗液不落地”技术在石油钻井中广泛应用，已实现系列化、标准化和专用化。近年来，在地质勘探中，不少单位也大胆创新了具有特色的“冲洗液不落地”技术，取得了很好的效果。

1. 泥浆循环袋

外观见图6-21，内部为双腔结构，之间设置滤网窗，位于泥浆袋上部构造处。其中一号腔室为沉沙腔室，内装有多层滤网套，滤网套可从泥浆粉注入口提出。从孔内返出的泥沙钻渣沙随泥浆通过三通回水管进入一号腔室，进行多级隔离过滤岩粉钻渣；二号腔室为泥浆腔室，泥浆泵达到吸水管插入循环袋吸水孔，泵送泥浆注入孔内。泥浆循环袋表面上设置有 4 个孔：①回水孔，②吸水孔，③注水孔，④泥浆粉注入口。

泥浆循环袋材料采用超高分子量聚乙烯工程塑料，具有承受一定外力作用，具有良好的机械性能和耐高、低温性能。钻探生产实践表明，使用泥浆循环袋可使泥浆材料在封闭的环境中进行利用，实现泥浆不落地处理，增强泥浆材料的循环利用，有效改善操作现场工作条件，防止泥浆污染环境。

2. 标准循环系统池、槽

不少地勘施工单位采用玻璃钢材质的标准循环系统池、槽（图6-22），且可以重复使用，消除了传统水泥抹砌工艺的诸多弊端，循环槽中间加设多级隔板，缩短了岩粉的沉淀时间，提高了岩粉的沉淀效果。

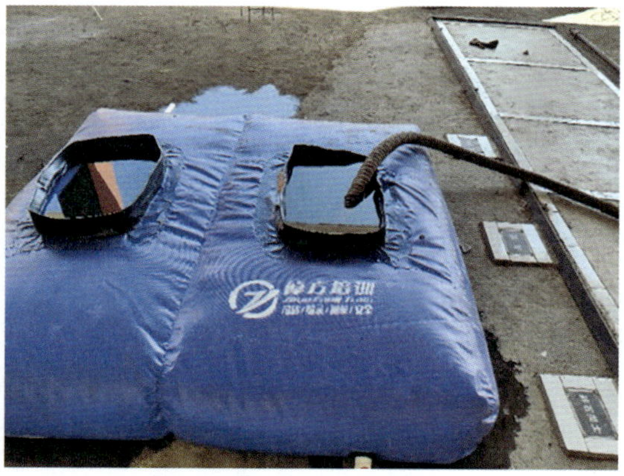

图 6-21　泥浆循环袋图

图 6-22　玻璃钢材质循环槽

3. 泥浆净化处理装置

结合地质岩心钻探的工艺要求，把振动筛、清洁器和离心机等通过管路连接构成封闭的处理系统，从而实现冲洗液的制备、循环、固相控制和储备。沉淀罐、循环罐和制浆罐是整套装置的主体，罐与罐之间用钢板隔开，顶部留有溢流口，底部采用海底阀互相连通，沉淀罐、循环罐和制浆罐的罐体采用钢板与型钢组焊，一侧设有上罐扶梯（图 6-23）。

（a）GK-15型泥浆处理装置实物　　（b）HS-1型泥浆固相分离器实物

图 6-23　地质岩心钻探泥浆处理装置

（1）沉淀罐由振动筛、渣浆泵、排浆口和连接管路组成，渣浆泵将井内返出冲洗液从罐下分流箱输送到罐上振动筛，液相输送到沉淀罐中，固相排入废浆池；

（2）循环罐由冲洗液清洁器、渣浆泵、排浆口和连接管路组成，渣浆泵设置一条吸入管路和两条输出管路，其中一条输出管路连接水力旋流器，另一条输出管路连接离心机，水力旋流器溢流口浆液输送到循环罐，底流口浆液通过水力旋流器下部振动筛，液相流入循环罐，固相颗粒排入废浆池；

（3）制浆罐由卧式搅拌机、立式搅拌机、射流混浆器、离心机、排浆口和连接管路组成，通过离心机溢流口浆液输送到制浆罐中，排渣槽分离出的固相排入废浆池。

GK-15 型地质岩心钻探泥浆处理装置主要性能参数见表 6-6 所示。

泥浆不落地技术及 HS-1 型泥浆固相分离器应用情况，详见本书第十章绿色勘探工程案例“案例十：加强环保冲洗液与泥浆不落地技术创新，助力绿色钻探取得丰硕成果”。

表 6-6　GK-15 型地质岩心钻探泥浆处理装置的主要性能参数

性能指标		计量单位	技术参数	备　注
容积		m^3	5	
处理能力		m^3/h	6	
电机总功率	射流泵	kW	11	
	立式搅拌器	kW	2.2	
	卧式搅拌器	kW	5.5	
	振动筛	kW	0.37	
	清洁器	kW	0.18	
	罐下渣浆泵	kW	7.5	
	罐上渣浆泵	kW	3.0	
	小 计	kW	29.75	
外形尺寸	长 度	m	4.6	
	宽 度	m	2.1	
	高 度	m	2.9	罐体高度 1.8m，罐上的设备高度 1.1 m。
整体质量		kg	4500	

4. NCT-10 冲洗液不落地装置

NCT-10 冲洗液不落地装置主要由冲洗液分离机、液下渣浆泵、砂泵、搅拌器、冲洗液仓、电控系统等组成（图 6-24），可充分净化冲洗液，通过对钻渣的有效分离后形成良浆后可重复使用，真正做到对钻渣的可控分离。处理后的钻渣含水很低，可以成块状运走，方便收集运输。钻探施工无需开挖冲洗液池，该产品杜绝了冲洗液排放破坏和污染环境，实现绿色钻探；既可节约造浆材料，降低施工成本，又可控制冲洗液的性能指标、减少卡钻事故、提高造孔质量。

图 6-24　NCT-10 冲洗液不落地装置

NCT-10 冲洗液不落地系统可广泛适用于岩心钻探、非开挖钻进、冲击钻进等冲洗液护壁工艺系统的冲洗液处理，整套系统有效的处理了返回冲洗液中岩屑，保障冲洗液的性能，循环利用，同时也保障了钻进过程的有效安全进行。其主要技术性能见表 6-7。

表 6-7　NCT-10 冲洗液不落地装置与主要性能参数

冲洗液分离机	型　号	APLW250x900
	处理量	$15m^3/h$
	功 率	11kW+7.5kW
液下渣浆泵	型 号	APYW50-20
	处理量	$20m^3/h$
	功 率	1.5kW
砂 泵	型 号	APSB3x2
	处理量	$20m^3/h$
	功 率	5.5kW

续表

搅拌器	型 号	APMA5.5
	功 率	5.5kW
分离精度		5-10μm
1#仓容积		$6m^3$
2#仓容积		$2.6m^3$
外形尺寸		7.5m×2.5m×3.5m
整机重量		约8（T）不包括冲洗液
牵引速度		30km/h

第五节　套管钻进技术

套管钻进是钻探工程的一次技术性革命，放弃了传统钻杆，利用套管代替钻杆钻进。

套管钻进的实质就是直接采用套管（取代传统钻杆）向下传递钻压和扭矩及输送冲洗液，驱动孔底取心钻具钻头旋转刻取岩心，边钻进边下套管，并作为泥浆和投送取心钻具的传输通道，依照绳索打捞原理在不提钻情况下进行绳索打捞取心、检查或更换孔底服役钻头，实现不提钻换钻头取心钻进，钻至预定孔深，打捞出孔底取心钻具，将套管柱留在孔内作为技术套管保护孔壁（必要时进行固孔），从而完成套管钻进作业、采取岩心和保护孔壁的钻探方法（图6-25）。套管钻进的目的意义就是节省二次（或重复）下套管的时间，提高钻探效率，实现绿色勘探。

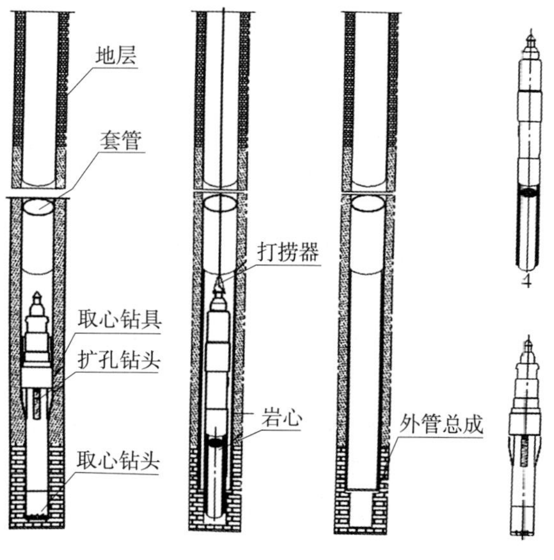

图6-25　套管钻进工艺原理图

一、套管钻进的特点

套管钻进与常规钻杆钻进相比具有明显的优势。

（1）将钻杆柱与套管柱合二为一，可减少套管层数，简化了钻孔结构。

（2）节省时间：将钻进与下套管合并作业，同步完成，减少了起下钻、专门下套管等工序作业时间。

（3）改善孔内状况：常规钻杆钻进方法，泥浆从套管和孔壁之间的环形空间返回，有利于岩粉的携出，起下钻具会对孔壁产生抽吸和激动压力作用，诱发孔壁失稳。而套管钻进，消除了因起下钻带来的抽吸和激动压力，大为改善孔内水力参数、环状空间上返速度等状况。

（4）减少孔内事故：减少了起下钻、下套管管作业次数，可防止孔壁失稳并及时封隔复杂层段孔壁剥离、掉块、坍塌、缩径等，有效地保护孔壁，降低复杂地层孔内复杂情况和孔内事故风险发安生率。

（5）降低劳动强度：由于套管取代了传统钻杆，减少了钻杆和钻铤的运输和搬运，可降低劳动强度。

（6）减少了钻杆和钻铤的采购、运输与维护，可降低钻探成本。

二、BH-114钻具结构

套管钻进的核心技术是套管取心钻具和套管。Φ114套管钻进系统主要由具备不提钻换钻头取心钻进功能的BH-114型套管取心钻具、Φ114套管（代替钻杆）、绳索钻进配套装置（绳索绞车、打捞器、木马夹持器）、套管提引接头、提引器、专用工具等组成。

BH-114套管取心钻具（简称BH-114钻具）实物见图6-26，其结构见图6-27。

（a）

（b）

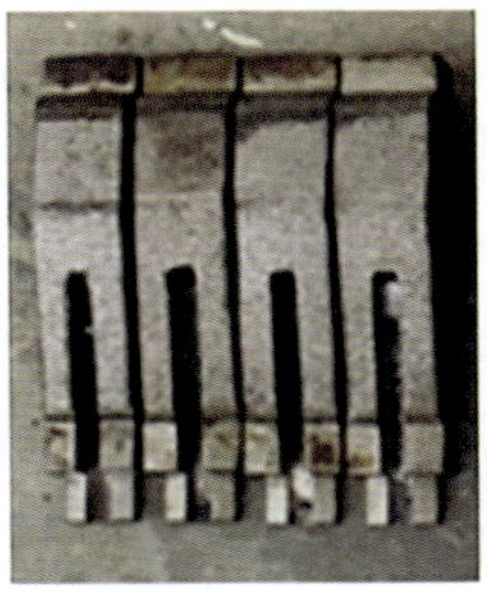

（c）

（d）

（e）

图6-26　BH-114套管取心钻具实物图

a—主钻具总成；b—Φ94主钻头；c—副钻头（四片）；d—Φ122副钻具；
e—主、副钻具连接后的副钻头张开状态（孔内钻进状态）

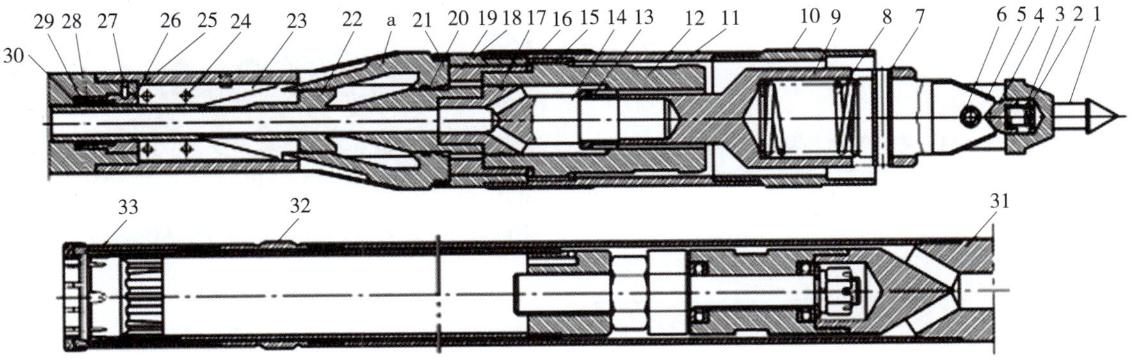

图6-27　BH-114套管钻进取心钻具结构图

1—矛头；2、30—垫圈；3、8—弹簧；4—球头套；5—滑座；6、7—弹簧销；9—缓冲；10—Φ122扩孔器；11—上外管；12—悬挂接头；13—报信阀；14—引流杆；15—密封环；16—悬挂环；17—O型圈；18—定位端管；19—钻头架；20—副钻头；21—磁性销；22—张敛轴；23—收敛爪；24—圆柱销；25—分水接头；26—压盖；27—定位销；28—限位器；29—调节阀；31—Φ89单动双管钻具；32—扩孔器；33—主钻头

三、基本性能

BH-114 型套管取心钻具的基本性能见表 6-8 所示。

表 6-8　BH-114 型套管取心钻具主要技术参数表

序号	性能指标		技术参数
1	适应钻孔直径/mm		Φ122.5
2	岩心直径/mm		Φ68
3	到位报信压力/Pm·MPa		1.5~3.0
4	主钻头		Φ94mm 普双钻头
5	副钻头	类　型	4 块组合张敛式
6		规格/mm	Φ122/Φ93.5
7		张开直径/mm	Φ122.5
8		收敛直径/mm	Φ93.5
9	主钻具外　管	外径/内径/mm	Φ89 /Φ80
10		长　度/mm	1380~3380
11	主钻具内　管	外径/内径/mm	Φ77/Φ70
12		长度/mm	1000~3000
13	主钻具长度/mm		1567~3567
14	副钻具长度/mm		294
15	副钻具接口		Φ122 扩孔器

四、Φ114 套管

采用绳索钻杆结构类型见图 6-28，钻进时作为绳索钻杆使用，传递扭矩和钻压，并作为传递冲洗液的通道；钻进结束后留在孔内，作为技术套管隔离孔壁。

Φ114 套管管体与接头规格尺寸见表 6-9 所示。

表 6-9　Φ114 套管管体与接头规格尺寸

规　格	外径/mm	内径/mm	壁厚/mm	长度/mm
套管管体	Φ114.3	Φ103	5.65	3000
套管接头	Φ116	Φ103	6.50	200

图 6-28　Φ114 套管

五、钻进工序

地质套管钻进主要工序为：下钻（投送主钻具（相当于绳索的内管钻具）(水压钻具张开（钻进（取心）(打捞主钻具（回收岩心、检查或更换钻头。钻进回次如此循环，直至预定孔深。

套管钻进技术在地质勘探钻进中，具有可快速穿过隔离复杂地层，尤其是地表松散层、堆积层，保障复杂地层下套管施工，减少专门下套管作业时间，减少钻进施工工序，提高钻探效率等一系列优点，是目前国内钻探领域的一种具有发展潜力的新型绿色钻探技术。对于当前地质钻探施工中的开孔难、深部复杂地层钻进难等技术问题，提供了一种很好的思路和解决方案，是一种值得大力推广应用的钻进施工技术，因此，套管钻进技术在地质勘探钻进中具有很好的应用前景。

六、应用实例

应用实例1：

2012年9月，在福建省某铁矿区ZK9501孔（直孔）进行了BH-114型套管钻进生产试验，设备条件：采用XY-5立轴钻机，BW-250泥浆泵，23m高的四角铁塔，绳索绞车配Φ7.6钢丝绳。自孔深25.84m开始采用套管钻进，钻至183.18m，进尺157.34m，随钻成功下入Φ114套管181.70m，钻进速度大于1m/h。套管钻进顺利钻穿并有效隔离了上部复杂地段，为其深部钻孔施工打下良好基础。进入比较完整的砂岩地层中，换径Φ75绳索取心钻进。

应用实例2：

2013年，在川西北高原生态脆弱区某矿区极端复杂地层实施地质勘探，采用Φ114.3×5.65mm套管和BH-114型套管取心钻具在三个钻孔（ZK3-1和ZK4-1、ZK12-1）中进行了套管钻进生产试验，共完成套管钻进528.43m。最大钻进深度270.12m。平均回次进尺1.78m，最大回次进尺3m；平均机械钻速0.98 m/h，最大机械钻速1.35 m/h，最大提钻间隔达到126.06m（连续钻进240h），创造了国内地质勘探极端复杂地层条件下长孔段套管取心钻进的纪录，为地质勘探顺利穿越复杂地层提供了实用、有效的钻进方法，成为克服地质矿产勘查复杂地层钻进难题的“法宝”。

第六节　膨胀套管技术

膨胀套管技术原理是利用塑性变形量大的金属圆管（或异形套管）加工制成小于钻孔直径的截面波纹状管（或圆柱状管），将其下入预定（需要隔离的）深度孔段，以机械力或液压为动力，通过冷扩工艺使其变形膨胀增大，使其内径扩大到需要的尺寸，膨胀成形的新型套管，达到护壁作用，实现节约孔径尺寸、封堵复杂地层的一种新技术方法。更形象地说，膨胀波纹管护壁技术就是小口径地质钻探对复杂地层部位，采用类似于“血管支架”（图6-29）的方法进行有效护壁隔离，从而确保后续的钻探施工安全、顺利进行。该技术被列入2014年和2015年探矿工程十大新闻。

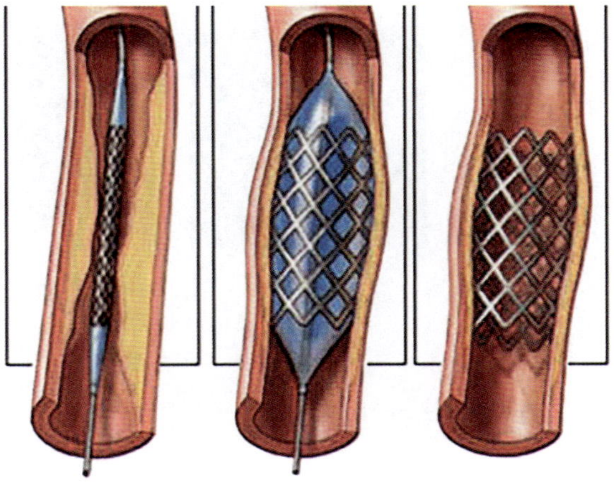

图6-29　心血管支架示意图

一、特点

可膨胀套管技术可真正实现从孔口到目的层“一径到底”，既能大幅度降低钻探成本，又具有良好的环保效果，具有以下特点：

（1）简化钻孔结构，减少套管层次，可减小开孔直径、节约钻探成本；

（2）可快速有效地封隔复杂地层。当钻进过程中遇到碎石掉块、坍塌、缩径、漏失等不稳定地层时，无法继续钻进，使用膨胀套管技术，立即下入膨胀套管，快速隔离复杂孔段，解决孔壁稳定问题，同时不影响孔径直径尺寸，为下步继续钻进创造条件，套管层数可大大减少，进而减少常规套管的用量，钻探成本也顺势下降，实现绿色环保；

（3）对钻孔结构设计缺陷或由于工艺技术等原因使设计套管未能下到预定位置，遗留下钻孔隐患时，可以采用膨胀套管进行补救，将未能封住的地层用膨胀套管封隔。

二、技术种类

膨胀套管技术主要包括膨胀实体套管技术、膨胀波纹管技术和膨胀有缝管技术三种。目前应用于石油钻井工程中的主要为可膨胀实体管和波纹管两种；应用于地质勘探钻探工程中主要为膨胀波纹管，其具有以下特点：

（1）内外径膨胀率可达15%~30%，膨胀工艺相对简单，作业周期短；

（2）波纹管横截面形状比较复杂，无法采用螺纹连接，只能采用孔口焊接；

（3）波纹管焊接是波纹管技术的关键之一，焊接质量的好坏直接关系到能否顺利完成实施；

（4）膨胀过程中，管子周长几乎不变化；波纹管胀圆后，壁厚无明显变化、无皱折。

膨胀波纹管有多种截面形式（图6-30），可分为月牙形、“8”字形、三波峰形、四波峰形（四瓣）、六瓣、八瓣、十瓣梅花形。目前已开发的波纹管有薄壁（3mm）、厚壁（8~10mm）两种壁厚，地质勘探使用薄壁膨胀波纹管。

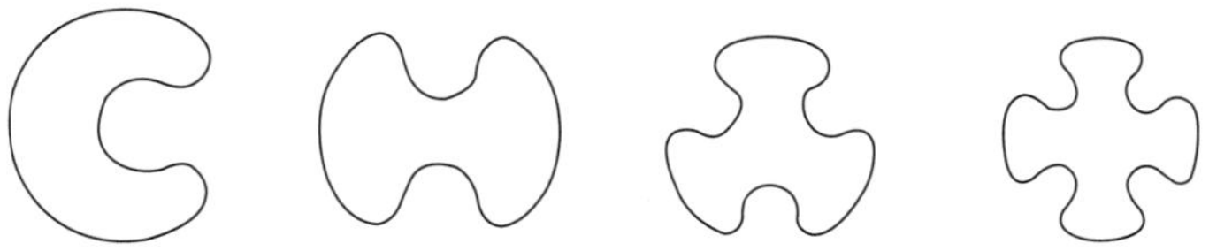

（a）月牙形　（b）8字形　（c）三波峰形　（d）四波峰形

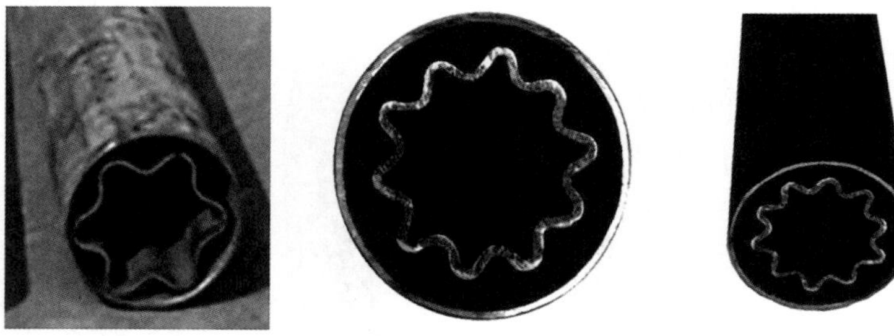

图6-30　各种波纹管截面形状

三、施工方法与程序

1. 膨胀波纹管技术的施工方法

首先下扩孔工具，对拟要封堵的复杂层段进行扩孔，或在已破损的套管修补部位清洗套管内表面，然后将连接好的膨胀波纹管柱（图6-31）下到预定深度位置，开泵打压，利用液体压力将波纹管基本胀圆，再下入可旋转的膨胀锥将已膨胀过的波纹管进行膨胀修复，提出膨胀锥，完成膨胀作业。

2. 膨胀波纹管技术的施工程序

①钻穿不稳定（掉块、松散垮塌、漏失）地层，测井径，确定护壁位置和波纹管尺寸；②扩

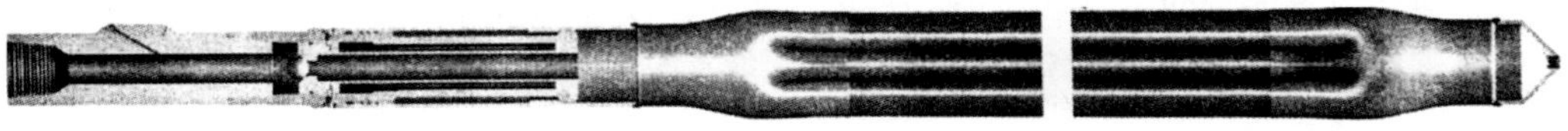

图 6-31　波纹管柱

孔，选择波纹管下入位置；③下入膨胀波纹管；④水力膨胀，上提下压钻具带一定吨位，判断膨胀程度与孔壁摩擦情况；⑤倒开膨胀波纹管上端扣；⑥修整膨胀后的波纹管，切头；修整膨胀后的波纹管，切尾；下入膨管器进行机械膨胀；⑦换常规钻具扫孔，直至上下钻具顺畅；⑧恢复正常钻进（图 6-32）。

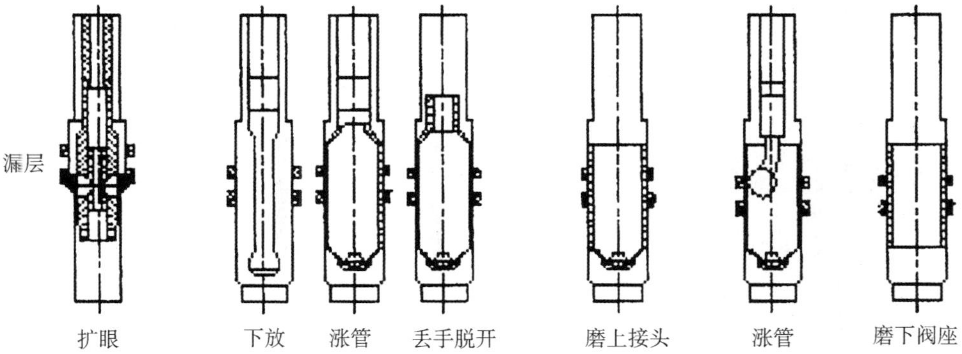

图 6-32　波纹管技术的施工过程

四、适用范围与使用条件

膨胀套管技术适用于地质勘探各类地层，安装膨胀套管孔段，必须具有上、下稳定的岩层，破碎松散不稳定岩层不能悬挂、安装膨胀套管。

小口径膨胀波纹管护壁技术为我国深部地质找矿提供了新技术、新工艺、新方法，为我国地质岩心钻探钻孔向更深、更复杂的区域发展提供了技术支撑，为地质岩心钻探复杂地层护壁堵漏提供了一种新的途径和手段。小口径膨胀套管护壁技术的最终目标是实现全孔同尺寸孔径，采用一种钻杆柱尺寸、一种钻头尺寸，可大大简化钻孔结构、减少钻孔开孔口径、减少套管及钻具数量，降低钻探成本，具有深远的意义。

五、膨胀套管技术应用实例

应用实例 1：

山东招远某矿区 ZK04 钻孔，在 1800m 左右出现多处破碎带，频繁出现掉块卡钻现象，经调试泥浆后继续钻进至 2050 米时，在 1800m 处发生坍塌，钻杆抱死后强力起拔-钻杆断开，200 多 m 钻杆留在孔底。现场决定采用膨胀波纹管技术对掉块破碎带进行护壁处理。经过的艰苦努力，项目组完成了 1789.5~1810m 处 20m 的膨胀波纹管护壁施工。

应用实例 2：

2017 年，川西北某矿区 ZK01 钻孔设计孔深 850m、倾角 80°，采用 Φ76mm 口径绳索取心钻进至 390.63m 时，钻具有“空放”（自然下降）现象，孔内泥浆全漏失，放空段为 390.63~391.53m、391.8~397.03m。现场多次采用水泥浆封堵，收效甚微，决定采用膨胀套管技术对该孔的漏失段进行封堵。安放膨胀波纹管堵漏孔段为 385.30~399.30m，堵漏护壁段长度 14m，采用 10

瓣梅花型膨胀套管（壁厚3mm、初始外径为 Φ70mm），封堵成功（图 6-33）。详见本书第十章绿色勘探工程案例中“案例三：探索高原生态脆弱区绿色钻探之实践”。

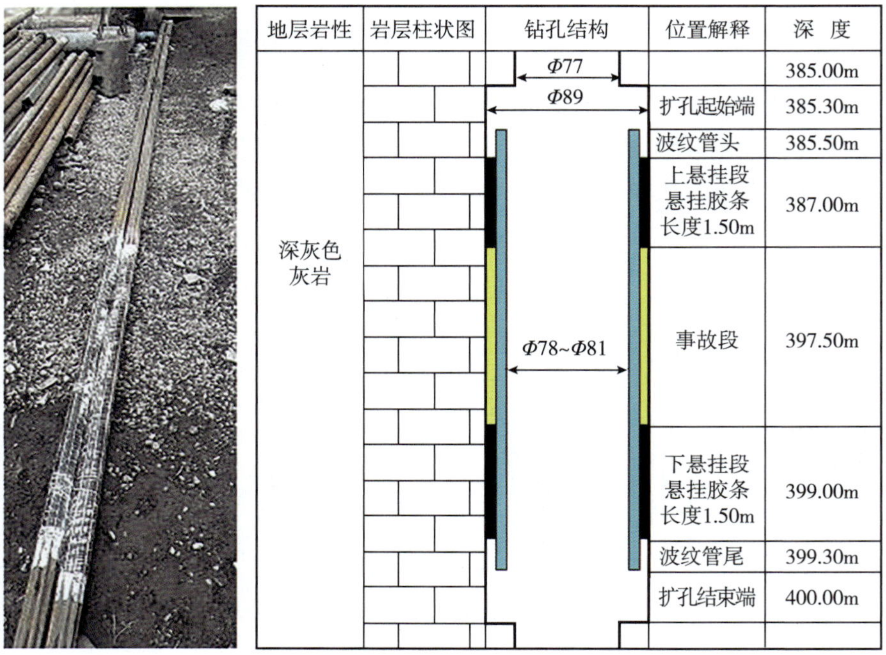

图 6-33　孔膨胀波纹管实物与堵漏护壁示意图

第七节　声波钻进技术

声波钻进技术采用高频共振技术，声波钻进又称为回转声波钻进或振动钻进。在钻进过程中，在钻杆旋转的同时，共振能量通过钻杆向下传递给钻头，振动器控制共振和旋转能量使其与所钻进的地层相匹配。

20 世纪 40 年代，美国研制了一种称为“声钻”的孔底振动器。20 世纪 60 年代，美国壳牌石油公司制造出大功率的地面振动器，用于石油井服务工作，诸如套管起拔和油井修复等。20 世纪 70 年代，开始研究小功率振动器，首先在北极地区结冰的湖底湿黏土和砂岩中，施工 50m 左右的石油和天然气地震勘探孔；随后用于砂金矿的连续取样，取得了非常好的效果。20 世纪 80 年代后，声波钻进成为其环境钻探不可缺少的手段。20 世纪 90 年代以后，经过一系列的改进和多方面的应用试验，声波钻进技术才日趋成熟。目前，该技术在我国尚处于探索、研究和起步阶段。

一、特点

声波钻进是利用高频振动力、回转力和压力，三者结合在一起使钻头切入土层或软岩，加深钻孔，进行钻探或其他钻孔工程的一种新型钻探技术方法，具有以下优势特点：

（1）钻进速度快。一般情况下，声波钻进比常规回转钻进或螺旋钻进快 2~3 倍，更高可达 6 倍，拥有常规钻进覆盖层和取样技术无法相比的优势。

（2）高质量的采样。独特的声波钻进取样方法，在破碎潮湿地层中具有震动液化周边岩土的功能，对岩土样及孔内周边地区最小的污染和扰动，能获得取心率高的原状岩土样，岩土样代表性强、保真度好。

（3）钻孔垂直度高。声波钻机的声波头产生线性共振，能快速切削穿透地层，孔斜偏差极小。

（4）钻杆可用作套管用，孔内安全性好。小一级的钻杆在大一级的钻杆内钻进（取心或不取心），大一级钻杆可做套管起护壁作用，防止孔壁坍塌，同时还可隔离含水层，有效避免交叉污染。

（5）环境污染少。声波钻机钻进与常规钻机钻进相比，少用（或甚至不用）循环冲洗液，在某些地层（主要是软岩土层）还可以干钻，可减少至少70%的废弃物，从而减少钻进冲洗液对环境的污染，有效保护生态环境。

（6）钻进综合成本低。由于进尺速度快，钻进效率高，可大大缩短施工周期，降低劳动力成本，钻进产生的废物少，减少了现场清理处置费用。

二、技术性能

YGL系列声波钻机如见图6-34。

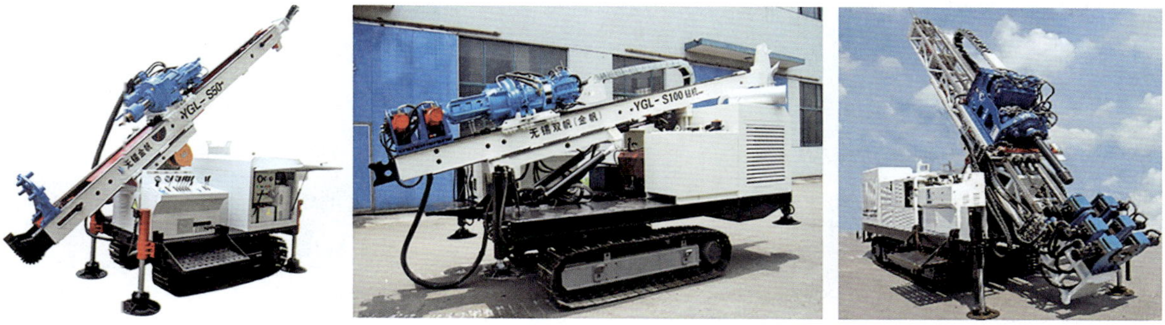

（a）YGL-S50型　（b）YGL-S100型　（c）YGL-S200型

图6-34　YGL系列声波钻机

声波钻机的关键核心部件是声波钻进头（又称振动头、振动器），振动器通常由两个旋转方向相反的摆轮组成，它能够产生可以调节的高频振动和低速回转作用，振动频率通常为50~185Hz，转速100~200rpm。振动器产生纵向正弦波传递到钻杆柱上，当振动与钻杆的自然谐振频率叠合时，就会产生共振。高频振动和低速回转，再加上钻压，通过钻杆使岩心管和钻头快速向前推进，切削穿透岩土层。

YGL-S系列声波钻机的主要技术性能参数见表6-10。

表6-10　YGL-S系列声波钻机主要技术性能参数

性能指标		技术参数		
		YGL-S50型	YGL-S100型	YGL-S200型
钻进能力	名义孔深/m	50	100	100~200
	孔径 Φ/mm	50~110	86~126	76~168
钻孔角度/°				0~90
动力头	型　式		液压马达驱动，手动开闭	
	开箱/°		0~67（通过直径 Φ170mm）	
	回转器转速/rpm	30，60	0~41，0~82	0~52/103
	回转器扭矩/N·m	3240，1620	低速5400；高速2700	9300/3900
振动器	型　式		偏心重锤式，液压马达驱动	
	振动频率/（次/分）	4000	最高：4000	6000
	振击力/kN	38	78.4	200

续表

性能指标		技术参数		
		YGL-S50 型	YGL-S100 型	YGL-S200 型
给进装置	型　式		倍速链条给进，液压驱动	
	给进力/提升力/kN	11/50	40/60	
	给进行程/mm	2300	3500	
桅杆	型　式		型钢焊接	
	滑移行程 /mm		600	
卷扬机（绞车）	型　式		液压马达驱动带机械刹车	
	提升力，单绳/kN	11	11	25
	绳径×容绳量 /mm×m	Φ7×50		7×50
孔口装置	型　式		液压油缸式，有冲扣机构	
	最大通孔直径 Φ/mm		230	
动力机（柴油机）	型　号		6BTA5.9-C125 康明斯	
	功率/kW	46	170	160
	转速/rpm	2200	1800	2200
底盘类型			液压驱动履带型	
外形尺寸	运输状态 L×W×H /mm	5600×1450×2200	6300×2150×2550	8130×2300×3270
	工作状态 L×W×H /mm	3400×1450×5600		5130×2300×8200
动力头和振动器质量/kg		359		1800
整机重量/T		3.8	8.5	12

声波钻进振动器产生纵向正弦波传递到钻杆柱上，当振动与钻杆的自然谐振频率叠合时，就会产生共振。此时钻杆的作用就像飞轮或弹簧一样，把极大的能量直接传给钻头，再加上向下的压力，共同作用钻头的切刃采用以切削、剪切、断裂等方式刻取孔底岩石，甚至还会引起周围土粒液化，使钻进变得更加容易，实现快速钻进（图 6-35、图 6-36）。

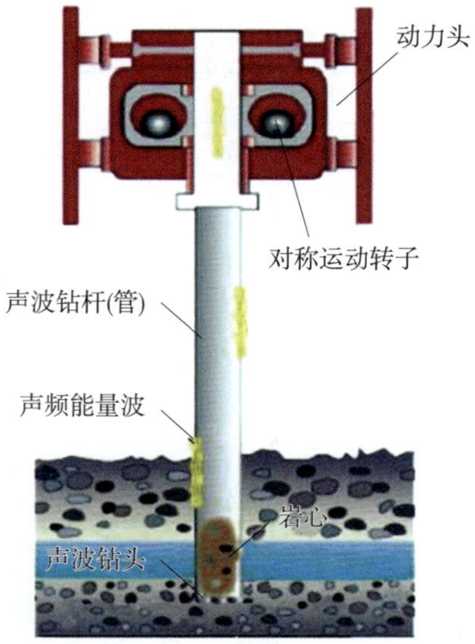

图 6-35　声波钻进工作原理示意图

图 6-36　声波钻机动力头（振动器）实物

三、应用范围

声波钻进应用范围广泛，几乎涵盖各种地表覆盖层和软岩层，可用于矿产地质勘探、岩土工程地质勘探、环境地质勘探、地质灾害滑坡勘探与治理、水文水井钻探、岩土工程施工钻孔和地震勘探爆破孔等。可在各种覆盖层（如砂土、粉砂土、黏土、卵石层、漂砾、冰碛物、碎石堆、垃圾堆积物）和软基岩（如砂岩、灰岩、页岩、板岩等）有效采集连续岩心样品。

四、应用实例

YGL-S100 型声波钻机在水电站深厚覆盖层成孔取样施工实践

向家坝水电站建成后，要进行地震监测，预埋设震动监测仪器。震动监测仪器直径为 Φ102mm、长度为 550mm。设计 3 个监测区，共布置 18 个监测孔，根据震动仪器埋设钻孔要求，钻孔深度在 50~150m 不等，钻孔直径≥Φ120mm。钻孔穿过地层自上而下主要分为：填方层，主要为混凝土块、灰岩块石、砾石、少量沙土；砂卵砾石层，主要为中粗砂含少量砾石，砾径一般在 10~50mm，个别地层砾径达 1~2m；基岩，主要为泥岩。

使用了 YGL-S100 型声波钻机进行震动仪器埋设孔实施（图 6-37），在填方层（0~9m）钻进速度快，钻进时效可达 20m/h，取样率高，可达 95%以上，且所取的样品呈现完整的圆柱状，保真度好（图 6-38）；钻进砂砾层，其钻进时效可达十几米。

图 6-37 YGL-S100 型声波钻机在向家坝水电站施工现场

（a）填方层岩样 （b）砂砾层岩样 （c）块状岩石样 （c）直径30~45cm块卵石岩样

图 6-38 声波钻进所取岩心情况

第八节　集成融合拓展应用技术

针对破碎地层中深孔连续取心钻进中的岩石破碎程度高、岩心易卡堵、回次进尺短、频繁起下钻、施工效率低、岩心采取率低、岩心原状型差、孔壁稳定性差、孔内安全性差等诸多问题。我国钻探工作者集成创新，将多项钻探技术集成融合拓展应用，展示了很好的钻探效果。

一、螺杆马达+液动锤+长半合管钻具提钻取心钻进技术

“螺杆马达-液动锤-长半合管”钻具结构见图6-39和图6-40。

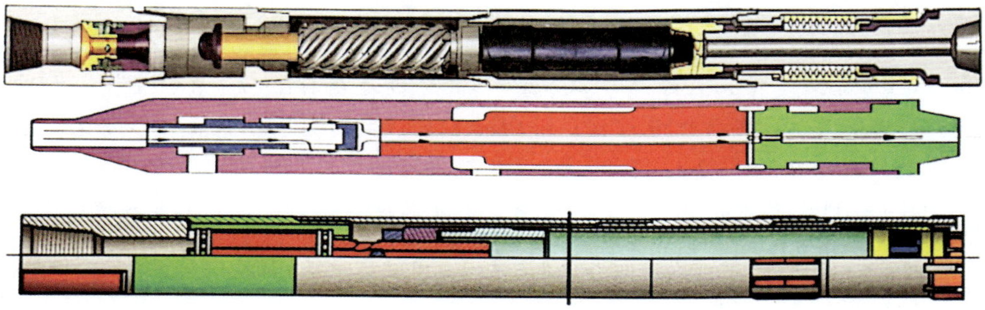

图6-39　螺杆马达/液动锤/长半合管钻具结构示意图

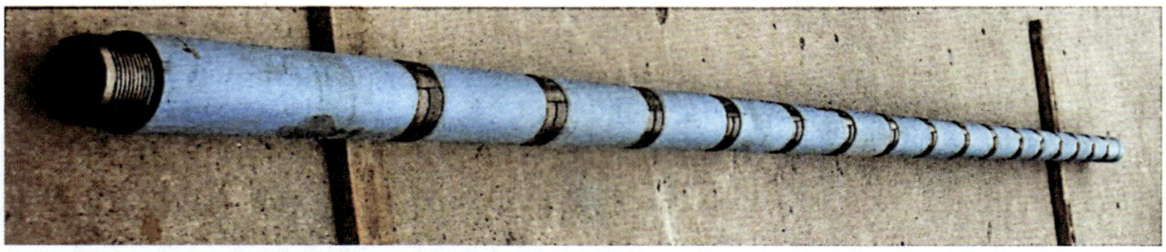

图6-40　长半合管取心钻具实物（长度6.0m、9.0m）

（一）钻具主要特点

（1）采用孔底液压螺杆马达驱动钻具回转，钻杆柱不回转，可减轻功耗和钻杆柱的磨损，有利于改善钻杆柱工作状态和保护孔壁，减少孔内事故；

（2）液动锤冲击载荷碎岩，有利于提高回次长度和钻进效率；

（3）低钻压钻进，有利于防斜；

（4）长钻具（半合管）取心，回次长，岩心的原状性好；解除钻具半合管卡箍，揭开上方的半合管，即可实现岩心的回收，整个回收岩心的过程没有敲击振动，对岩心无机械扰动，可获得地下岩层中岩性和构造信息。

（二）应用实例与效果

在汶川地震科钻探WFSD-4孔2014.30~2065.40孔段，采用“螺杆马达-液动锤-长半合管”钻具。

钻具组合：Φ150mm/Φ94mm孕镶金刚石钻头+Φ150.5mm扩孔器+Φ139.7mm取心管总成（半合管长度9.0m）+Φ130mm液动锤+Φ120mm螺杆马达+Φ149mm稳定器+Φ120.7mm钻铤+Φ149mm稳定器+Φ120.7mm钻铤+Φ89mm钻杆。

共钻进了5个长度超过9m的回次。总进尺45.16m，平均回次进尺9.03m，平均岩心采取率

98.3%，平均机械钻速 1.51m/h，在破碎地层中取出了 9m 长的无扰动连续岩心柱（图 6-41 和图 6-42），取得了很好的钻探效果，这是举世罕见的。实践证明是一种适合于破碎地层深孔取心钻进的绿色钻进方法。

图 6-41　9.0m 长半合管取心钻具获取连续无扰动的岩心柱

图 6-42　采用半合管取心钻具获得的高质量岩心

二、螺杆马达+液动锤+绳索取心“三合一”钻探技术

集成熟的 S 系列绳索取心钻具主要机构、阀式结构的液动潜孔锤和孔底液压螺杆马达三者有机融合为一体，充分利用和发挥绳索取心（不起钻取心）钻进，液动潜孔锤冲击回转钻进效率高、能减缓岩心堵塞，螺杆马达作为孔底动力、不需要全孔钻杆柱回转、扭矩损失节省地表动力消耗的技术优势，组合集成新的钻探技术，其实质就是由孔底动力驱动的液动锤绳索取心冲击回转钻进，是一项绿色、高效新的钻探技术方法。

（一）结构组成

“三合一”钻具结构主要由液压螺杆马达、液动潜孔锤、绳索取心钻具、它们之间的连接机构、冲洗液分流机构、扭矩与反扭矩传递机构、外管单动机构、到位补偿机构等组成（图 6-43）。钻进回次结束后，利用钢丝绳索打捞器从钻杆中下到孔内，打捞装满岩心的“三合一”钻具总成并提升到地表，取出装满岩心的内管总成，换上备用的另一套内管总成，再从孔口钻杆中投入，待钻具总成投放到位后，开泵输送冲洗液，即可进行下一回次的钻进。

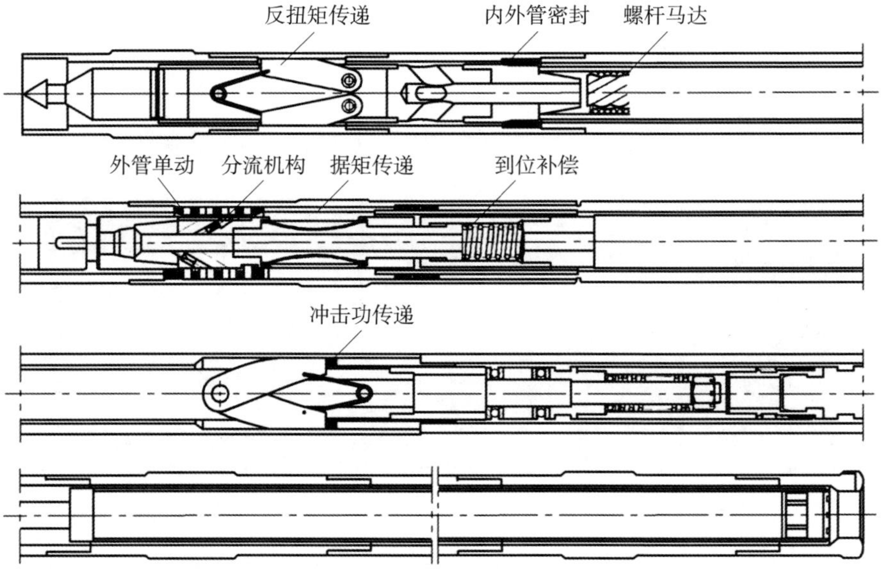

图 6-43 “三合一”钻具结构示意图

（二）技术性能

“三合一”钻具主要技术性能参数见表 6-11。

表 6-11 “三合一”钻具主要技术能参数表

性能指标		技术参数	备注
液压螺杆马达	规格	C5LZ95×7.0	石油系统 成熟液压螺杆马达产品
	排量/(L·s^{-1})	5~13.3	
	输出扭矩/(N·m)	1490	
	输出转速/(r·min^{-1})	140~320	
液动锤	规　格	YZX98 型	
	外径 Φ/mm	98	
	长度/m	1580	
	单次冲击功/J	80~100	
	冲击频率/Hz	10~20	
	工作泵量/(L·s^{-1})	4~6	
	工作压力/MPa	2~4	
钻具内管长度/m		4.5	
钻头	外径 Φ/mm	157	
	内径 Φ/mm	85	
钻具总长/m		16.64	三合一组装总成

该钻具在钻进时，由于钻杆柱不回转，其受力状况大大改善，消除了钻杆柱回转对孔壁的碰撞敲击诱发的坍塌、掉块，有利于孔壁的稳定，可以避免因钻杆折断引发的其他孔内事故，节省了地表动力能源的消耗；利用孔底动力，可提高钻具工作性能和钻进效率及钻孔质量，在深孔施工中具有明显的优势。但对于复杂地层，必须充分考虑钻孔结构、设备能力、冲洗液性能，精心操作，才能发挥三者在深孔钻进中的优势。

（三）应用实例

应用实例 1：

“三合一”钻具在中国大陆科学钻探工程试验钻孔中 58.33～130.61m 孔段试验，共完成钻探进尺 68.22m，平均时效 1.2m/h，最高时效 2.5m/h，岩心采取率 98.8%，投放打捞总成钻具成功率 100%，液动锤连续工作时间 10 小时 50 分钟。钻头在孔底连续工作 15.37 h，连续 6 个回次共计进尺 25.27 m。钻具的整体寿命除了更换易损件卡簧和一次外管轴承外，其他零件至试验结束时仍可继续使用。

应用实例 2：

2005 年 2 月“三合一”钻具在中国大陆科学钻探工程主孔度深 5125.86～5129.33m 孔段进行试验，共进尺 3.5m（因岩心堵塞），取出了中国大陆科学钻探工程最后一次回次的岩心。钻具经受了 1400kN 的强力起拔，密封部位经受了孔底高温、高压的考验。

三、空气潜孔锤取心跟管钻进技术

针对覆盖层钻孔易垮塌、岩心松散取心难、钻孔漏失等钻进技术难题，在原有的空气潜孔锤全面钻进的基础上，技术创新将常规的回转取心钻进方法与潜孔锤跟管钻进技术集成组合，形成了空气潜孔锤取心跟管钻进技术，即在空气潜孔锤钻进装备的平台上，将常规双动双管回转取心钻具与潜孔锤进行技术组合，实现同心同步跟管取心钻进，是一种对付覆盖层新的绿色钻探技术方法。其核心技术为潜孔锤取心跟管钻具。目前有 Φ127mm、Φ146mm、Φ168mm 三种口径规格。

（一）钻具结构组成

潜孔锤取心跟管钻具实物与结构见图 6-44 所示，主要由套管靴总成、中心钻具和潜孔锤组成。其中套管靴总成由套管钻头、卡环和套管鞋组成；中心钻具采用双动双管取心钻具结构类型；潜孔锤采用英格索兰 DHD 系列中风压冲击器；取心钻头和套管钻头为冷压镶嵌的球齿硬质合金钻头。

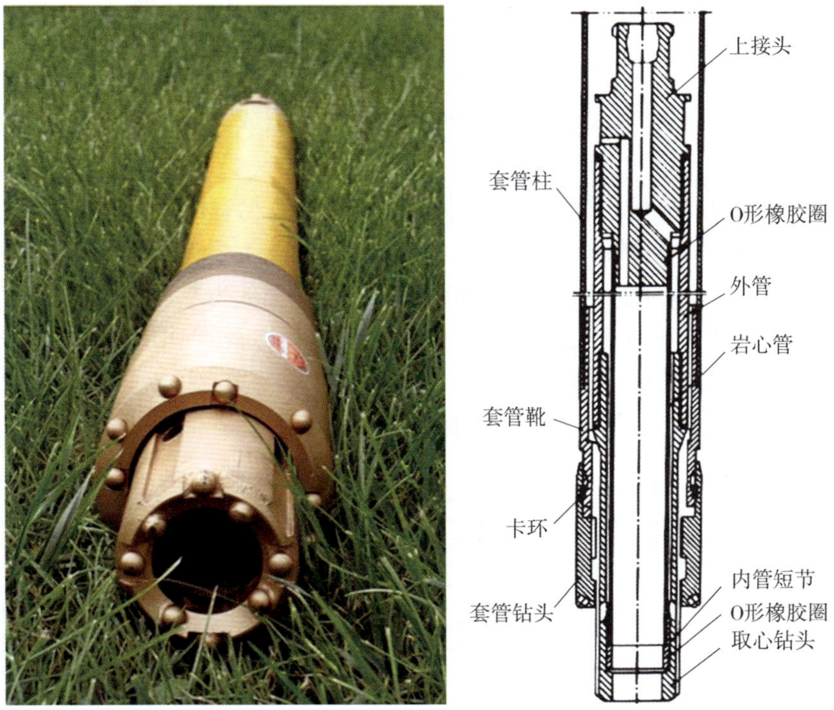

图 6-44　潜孔锤取心跟管钻具总成实物与结构示意图

套管总成与其上部套管柱刚性连接，属于不提升部分；套管鞋与套管钻头采用插接式连接，靠弹性卡环悬挂，在套管钻头随取心钻头旋转时，套管靴及其上部套管柱不旋转。

中心钻具仍采用常规的双动双管结构（图 6-45），主要由上接头、O 形密封圈、外管、内管、内管短节和取心钻头组成。上接头直接与潜孔锤连接，组成随钻杆可起下的提升部分，可直接下至孔底与套管靴总成自动寻位（花键付），进行潜孔锤取心钻进，回次结束随钻杆被提升到地面，退卸岩心后再下入孔底钻进；在钻进的同时，钻杆通过冲击器带动中心钻具回转并驱动（传递压力、扭矩和冲击力）套管鞋总成同步随钻向下延伸，跟随套管与取心钻进同步进行，从而实现潜孔锤取心跟管钻进。

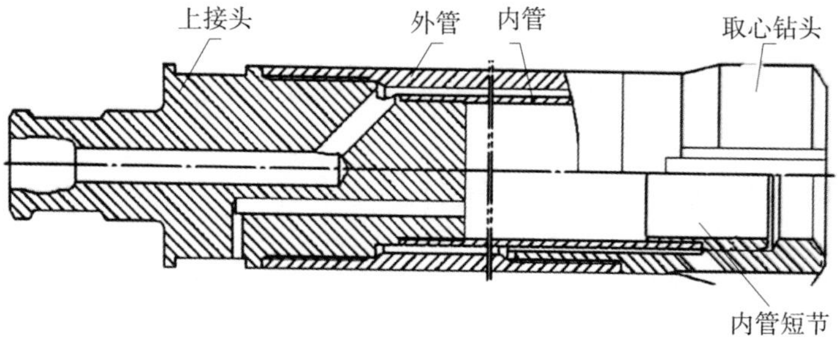

图 6-45　取心钻具结构示意图

（二）技术特点

该技术方法采用空气作为冲洗和冷却介质，既能有效提高钻探效率，又可大大提高取心质量；不需要液态介质（泥浆），对地层稳定性无影响，不会产生渗漏污染地层和地表，并且施工场地占地面积较小，钻孔施工周期短，对地表植被影响较小，地表植被容易恢复，是一种环保、优质、高效、成本合理、实施更容易的钻进方法，为“绿色钻探”的浅层钻探提供了有效的技术支撑。

钻进能力主要取决于空压机能力和钻机的提升能力。

（三）常规设备机具配置

（1）钻机：可选钻进能力 50～100m 的全液压锚固钻机，或具有 20～50r/min、钻进能力 50～100m 的立轴式油压钻机；

（2）空压机：宜选中风压的空压机，如英格索兰 VHP750 型空压机；

（3）钻杆：常用 Φ73mm 钢制外丝钻杆；

（4）套管：为壁厚 6-8mm 的厚壁套管，单根长 1.5m，全部为左螺旋螺纹连接；

（5）潜孔锤：配置 Φ127mm 和 Φ146mm 口径钻孔配置英格索兰 DHD340A 型冲击器，Φ168mm 口径钻孔配置英格索兰 DHD350B 型冲击器。

空气潜孔锤取心跟管钻具主要技术性能指标见表 6-12。

表 6-12　潜孔锤取心跟管钻具主要技术性能表

钻具规格 Φ/mm	套管/mm		岩心直径 d/mm	配套冲击器（英格索兰）	跟进套管深度/m
	外径 D	壁厚 T			
127	127	6-8	54.5	DHD340A 型	30-50
146	146	6-8	68		
168	168	6-8	75	DHD350B 型	30-40

（四）应用范围与使用条件

空气潜孔锤取心跟管钻进主要适用于地表各种覆盖层的工程地质勘探潜孔钻探，钻探深度 0~50m；也可用于浅层地质“以钻带槽”钻探，可作为浅层“绿色钻探”的首选或优先使用的方法。

钻进地层主要为地表非泥质（或含少量泥质）的覆盖层，如砂卵石、滑坡堆积、工程回填等堆积层。

宜采用常规的潜孔锤跟管与潜孔锤取心跟管，即“跟管-取心跟管-跟管”间歇式交替钻进工艺组合，以增大钻进覆盖层的钻进能力。

（五）应用实例

空气潜孔锤取心跟管钻进技术先后在西藏昌都加林村和夏通街滑坡治理、成都地铁 4 号线温江段、拉萨至林芝铁路林芝段、大渡河电站、成都至绵阳高速公路边坡、滹沱河大桥工程地质勘查钻探中应用，共完成钻孔 100 多个，累计完成钻探工作量 3000 余米，一般孔深 30~40m，最深钻孔 46m，岩心采取率>95%，岩心层位清晰，钻探效率提高 150%以上。施工占地面积较小，作业周期短，对地表植被的影响很小。

第九节 高效长寿命金刚石钻头

金刚石钻头在过去曾有若干较高进尺的纪录。20 世纪 80 年代，核工业华东地勘局二六五地质大队（江西），在中深孔、砂页岩地层中，使用高浓度孕镶金刚石钻头，最高进尺 1027.59m。2006 年，无锡钻探工具厂就加工制造出加强筋孕镶高胎体金刚石钻头，胎体高度为 16mm，经使用对比，比胎体高度 4.5mm 的普通钻头，平均寿命由 68m 提高到 165m。金刚石钻头的发展趋势，已由早期的单纯追求钻头寿命，轻视或者忽视钻头高效的现象，转为现在追求的目标就是高效、稳定、低耗，对钻头首先的要求是高效，其次是降低钻头消耗，延长使命寿命，即提高钻探效率和节约钻探成本。

在复杂地层中钻进，机械钻速、钻头寿命是钻探效率的一个技术难题，一旦遇到地层结构杂乱无规律、软硬互夹层、硬脆碎地层等，常发生钻头超前磨损或非正常磨损而失效，从而导致钻进效率低、寿命短，迫使频繁提下钻，则进而引发坍孔、掉块、超径或缩径、漏失或涌水等事故经常发生。起下钻间隔是衡量绳索取心钻进效率的一项重要指标，影响绳索取心起钻间隔的直接因素是钻头的寿命，而加大起钻间隔的前提条件是提高钻头使用寿命。

高效，这是首先的也是必须的要求，只有高效钻探，才能实现低耗，降低钻探成本，降低钻孔事故率；在确保高效前提下，着实延长钻头寿命，减少起下钻时间，大幅度提高纯钻进时间，直接提高钻探效率和钻探质量，全面提速增效，实现绿色钻探。

深孔钻探对新型高效长寿命金刚石钻头技术指标的要求见表 6-13。

表 6-13 对高效长寿命金刚石钻头技术指标的要求

地 层	高 效	长寿命
	钻头钻速/($m \cdot h^{-1}$)	钻头寿命/m
软至中硬地层	3.0~6.0	150~200
中硬至硬地层	2.0~3.0	100~150
硬至坚硬地层	1.5~2.0	50~100
坚硬致密地层	0.8~1.2	40~60
硬、脆、碎地层	—	30~50

随着国内外金刚石钻头技术的发展，预合金化粉末和纳米级的超细胎体粉末材料的广泛应用，金刚石钻头工作层的高度在不断增加，从最初 4～6mm 增至 10～12mm，逐步增加到了 16mm，甚至超过 25mm；选用高强度、或使用经过表面预处理热稳定性好的高品质金刚石，或在金刚石表面镀覆金属薄层或粗糙化；采用混镶粒度的金刚石及合适的金刚石浓度，优化粗粒度、中等浓度参数设计；选用强包镶能力的胎体配方，增强胎体对金刚石的把持力；改进保径层的结构方式，采用方形聚晶保径取代圆柱状聚晶保径（图 6-46），加强了钻头的保径能力，相应地胎体的强度也随之提高，确保钻头在钻进过程中不崩块、掉齿；提高钻头对复杂地层的适应性；改进能适合不同地层的各式各样的工作层胎体结构形式和水口结构布局（图 6-47）及底唇面造型，提高钻头的碎岩能力及钻进过程的稳定性，选用低温热压烧结工艺，减少了金刚石因高温而产生的热损伤，来实现提高机械钻速和延长工作寿命的目的。

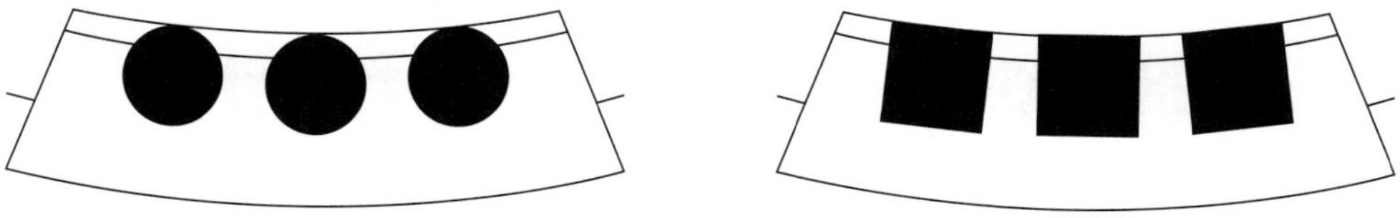

（a）圆柱状聚晶保径　　（b）方形聚晶保径

图 6-46　钻头保径聚晶示意图

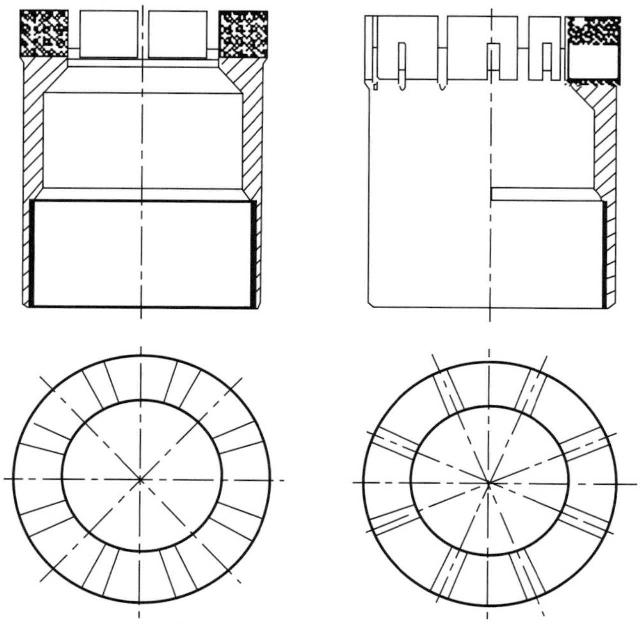

（a）单水口　　（b）双水口

图 6-47　高胎体钻头水口结构示意图

阿特拉斯科普公司在 2006 年研制出一款高胎体钻头（图 6-48），胎体高度为 16mm，设计有不与水口贯通的水槽，可以很好地起到分流作用，使冲洗液能布满整个钻头唇面，能很好地冷却钻头，使用寿命为胎体高度 9mm 的传统孕镶钻头的两倍。

加拿大的一钻头厂商在 2006 年设计的加强筋孕镶高胎体金刚石钻头（图 6-49），胎体高度为 16mm，采用桥式结构解决了胎体强度不足的问题，保径材料采用热稳定性复合片，在实地的钻探生产中，进尺高达 1012m，比胎体高度 12mm 的钻头寿命增长了 33%。

宝长年公司设计的超高胎体孕镶金刚石钻头（图 6-50），工作层总高度 25.4mm，最大特点是工作层分为三层，即有三层阶梯水口递进连续出露实现工作层的更新，其使用寿命是普通钻头的 3 倍。

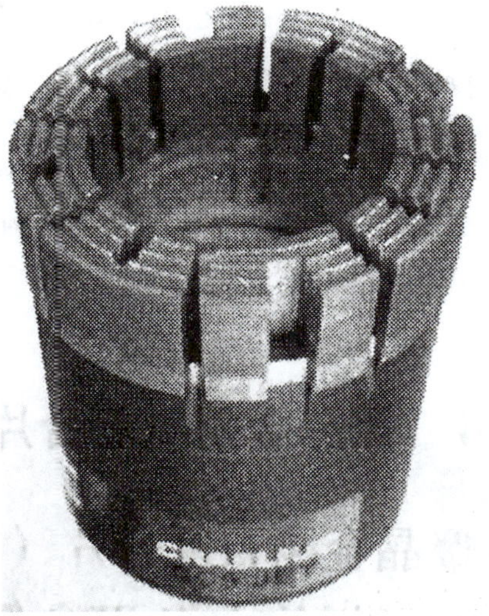

图 6-48 阿特拉斯科普公司高胎体孕镶金刚石钻头

图 6-49 加拿大加强筋孕镶高胎体金刚石钻头

图 6-50 宝长年公司超高胎体孕镶金刚石钻头

国产超高胎体金刚石新型钻头（图 6-51），水路有单水口和双水口两种形式。弱研磨性地层宜选用单水口，强研磨性地层宜选用双水口。该类型在辽宁本溪Ⅷ～Ⅺ级坚硬的磁铁矿中钻进，与普通钻头相比其平均寿命超过 80m，最高寿命达 176m，钻头寿命提高 2 倍，在赤铁矿中钻进，机械钻速提高 20%；高胎体、双层水口的金刚石钻头，胎体高度为 25.4mm，胎体中间部位开了“窗

（a）单水口 （b）双水口

图 6-51 北探所高胎体金刚石钻头

户”，即第二层和第三层水口。底水口数量少但宽度适当增大。在山东乳山和招远金矿 1500~2000m 的钻孔粗粒花岗岩、片麻岩中钻进，机械钻速达到 2~3m/h，钻头平均使用寿命>90m，最高达 198m，是常规普通金刚石钻头寿命的 2~3 倍。

阶梯式水口支撑结构新型高胎体金刚石钻头（图 6-52），有效解决了坚硬地层中钻进效率低、钻头寿命短的难题，成功实现了坚硬地层中的高效长寿命钻进，大幅提高了绳索取心钻进效率。Φ95.5/63.5 阶梯式水口新型高胎体金刚石钻头在山东平度山旺上马台矿区可钻性Ⅶ~Ⅸ级地层使用寿命 137.36m，最高机械钻速 8.28m/h。

（a）使用前　　（b）使用后

图 6-52　北探所阶梯式水口新型高胎体金刚石钻头

中国铀矿第一科学深钻采用 XD-35DB 交流变频电动顶驱钻机，使用“液动潜孔锤+ P 口径（Φ122mm）绳索取心钻具+高效长寿孕镶金刚石钻头”组合技术，创造了国内 P 口径（Φ122mm）金刚石绳索取心钻进深度（2818.88m）和地质岩心钻探金刚石绳索取心裸孔钻进长度（2773m）两项国内纪录。P 口径（Φ122mm）共使用绳索取心钻头 26 个（部分钻头见图 6-53），包括高低齿型、平底型、同心圆三环槽型、同心圆四环槽型、齿轮型、主副水口型。累计总钻探进尺 2772.95m，平均回次进尺长度为 2.49m/回次，平均小时效率 1.370 m/h，钻头平均使用寿命 115.3m/个，最高寿命 290.38m。更换钻头最大进尺深度间隔 273.61m（同心圆四环槽、HRC35-40），更换钻头最大时间间隔 427h（同心圆三环槽、HRC30-35）。

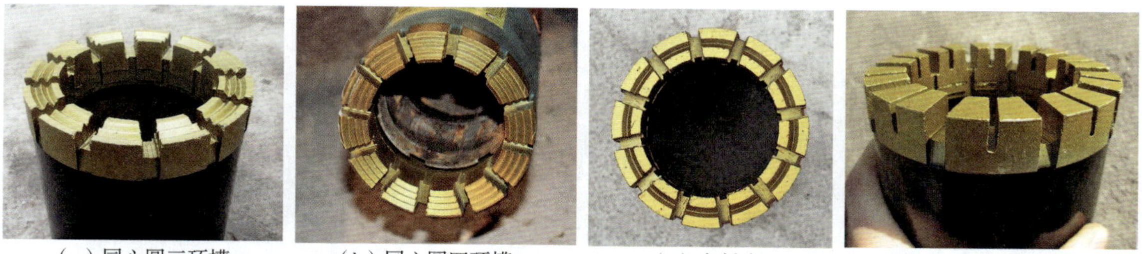

（a）同心圆三环槽　　（b）同心圆四环槽　　（c）高低齿　　（d）平底型

图 6-53　中国铀矿第一科学深钻使用的钻头

针对南方硬岩铀矿地层研制的复合层状自锐式金刚石钻头（图 6-54），获得国家实用新型专利（专利号：ZL2015 2 0063948.1）。采用“三明治”结构设计原理，将钻头的胎体工作层由内到外分成多个不同性能的竖圆环分层复合结构，钻头工作层由多层不同材质、不同耐磨性能及不同金刚石浓度的同心圆环复合新型结构。工作时低耐磨性能的圆环先行磨耗形成沟槽，相邻高耐磨性的同心圆环自动形成齿形且暴露出锋利的尖齿，从而使钻头保持锋利，且这种尖齿和沟槽可以一直保持到钻头全部用完，体现出钻头的自磨、自锐特点，是一种高品质的广谱钻头。

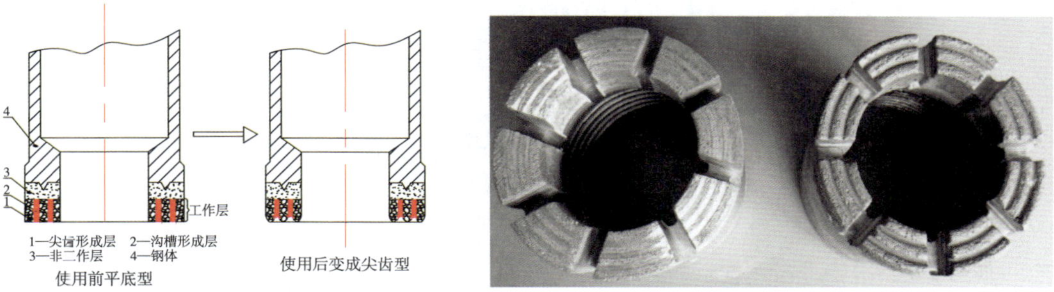

（a）钻头胎体工作层结构示意图　　（b）使用前后钻头底端面对比

图 6-54 复合层状自锐式金刚石钻头

近千只的该类型钻头在核工业地质系统、地矿系统及水电等多家地勘施工企事业单位的钻探生产使用实践结果表明，与普通常规金刚石钻头相比，不论是使用寿命，还是钻进时效，提高幅度都在 20%以上。在江西省抚州相山铀矿整装勘查区的勘探中，岩石可钻性最低为Ⅵ级、最高可达Ⅹ级，软硬交替变化频繁，使用复合层状自锐式钻头的平均寿命达到 86.8m，平均小时效 3.6m/h，最高时效达到 7m/h，即使在可钻性Ⅹ级左右的特硬地层，钻进时效也能达到 0.8~1.2m/h。

第七章　地质勘探新型及实用装备

第一节　物探仪器

一、重力勘探仪

图 7-1　CG-6 重力仪

CG-6 Autograv™ 重力仪是由加拿大 Scinterx 公司在 CG-5 重力仪的基础上升级改造的一款新一代自动测量更加快捷、方便的陆地重力测量仪器（图 7-1）。

（一）仪器特点

CG-6 重力仪具有较高的观测精度，零漂率较低，零漂线性度较好，抗干扰能力较强，操作键盘由 CG-5 的 27 个键缩减至 5 个键，操作更为方便。可实现遥控操作，包括测点图形定位和一系列数据后处理。

（二）技术性能

CG-6 重力仪主要技术性能参数及与 CG-5 重力仪性能技术指标比较见表 7-1。

表 7-1　CG-6 与 CG-5 重力仪技术性能指标对比

性能指标		技术参数	
		CG-6	CG-5
传感器类型		石英弹簧	
测量范围/mGal		8000	
读分辨率/μGal		0.1	1
绝对零源/μGal		<200	<1000
改正项		倾斜、潮汐、零源、温度、噪声	
数读方式		显示屏直接读	
数据存储/内存		主机/4GB	
数据传输		蓝牙、USB 传输	RS232 和 USB 专用软件传输
工作温度/℃		-40~50	
操作键/个		5	27
外形尺寸	长/cm	24.0	22.0
	宽/cm	21.0	20.0
	高/cm	21.5	30.0
重量/kg		5.2	8.0

（三）适应范围

高达 8000mGal 的测程和−40℃～50℃的工作温度，有很广泛的陆地使用范围。

可应用于地质填图、油气勘探、矿产勘探、岩土地质工程、区域重力研究、大地水准面成图、考古地质勘探等。

（四）操作条件

重力仪的零漂特性是影响观测数据质量和仪器使用寿命的重要因素。使用 CG-6 重力仪进行测量时，在进行较长时间的野外观测及后续数据处理中，不宜将零漂率作为常数进行解算和零漂改正。

二、磁法勘探仪

ENVI PRO 核旋式磁力仪是一款便携式质子核旋磁力仪（图 7-2），整套系统包括 GPS 天线、总场探头/梯度探头、探杆、双肩背带、可充电电池、充电器、数据传输线、多功能成图软件和运输箱等。

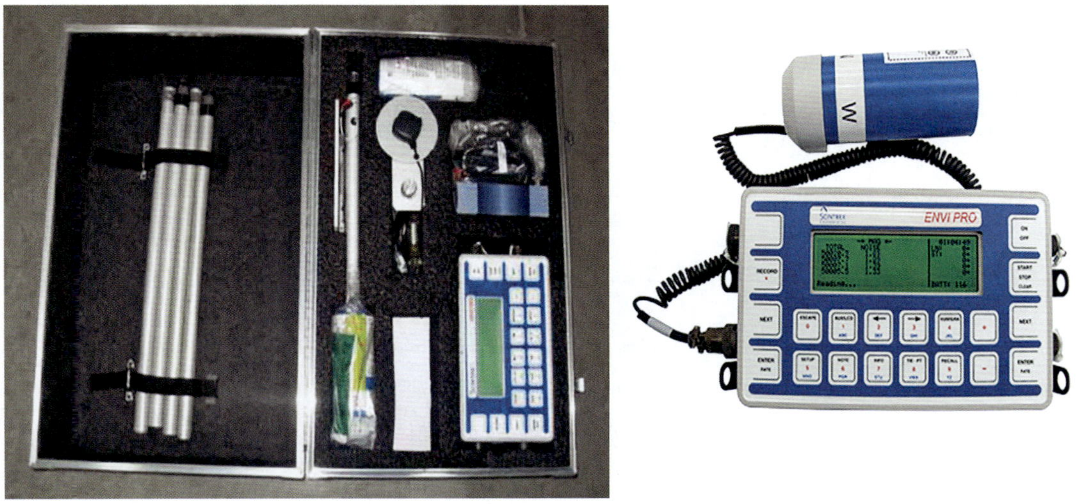

图 7-2　ENVI PRO 核旋式磁力仪

（一）仪器特点与优势

带有 GPS 全球定位功能，GPS 精度±1m；可实时同步的磁场梯度测量，梯度范围大于 7000nT（γ/m）；采样率高，最高达 0.5s 的采样率，采样时间可选 0.5s、1s、2s、3s。主机显示屏大且重量轻，操作界面直观，野外操作简单，以数字或者图形直接显示测量数据，可快速实现数据回放。有多种回放模式可以检查数据的质量和快速分析各测线的磁力特性，可自动日变校正和自动计算基站当前读数与上次读数之差。能够提供非常灵活的测量方式来探测日益复杂的目标异常体，方便野外使用，测量灵敏度高，梯度容差大，能够精确、快速地开展大面积的野外测量工作（图 7-3）。

（二）技术性能

该磁力仪主要技术性能参数见表 7-2。

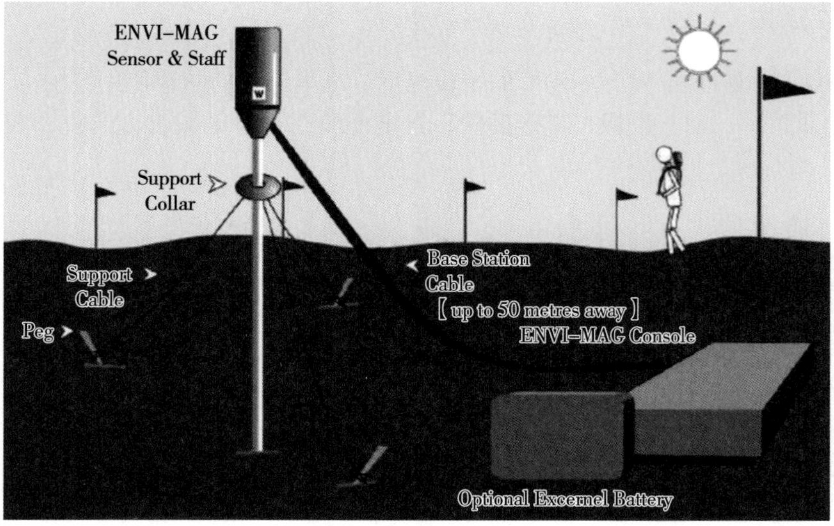

图 7-3 ENVI PRO 核旋式磁力仪野外工作示意图

表 7-2 ENVI PRO 核旋式磁力仪主要技术性能参数

性能指标	技术参数
测量范围	23000~100000nT（伽马）
测量绝对精度	±1nT（伽马）
灵敏度	0.1nT（采样时间为 2 秒时）
调谐与采样	手动或自动调谐；由键盘选择每次测量的采样时间 0.5S、1S、2S、3S
梯度选项	含 1 个梯度探头（带 0.5m 探头连接杆）和处理模块
梯度容差	>7000nT（伽玛）/m
步行测量模式	连续测量，单次测量时间最快可达 0.5s
GPS 精度	±1m（自动）；NMEA&PPS 输出，可外接大多数 GPS 接收器
内存容量	总场测量数据 84，000；梯度测量数据 67，000；基站测量数据 500，000
实时时钟	分辨率 1s；24h 稳定性优于±1s；或者采用 GPS 时间
数据传输	RS-232C 串口输出；USB 转接头输出
磁探头	*Φ*70mm 直径×175mm（2.75” *d*×7”）；1kg（2.2lbs）
梯度探头	*Φ*70mm 直径×675mm（2.75” *d*×26.5”）；1.15kg（2.5lbs）包括延长杆
探头连接杆	*Φ*25mm 直径×2m（1” *d*×76”）；0.8kg（1.75lbs）
工作电源	12V、2.9Ah 可充电铅酸蓄电池；基站测量可外接 12V 输入
工作温度	-40℃~60℃
尺寸/重量	主机 250mm×152mm×55mm（10”×6”×2.25”）；2.45kg（5.4lbs）含蓄电池

（三）应用范围

广泛应用于矿产勘查、地质填图、环境特征调查、地下水勘探、工程地质研究、土木工程、考古学等领域。

使用条件与要求：所有靠近磁传感器部位的工作部件，均应是无磁的，只能使用铜质的螺钉及连接器；两个探头连接时，应注意方向一致，尤其是在测量时，方向不能偏离；要时刻保持磁传感器上面标识的“N”与大地的北方向一致。

三、电法勘探仪

（一）JSGY-2 广域电磁仪

JSGY-2 广域电磁仪是以我国自主研发、新的频率域电磁勘探方法——“广域电磁法”理论为基础，并结合先进的电子技术和计算机技术，成功突破传统人工场源电磁法所固有的瓶颈而研制开发的一款新型电磁仪，由大功率发送系统和接收机组成，发送系统由 DGN-Ⅱ型多功能信号控制器和 JSDY-电源柜组成（图 7-4），电源柜有 30kW、100kW、180kW 三种规格；接收系统采用 8 道电场信号的采集和完成数据预处理工作。

图 7-4 JSGY-2 广域电磁仪
（发送机与接收机）

1. 性能特点

采用全域的“广域视电阻率”计算公式，不做简化，拓展了人工场源电磁法的观测范围；单分量测量，即只测量一个电磁场分量，多种频率同时发送和接收，提高了仪器的抗干扰能力，也可进行一发多收，可提高野外观测速度和精度；广域观测，即可以在广大的、不局限于远区的区域进行观测，可提高野外工作效率；具有小型化、轻便化、自动化与节能特点。

2. 技术性能

主要技术性能参数见表 7-3。

表 7-3 JSGY-2 广域电磁仪主要技术性能参数表

性能指标			技术参数
发送系统	信号控制器		工作频率范围：3/256～8192Hz
			频率准确度：优于 10^{-3}
			频率稳定度：7 小时内频率稳定度优于 10^{-4}
	电源柜（30kW、100kW、180kW）		最大输出电压：1000V±10%
			最大输出电流：30、100、180A
			电压测量相对误差：0.5%FS±5dgt
			电流测量相对误差：0.5%FS±5dgt
			绝缘要求：≥100MΩ/1000V
接收系统			工作频率：5 频组（3/256）Hz-8192Hz
			振幅测量范围：10μV～200mV
		振幅测量误差	振幅≤100 μV，绝对误差≤1μV
			振幅>100μV，相对误差≤1%
			多道一致性误差：≤1%
		工频衰减	50Hz 衰减≥80Db
			100Hz 衰减≥80dB
			150Hz 衰减≥80dB
		输入阻抗	频率≤1024Hz，输入阻抗≥5MΩ
			频率>1024Hz，输入阻抗≥3MΩ
			输入短路噪声：≤1uV
			通道隔离度：≥80dB

3. 应用范围

广泛应用于固体矿产勘探、地热资源勘探、油气勘探、页岩气与干热岩及煤层气勘探、工程勘查、压裂监测、城市物探、煤矿水害探测、地质灾害监测、海洋资源勘探、军事地球物理等探测领域。

（二）YBD11 型矿用网络并行电法仪

该仪器是一款采用先进的分段集中式架构实现的综合电法探测仪器（图 7-5）。主机由内置 ARM、网络通信、内部电源和外接电源等功能模块组成，采用激励、接收分离的双模式电极，连接矿井物联网，可进行远程网络电法监测工作。

图 7-5　YBD11 矿用网络并行电法仪

1. 主要功能

该仪器可进行井下-地面多种地电场二维或三维电法勘探，包括电阻率法勘探、自然电位法勘探、充电法勘探、激电法勘探（时间域和频率域）等；可以连接矿井物联网进行远程网络电法监测工作；可以设置成分布式和集中式两种电法系统，行地电场勘探；可以实时显示电流、电压信号的波形、视电阻率剖面图、视极化率剖面图等，具有一键成图模式，操作智能方便。

2. 性能特点

不仅具有传统高密度电法的多极测量功能，还具有连续快速并行扫描电场的优势，极大程度提高数据采集效率与可靠性，能够为矿井水害的探查、监测、预警提供更加强大的技术支持，满足绿色勘探要求，是一种新型的绿色勘探方法。

3. 主要技术性能参数

（1）通道数：n×16、32、48、64 道（可扩展）；

（2）输入阻抗：>20MΩ；

（3）A/D 转换：24 位；

（4）供电方波：多频率正方波、正负方波任选；

（5）测量电压范围：±10V；

（6）恒流时间：10ms、100ms、200ms、500ms、1s、2s、6s、10s；

（7）发射电压：0V、24V、48V、72V、96V 可调；

（8）测量电压精度：0.5%（Full）；

（9）最大发射电流：2A；

（10）测量电流精度：0.5%（Full）；

（11）通讯方式：USB，串口，可选 WiFi 接口；

（12）采样间隔：1ms、2ms、5ms、10ms、20ms、50ms、100ms、200ms、500ms。

4. 应用范围

使用全电场观测技术同步采集所有测点的自然电场、一次电场电位和二次电场电位数据，极大提高了电法数据采集效率和采集精度，应用于矿山开采、隧道、地铁、水利、城市公共安全、电力等地下工程隐患探测与监测及资源勘查。该仪器是新一代智能物探装备，具备接入物联网及云计算功能，可提供远程技术服务。

（三）Geode EM3D 三维网络分布式电磁勘探系统

该系统站点之间通过线缆连接，可实现实时数据质量控制，大容量电磁数据实时传输。一个站点可以设置为最多 4 个磁通道，连接 4 个磁传感器；或者不设磁通道，全部设置为电通道，测量 6 个电偶极（图 7-6）。

1. 系统组成

Geode EM3D 基础接收网络系统可由 4 台接收机（24 道）组成，包括 4 个磁传感器和 20 个电偶极。通过多个 24 道 Geode EM3D 基础网络，可以建立更大的探测网络，最大可达到 240 道。240 道 Geode EM3D 网络系统由 10 个 24 道基础网络组建，拥有 40 个磁传感器和 200 个电偶极。系统拥有较大的灵活性，根据实际探测需求，自由确定网络系统规模。

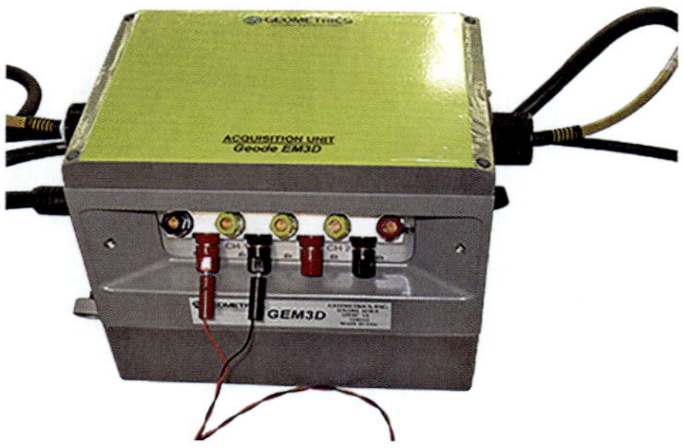

图 7-6　Geode EM3D 三维网络分布式电磁勘探系统

2. 性能特点

"3D" 电磁数据采集，实现了三维电磁勘探，三维电磁数据处理及反演。全张量 "2D" 和 "3D" CSAMT 探测，一个测量网络可从 6 道扩展到 240 道。无数量限制的电磁场传感器组合（最大的电磁场传感器组合多样性），先进的电磁信号处理技术，更强的抗干扰能力。可叠加式发射机技术，使得发射机配置更灵活，野外使用更轻便，适用于复杂地形工作。

3. 主要技术性能参数

（1）工作方法：可控源音频大地电磁法（CSAMT），采用水平接地电偶极源；

（2）频率范围：0.1Hz～10kHz；

（3）电场传感器：不极化电极或不锈钢电极；

（4）磁场传感器：G20K（0.1Hz～20kHz）磁场传感器，带 10m 线缆，可选更低频率的传感器；

（5）数据采集站 EH6 电磁公用通道：每台接收机有 6 个电磁接收通道，可选电磁组合：

（Ex1，Ex2，Ey1，Hx，Hy，Hz）（Ex1，Ex2，Ex3，Ey1，Hy，Hx）

（Ex1，Ex2，Ex3，Ex4，Ey1，Ey2）；

（6）采集间隔（SI）：可选从 0.02083ms～16ms（采集率 48～62.5kHz）；

（7）最大记录长度：64k；

（8）A/D 转换器：24bit；

（9）动态范围：110dB；

（10）噪声水平：24dB；

（11）存储空间：取决于所用的 PC 机；

（12）增益设置：24dB，12dB，0，-12dB；

（13）接收机间距：两台接收机间距最大 250m，接收机与 PC 机最大间距 100m；

（14）模拟信号输入阻抗：>2.0mΩ；

（15）电源与功率：Geode EM3D 接受机需外置 12V 电池，6 通道功率 9W；

（16）工作温度：-20C°～50C°；

（17）接收机大小：EH6 接收机重量 2kg，外形 16.5cm×16.5cm×8.25cm。

现在的金属矿、浅层石油、天然气，地下水等探测，需要更高质量的数据。相对于传统的 MT、CSAMT、AMT 或其他 EM 技术，Geometrics 公司推出的 Geode EM3D 系统实现了低成本、高密度、高质量三维电磁数据采集和处理；并通过高密度浅层电阻率采集，进行静态校正，实现精确的深部三维电磁数据反演。

（四）SIR-3000 地面穿地雷达系统

SIR-3000 是一款轻型、便携式、单道的地面穿地雷达系统（图 7-7）。

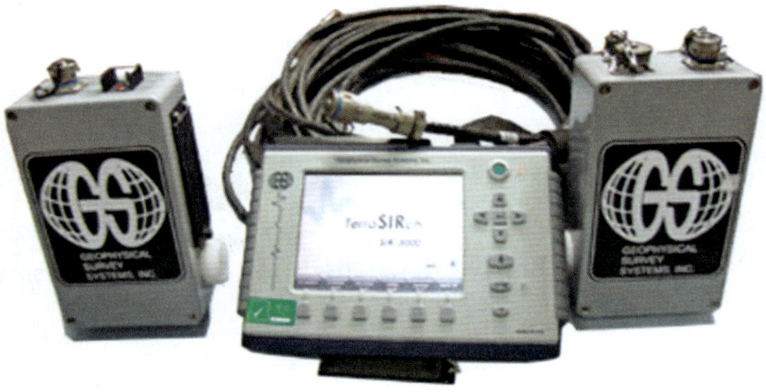

图 7-7 SIR-3000 地面穿地雷达系统

1. 技术参数

（1）主机可适配所有高中低频雷达天线，频率范围从 16MHz 到 2.2GHz；

（2）显示模式：线扫描、示波器式；

（3）扫描速率：最高可达 300 线/s；

（4）样点字节：8 位或 16 位；

（5）扫描样点数：256/512/1024/2048/4096/8192；

（6）操作模式：须具备连续测量、测量轮、点测三种模式可选；

（7）测量范围：0~8000ns 自选；

（8）增益：手动或自动。1~5 节点（-20~+800dB 可调）；

（9）滤波器：垂直滤波器-有限、无限低通和高通可调；

（10）水平滤波器：叠加、背景去除；

（11）动态范围：120dB。

2. 适应范围与使用条件

（1）浅部应用：中心频率>1GHz，探测深度小于 0.5m，主要用于机场跑道等的探测；

（2）中深度应用：中心频率 100~900MHz，探测深度 0.5~10m，主要用于地下管线、地下空洞、地下工程围岩、混凝土质量检测等；

（3）大深度应用：中心频率<100MHz，探测深度 10~50m 主要用于岩土工程勘查。

四、地震勘探仪器

（一）Summit Ⅱ Ex 防爆槽波地震仪

是德国 DMT 公司研发的世界上最先进的槽波地震仪（图 7-8），欧洲多个国家已将井下槽波地震勘探作为超前最有效的勘探手段。

1. 仪器组成

包括站（主机）、数据采集站、中继站、双分量水平检波器、触发单元、触发脉冲单元爆炸机（可选用国内矿用爆炸机）、数据传输电缆、充电器、槽波数据处理和解译软件包、刚性防水外壳。

2. 主要功能特点

（1）分辨率高达 24 位，最高采样率达 1/48ms，瞬时动态范围（非系统动态范围）大于

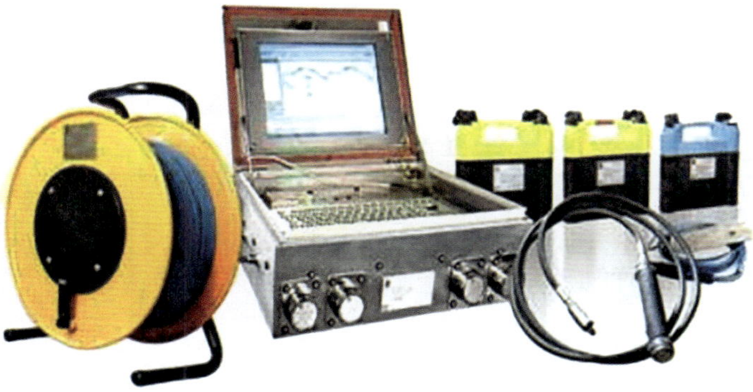

图 7-8 Summit Ⅱ Ex 防爆槽波地震仪

120dB，全谐波畸变低于 0.0008%，可精确记录所有的井下勒夫波、瑞利波和直达波等信号；

（2）组配灵活，道间距可变，数据采集站个数可以根据任务要求增减，道间距可以根据分辨精度要求任意改变；

（3）仪器性能先进、轻便（一套 48 道槽波地震仪重约 270kg），操作简单，工作稳定。

3. 主要技术指标

（1）信道数：每个采集站 2 个信道；

（2）AD 转换器：24 位，Δ-Σ 技术；

（3）输入电压范围：± 2.8 V；

（4）输入阻抗：20 kΩ；

（5）采样率：125Hz，250Hz，500Hz，1kHz，2kHz，4kHz，8kHz，16kHz，32kHz，48kHz；

（6）瞬时动态范围：≥120 dB；

（7）共模抑制比：≥100 dB；

（8）前置增益：0 dB，20 dB，40dB；

（9）电源：内部 NMH 电池；

（10）操作温度：- 20~+ 40℃；

（11）操作湿度：0~95%。

4. 应月范围

现代采煤技术迫切需要超前查明工作面前方的煤层状况，槽波地震探测技术是一种的选择，主要用于在井下探测煤层的不连续性，如煤层厚度变化、矸石层分布、小断层、陷落柱、火成岩侵入体、古河床冲刷、岩墙、老窑等。

（二）WD-1 型微动仪

该仪器是一款国产的先进、绿色智能新型勘探仪器（图 7-9）。

1. 性能特点

（1）采集天然微动，无需任何人工震源，对环境扰动极小，即可达到勘探目的，有利于保护环境；

（2）适应环境能力强；勘探深度大，可由几米至几百米，目前勘探深度已达到 1500m；

（3）能实时获得表征地质分层的面波速度曲线；

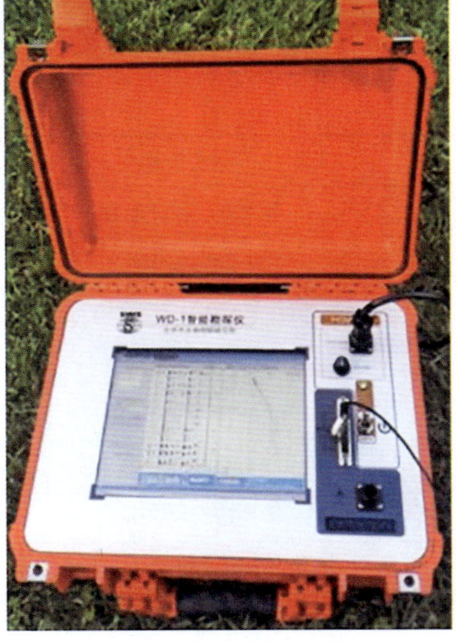

图 7-9 WD-1 型微动仪

（4）安全、快捷、绿色环保。

2. 主要技术性能

WD-1 型微动仪主要技术性能见表 7-4。

表 7-4　WD-1 型微动仪主要技术性能表

通道数	A/D 转换器	频带宽度	采样率	采集时长	主板
10 通道	24 位	0.05～4000Hz	5/10/20/50/100s 可选	超长采集 60min	工控级主板
滤波方式	USB 接口	操作系统	存储介质	外配	
数字滤波	2 个	Windows 系统	固态硬盘	U 盘、键盘、鼠标	

3. 应用范围

地下水源勘探、各类岩土工程勘查、城市地质调查与城市地下空间勘探、不良地质勘探（如采空区调查、岩溶勘查等）。

（三）TROMINO 微动仪

该仪器是一款主动/被动源地震和工程监测一体化的设备（图 7-10），内置可充电锂电池，具有极小的体积和功耗；内置无线电发射/接收模块，用于室内/室外不同主机间同步和预警传输；内置标定和自检系统；通过专用的无线电通信同步系统，可将多台仪器组成阵列使用，适合于多种应用；采用安卓端采集软件，可控制主机进行参数设置，采集和实时查看。

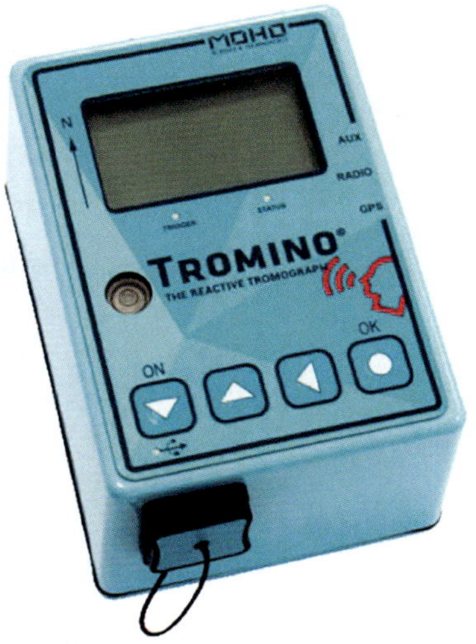

图 7-10　TROMINO 微动仪

1. 仪器特点

（1）具有 3 个可调节增益和动态范围的速度传感器；

（2）具有 3 个加速度传感器，用于强震动监测；

（3）具有 1 个模拟通道，实现 MASW 和折射的外部触发；

（4）具有 GPS 功能，内置和外置天线，可实现不同主机间的同步。

2. 主要技术性能

TROMINO 微动仪主要技术性能参数见表 7-5。

表 7-5　TROMINO 微动仪主要技术性能参数表

技术指标	性能参数
频率响应范围/Hz	0.1 ～1024
采样率/Hz	128、256、512、1024、2048（可选）
量程：速度通道	高灵敏度（±0.5mm/s）
	强震动（±5cm/s）
	加速度通道（±2g）
A/D 转换/bit	24
外形尺寸/cm	10×14×8
重　量/kg	1

3. 应用范围

主要应用于场地效应测试和地震小区划，被动源地震（微动）和主动源地震（折射，面波），

H/V 约束曲线拟合获得 Vs30 估计值，土层结构共振探测，建筑结构模态分析，震动监测，预警监测。

（四）地震数据采集系统

428XL 地震数据采集站是当今地震勘探仪器的主流，属 SERCEL400 系列遥测地震数据采集系统，采集站作为采集链的核心部件，具有地震数据采集、数据预处理、数据传输和管理等多项功能，其独特的超越采集站概念、地震区域网络技术及卓越的稳定可靠性已经过野外证实。具有以下主要的功能和特点：

（1）428XL 主机是开放式结构，采用客户/服务器结构，强大灵活的网络协议使中央纪录单元带道能力大幅度增加，一台 LCI（测线控制接口盒）实时采集能力为 10000 道/2ms。像 PC 机群一样可以将多达 10 个 LCI 叠放连接在一起，实时采集能力达 100000 道/2ms。适应小道距、单点震源、单点接收以及高密度、高精度、宽方位角地震采集，及超大道数 3D3C 多波勘探对数万道地震主机的需求。

（2）主机配置灵活，能够较好地满足不同用户的需要。小配置的便携式主机 428Lite 只需一个 LAUX（交叉传输单元）、一个 GPS 接收机和一台笔记本电脑及大容量 NAS 硬盘存储器即可，总重量只有 4.5 kg，这是目前业内最轻便的采集系统。

（3）该系统首次将计算机网络客户/服务器理念引入到遥测地震采集系统。主机服务器承担对采集的地震数据进行实时处理作业，而客户服务器完成排列显示、人机交互和实时 QC。客户服务器可以是一个或多个，可以在本机使用，也可以通过远程方式对主机服务器进行访问和操作。

（4）该系统突出的特点之一是数据传输率更快，带道能力更强。428XL 电缆数传速率为 16Mbps，单线能力为 2000 道。交叉站数传速率为 100Mbps，通过一根交叉线便可实时传输 10000 道到主机，极大地提高了大道数施工排列的灵活性。428 系统首次将以太网技术应用于野外地面设备 LAUX 交叉站上，LAUX 采用标准 TCP/IP 网络协议，它的功能不仅仅是交叉排列和排列供电，其功能如一台小主机。以太网技术在交叉站上的运用使 428XL 如虎添翼，支持多种数据传输方式，如 100Mbps 同轴电缆、光纤电缆，3km 激光中继站，24km 无线中继站及 100Mbps 以太网无线中继桥等，有效地提高了复杂地区地面排列的灵活性。

（5）该系统 428XL 可真正实现有线、无线或混合采集作业。更适合复杂地表的地震勘探作业，如高山峡谷、沼泽湖泊、浅海过渡带及入海口地区等，真正实现了同一中央记录单元、同一版本软件从陆地到 15m 和 50m 水深无空隙地震勘探。

（6）该系统容量大、传输快、体积小、质量轻、功耗低，是适宜各种复杂勘探地区的绿色勘探方法。

第二节　遥感探测仪器

宽视场角彩色面阵航空数码相机系统是一个专门用于光谱摄影的高分辨率和高精度数字摄影系统（图 7-11）。

一、特点

（1）该相机采用大视场低畸变光学镜头技术，使用对称 Russar 型光学系统，在能获得大广角的同时，可最大程度地降低畸变；

（2）设计有一套精确的微位移传动系统，采用精确地前向像移补偿技术，可实现移动面阵

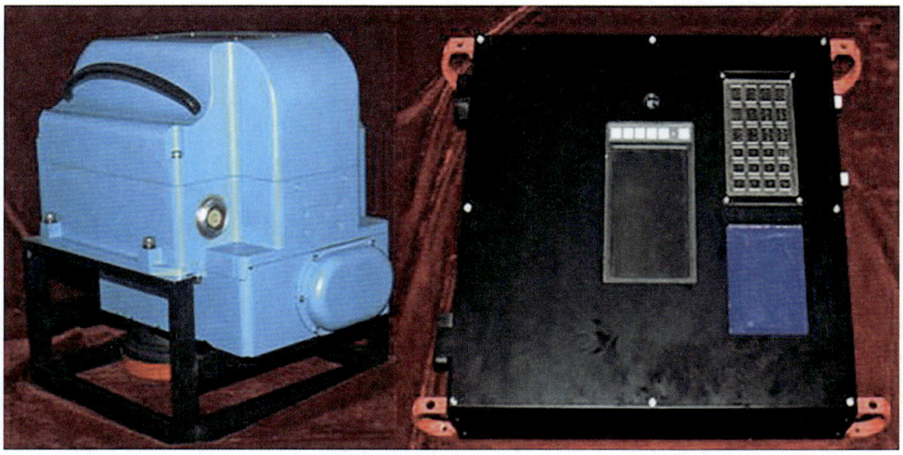

图 7-11　宽视场角彩色面阵航空数码相机

CCD 的方法补偿前向像移，提高相机的飞行摄影分辨率；

（3）双叶片中心式机械快门技术，可获得宽范围的曝光时间控制，同时保证传感器的均匀曝光；

（4）采用了高速数据缓存技术，可进行 SCSI 硬盘 54Mbps 速率的图像存储，实现航空环境大容量数据高速存储。

二、主要技术性能

宽视场角彩色面阵航空数码相机主要技术性能指标见表 7-6。

表 7-6　宽视场角彩色面阵航空数码相机主要技术性能参数

序号	指标名称	性能指标
1	镜头焦距/mm	56.027
2	相对孔径/($D \cdot f^{-1}$)	1：5.55
3	光谱范围/nm	RGB（彩色），450~650
4	画幅视场角/°	47.3（纵向）×75（横向）
6	CCD 类型	面阵 CCD
7	CCD 像元数	7168×4096
8	CCD 像元尺寸/μm	12×12
9	数据格式/bit	12
10	地面像元分辨率/m	0.09（航高 400）
11	最短曝光间隔/s	2
12	重叠率（纵向）/%	53~80
13	曝光时间/s	1/100、1/175、1/250、1/350、1/500、1/700；
14	曝光时间设定方式	人工输入和自动两种
15	最大延迟时间/ms	460
16	速高比输入方式	人工输入
17	前向像移补偿	自动
18	工作模式	外部触发、内部触发和单帧拍照三种
19	曝光控制信号产生方式	外部输入曝光脉冲、手动设定内部产生和手动按键

续表

序号	指标名称	性能指标
20	图像数据格式	RAW，TIF，BMP
21	图像存储介质	SCSI 硬盘
22	图像存储器容量/G	300×2
23	一架次可航摄时间/h	≥2.7
24	相机外形尺寸/mm	293.6×255.3×301.7
25	相机总重量/kg	14.5
26	功 耗	直流 27.6V，2.9A

第三节　地质钻探装备

一、轻便化钻机与轻质钻杆

浅层取样钻机是指用于深度 300m 以内地质取样的轻便钻探设备。主要用于地质填图、普查找矿、以浅钻代替槽探、以浅钻代替井探、验证物化探异常、物探爆破孔钻取及工程地质勘探等，能减少植被的破坏，有利于保护环境。国内外生产制造轻便式取样钻机的工厂（公司）比较多，主要有背包式钻机、TGQ 系列轻便钻机、AD 型系列轻便式取样钻机等。

（一）背包式钻机

1. 绍尔式背包钻机

主要由汽油机、减速箱、手持架、供水系统等部件组成（图 7-12(a)）。其主要的特点是携带简便、手持操作。钻机选用日本 Tanaka 262/270DH 型号的两冲程汽油机，四周配有手柄便于双手操控，设计便携背包，装入绍尔便携式钻机整套工具。整套钻机及相关配件装入背包后，一套标准配备的绍尔便携式钻机及其附件的全部重量约合 18kg。第三代绍尔背包钻机发动机更新为更为强悍的 Kawasaki（川崎）TJ53E 型发动机，动力 2.68HP，扭矩 3.0N · m/5000rpm。

2. TGQ 背包钻机

主要由钻机动力头、供水系统、便携式背包、钻具及附属工具组成（图 7-12(b)(d)(e)）。动力选取进口的 GX35 型小型汽油机，钻机动力头减速箱有低速和高速两挡，既能适用于金刚石钻进、硬质合金钻进又能适用于螺旋钻进，可满足解决复杂地层的钻进取样。钻具采用屈服极限达到 1500MPa 的高强度不锈钢。钻杆采用了插装式快速连接机构，两根钻杆之间通过突出的销钉与 L 槽配合相连，将一根钻杆的突出销钉端插入另一根钻杆的 L 形槽端内，顺时针旋转，即可将两根钻杆连接，无需任何工具即可连接和拆卸。

3. HW-B30 型背包钻机

是经过多次实地取样实验几经改进而成的一种便携式岩芯取样钻机（图 7-12(c)），具有操作简单、携带轻便等特点，适用于野外交通不便位置的地质勘探、石油勘测、矿物考察、建筑取样、爆破钻孔等工作，可以有效地替代中型岩芯钻机的浅层岩芯取样勘探工作。

4. 背包钻机的特点

钻机体积小、质量轻、便于迁移，主要适应于山岭、交通和能源不便地区，可代替传统的人工挖掘、槽探和井探等取样，主要用于地质勘探、岩土工程勘查、地质灾害勘查、专业学术研究等领域广泛使用。

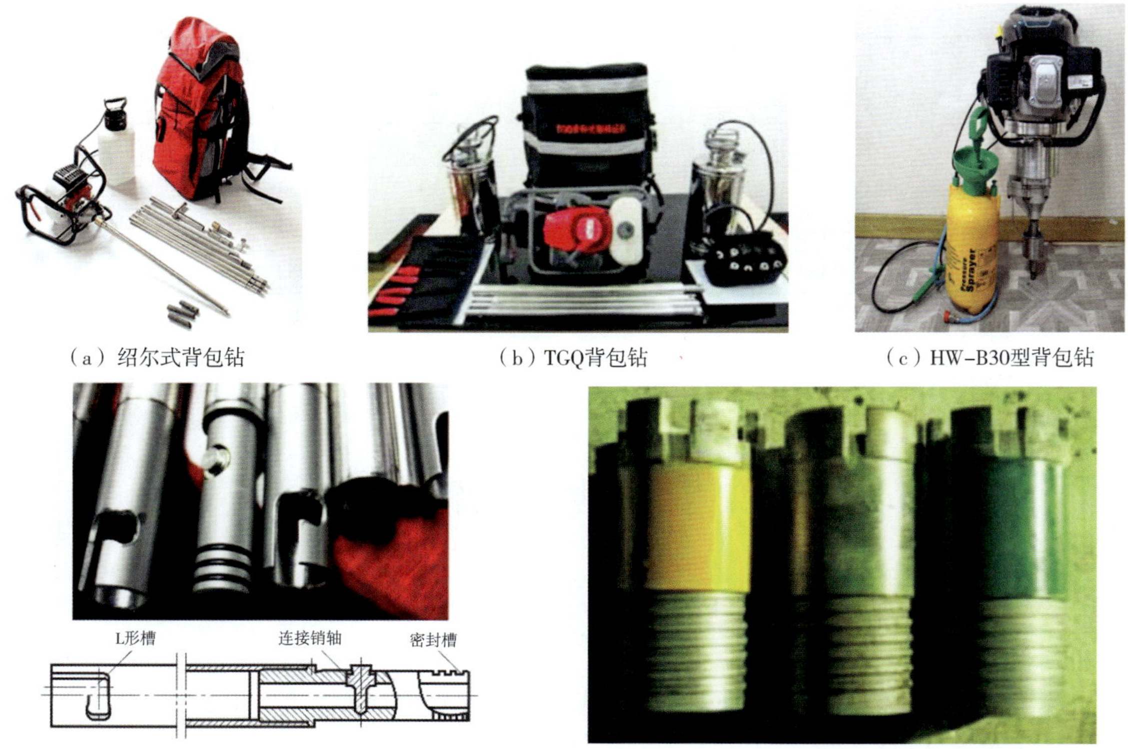

（a）绍尔式背包钻　（b）TGQ背包钻　（c）HW-B30型背包钻

（d）配套钻杆　（e）配套金刚石钻头

图 7-12　背包式钻机

5. 背包取样钻机技术性能

主要技术性能见表 7-7。

表 7-7　背包取样钻机主要技术性能参数

性能指标		技术参数		
		美国绍尔背包	TGQ 背包	HW-B30 型背包
钻孔深度/m		21	5	30
钻孔直径 Φ/mm		26.4～41	40	32～108
钻杆直径 Φ/mm		20.5～38	33	32
钻杆	长度/mm	260		750（单根，含接头）
	重量/kg			约 1.1（单根，含接头）
	材质			钛合金
钻机转速/rpm		1920	170～1200	
汽油机	品牌	第 3 代：Kawasaki（川崎）		KOHLER
	型号	TJ53E 型	GX35 型	XT Series 775
	功率	2.68Hp①	1.2kW	7.75Hp
	转速/rpm	5000	8500	2800
	净重/kg		3.46	
耗水量/($L \cdot h^{-1}$)		14.4		18
整机重量/kg			6.80	
整套重量/kg		18	22.5	25

①1Hp = 745.7W。

（二）轻便式浅层取样钻机

1. TGQ 系列轻便钻机

TGQ 系列轻便钻机分 5m、15m、30m、50m 等系列（图 7-13）。钻机体积小，重量轻，便于搬迁，操作简单，可实现螺旋钻进、空气正反循环钻进等工艺，可用于以钻代槽（槽探）、以钻代井（浅井），可拆装性强，适合地形陡峭、交通不便地区的野外地质勘查取样钻进。

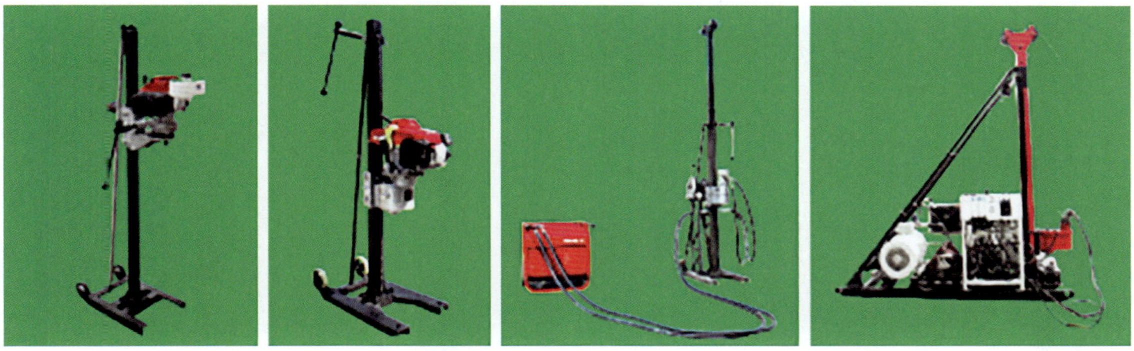

图 7-13　TGQ 系列轻便钻机

TGQ 系列轻便钻机主要技术性能见表 7-8。

表 7-8　TGQ 系列轻便钻机主要技术性能参数表

性能指标	TGQ 系列		
	TGQ-5 型	TGQ-15 型	TGQ-30/TGQ-50 型
钻孔直径/mm	40/46	40/46	46/60
钻进深度/m	5	15	30/50
主轴转速/rpm	170/1800	150/500/1200	150/600
给进方式	齿轮齿条	链条齿轮	链条齿轮
手轮与齿轮力比			1∶30
给进行程/mm	1200	1200	1200
最大提升力/kg	500	1000	1000
钻架高度/m	1.5	1.65	1.65
钻架形式	单立柱斜支撑或手持架	单立柱斜支撑	单立柱斜支撑
驱动力	汽油机，分高低速减速箱	汽油机（减速箱一体）	液压泵站
液压泵站质量/kg			81/105
整机质量/kg	23.5	76	80

TGQ-15 型为该系列典型的一款常用取样钻机（图 7-14），是人力提升给进、单立柱支撑、自带动力的小型动力头式钻机。由动力头、桅杆、给进加压和底座四部分组成。动力头采用本田 GXV160 型四冲程汽油发动机，功率 5.5 HP，2000~3600r/min；动力头采用可向两侧打开的机构，能够让开孔口，方便操作；钻机的给进加压采用手动链轮链条给进。

钻机的主要特点：①单立柱斜支撑结构，使用较小的结构重量实现了钻机的支撑、给进及提升功能；②特殊设计的变速箱，结构紧凑、重量轻，三级转速输出，转速范围宽，可采用螺旋钻进、金刚石钻进等多种钻进工艺，实现了多种工艺在钻机上的兼容；③重量轻、模块化设计，最大部件重量约为 40kg；④钻机输入端装有离心摩擦离合器，用于动力机的过载保护，避免动力机在负载状况下启动及方便拧卸钻杆；⑤动力头部分与桅杆采用销轴连接，可以向两侧打开，让开孔口，方便完成除钻进以外的其他作业。

2. AD 型系列轻便钻机

AD 型系列轻便钻机采用高性能汽油发动机作为动力，适合野外无电情况下钻孔取样作业。AD-50 型全液压取样钻机可实现不停机倒杆钻进（图 7-15）。

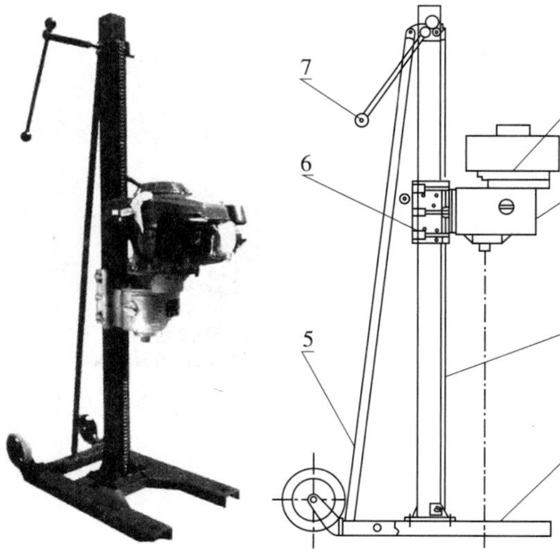

图 7-14　TGQ -15 型取样钻机

1 —汽油机；2—减速箱；3—立柱；4—底座；
5—支撑杆；6—滑套；7—给进手柄

图 7-15　AD-50 型系列轻便取样钻机

AD 型系列轻便取样钻机的主要性能参数见表 7-9。

表 7-9　AD 型系列轻便取样钻机的主要性能参数表

性能指标	技术性能参数				
	AD-10D 型	AD-15（B）型	AD-18 型	AD-20（D）型	AD-50 型
钻进深度/m	≤ 15	≤ 15	≤ 18	≤ 20	≤ 50（岩层 40）
钻孔直径/mm	Φ36、Φ46、Φ60	Φ46、Φ60	Φ26	Φ36、Φ46、Φ60、Φ75	Φ46、Φ60、Φ75
钻孔倾角/°	90	90	90	45~90	
动力头转速/（r·mim^{-1}）	300~800	200、500、1200	800~1500	200、500、900	液压马达 300~1200
油泵压力/MPa					齿轮泵 40
给进行程/mm	1500	1200	600	1500	1200
给进方式		链轮链条		链轮链条	链轮链条
手把加压比	1∶35	1∶35		1∶35	1∶35
给进和提升力/kg	750	750		750	1200
钻架结构类型	单立柱斜支撑	单立柱斜支撑		单立柱斜支撑	单立柱斜支撑
钻架高度/m	1.65	1.65		1.65	2.4
功率/HP	5.5	5.5	5.5kW		27
钻机重量/kg	45	76	18	50	280（单件最大 100）
循环介质	清水或泥浆				
动力机	220VDC 电动机		三菱汽油机	220VDC 无刷电动机	柴油机或电动机

（三）铝合金钻机

为减轻钻机重量，新型高强度轻质合金材料应用的尝试，出现了铝合金钻机（图7-16）。将钻机的箱体类主要部件（立轴箱、分动箱、卷扬机等）材质改用压力铸造高强度铝基合金替换原有普通钢材，研究新型铝合金焊接工艺，集成应用于塔架、底架；钻机移机结构采用高频处理镶层滑轨，钻机拆分后各部件重量为40~100kg，在保证钻机性能的前提下，重量约为原来的1/3，这对减轻劳动者的强度，降低能耗，减少搬迁费用，实现绿色勘探有着非常现实的意义。

（a）XY-3T型　　（b）HZ-130T型

图7-16　铝合金钻机图

（四）GX-1TDL型小型一体化钻机

该钻机是针对孔位浅、孔间距小、搬迁频率高，在GX-1TD型岩心钻机基础上改进的一款集成化、模块化钻探设备（图7-17），集履带自行机构、钻机、泥浆泵、钻塔、操作台架等装置于一体，能快速迁移。采用立轴式机械传动、液压给进、液压夹持钻具。既能进行合金钻进和金刚石回转钻进，又可实现冲击+振动+跟管钻进。

图7-17　GX-1TDL型钻机

1. 钻机特点

（1）属于模块化钻机，集成履带行走机构、钻塔、泥浆泵、操作台架等模块于一体；

（2）履带行走、底座支撑、钻塔起落均由钻机自身液压系统动力驱动，操作方便；

（3）钻机钻塔具备起落、收折的功能，便于行走和运输，能实现钻探设备的整体快速搬迁，可提高施工效率、减轻工人劳动强度。

2. 钻机的主要技术性能参数

（1）钻进能力：钻孔深度（NQ绳索取芯钻杆）150 m；

（2）立轴性能：转速 90~600 r/min；最大扭矩：1000 N·m；

最大起拔力：27 kN；行程：450 mm；

（3）卷扬机：单绳最大提升力 14.7 kN；容量（五层）25 m；提升速度 0.6~2.37m/s；

（4）钻机主机移动：离开孔口距离 125 mm；

（5）履带行走机构（压力15MPa）：牵引力 18.97 kN；爬坡能力 ≯25°；行走速度 0.8 km/h；

（6）动力机：ZS1100M型柴油机（电启动、自带发电线圈）、功率 12kW、转速 2200r/min；

（7）外形尺寸（长×宽×高）：
运输状态时 3195mm×1840mm×2670mm；钻孔状态时 3195mm×1840mm×6600mm；
（8）整机质量：约 3.9t。

（五）轻质铝合金钻杆

铝合金钻杆（图 7-18（a））具有密度小、重量轻，比强度高、弹性变形大，所需回转扭矩小、对钻机负荷要求较低，抗冲击能力强、耐腐蚀性好、与孔壁间摩擦阻力小、易于搬运等优点。在实施钻探工程作业时，可增加现有钻探设备钻进能力，减少起下钻过程中动力消耗，加快工程进度，降低钻探施工难度，减轻工人劳动强度。对提高我国难进入地区地质勘探的钻探工程作业效率、节能降耗、绿色环保具有重大现实意义。

1. 主要组成

铝合金钻杆由铝合金钻杆体、公母钢制接头、防磨钢套组成（图 7-18b），铝合金钻杆与钢接头采用双锥面（两锥面不等锥度）“冷装配冶过盈连接，可有效地传递拉力、扭矩、弯矩，防磨钢套夹黏于杆体中部。

（a）钻杆实物

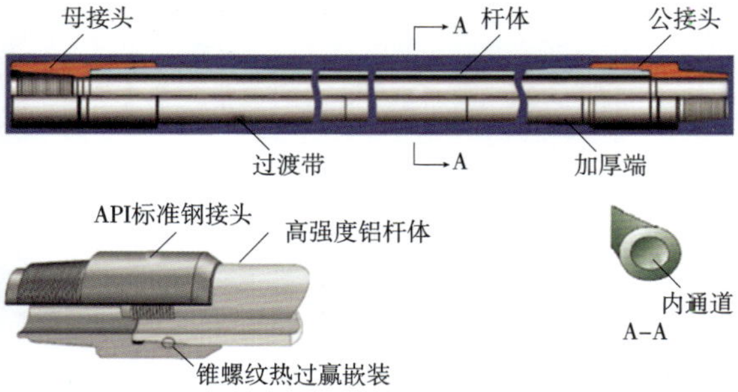

（b）钻杆结构示意图

图 7-18 铝合金钻杆

2. 技术性能

铝合金的密度和弹性模量几乎是钢的 1/3，而比强度（断裂强度极限与密度之比）却是钢的 1.5~2 倍。铝合金钻杆质量轻，与传统钢钻杆相比，在自重、比强度、弹性和耐腐蚀性等方面具有突出的优点。铝合金钻杆与钢制钻杆性能对比见表 7-10。

表 7-10 铝合金钻杆与钢质钻杆性能指标对比

指标	铝合金	钢 质	备 注
钻杆体规格/mm	Φ52×7.5	Φ50×6.0	外丝连接
密度/(g·cm^{-3})	2.78	7.85	
杆体在空气中的单位质量/(kg·m^{-1})	2.90	6.50	
杆体在空气中的定尺质量/kg	13.2	29.25	定尺长度 4.5m
钻杆锁接手质量/kg	6.6	6.8	
每根杆在空气中的定尺质量/kg	19.8	36.1	定尺长度 4.5m，含锁接手
1000m 钻杆在空气中的质量/kg	4400	8022	
铝合金钻杆抗拉断力/kN	630		Φ52mm×7.5mm
铝合金钻杆抗扭强度/(N·m)	4900		Φ52mm×7.5mm

Φ52mm×7.5mm 7E04 铝合金钻杆，7E04 合金主元素为 Zn、Mg、Cu 等，7E04 铝合金钻杆体屈服强度 585MPa、抗拉强度 645MPa，镦粗段表面硬度 286HB；钻杆的抗拉强度不小于 631kN，抗扭

转能力超过了 4900N · m，每根 Φ52mm×7.5mm 铝合金钻杆定尺长度 4.5m，质量为 19.8kg。与 DZ60 钢钻杆性能参数对比见表 7-11。

表 7-11　7E04 铝合金钻杆与 DZ60 钢钻杆性能参数对比

材质类型	规格/mm	密度/（$g \cdot cm^{-3}$）	屈服强度/MPa	抗拉强度/MPa	延伸率/%	硬度	质量/kg · 4.5m
7E04 铝合金	Φ52×7.5	2.78	585	645	10.2	HB286	19.9
DZ60 合金钢	Φ50×6.5	7.85	590	770	12.0	HRC20	38.1

3. 应用实例

应用实例 1：2010 年，Φ52mm ×7.5mm 铝合金钻杆在安徽地勘局某地质队承担的淮北彭桥煤矿区进行了野外生产试验，使用 XY-4 型立轴钻机、BW250/40 型变量泥浆泵、18m 四角钻塔，使用水基中低固相泥浆。钻具组合为：Φ91mmPDC 钻头+Φ68mm 加重钻杆+Φ50mm 钢钻杆+Φ52mm 铝合金钻杆+六方钢制钻杆+水龙头提引器。生产试验取得了良好的效果，使用最大孔深超过 1000m。

应用实例 2：2013 年-2014 年，川西北高原高海拔地区某矿区钻探施工使用了 Φ52 mm×7.5 mm 铝合金外丝钻杆（图 2-9），共使用钻进 200 回次，应用孔段深度为 251.02-813.13 m，累计进尺 858.42 m，最大使用孔深 813.13m。生产试验表明，铝合金钻杆在海拔高、山势险峻、地形复杂、自然条件恶劣、地理位置偏远、交通不便的特殊环境钻探施工时，可减少钻机动力消耗，降低钻探施工难度，提高钻探效率，减轻工人劳动强度。

应用实例 3：2015 年，我国自主开发的 Φ147mm 科学钻探用首次在松辽盆地科学钻探工程——“松科二井”应用，“松科二井”是我国目前最深的大陆科学探井，设计完钻井深 6400m，终孔深度超过 7000m。使用铝合金钻杆共下井 21 回次，使用井段深度为 2966.11-3199.24m。累计进尺 233.13m，井下工作时间 634h（约 227 天）。

二、模块化钻机

（一）EGR 便携式全液压岩心钻机

EGR 便携式全液压岩心钻机属于典型的模块式钻机，分 200 系列、600 系列和 1000 系列（图 7-19、图 7-20）。由多个独立运输的模块组成，通过人工和小型搬运设备进行搬运，模块可以迅速地分体和组合；其钻架采用桅杆式结构，由导轨和桅杆组合形成，动力头采用轻便的顶驱式结构，可以在导轨上上下滑动驱动钻柱系统回转和上下；液压系统的驱动和控制均采用液压传动方式；钻进工艺采用薄壁金刚石绳索取心钻进；主要用于固体矿产勘探和工程地质钻探的一种新型装备。

EP600 和 EP600PLUS 便携式全液压岩心钻机是常规主流机型，NTW 口径施工可钻至 600m，最深可达 800m，动力部分主要由 3 台发动机提供（可切换为电动机）。EP600 总功率为 70.5kW，EP600PLUS 总功率为 99kW。由于采用模块化结构，可以根据不同的施工需求选择不同的模块进行组合，比如增加液压履带行走底盘可以变成履带行走的全液压钻机。

EP1000 便携式全液压岩心钻机是目前便携式钻机能力最强的一款，NTW 口径可以钻至 1000m，动力部分主要由 4 台发动机提供（可以切换成电动机），总功率可达 132kW。

1. 钻机特点

（1）模块化，桅杆式钻架结构。模块化轻量化设计，最重模块小于 180kg，不用修路，可人工搬运；桅杆式钻架结构，无需钻塔，可 0~90°任意角度钻进，可快速搬迁和拆装；顶驱式动力头，长行程导轨，油缸推进，不用反复倒杆，导向性定向性好；机台占地面积小，无需基础工程，绿色

图 7-19　EGR 便携式钻机

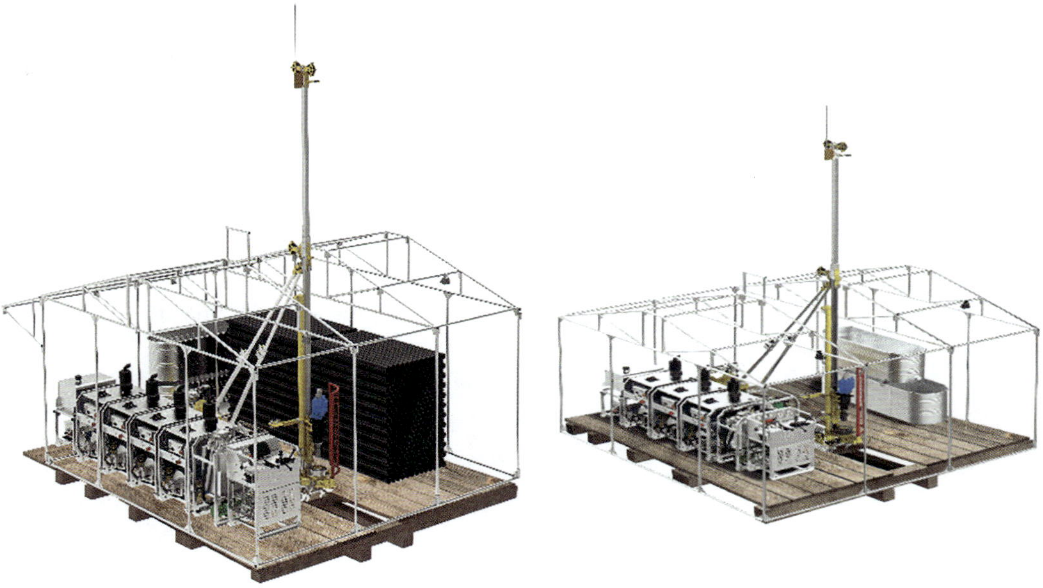

（a）EP1000　　（b）EP600/EP600PLUS

图 7-20　EGR 便携式全液压岩心钻机

环保。

（2）全液压传动。布局灵活，轻便，操作性强；无级调速，可开高速，钻进过程稳定，震动小；通过各种压力实时掌握孔内情况，有限压保护，安全；维护保养简单。

（3）薄壁金刚石绳索取心钻探工艺。绳索取心钻具有“满、刚、直”的特点，孔斜控制好；薄壁钻头，所需钻压和扭矩阻力相对小，切削速度快，钻速高效；相同口径下，薄壁钻具的岩心直径更大，取心率更高；环状间隙小，不易发生掉块卡钻，事故少，安全。

2. 主要模块部件

EGR 便携式全液压岩心钻机以 600 系列为例，主要由钻架系统、动力头、液压操作台、液压油箱、动力模块（由一台或多台发动机组合而成）、供油供电模块、打捞卷扬机、液压泥浆泵、大小泥浆池和液压搅拌器等部分组成。

（1）钻架系统：由钻机底架、导轨、桅杆、支撑杆、动力头、给进油缸、夹持器等部件组成（图 7-21）。

图 7-21　钻架系统

1—底架；2—支撑杆；3—桅杆；4—导轨；5—给进油缸；6—动力头；7—夹持器

（2）动力头：为钻机提供回转扭矩的核心部件，主要包括动力头主体、液压马达等（图 7-21）。工作时液压马达将动力直接传递给动力头主轴，动力头主轴将回转运动和扭矩、钻架系统的轴向运动和给进力（或上顶力）传递给钻杆，实现钻进动作。

（3）液压操作台（图 7-22（a））：是便携式钻机的液压系统控制机构，多台发动机的动力通过在操作台液压油的合流而和在一起，然后通过各种操作阀，控制液压系统的各个执行元件，如搅拌器、泥浆泵、动力头、给进油缸、夹持器、卷扬机等。

（4）液压油箱（图 7-22（b））：主要用于装液压油，上面通常会设置冷却液压油的冷却器，冷却器可根据施工情况配有风冷或者水冷方式，通常大功率的深孔一般需要冷却功率比较大，而采用水冷居多。

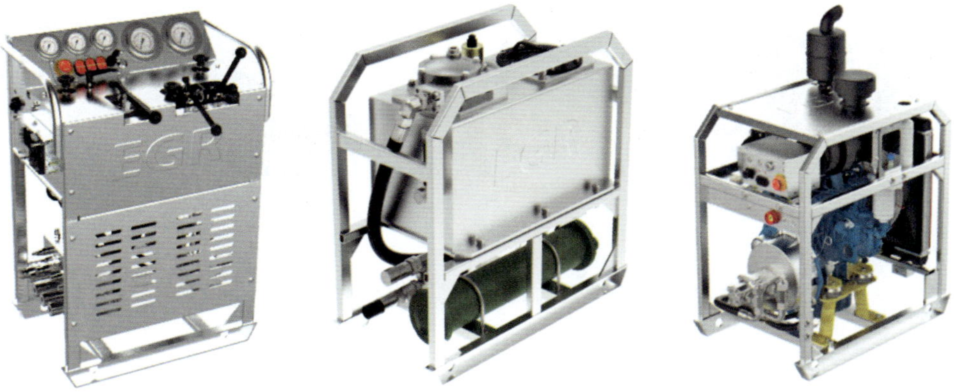

（a）液压操作台　　（b）液压油箱　　（c）柴油发动机

图 7-22　钻机模块（一）

（5）动力模块：为液压系统提供液压动力，根据施工环境的不同，有发动机（图 7-22（c））或者电动机的原动力配置，电动机又有异步电机（图 7-23（a））和伺服电机（图 7-23（b））可选，目前比较高端的以水冷的伺服电机为主，因为伺服电机功率密度高，转速可以根据需要进行调节，同时可根据工况智能控制输出动力而且静音节能。

（6）供油供电模块（图 7-23（c））：分上下结构，上部装有柴油，下部装有电瓶，电瓶为钻机启动提供电力，同时为夜间工作提供照明，一般与发动机动力配合使用，电机动力可不配此模块。

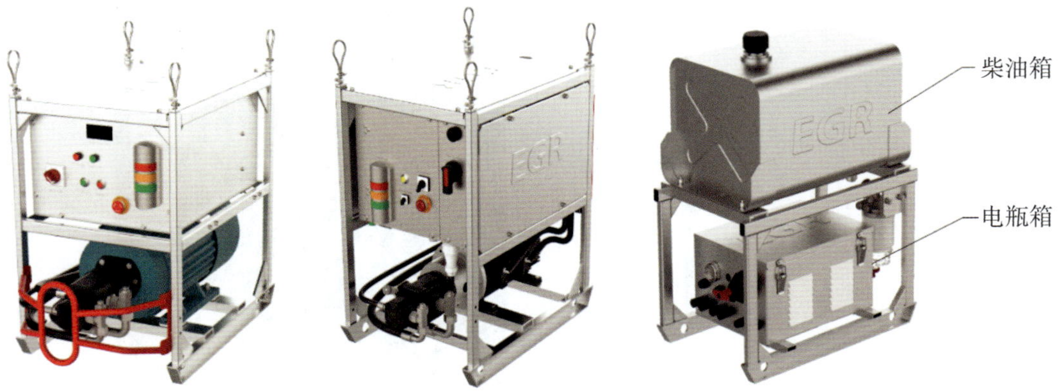

（a）异步电机　　（b）伺服电机图　　（c）供油供电模块

图 7-23　钻机模块（二）

（7）液压泥浆泵（图 7-24（a））：用于钻进过程中向孔内注入冲洗液。大多数钻机液压泥浆泵是一个独立于钻机以外的一个模块，便携式钻机不同，液压泥浆泵是集成在液压系统里面的，通常放置在钻机底架上。

（8）打捞卷扬机（图 7-24（b））：是绳索取心的主要工具，用于打捞岩心，液压马达提供动力驱动卷筒正反转，实现钢丝绳的收放以提出和下放绳索取心钻具的内管总成。

（9）大小泥浆池和液压搅拌器（图 7-24（c））：一般配置一大（550L）一小（450L）共 2 个，合计可以装 1 立方冲洗液，大小泥浆池在机台上层叠放置，小的在上面调配制备泥浆，大的在下面装上面调制好的泥浆，准备泥浆泵使用；液压搅拌器大小泥浆池中各一个，用于搅拌和混合泥浆。

（a）液压泥浆泵　　（b）打捞卷扬机　　（c）泥浆池

图 7-24　钻机模块（三）

3. 技术性能

便携式全液压岩心钻机主要技术性能参数见表 7-12。

表 7-12　EGR 便携式全液压岩心钻机主要技术性能参数

项 目	规格	主要技术性能参数		
		EP1000	EP600	EP200
钻探能力/m	HTW/NTW 钻杆长度 1~1.5m	400/1000	160/400/600	50/100/200
钻孔直径/mm		96/75.7	96/75.7/60	96/75.7/60
取芯直径/mm		71/56	71/56/42	71/56/42

续表

项目	规格		主要技术性能参数		
			EP1000	EP600	EP200
液压系统	钻机动力	型号	4 台久保田柴油发动机	3 台久保田柴油发动机	1 台久保田柴油发动机
		额定功率/kW	33	23.5	23.5
		额定转速/rpm	3000	3000	3000
	最高压力/最大流量 ($MPa/L^{-1}\cdot min^{-1}$)		21/280	21/160	21/66
顶驱式动力头	钻进角度（标准）		45°~90°和 0°~90°	45°~90°和 0°~90°	45°~90°和 0°~90°
	最大扭矩/最高转速 (N·m/rpm)		1000/1300	800/1200	400/1100
	给进行程/m		1.83	1.83	1.27
	提升力/给进力/kN		50/30（双油缸力加倍）	50/30（双油缸力加倍）	33/24（双油缸力加倍）
卷扬机	平均绳度/提升力 ($m\cdot min^{-1}/kg^{-1}$)		150 /750	150 /750	150 /600
	钢丝绳直径/容绳量 ($mm\cdot m^{-1}$)		5/1500	5/1100	5/340
泥浆泵	最大流量/最高压力 ($L\cdot min^{-1}/MPa$)		75/7	75 /7	75 /7
夹持器	夹持能力/HTW/NTW/BTW		114	114	114
外 形	机台外形/模块数量		4×5×5 /13PCS	4×4×5 /11PCS	3×3×3.8/6PCS
重 量	最重模块/总重/kg		180/1680	176/1150	176/513

4. 应用实例

2020 年 1 月，在拟新建的川藏铁路某隧道工程地质勘查中，利用 EP600Plus 便携式全液压钻机（图 7-25），配套薄壁金刚石绳索取芯钻探工艺，历时 77 天顺利完成了深度 903.28m 的超深水平工程地质勘查取心孔，终孔口径 Φ75mm，刷新了国内工程地质勘查钻探同类水平钻孔深度纪录。岩心采取率 95%以上，钻孔弯曲度每 100m<1°，平均台月效率达到 350m/台月，纯钻时间率 35%，各项质量技术指标完成良好，均达到设计和铁路勘查规范技术要求。

图 7-25 EP600Plus 便携式全液压钻机完成 900m 超深水平钻孔

（二）HF-200 型模块化全液压便携式钻机

1. 主要特点

HF-200 型全液压便携式钻机，动力大（33kW），质量轻（最大部件重 150kg），钻机总重量 1.5t，易搬迁，占地面积小，仅需平整（或搭建）一个 4m×4m 的工作场地（图 7-26），钻探施工能力强：HQ-150m，NQ-450m，BQ-600m，即可满足钻探施工。采用薄壁钻杆钻具，进尺快、扰动小、效率高。该钻机具有重量轻、模块化、自动化程度高和钻进效率高的特点。能适应恶劣路况人工搬迁和狭窄场地进行钻探作业。

（a）搭建钻探作业平台

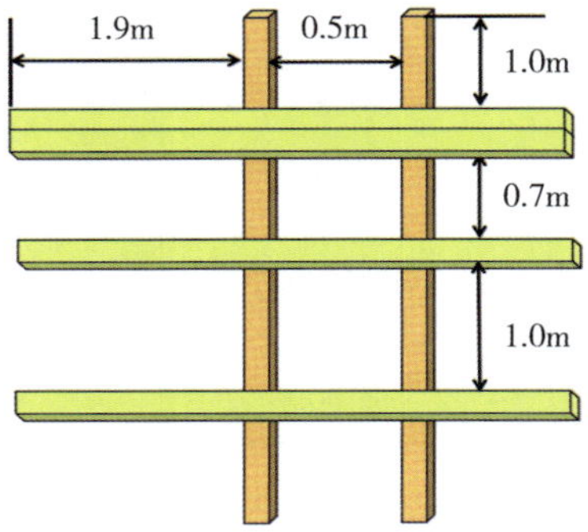

（b）机枕示意图

（c）安装施工

图 7-26　HF-200 型钻机作业平台

2. 技术性能

HF-200 型全液压便携式钻机的主要技术性能见表 7-13。

表 7-13　HF-200 型钻机的主要参数

性能指标	技术参数	
发动机	久保田 D1505T	33kW/3000rpm
钻进能力	HQ（Φ96mm）/m	40
	NTW（Φ75.7mm）/m	140
	BTW（Φ60mm）/m	260
动力头	最大转速/rpm	1200
	最大扭矩/N·m	380
	单油缸提升力/kN	33
液压系统	压力/MPa	21
夹持器	最大通径/mm	120
卷扬机	平均速度/（$m \cdot s^{-1}$）	3
	最大容绳量/m	350

续表

性能指标	技术参数	
孔架	钻塔高度（90°）/m	5.6
	钻进角度/°	0~90
	给进行程/m	1.82
钻孔质量	最重部件/kg	150
	裸机自重/kg	≤650

3. 应用实例与绿色效果

HF-200 型模块化便携式钻机在青海某矿矿区的施工中，与 LF-70 钻机比较，搬迁效率提高 35%，搬迁费用节约 30%，显示其模块化搬迁的快捷高效，减少了道路修建的时间，减少了道路机台的修建面积，有效减少了机台的使用面积，减少能耗，符合绿色勘探要求。

（三）XDJ-4/6 型可拆解式全液压动力头岩心钻机

XDJ-4/6 型钻机是针对高山峡谷不便修路（或修路赔偿费高）、生态脆弱地区、不能整机搬迁的作业环境而设计研制的一种模块式、可拆散解体的全液压动力头钻机（图 7-27（a））。

XDJ-4/6 全液压动力头岩心钻机采用模块化设计，将动力、液压站，操作台、动力头、钻塔、底盘等设计成相对独立的单元（图 7-27（b）），便于解体，最大限度地减小了单件的运输重量，特别适合高原、山区等复杂道路条件下的工地搬迁。

（a）钻机实物

（b）组成模块

图 7-27 XDJ-4/6 全液压动力头岩心钻机

1. 特点

（1）模块化设计，全液压传动，机、电、液一体化控制，无级调速；

（2）可匹配电动机（或柴油机）两种动力驱动，即使在工地现场，两种动力模块也可快速方便地互换；

（3）可拆散解体（表 7-14），单件最大重量 500kg/760kg，方便人力搬运。

表 7-14　XDJ-4/6 全液压动力头钻机拆散解体后单件重量表

零部件		拆开解体后			
		XDJ-4		XDJ-6	
		重量/kg	说明	重量/kg	说 明
电动机组		460		600	
柴油机		520	含柴油机底座和框架	760	含柴油机底座和框架
钻塔	下塔身	480	含 6 段可拆的导轨 6×23＝138kg	750	含 6 段可拆的导轨 6×29＝1374kg
	上塔身	280	含天车	340	含天车
动力头		450	含液压马达（54kg）	625	含液压马达（74kg）
液压动力站		400	含 3 个液压泵、分动箱、冷却器、小底盘和搬运框架，不含液压油	400	含 3 个液压泵、分动箱、冷却器、小底盘和搬运框架，不含液压油
钻机底盘		370	不含操作台	550	不含操作台
操作台		150		150	
主卷扬机		300		500	
绳索取心绞车		220		230	
动力站底盘		210		230	
运输尺寸	主机	5200mm×1900mm×2600mm		5700mm×1900mm×2600mm	
	动力站	2900mm×1700mm×2300mm		3100mm×1700mm×2300mm	

2. 技术性能

主要技术性能参数见表 7-15。

表 7-15　XDJ-4/6 全液压动力头钻机主要技术性能参数

性能指标		单位	技术参数	
			XDJ-4 型	XDJ-6 型
钻进能力（直孔）	BQ（Φ55.5mm）	m	1500	2500
	NQ（Φ71mm）	m	1200	2000
	HQ（Φ89mm）	m	500	1300
	PQ（Φ14mm）	m	300	600
钻进角度		°	45~90	45~90
动力头	转速	rpm	40~920	70~1000
	最大扭矩	N·m	2410	4310
	最大给进力	kN	50	60
	最大提升力	kN	150	200
	通孔直径	mm	Φ94	Φ94
	给进行程	mm	3500	3500
液压系统压力		MPa	27	27
驱动力	类型		电动机/柴油机	
	功率	kW	55/132	90/194
总质量		t	5.3	8.1

（四）ZDY 分体式坑道钻机

ZDY 新型全液压钻机采用模块化设计，形成了分体式、分体履带式、多自由度变幅履带式、“炮塔”履带式共有 40 余种型号的钻机。ZDY 系列分体式钻机有 ZDY400、ZDY540、ZDY600SG、ZDY650、ZDY750G、ZDY900SG、ZDY1000G、ZDY1200S、ZDY1900S、ZDY4000S、ZDY6000S、ZDY10000S 等型号（图 7-28）。

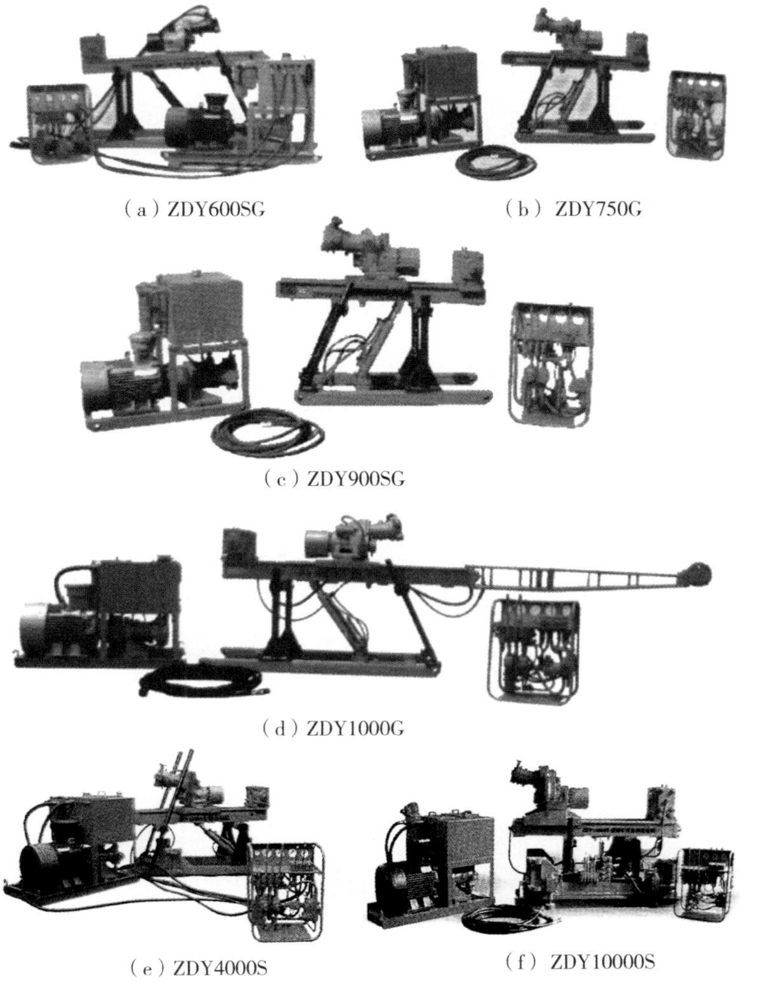

（a）ZDY600SG　（b）ZDY750G　（c）ZDY900SG　（d）ZDY1000G　（e）ZDY4000S　（f）ZDY10000S

图 7-28　典型 ZDY 坑道分体式钻机

1. 主要特点

（1）解体性好，搬迁运输方便，安装布置灵活；

（2）具有联动功能，通过回转器与卡盘、给进油缸与卡盘、夹持器的联动，可实现自动拧卸钻杆，“无塔”起下钻具；

（3）动力头采用通孔式结构，钻杆长度不受钻机本身结构尺寸的限制，取出夹持器卡瓦，即可露出大通孔，便于起下粗径钻具；

（4）液压系统均采用中、高压，配置变量泵和变量马达组合，实现无级调速，转速和扭矩在大范围内调整，满足各种钻进的需要；

（5）G 型的钻机为高速钻机；S 型的钻机均采用双泵系统，分别由两个泵单独驱动回转和给进。

2. 技术性能

ZDY 系列典型分体式钻机的主要性能见表 7-16 和表 7-17。

表 7-16 ZDY 典型 SG 系列分体式钻机主要性能参数

性能指标		技术参数			
		ZDY600SG（MKG-4 型）	ZDY7500SG（MKG-5 型）	ZDY900SG	ZDY1000G
钻进能力（NQ）/m	水平孔	150	200	250	400
	垂直孔	200	300	350	500
钻孔直径 Φ/mm		75	75	75	75/79
钻孔倾角/°		0~±90	0~±90	0~±90	-90~30
转矩/N·m		160~600	200~750	150~900	220~1000
转速/（$r\cdot min^{-1}$）		160~560	185~650	185~650	27~1000
主轴通孔直径 Φ/mm		75	75	75	80
最大给进/起拔力/kN		36/52	38	46	85
给进/起拔行程/mm		650	1200	1200	1200
液压系统额定压力/MPa	主泵	21	18	21	26
	副泵	12	/	21	26
电动机功率/kW		22	30	37	55
主机外形尺寸/mm		1850×710×1400	2500×800×1560	2500×800×1560	2565×820×1635

表 7-17 ZDY 典型 S 系列分体式钻机主要性能参数

指标	性能参数				
	ZDY1200S（MK-4）	ZDY1900S（MKD-5S）	ZDY4000S	ZDY6000S（MK-6）	ZDY10000S/8000S（MK-7）
钻孔深度/m	150/100	250/70	350/50	600	1000/800
钻孔直径/mm	Φ75/Φ94	Φ94/Φ200	Φ113/Φ	Φ150/Φ94	Φ150/Φ200
钻孔倾角/°	0~±90	0~±90	0~±90	0~±10	0~±10
钻杆直径/mm	Φ50/Φ63.5	Φ63.5/Φ73	Φ73	Φ73/Φ89	Φ89
回转速度/（$r\cdot min^{-1}$）	80~280	85~300	5~280	60~210	35~130/45~160
最大扭矩/（N·m）	1200	1900	4000	6000	10000/8000
钻进能力/kN	33	103	150	210	190
起拔能力/kN	45	73	150	210	250
额定压力/MPa	21、21	21、21	25、21	25、21	28、21
电动机功率/kW	22	37	55	75	90
主机外形尺寸（长×宽×高）/m	1.8×0.71×1.7	2.2×1.2×0.8	2.38×1.3×1.53	3.0×0.93×1.4	2.66×1.4×1.92
主机质量/kg	750	1250	1500	3800	3950
整机质量/kg	1360	2100	2540	5390	5540

3. 应用实例

ZDY600SG（MKG-4）型钻机曾在某矿务局大台煤矿和长沟峪煤矿井下完成取心钻孔 8 个，累计进尺 720.5m，其中垂直孔 1 个、水平孔 1 个、上斜孔 6 个，最大孔深 205.10m。

ZDY7500SG（MKG-5）型钻机曾在某矿务局大安山煤矿井下完成取心钻孔 3 个，累计进尺 1009m，最大孔深 403.18m。

2010 年 8 月，陕西省某金矿，利用 ZDY10000G 型钻机和 Φ75mm 绳索取心钻具，完成 401.80m 的近水平孔，取心率达到 90.87%。

2011 年 7 月，某矿务局大安山煤矿，采用 ZDY10000G 型钻机，在井下完成 505.17m 竖直向下取心的勘探孔，取心率达到 86%。

三、长行程给进钻机

（一）不停车倒杆立轴式钻机

为弥补普通立轴式油压钻机回次进尺短的弊端，钻探人做了大量的探索与研究。对原有立轴进行改进，形成了实用的大通孔、长行程、不停车倒杆连续给进机械传动立轴式钻机回转器，即双液

（a）CD-3型　（b）XY-4B型　（c）XYB-44型　（d）XY-5B型

图 7-29　不停车倒杆立轴式岩心钻机

压卡盘不停车倒杆自动倒杆回转器，实现钻进长行程给进。如 CD-3 型、XY-4B 型、XYB-44 型、XY-5B 型等不停车车倒杆立轴式岩心钻机（图 7-29），都配置两种回转器，一种是打通孔回转器（立轴通孔 Φ96mm），另一种就是不停车倒杆回转器，设置有上、下两个各自独立的液压卡盘，实现了钻进过程倒杆不停车连续进尺，基本解决了立轴钻机给进行程短、倒杆作业频繁、辅助时间长、影响钻进稳定性和取心易堵塞、钻进综合效率低的难题。

不停车倒杆立轴式钻机的总体布局和机械传动，与普通 XY 系列立轴式岩心钻机相似，双液压卡盘不停车倒杆自动倒杆回转器的结构形式与现有的绝大部分 XY 系列立轴钻机相匹配，具有不停车自动倒杆和不停车手动倒杆两种操控方式，供操作人员选择。卡盘采用液压胶囊夹持形式、卡瓦径向变化范围大及可靠夹持机上圆钻杆，不再使用六方主动钻杆；需要加接钻杆时，无需像常规立轴钻机那样提出孔内主动钻杆、无需后移钻机，直接在水龙头下端卸开水龙头与钻杆的连接，即可加接新钻杆；对于绳索取心钻进，亦可在机上将绳索打捞器投放到孔内。

CD-3 型岩心钻机回转器及卡盘部分见图 7-30，具有自动倒杆功能。CD-3 型钻机液压系统见图 7-31，主要由“给进-移车、绞车”和“卡盘”两个控制系统。上卡盘为常闭式（弹簧夹紧，液压松开）。下卡盘为常开式（液压夹紧、弹簧松开）。

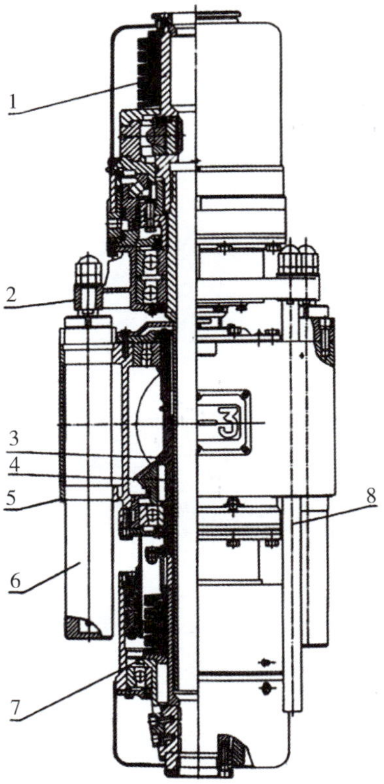

图 7-30　CD-3 型钻机回转器

1—上卡盘；2—横梁；3—立轴套管；4—立轴；5—回转器箱体；6—给进油缸；7—下卡盘；8—倒向杆

在正常钻进工作时下卡盘处于松开状态，仅在钻机下行，导向杆至行下极限位置要进行倒杆时，短暂地夹住立轴钻杆接替上卡盘夹紧钻杆不停地回转维持钻进工作状态；同时，上卡盘松开，快速上升实现倒杆动作，待上卡盘重新夹紧状态工作后，下卡盘恢复松开状态。这样依次循环不间断的工作，即通过液压系统控制上、下卡盘可实现不停车自动倒杆不间断工作（图7-32），达到长行程稳定连续钻进、采取岩（矿）心、提高回次进尺长度和钻进效率与取心质量的目的。

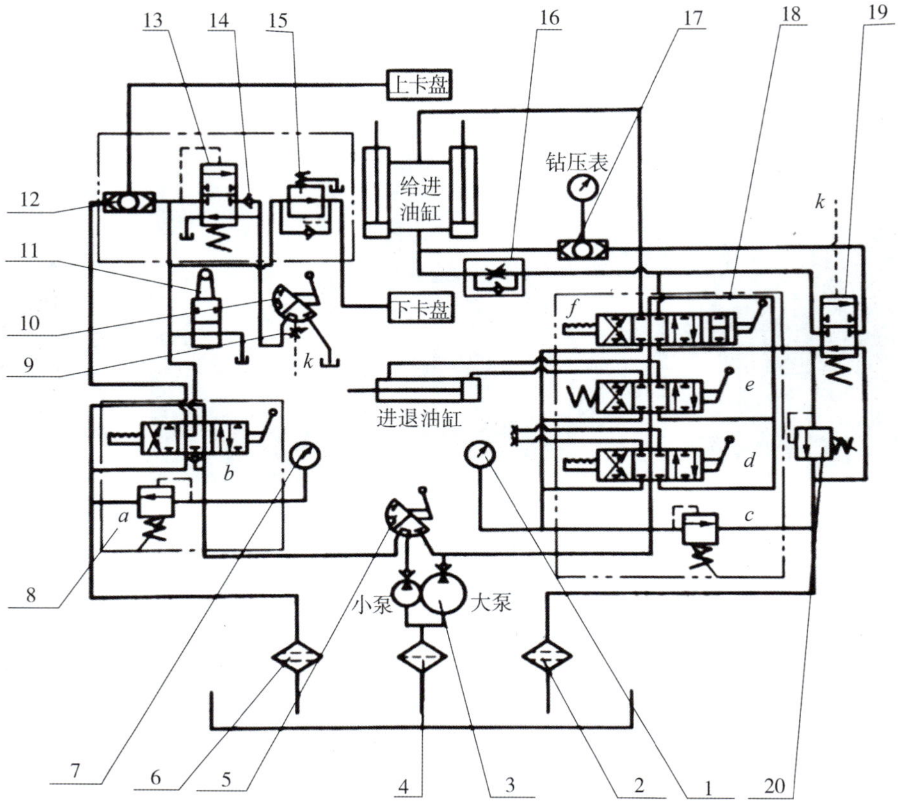

图7-31　CD-3型钻机液压系统原理图

1、7—压力表；2、6—精滤器；3—双联泵；4—粗滤器；5、10—两位三通转阀；8—组合阀；9—可调节流阀；11—行程开关；12、17—梭阀；13、19—两位四通液控阀；14—单向阀；15—减压阀；16—单向节流阀；18—组合阀；20—调压溢流阀

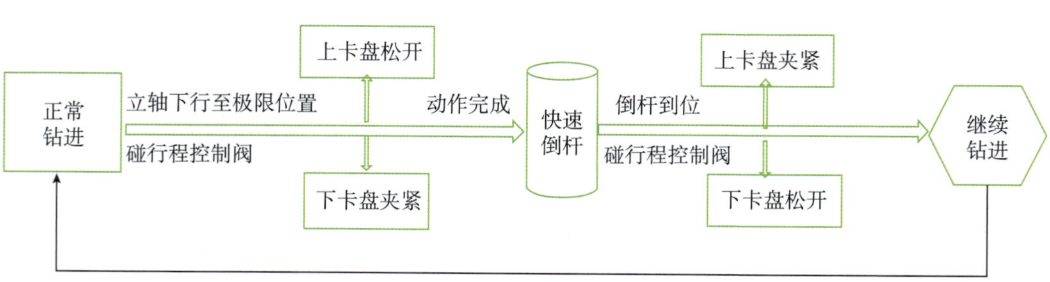

图7-32　不停车自动倒杆动作过程框图

生产实践表明，全液压钻机是钻机的发展趋势，而立轴式钻机在我国拥有其雄厚的技术基础和不可替代的自身优势；不停车倒杆立轴式钻机的钻进效率是可以达到或超过全液压动力头钻机的。

生产应用实例1：

CD-3型钻机在北京某金矿区ZK802孔进行了钻探生产试验，从开孔到终孔，钻进和扫孔一直采用钻机的不停车自动倒杆功能，每当加接钻杆后，只要孔内不发生问题，可利用不停车自动倒杆自动连续将一根钻杆打完（或扫孔到底），中间不需要停车。累计钻进工作时间338h，钻进孔深

284.34m，台月效率612至793m/台月（多种不同的钻进工艺有各自不同的台月效率）。采用水力反循环连续取心钻进工艺时，最高钻速达到6.29m/h。

生产应用实例2：

2007年至2008年8月，在新疆某煤田勘探区的8个钻孔，采用不停车倒杆立轴钻机钻进（图7-33），累计钻进工作量4281.59 m。平均钻孔深度535.12m，最大孔深992m；平均台月效率1017.48m/台月，最高的台月效率为1336.36m/台月。与同其他（普通立轴式钻机、全液压动力头钻机）在相同条件下钻进施工效果（56个钻孔平均台月效率为655.33 m,）对比，台月效率提高55.26%。新型不停车倒杆钻机省去了停车“倒杆”，人工手动松、紧卡盘时间，钻进效率明显提高，事故发生率和钻孔报废率明显下降，而且燃料消耗、劳动强度都明显降低，受到了施工操作人员的好评。

（a）野外生产试验现场

（b）机上加钻杆与打捞内管总成

图7-33 不停车倒杆钻机野外生产钻进试验

（二）全液压动力头钻机

移动式回转器式钻机又称为动力头钻机，是在吸取了立轴式钻机和转盘钻机结构的优点、规避了立轴式钻机给进行程短及和转盘钻机不能给进的弊端而发展起来的，结构类型有很多种，其共同的特点是回转器可沿桅杆（或导向架）滑道上下移动，可实现加减压长行程连续钻进，不仅能大幅度增加纯钻进时间，还可减少孔内事故发生的几率并提高岩（矿）心采取率。

移动式回转器的驱动方式主要有两种：一种是将液压马达直接安装在回转器上，随同回转器一起上下移动，这种回转器常被习惯地称为液压动力头；另一种是将动力机安装在机架上，它不跟随回转器上下移动，动力是通过长传动轴输送给回转器，这种回转器称为机械式动力头。长行程给进的方式有多种多样，主要有油缸给进、油缸-链条倍速给进、马达-链条给进、马达-链条倍速给进、齿轮-齿条液压马达给进等，各有优势和不足。目前移动式回转器采用的最多的是液压动力头的形式。

近20年来，绳索取心钻进技术在我国取得了飞速发展，国外全液压动力头式岩心钻机应用与日俱增，发展很快，与国内钻机相比具有质量性能稳定、高速运转平稳等优点，其中有代表性的有LF70型（NQ585m）、LF90型（NQ940m）、LF230型（NQ2350m）、CS1000P6型（NQ762m）、CS3001型（NQ1700m）、CS4002型（NQ2000m）、CS14型（NQ1200m）、CS1000P6L型等。

我国全液压动力头式钻机也得到了飞跃式的发展，国内多家探矿（钻探）设备制造厂家又先后推出多款适合于与不同钻进深度的全液压动力头钻机（表7-18、图7-34）。

表7-18 国内部分全液压动力头钻机型号与NQ钻进深度能力

序号	钻进深度/m	钻机型号
1	700以内	YDX-1B型（400m）、CSD500C型（400m）、XD-2型（500m）、YDX-2型（600m）、HQY-500型（600m）、HYDX-4型（700m）、XD-3型（700m）
2	700~1000	XD-4A型（900m）、CSD1300G（1000m）

续表

序号	钻进深度/m	钻机型号
3	1000~1500	YDX-4 型（1500m）、XDJ-4 型（1200m）、XDC-5A 型（1200m）、XD-5 型（1235m）、KZ168-235 型（1300m）、HYDX-5A 型（1300m）、XDY1500 型（1300m）、XDL-5A 型（1500m）、HCDU-5 型（1500m）
4	1500~2000	HYDX-6 型（1600m）、XD-6 型（1650m）、CSD1800X 型（1700m）、XDJ-6 型（2000m）、XDF-6 型（2000m）
5	2000~3000	HCDU 型（2000m）、HCDF-6 型（2200m）、HCDU-6 型（2200m）、YDX-3000 型（2300m）、HYDX-8B 型（2600m）

注：钻进深度能力以 N 口径（Φ71mm 钻杆）为准。

（a）CSD1300G（YDX-3A）型　（b）HCDU-5型　（c）HYDX-5型　（d）XDJ-4/6型

图 7-34　部分国产全液压动力头钻机

全液压动力头钻机的优点是高速运转平稳，给进回次长。

全液压动力头钻机最大的缺点是没有钻塔，仅靠桅杆来升降钻具，钻杆立根短，起下钻速度很慢，耗时很长。随着钻孔深度的增加，动力头钻机起下钻速度慢的弊端愈加明显。与立轴式钻机相比，动力头钻机还存在消耗功率大、传动效率低、造价高、维护保养相对困难等问题，大多是靠人力来拧卸钻杆，工人的劳动强度大。

为解决动力头钻机在深孔钻进时起下钻速度慢、耗时长的弊端难题，钻探人提出了将动力头钻机与已有钻塔相结合的设想，又研制出了 FYD-2200（HCD-6）型分体塔式全液压动力头岩心钻机（图 7-35），汲取了国内外岩心钻机成熟的先进技术，吸收全液压钻机的长处，采纳了全液压钻机的长行程给进、动力头无级调速、大通径卡盘、全部动作液压驱动的优势，保留高钻塔在中深钻孔中的长处，采用了传统四角钻塔提升钻具，全液压动力头驱动和四角管子钻塔提升相结合，形成了一款适合于我国地质勘探实际的分体布置的钻探配套设备。

分体塔式全液压动力头钻机由主机（HCD-6）、钻塔（SG24A）、动力站、泥浆泵等 4 部件合成整机，主机由动力站、底座架总成与底滑架、动力头与卡盘、动力头拖板、夹持器、桅杆与桅杆支架、主卷扬、绳索取心卷扬、液压系统、操作台组成（图 7-36）。

FDY-2200 型分体式全液压岩心钻机的主要技术性能参数见表 7-19。

表 7-19　FDY-2200 型分体式全液压岩心钻机主要技术性能参数

性能指标		技术参数
钻进能力	NQ（Φ69.9mm）	2200
	HQ（Φ88.9mm）	1500
	PQ（Φ114mm）	900

续表

性能指标		技术参数
动力机	主电动机 Y315M-4/（kW/rpm）	132/1500
	副电动机 Y132M-4/(kW/rpm)	7.5/1500
液压系统	主　泵/(L/min，MPa)	210×2，　32
	副　泵/(L/min，MPa)	39，　30
动力头	主轴通径/mm	Φ117
	转速/扭矩/(rpm/Nm)	Ⅰ挡：0~367 /5960~3800
		Ⅱ挡，0 ~120/1820~1166
给进、提升	给进行程/mm	4800
	给进力/起拔力/kN	100/200
让开孔口	动力头水平移动让开孔口/mm	350
	主机后移让开孔口距离/mm	500
钻 塔	高　度/m	24
	立根长度/m	18（6个单根）
主卷扬	钢丝绳（直径/容量）	Φ24mm /130m
泥 浆 泵		BW320/10 高压泥浆泵
钻机质量/t		15

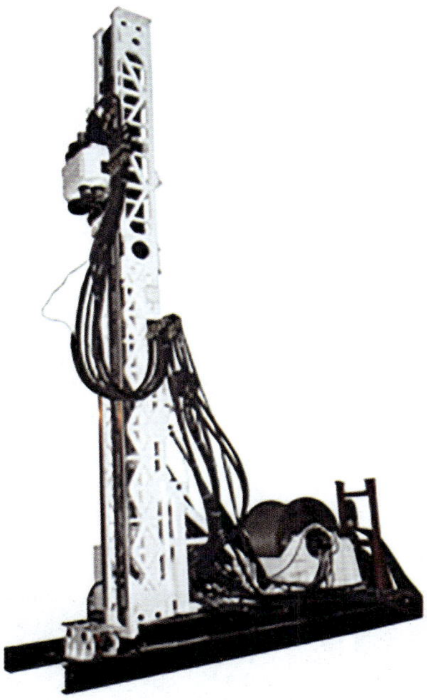
（a）HCD-6F型岩心钻机主机

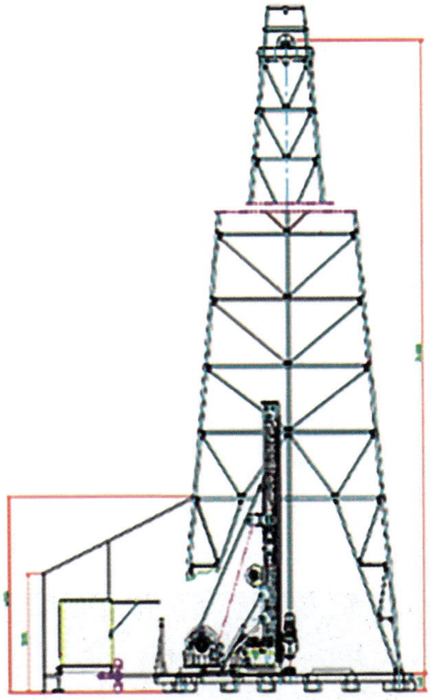
（b）SG24A四角钻塔示意图

图 7-35　FYD-2200 型钻机与配套四角钻塔

FDY-2200 型分体式全液压岩心钻机具有以下特点：

（1）长行程给进，给进行程 4.8m，钻进途中无需倒杆，可保证一个回次即可完成全管取心，避免了因频繁倒杆而引起的岩心堵塞等问题，提高钻进效率和岩心采取率；

（2）保留了四角钻塔在深孔钻中的长处和优势，采用高钻塔程升降钻具，可提升 18m 长度的钻杆立根，提高起下钻效率，这是全液压动力头钻机桅杆提升所无法比拟的；

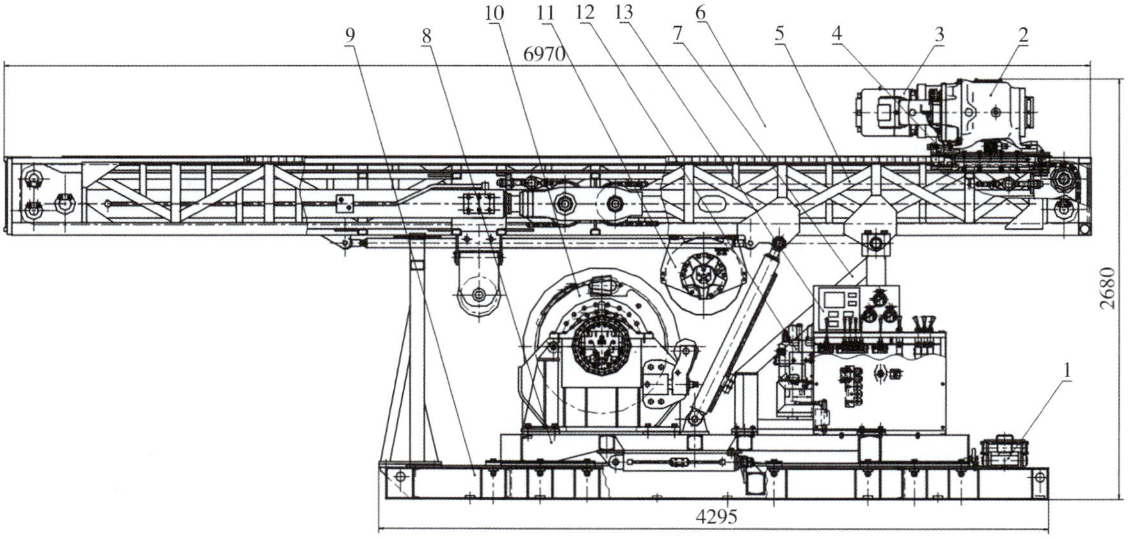

图 7-36　FYD-2200 型钻机主机结构示意图

1—夹持器；2—动力头；3—卡盘；4—动力头拖板；5—桅杆；6—桅杆上段；7—桅杆支架；8—底滑架；9—底架总成；10—主卷扬；11—绳索卷扬；12—液压系统；13—操作台；14—动力站

（3）起下钻孔口前位置比较宽阔，钻机后退让开孔口，且动力头沿水平方向移开孔口，方便提钻和取心操作；

（4）卡盘通径大（Φ117mm），适用于 PQ、HQ、NQ 及 BQ 相应孔径钻探施工；

（5）机械换挡和液压调速结合，可实现每分钟 0~1200 转的无级变速以及动力头转速的精准控制，回转调速范围宽泛；

（6）钻机主机备有桅杆上段，可达到一机两用。

生产应用实例

FYD-2200 型成套钻机先后完成深度找矿钻孔 6 个、科学钻探孔 4 个，累计进尺 15720m，取得了显著的地质效果和社会经济效益。该成套钻机设备于 2009—2010 年在地层条件复杂的安徽某铁矿深部找矿项目中进行了钻探生产试验（图 7-37），采用小口径金刚石绳索取心工艺，终孔深度 2706.68m，终孔口径 Φ77mm，平均回次长度 2.55m，平均机械钻速 1.49m/h，平均岩心采取率 97%，矿心采取率 100%，钻孔终孔各项指标完全满足地质设计要求，创造了 2010 年全国小口径绳索取心（N 口径）钻探最深纪录，被评为 2010 年全国探矿工程十大新闻。

生产试验表明：该钻机集中了全液压动力头钻机高速平稳回转和钻塔快速高效提升钻具两大优势，结构布局合理，实行分塔式结构消除了车载、桅杆式结构深孔钻探存在的弊端，拆装搬迁运输

图 7-37　FYD-2200 型钻机 Zk1725 孔钻探生产试验现场

方便，适用于山区、丘陵、道路较差等条件下的钻探施工；动力头运行平稳，钻机无级变速，调速范围宽，长行程给进，钻进中无需倒杆，减少了辅助时间，有利于减缓岩心堵塞；钻机操作系统实现了工作参数数字化，降低了工人工作强度。

（三）机械动力头钻机

HXY-1600型机械动力头长行程给进拖车式钻机（图7-38），采用目前国内先进技术，与国内外同类钻机相比，配置了智能预警、数显钻参系统，自动化程度高，在进尺速度、提钻速度、孔底压力控制、钻进参数显示和控制方面具有显著的优点，申报了多项专利，使人机协调、安全性、操控性能充分匹配，是目前国内较为先进的智能拖车式钻探装备。

图7-38　HXY-1600型长行程给进拖车钻机

该钻机主要由拖车、钻机主机、泥浆泵、搅拌机、动力头和卡盘、动力头滑架、钻塔（桅杆）、取心绞车、操作台、动力传动系统、气动系统、液压系统、电控系统组成。该钻机具有以下特点：

（1）采用机械动力头（图7-39（a）），传动效率高，与全液压动力头式钻机相比具有明显优势，高效节能，动力头上下滑行采用滚轮式结构滑架，变滑动摩擦为滚动摩擦，减少了轨道磨损，降低了运行阻力；

（2）采用双油缸长行程给进（图7-39（b）），给进行程可达到3.33m，能实现一次给进后即可取心，提高回次进尺长度和钻进效率；

（a）机械动力头　　（b）双油缸长行程给进

图7-39　钻机加压转回与给进系统

（3）双油缸给进液压系统压力为20MPa，最大提升能力可达到380kN；

（4）采用伸缩式钻塔结构，收缩最短长度3.33m，伸展开后长度达到15m，可以满足提9m立根的提升要求，给进油缸可以方便地将钻塔伸出或收回，保证满足道路运输要求；

（5）采用碟形弹簧夹紧、液压松开的常闭式液压卡盘，具有卡瓦磨损自动补偿功能，卡盘通径Φ118mm，能满足多规格绳索取心钻杆加杆钻进的需求；

（6）绳索绞车最快提升速度达到110m/min，具有可控的自由落体送绳下放打捞矛速度，节省打捞辅助时间；

（7）配备电参显示系统（图7-40（a）），可以实时显示各种钻进参数（动力头转速、给进速度、钻具重量、给进力量、泥浆压力等），便于直观监视；

（8）钻机主卷扬通过压力比例阀控制，可精准控制下放速度，操作更舒适，确保生产安全，卷扬机可以实现自由落体式的下钻速度（图7-40（b）、图7-40（c））；

（a）操作显示盘　（b）主卷扬控制阀　（c）操纵工作台

图7-40　钻机操控系统

（9）设置有大钩过位安全系统（超过警示位置系统立即发出警告）；

（10）钻机卷扬机横式排布，使主卷扬、绳索取芯卷扬机回转方向与钻塔位置布置合理，避免排绳缠绕；

（11）采用拖车装载，底盘采用外扩式液压支腿，外扩尺寸可达4690mm，增大了支撑面积，提高了钻机的稳定性；

（12）拖车整装搬迁转场方便快捷、省时省力。

HXY-1600型长行程给进拖车式钻机主要性能指标技术参数见表7-20。

表7-20　HXY-1600型拖车式钻机主要技术参数表

性能指标		技术参数
钻进能力	BQ（Φ55.6钻杆）/m	2000
	NQ（Φ71钻杆）/m	1600
	HQ（Φ89钻杆）/m	1200
	PQ（Φ114钻杆）/m	800
动力头	型　式	机械动力头
	正　转/$(r\cdot min^{-1})$	八个挡位速度：55~749
	反　转/$(r\cdot min^{-1})$	56
	最大通径/mm	Φ118
	最大扭矩/(N·m)	11190
给进油缸	最大给进行程/m	3.33
	最大给进力/kN	180
	最大起拔力/kN	380

续表

性能指标		技术参数
钻塔（桅杆）	结构形式	伸缩式结构
	高　度/m	15
	桅杆额定负荷/kN	350
	大钩额定负荷/kN	250
	提升立根长度/m	9
主卷扬机	空鼓最大提升力/kN	单绳一速：100
	提升速度（第三层）/(m·s^{-1})	六挡速度：0.68~3.88
绳索绞车	驱动形式	液压马达
	马达排量/(L·min^{-1})	80~160
	额定压力/MPa	20
	空鼓提拔力/kN	12
	空鼓提升速度/(m·min^{-1})	110
	钢丝绳容量/m	Φ6mm 钢丝绳：1200
液压系统	主泵（排量/额定压力）/(mL·r^{-1}/MPa)	32 /20
	副泵（排量/额定压力）/(mL·r^{-1}/MPa)	20 /20
	主阀/副阀/(/额定压力)/MPa	10 /20
动力机	电动机型号	Y2-280S
	额定功率/kW	75
	额定转速/(r·min^{-1})	1460
泥浆泵	型　号	3NBB390-52/10-7-55
	额定流量/(L·min^{-1})	390
	额定泵速/(次·min^{-1})	120
	额定压力/MPa	8
	泵动力/kW	电动机：Y250M-4　55
主拖车	承载面高度/mm	1220
	额定总承载/t	36
外形尺寸	工作状态：长×宽×高/m	11.9×3.0×16.2
	行驶状态：长×宽×高/m	12.31×3.0×4.29
总功率/kW		145
总质量/t		30

该钻机适宜于平原地区或浅丘陵地区勘探作业，主要用于以金刚石复合片、硬质合金为主钻进，尤其是适合于地浸砂岩铀矿勘探和地浸开采孔的钻进。可采用小口径普通金刚石提钻取心和绳索取心钻进工艺；亦可用于水文水井、浅层油气、工程地质勘探、小口径桩孔等施工。

生产应用实例

2020 年 5 月该机在陕西省咸阳市彬县进行了绳索取心施工，历时 20 天完成 600m 全程绳索取芯钻进，达到高效、节能作用。

HXY-1600 智能型拖车钻机与 NCT-10 泥浆不落地系统配套使用，集泥浆收集、转运、处理、泥浆在循环利用于一体，使得在施工钻进过程中，不用挖泥浆池，无泥浆外露、外流、无污染；泥浆经过处理可循环利用，节省了泥浆材料。

NCT-10 泥浆不落地系统采用自动化操作，安全、省时、省力；钻塔大钩设有上、下限位报警装置，提高了安全性；钻机执行元件控制系统集中在操作台上，可远程控制离合、变速、给进、卷扬机制动等元件，达到安全、省力；操作台上设置有钻进参数显示面板，可以实时观测钻进参数，指导施工，提高安全性能。

（a）钻机侧面　（b）钻机正面　（c）钻机起塔

图 7-41　JDL 钻机

（四）机械传动式动力头顶驱钻机

JDL 系列钻机是一款机械传动式动力头顶驱钻机（图 7-41），是一种集泥浆钻进和气动潜孔锤钻进功能于一体的高效、多功能钻凿孔设备（国家发明专利：ZL201510479602.4），采用车用 525 变速箱，传动效率高于液压传动，动力能耗降低 35%，更加高效、节能。适用于坚硬岩石层、砾石、卵石层回转钻进。

1. JDL 系列钻机的主要特点

（1）动力头采用机械式传动，单次给进行程 3500mm；

（2）钻机采用风水龙头设计，既能适合泥浆钻进，又能进行气动潜孔锤钻进。动力头采用液压自动开合，方便绳索取心、提放套管等操作；

（3）卷扬机采用气动助力液压碟刹装置，制动可靠、操作省力。

2. 技术性能

JDL-300 型钻机的主要技术性能参数见表 7-21。

表 7-21　JDL-300 型钻机主要技术性能参数

性能指标		技术参数
钻进能力	Φ42mm 钻杆泥浆钻进/m	530
	NQ 绳索钻进/m	600
	Φ75mm 气动钻进/m	300
钻孔直径/mm		Φ115～Φ350
钻进方式		顶驱机械回转、液压给进，泥浆钻进或气动潜孔锤钻进
给进系统	单次推进长度/mm	3500
	提升力/T	4
	给进力/T	2.1
动力头	正传转速/(r·min^{-1})	50～1020
	反转转速/(r·min^{-1})	56～265
	最大扭矩/(kN·m)	5
卷扬机提升力	液压卷扬（工具）/T	1.5
	机械卷扬/T	4.5

续表

性能指标		技术参数
驱动力	柴油机型号	YN27
	额定功率/kW	42
	额定转速/($r\cdot min^{-1}$)	2400
履带底盘	行走速度/($km\cdot h^{-1}$)	0~2
	爬坡能力/°	20
外形尺寸（长×宽×高）	运输状态/mm	5380×1575×2500
	工作状态/mm	3480×1575×6280
整机质量/kg		4380

四、交流变频电驱动钻机

事实上，在地质探勘装备大都存在着“大马力小车”的现象，各种钻探设备在设计选配电动力驱动时，都会留有一定的富余量。电机在没有满负荷（浅孔）情况下运行，自身达到动力驱动目的和要求外，多余的则造成电能的浪费。

变频节能主要通过三个方面：变频器节能、功率因数补偿节能、软启动和软停止节能。

变频器的基本原理是将原来直接通入定子绕组的工频交流电先行通入变频器，在变频器内部通过电子变流技术将工频交流电进行整流后再进行逆变，使其输出的交流电为频率变化可以控制的，然后将这样的交流电再通入定子绕组内，通过变频器改变频率，可以使电机的转速下降，同时还能保证其输出适当的转矩，满足拖动负载的需要，降低了回路电流，也就降低了输出功率。这种调速可以由外控制依据负载大小，随时可以实现无级调速的方法，是一种大力推广的节能技术。

变频器可以省电，变频调速可以节能。依据负载大小，使用变频器随时控制，可以实现无级调速，把全速运行中浪费的电能节约省下来，尤其是在轻载和变载的工况下，其节能效果非常显著，可避免“大马拉小车”现象。常用机械钻机的总传动效率约为73%，而交流变频电动钻机的总传动效率可达到90%。

交流变频电动钻机也称为交流变频调速电驱动钻机（AC-VFD-AC 钻机），其核心技术就是交流变频调速技术，在结构方面很大程度地减化了传动机构，使用交流变频电动机组通过减速箱将动能传递给立轴（或转盘、或绞车），实现无级调速；泥浆泵也是与交流变频电动机组进行连接，实现流量和压力无级调速，是现代高新技术与钻探机械的有机结合发展起来的一种先进的电动钻机，是当代钻机的发展趋势。

交流变频电动钻机的特点：①实现无级变速，调速范围宽；能以极低的速度、恒扭矩输出，可简化钻机的机械结构，对优选钻进参数十分有利；②使电动机的短时间增矩倍数达 1.15~2 以上，可提高钻机的提升能力和处理事故的能力；③负载功率因素高，接近于1，具有软起动性能，可降低供电电源的容量，对电机具有安全保护功能；④在带载情况下，可平稳启动、制动和调速；在下钻时可实现对电网能量反馈，减少制动装置损耗，节约能源；⑤容易实现钻机的自动化、智能化和对外界变化的自适应控制。

（一）立轴、转盘式钻机

1. XY-8DB 型钻机

以 XY-8 立轴钻机为原型，集成各个模块化的交流变频电驱动单元及数据采集单元，采用 PLC 与现场总线进行电气系统配置，形成了 XY-8DB 型变频电驱动立轴式岩心钻机，新型深孔钻探成套设备（图 7-42），可满足 S75 绳索取心 3000m 深孔的勘探需求，亦可用于大口径合金钻进，适用于地质勘探，水文水井、煤田、油气田勘探等施工领域。

图 7-42　XY-8DB 型变频电驱动钻机

（1）功能与技术特点见表 7-22。

表 7-22　XY-8DB 型钻机的特点

功能与技术		特　点
技术方面	机械	提升、回转、打捞、泥浆分别由单独电机驱动
	电　控	采用多套 ABB 转矩控制变频器，SIEMENS 高性能的 PLC 逻辑控制器及 PROFIBUS 现场总线控制模式，实现多套变频器、智能司钻操作台、发电机组、智能软起动、自动送钻、电子防碰、一体化仪表和 HMI 等系统间的高速通信，优化控制和监测整个钻进过程
	液　压	液压系统，采用伺服电机控制系统，实现恒压待命功能，并具有负载及时补偿功能
	钻进工艺	可实施长行程（9m，6m，4.5m，3m）给进、扫孔、划眼
	技术参数	具备全工艺参数与全设备运转参数（钻进深度、钻压、转速、钻速、泵量、泵压、扭矩、钩载、钻头位置、游车位置等）的监视及控制
功能方面	动　力	采用网电（或柴油发电机组）作为主动力
	制　动	具备能耗制动、电磁制动及液压盘刹制动等三种刹车防护装置（卷扬制动模式），安全可靠
	钻进方式	具备地表浅孔段采用油缸给进、深孔段自动送钻（绞车）的钻进控制方式；在自动送钻模式下，可选择恒钻速钻进/恒钻压给进方式
	操　控	采用一体化司钻房与智能化远程司钻操作台，可实现远程可视集中操控，钻进数据实时显示，电气系统运行监控与显示，还具有故障报警与诊断等功能；操控环境集中、清洁、舒适、安全；降低劳动强度，减少人员配备

（2）主要技术性能见表 7-23。

表 7-23　XY-8DB 型变频钻机主要技术性能参数

性能指标		技术参数
钻进能力	Φ75mm（N 口径）/m	3200
	Φ95mm（H 口径）/m	2400
	Φ114mm（P 口径）/m	1800
回 转	驱动力/kW	10 级电机：75
	通孔直径/mm	Φ118
	立轴行程/m	1
	转速/最大扭矩 rpm/（N·m）	Ⅰ挡：0~300/7080
		Ⅱ挡：0~1100/3000

续表

性能指标		技术参数
主卷扬机	驱动力/kW	10 级电机：90
	钢丝绳（直径/容量）/(mm/m)	Φ20/200
	单绳提升力/kN	100
	3×4 游动滑车钩载/kN	400
绳索打捞	钢丝绳（直径/容量）/(mm/m)	Φ8/3200
	绳 速/($m \cdot min^{-1}$)	0~250
	最大提升力/kN	20
动力钳	适用管径/mm	Φ50~118
	扭 矩/(kN·m)	10
钻塔	类 型	SG24 型（四角塔）
	承载负荷/kN	500
泥浆泵	驱动力/kW	DB 变频：30
	型 号	BW-300/16

（3）XY-8DB 型钻机应用情况如下。

工程案例一	项目名称：中国铀矿科学钻探二号孔 CUSD-2（XY-8DB 型钻机施工第 1 个钻孔） 施工地点：江西省抚州市乐安县相山 施工单位：核工业二七〇研究所 施工概况：中核集团“龙腾 2020 科技创新示范工程——龙灿工程”下属子课题《相山基础地质研究》的第一个钻孔，设计直孔孔深 1800m，选用国内首台 XY-8DB 型电传动立轴式岩心钻机施工，于 2014 年 11 月 28 日开钻，至 2015 年 3 月 26 日终孔，历时 119 天，采用 P 口径（Φ122 mm）Φ114 钻具绳索取心钻进至终孔（深度 1535. 02m）
工程案例二	项目名称：中国铀矿科学钻探三号孔 CUSD-3 施工地点：江西省抚州市乐安 施工单位：核工业二七〇研究所 施工概况：中核集团“龙腾 2020 科技创新示范工程——龙灿工程”下属子课题《相山基础地质研究》的第二个钻孔，设计直孔孔深 1800m，采用 XY-8DB 型电传动立轴式岩心钻机施工，于 2015 年 7 月 18 日开钻，至 2015 年 12 月 4 日终孔，历时 139 天，采用 P 口径（Φ122 mm）绳索取心钻进至终孔（深度 1616. 18m）
工程案例三	项目名称：中国铀矿科学钻探四号孔 CUSD-4 施工地点：江西省抚州市乐安县公溪 施工单位：核工业二七〇研究所 施工概况：中核集团“龙腾 2020 科技创新示范工程——龙灿工程”下属子课题《相山基础地质研究》的第三个钻孔，设计直孔孔深 1600m，采用 XY-8DB 型电传动立轴式岩心钻机施工，于 2016 年 8 月 12 日开钻，2016 年 12 月 6 日终孔，历时 116 天，终孔深度 1435. 58m，终孔口径 Φ122mm，全孔岩心采取率 98%
工程案例四	项目名称：内蒙古蓝旗盆地“蓝地 1 井”钻探工程 施工地点：内蒙古锡林郭勒盟 施工单位：山东省鲁南地质工程勘察院 施工概况：“蓝地 1 井”油气资源勘查项目，隶属国家地质大调查项目“松辽南部外围盆地群油气基础调查”课题，设计井深 2300m，采用张家口中地装备探矿工程机械有限公司 XY-8DB 型交流变频电传动立轴式岩心钻机施工，全孔取心 2300. 3m，终孔口径 Φ96mm

2. DB-30 型钻机

DB-30 型多功能钻机（立轴式、转盘式两用）也是在 XY-8B 型传统立轴式岩心钻机的基础上，广泛吸收、借鉴国内外石油钻机成熟技术，取消了原来的摩擦式离合器、变速箱、链条传动箱、行星减速机构、抱闸、水刹车等装置，利用变频控制技术直接使用变频电机驱动，改进形成的一款新型交流变频电机驱动钻机（图 7-43），简化了机械传动链，提高了传动效率，可用于小口径深孔取心勘探，亦可用于大口径合金钻进及水源钻井，广泛应用于地质勘探、煤田勘探、水文水井等施工领域。

（a）变频电机立轴式钻机　（b）变频电机直驱泥浆泵

（c）司钻房与司钻操作台　（d）电控系统

图 7-43　DB30 型立轴式钻机

（1）组成：整套钻机分为主绞车、立轴回转器、电驱式转盘、绳索绞车、电控房、司钻房 6 大模块，可实现立轴回转器小口径钻进和转盘大口径钻进两种钻进模式。由主绞车（主卷扬）、立轴回转器、绳索绞车、电控房与司钻房 5 个模块组合用于小口径深孔取心钻探；将主绞车（主卷扬）、绳索绞车（作为工具绞车）、电动转盘、电控房、司钻房 5 个模块组合用于大口径硬质合金钻进及水源钻井。

钻机主动力电源采用三相交流 380V 电源，控制电源采用直流 24V，辅助电源采用交流 220V。全钻机动力总功率 195kW（小口径钻进模式）或 210kW（大口径钻进模式）。

（2）钻机特点：①具有两种钻进功能，即立轴回转器小口径钻进和转盘大口径钻进两种钻进，即可以选取给进油缸钻进和自动送钻两种钻进方式；②采用变频电动机分散独立驱动，更加节能环保，钻进可实现无级调速，在启动及调整转速时产生的冲击比较小，可满足各种钻进工艺需要；③卷扬机横式布置结构，方便排绳，钢丝绳不会缠绕；④可使用恒压钻进模式，合理控制孔底钻压，提高回次进尺和纯钻进时间利用，减少起钻换钻头次数；⑤变频驱动，无皮带传动装置、抱闸、水刹车等高故障率部件，运转噪音低，无噪声污染，相比普通机械钻机，传动效率提高 15%；⑥司钻操作触摸屏上显示机、电、液控制及孔内钻进等 10 余项钻进参数显示，与传统机械钻机相比，自动化程度高；⑦在钻机上可方便配置噪声控制装置，使其噪声低于标准规定的 85dB。

（3）主要技术性能见表 7-24。

（4）应用情况：2016 年 8 月，DB30 型钻机在湖北省某地热井施工，设计井深 2000m，最后终孔深度达到 2600mm，为提高施工进度，在孔深 1000m 左右时，施工工艺由泥浆正循环钻进改为气举反循环钻进。DB30 型多功能钻机设计钻探能力为 Φ89mm 钻杆 2000m，最大钻柱重力为 400kN，而生产施工钻孔终孔深度达到 2600m，钻柱重力高达 560kN，超出了钻机设计能力 40%。

表 7-24 DB-30 型钻机主要技术性能参数

性能指标			参数值	备注
钻探能力	S95 绳索取芯/m		2500	
	S75 绳索取芯/m		3000	
	Φ89 钻杆/m		2000（终孔直径≥Φ150mm）	
最大钩载/kN			600	小口径岩心钻进模式
钻机后移距离/mm			690	
回转器	驱动力		Y355L1-10 型 90kW 变频电机驱动	
	立轴转速（$r \cdot min^{-1}$）	高挡	0~800（无级调速）	
		低档	0~290（无级调速）	
	立轴通孔/mm		Φ118	
给进油缸	驱动力		7.5kW 电机驱动	
	给进行程/mm		1000	
	最大起拔力/kN		300	
	最大给进力/kN		142	
液压系统	驱动力		5.5kW 电动机	
	油泵型号		CBF-E525-ALP	
	公称排量/($mL \cdot r^{-1}$)		25	
	额定压力/MPa		16	
	油箱容量/L		110	
转盘	驱动力		75kW 变频电机驱动	大口径（水源）钻进模式
	转盘型号		石油 ZP-175 型电动转盘	
	定额静荷载/kN		1350	
	转速/($r \cdot min^{-1}$)		0~180（无级调速）	
	定额扭矩/($kN \cdot m$)		11	
	转盘内通径/mm		Φ292	
DB-10 绞车（主卷扬）	驱动力		132kW 变频电机驱动	连接：7.5kW 应急电机
	快绳速度/($m \cdot s^{-1}$)		0~4（无级调速）	
	最大快绳拉力/kN		100	
	钢丝绳直径/mm		Φ22	
	卷筒绳容量/m		200	
DB-2 绳索绞车	驱动力		22kW 变频电机独立驱动	
	快绳速度/($m \cdot s^{-1}$)		0~4（无级调速）	
	最大快绳拉力/kN		20	
	卷筒绳容量/m		3000	
设备总功率	小口径岩心钻进模式		195	
	大口径（水源）钻进模式		210	
外形尺寸（长×宽×高）	小口径岩心钻进模式		4130×2240×2660	
	大口径（水源）钻进模式		4980×2820×2400	
主机总质量/t			16.5	

（二）直驱、顶驱式钻机

随着我国攻深找盲、资源战略的推进，地质勘探的深度逐步向深度发展的趋势，深部钻探工作量逐步加大，常规的立轴式、转盘式、全液压动力头式钻机已经无法满足深部钻探要求。我国地质装备研究与制造工程技术人员，积极吸收国内先进技术理念，借鉴石油钻进顶驱式钻机制造经验，大胆开展技术创新，探索符合我国地质勘探实际的顶驱式钻机。

“顶驱”是在钻杆柱上端直接驱动钻杆柱旋转钻进、循环冲洗液上卸扣等多功能的设备，是机-电-液一体化的结构较为复杂的钻进装置，关键核心部件是顶驱装置。顶驱系统主要由水龙头一顶驱总成、顶驱托架一导向滑车总成、自动摆杆装置总成三部分组成。它区别于转盘、立轴及动力头钻机，采用电驱动力直接顶驱钻进，从钻塔空间上部直接带动钻杆柱旋转，并沿钻塔内专用导轨上下移动，完成回转钻进，循环冲洗液，接立根，上卸扣和倒划眼等多种钻孔操作。直驱顶驱装置最显著特点就是通过动力直接驱动主轴进行钻进，取消了齿轮变速传动机构，简化了传动链。

顶驱装置以驱动方式主要由机械变速顶驱、液压驱动和电动顶驱三大类。电动顶驱又分交流变频电动直驱、稀土永磁电动直驱。稀土永磁电动直驱是交流变频电动直驱的分支，该传动方式和交流变频电动直驱钻机是一样的，唯独不一样的就是原来使用的交流变频异步直驱电动机组改换成了稀土永磁直驱电动机组。

电驱动顶驱岩心钻机采用电动顶驱以电驱动实现回转、给进、升降等功能，实施取心钻进，电驱动顶驱岩心钻机的主传动（回转与升降钻具等）为电驱动，其辅助动作多为液压、气动等传动方式。其主要结构由钻塔井架与导轨机构、高速电驱动顶驱系统、提升送钻系统、绳索绞车、循环系统、电控房、司钻房、孔口装置等部分组成。其中顶驱系统、提升送钻系统、导轨反扭装置、绳索绞车、电控系统、司钻综合控制系统是其关键部件和子系统。具有塔机分离（模块、散装）、交流电驱（提升、回转）、顶部驱动（钻进、扫孔、加接杆、起下钻）、自动送钻（恒压、限速）、数字控制（集中、智能）等特点，传统的立轴、转盘钻机相比。顶驱装置具有以下主要优势：

（1）具有恒功率宽调速特性，简化钻机的机械结构和传动链；

（2）转速、扭矩、拉力、速度等控制性能好，过载保护，回转、给进、提升可实现无级调速，调速范围宽。可实现超长行程给进，钻压可精确控制，可根据地层条件、机具情况优选钻进参数，满足钻探工艺要求；

（3）负载功率因素高，接近于1，具有软起动性能，可降低供电电源的容量；在带载情况下，可平稳启动、制动和调速；在下钻时可实现对电网能量反馈，减少制动装置损耗，节约能源；

（4）可实现立根柱钻进或扫孔作业，能在任意高度位置用电机拧卸、加减钻杆，实现加接单根、拧卸扣、起下钻等钻进作业的机械化，减少加接单根的辅助时间，提高钻进作业效率；

（5）在起、下钻过程中遇阻（或遇卡）时，顶驱系统可在任意高度立即输送循环冲洗液，快速实现旋转和划眼作业，减少卡钻事故；

（6）配套装置（如液压钳）适应地质钻杆（含绳索取心钻杆）的孔口夹持、机械拧卸、摆管提吊等辅助作业，可提高上卸扣作业和钻具排放的机械化、自动化程度，降低辅助作业时间和操作者的劳动强度及危害程度；

（7）顶驱钻进可连续一个立根长行程钻进，中途无需倒杆，提高了取心采取率，减少了岩心的污染，提高了岩心的质量；

（8）整套系统采用了变频控制、数字传输和集中操作，钻进参数能实时存储、远程监控和传输，所有动作均可由电控元件或数字化可视操作完成，信息自动化程度高，改善劳动环境，操作者的劳动强度小，操作人员数量少，施工效率高、能耗小；

（9）电动直驱、顶驱传动与液压传动相比，传动效率高、能耗低，有良好的维护保养便利性；与机械传动钻机相比，传动链简化，传动效率高，易于安装和拆卸，便于检修；

（10）交流变频技术具有对电机的安全保护功能，电动直驱顶驱具有扭矩限制功能，可防止钻具扭断或机件损坏。

目前我国主要有交流变频电动直驱、稀土永磁电动直驱两种形式。稀土永磁电机是当今社会最为节能的电动机类型之一。在驱动相同的负载时，永磁直驱同步电动机所需的额定功率要比其他电动机低很多，而永磁直驱同步电动机的运行效率又非常高，特别是在最常用的电动机低负载阶段，解决了以前无法解决的“大马拉小车”的能源浪费问题，使用永磁直驱同步电动机，节电率高达15%～35%，同时维护、维修、停工等间接成本可以大幅节省。

国内相继开发出适应于多个领域勘探的交流变频电动顶驱钻机。如 XD-DB 系列交流变频电动直驱、顶驱式岩心钻机（图 7-44）和稀土永磁电动直驱岩心顶驱钻机（图 7-45），关键核心部件是顶驱装置（图 7-46）。稀土永磁电动直驱顶驱钻机的研制成功，标志着我国在深孔钻机研制领域处于国际领先水平。

（a）30型　　（b）35型　　（c）40型

图 7-44　XD-DB 系列钻机

（a）3000m钻机　　（b）3500m钻机　　（c）4000m钻机

图 7-45　稀土永磁直驱顶驱钻机

图 7-46　直驱顶驱装置

电动直驱顶驱式钻机的主要执行模块（绞车、顶驱、送钻、打捞绞车）采用电机驱动，顶驱电机直接驱动钻杆柱旋转，可沿导轨上下长行程移动，可实现立根起下和排放；辅助动作采用液压驱动，采用液压吊卡和液压动力钳可实现加减钻杆、拧卸钻杆机械化，采用气动孔口夹持装置，稳定可靠；可通过电传系统 PLC、触摸屏、气电液及仪表及钻机运行参数的远程监控，实现钻压、钻速的精确控制，能够实现恒钻压或恒钻速钻进，实现顶驱、绞车无级调速，能够超载扭矩控制及零速悬停扭矩，还可实时存储，方便钻进参数和设备运行状态的全孔实时记录，并能够网络传输，向科学打钻迈进一步。

电动直驱顶驱式钻机的主要技术性能见表 7-25 至表 7-27。

表 7-25　XD-DB 系列变频电驱动顶驱钻机主要技术性能参数

序号	性能指标		单位	技术参数		
				XD-30DB 型	XD-35DB 型	XD-40DB 型
1	钻进能力	NQ 或 Φ71mm 绳速钻杆	m	4500	3500	
		HQ 或 Φ89mm 绳速钻杆	m	3000	2500	4000
		PQ 或 Φ114mm 绳速钻杆	m	1800	1800	2000
2	钻塔	结构类型		A 型	K 型	
		高度	m	29	30.6	31
		最大钩载	kN	900	1300	1350
3	顶驱	驱动方式		交流变频电机直接驱动		
		功率	kW	2×55		2×75
		转速	r/min	0~650	0~500	0~650
		最大扭矩	kN·m		12.5	10
		给进行程	m		18	
4	转盘	驱动方式				交流变频直驱
		功率	kW			2×55
		转速	r/min			0~170
		扭矩	kN·m			20
		通径	mm			Φ444.5

续表

序号	性能指标		单位	技术参数		
				XD-30DB 型	XD-35DB 型	XD-40DB 型
5	主绞车	驱动方式		交流变频电机驱动		
		功率	kW	160	300	250
		最大单绳提升力	kN	125		150
		刹车		液压盘刹+能耗制动		
6	绳索绞车	驱动方式		交流变频电机驱动		
		功率	kW	15	15	15
		提升力	kN	20	20	20

表 7-26 ZJ-DBZ 系列钻机稀土永磁电驱动顶驱钻机主要技术性能参数

钻机型号		ZJ30DBZ	ZJ40DBZ	ZJ50DBZ	ZJ70DBZ
顶驱/转盘	钻进深度（API 114mm 钻杆）/m	3000	4000	5000	7000
	提下钻开泵扫孔行程/m	30	30	30	30
	最大扭矩/（kN · m）	45	60	65	75
	转速（rpm 无级变速）	0～220	0～220	0～220	0～220
绞车	钻机最大提升力/kN	1800	2250	3150	4500
	大钩轮组	5×6 轮 10 绳	5×6 轮 10 绳	5×6 或 6×7 轮	5×6 或 6×7 轮
	快绳速度/（m/s，无级变速）	0～10	0～10	0～10	0～10

表 7-27 DQX 系列电动顶驱岩心钻机主要技术性能参数

名称		DQX20	DQX30	DQX40
钻探能力	S75 绳索取芯/m	2100	4000	—
	S95 绳索取芯/m	1500	3000	4000
	S114 绳索取芯/m	1000	2000	2500
最大钩载/kN		500	600	900
最大钻柱重量/kN		250	350	460
顶部驱动装置	转速/（$r \cdot min^{-1}$）（无级调速）	0～800	0～800	0～800
	额定扭矩/（N · m）	6000	6000	8000
	最大扭矩/（N · m）	12000	12000	16000
	额定负荷/kN	500	600	800
主绞车	快绳速度/（$m \cdot s^{-1}$）	0～7.2（无级调速）	0～7.2（无级调速）	0～9（无级调速）
	最大快绳拉力/kN	90	100	120
	卷筒总容绳量/m	270	300	300
	工作绳容量/m	200	200	220
取芯绞车	钢丝绳速度/（$m \cdot s^{-1}$）（无级调速）	0～4	0～4	0～4
	卷筒容绳量/m	2300	3200	4500
自动送钻	送钻速度/（$m \cdot s^{-1}$）	0-0.01	0-0.01	0-0.01
	送钻精度/kN	≤3	≤3	≤3
	送钻精度	恒压或恒速	恒压或恒速	恒压或恒速
泥浆泵	最大流量/（$L \cdot min^{-1}$）	260	390	390
	最大工作压力/MPa	12	15	15
	输入功率/kW	45	75	75

续表

名称		DQX20	DQX30	DQX40
钻塔	额定负荷/kN	360	750	900
	有效高度/m	27	27	27
电动机功率	主绞车/kW	90	132	200
	顶部驱动装置/kW	90	132	160
	取芯绞车/kW	15	22	30
	泥浆泵/kW	45	75	75
	应急电机/kW	7.5	7.5	11

XD-35DB 型钻机应用实例：该钻机成功应用于中国铀矿第一科学深钻工程。终孔深度达到 2818.88m，刷新了我国铀矿地质钻探的纪录，填补了我国铀矿深部找矿技术的空白。从孔深 45.88m 开始，一直采用 P（Φ122mm）口径金刚石绳索取心裸孔钻进，裸孔钻进孔段长度已经超过 2773m，创造了国内地质岩心钻裸孔钻进长度和 P 口径绳索取心钻进深度两项纪录。XD-35DB 型钻机与中国铀矿第一科学深钻顺利开钻双双入选 2012 度全国探矿工程十大新闻。

ZJ-DBZ 系列钻机应用实例：3000m 永磁直驱顶驱钻机成功实施了浙江某页岩气勘查 LC-01 井，地层为沉积岩和花岗岩，全孔取心钻进，完钻井深 2328m，与同类型孔 LC-2 井相比，单位进尺节约电力超过 30%。钻机自动化水平及人机友好水平受钻探一线好评。还用于惠热 1 井地热井勘探，完钻井深 3009m，地层为花岗岩，井口放喷温度达 127℃；2019 年成功实施了雄安新区核心区施工 3000m

（a）浙江临安LC-01井

（b）惠州3009m惠热1井

（c）雄安新区D20井

（d）4000m电动永磁直驱钻机施工地热井

图 7-47　永磁直驱顶驱钻机应用

地热井，出水温度72℃，水量200m3/h（图7-47）。实践表明，永磁直驱顶驱钻机，充分利用了永磁电机效率和功率因数高的优势，10%低负载率时依然达到0.9运行效率、0.95功率因数，尤其在低负载率的条件下节能减排的效果，远高于液压驱动与异步电机驱动方式，节能减排助力绿色勘探。

DQX、DB系列钻机应用实例： 2016年，DB-30型多功能钻机在湖北省某地热井施工（图7-48），设计钻探能力为Φ89mm钻杆2000m，最大钻柱重力为400kN. 设计井深为2000m，最后终孔深度达到2600m，实际钻柱重力高达560kN，超出钻机设计能力40%，显示出钻机的强劲能力。

图7-48　DB-30型多功能钻机在湖北省施工地热井

五、多功能钻机

勘探机械应尽可能地满足钻进工艺的要求，随着勘探工作的难度加大，为确保勘探质量、提高勘探效率、降低勘探成本，需采用不同的钻探工艺来满足生产需要。而现在的勘探机械通常只用于满足某种单一钻探工艺的生产需要，在需要采用其他钻探工艺时，或需要更换设备，或以牺牲效率、质量为代价来凑合施工，无法做到科学、高效、高质。因此多功能钻机应运而生。

至少有两种或两种以上功能用途的钻机，才能称得上是多功能钻机。多功能钻机按照钻进破岩方法可分为回转式、冲击式及冲击回转式，目前使用最为广泛的是冲击回转式，其中冲击式又可分为顶驱式和潜孔式；按照其动力形式可分为电动机式和内燃机式，按照钻进工作机构给进动力形式可分为液压式和风动式。

国内的多功能钻机主要是进行矿产地质勘探取心钻探、岩土工程地质取心钻探、坑道内钻孔施工、锚固施工、露天采矿穿爆孔施工，隧道内超前钻探施工（地质取心、地质预报、地质改良、超前支护）、抢险救助（排水钻孔、排气钻孔等）等。

（一）GC-350型车载式多功能钻机

GC-350型钻机（图7-49）是在原G系列车载钻机的技术上，与全液压工程钻机进行成组化技术结合形成的一款多功能车载钻机。钻进方法有：回转钻进、气动潜孔锤常规钻进和跟管钻进、螺旋钻进、套管钻进和双管钻进、旋喷孔钻进。适用于地质矿产勘探、普查，工程地质勘探的施工，还适合城市基坑锚固孔、降水孔、旋喷孔、小型基桩孔、灌注桩孔、轨道交通工程孔的施工。

图 7-49　GC-350 型多功能车载钻机

1. 钻机特点

（1）采用全液压传动与控制，动力头的液压马达为双变速马达，五级变速；

（2）可翻转式动力头，采用双液压马达驱动，输出扭矩大，便于加接钻杆；

（3）长给进行程，能使用长度为 4.5m 的钻杆；

（4）配置双夹持器，通孔为 Φ280mm，具有较大的通过能力；

（5）配置大通孔气水笼头，集中控制，适合多种钻进方式；

（6）配置有自由落体卷扬机，顶部天车可伸缩，可以进行工程地质勘查施工；

（7）配置 450 型大流量泥浆泵、高压泡沫泵，可用返循环钻进。

（8）配有 $2m^3$ 的水箱储备用水，方便野外钻进时的施工。

2. 技术性能

主要技术性能指标见表 7-28。

表 7-28　GC-350 型多功能车载钻机的主要技术性能参数

性能指标	技术参数
钻孔深度/m	50~600
钻杆直径/mm	Φ50~Φ273（套管）
钻孔直径/mm	Φ500~Φ50
钻孔角度/°	25（水平偏下）~90（垂直）
额定转速/(r/min，正反转)	20~250
额定扭矩/(N·m)	7500
额定提升力/kN	80
额定给进力/kN	40
给进行程/mm	4800
钻机功率/kW	135（1400 转取力）
重量/kg	15980
外形尺寸（长×宽×高)/mm	9300×2500×3970

（二）DDL-300 型动力头履带式多功能钻机

DDL-300 型钻机是一款多变幅的动力头履带式多功能钻机（图 7-50），具有多种钻进功能，可选配大小不同的动力头及马达，适用于不同的钻进功能，选配 6K-195 马达可实施地表地质勘探、隧道超前地质预报、工程地质勘探，在相对较完整地层钻进时，可单独使用一个动力头，进行常规回转钻进、冲击回转钻进；选配 6K-490 马达用于水井钻孔、锚固护坡、旋喷注浆、管棚支护等钻探施工作业。在较厚的破碎层和堆积体钻孔时，后动力头接内钻具，端部联潜孔锤，实现冲击回转钻进，前动力头驱动套管回转进行护壁；在松散覆盖层、流沙层、淤泥层施工时，内钻具为普通回转钻具或长螺旋钻具，前动力头驱动套管回转进行护壁；在复杂地层（破碎层和堆积体）可实现成孔和注浆。

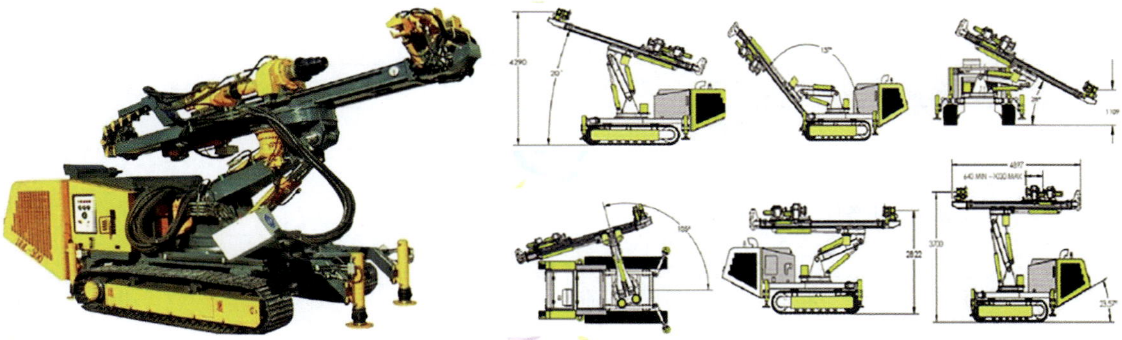

（a）钻机　　（b）多角度施工示意图

图 7-50　DDL-300 型动力头履带式多功能钻机

该钻机通过变幅机构来达到不同角度的钻孔实施功能，其主要技术性能参数指标见表 7-29。

表 7-29　DDL-300 型多功能钻机主要技术参数

<table>
<tr><th colspan="4" rowspan="2">性能指标</th><th colspan="2">技术参数</th></tr>
<tr><th>低速</th><th>高速</th></tr>
<tr><td rowspan="4">钻进能力
（标配马达）</td><td colspan="2" rowspan="2">钻孔深度/m</td><td>Φ59 mm 钻杆（BQ）</td><td colspan="2">400</td></tr>
<tr><td>Φ71 mm 钻杆（NQ）</td><td colspan="2">300</td></tr>
<tr><td colspan="3">终孔直径 Φ/mm</td><td colspan="2">110~219</td></tr>
<tr><td colspan="3">全孔倾角</td><td colspan="2">全方位</td></tr>
<tr><td rowspan="8">回转液压马达</td><td rowspan="4">后动力头
（控制钻杆）</td><td rowspan="2">单马达</td><td>转速/$(r \cdot min^{-1})$</td><td>0~120</td><td>0~310</td></tr>
<tr><td>扭矩/kN</td><td>1600</td><td>700</td></tr>
<tr><td rowspan="2">双马达</td><td>转速/$(r \cdot min^{-1})$</td><td>0~60</td><td>0~155</td></tr>
<tr><td>扭矩/kN</td><td>3200</td><td>1400</td></tr>
<tr><td rowspan="4">后动力头
（控制套管）</td><td rowspan="2">单马达</td><td>转速/$(r \cdot min^{-1})$</td><td>0~30</td><td>/</td></tr>
<tr><td>扭矩/kN</td><td>2500</td><td>/</td></tr>
<tr><td rowspan="2">双马达</td><td>转速/$(r \cdot min^{-1})$</td><td>0~60</td><td>/</td></tr>
<tr><td>扭矩/kN</td><td>5000</td><td>/</td></tr>
<tr><td rowspan="3">动力头</td><td rowspan="3">给进与提升</td><td colspan="2">给进方式</td><td colspan="2">单油缸链条倍增</td></tr>
<tr><td colspan="2">给进行程/mm</td><td colspan="2">2200</td></tr>
<tr><td colspan="2">提升能力/kN</td><td colspan="2">50</td></tr>
</table>

续表

性能指标			技术参数	
			低速	高速
动力头	给进与提升	给进能力/kN	35	
		提升速度/(m·min^{-1})	16	
		给进速度/(m·min^{-1})	24	
卷扬机	提升	速度/(m·min^{-1})	0.2~0.7	
		能力/kN	15	
	钢丝绳	直径 Φ/mm	12	
		容量/m	50	
夹持器	夹持范围/mm		50~200	
	夹持力/N·m		6000	
行走装置	行走方式		液压钢制履带	
	理论行走速度/(km·h^{-1})		2.1	
	坡地行走条件	上坡/°	<25	
		下坡/°	<20	
		防侧翻/°	<35	
	履带宽/mm		400	
	履带中心距/mm		2260	
	接地压强/kPa		≤35	
液压系统	主泵	型 号	GY-A10V-100	
		额定排量/(L·min^{-1})	160	
		额定压力/MPa	25	
	副泵 1	型 号	CB150	
		额定排量/(L·min^{-1})	85	
		额定压力/MPa	16	
	副泵 2	型 号	CBK16	
		额定排量/(L·min^{-1})	25	
		额定压力/MPa	16	
动力机	选配 1	柴油机	道依茨风冷柴油机	
		型 号		
		额定功率/kW/转速/(r·min^{-1})	46/	
	选配 2	柴油机（增压型）		
		型 号		
		额定功率/kW/转速/(r·min^{-1})	93/2200	
钻机外形轮廓尺寸（运输状态）/mm			4800×2000×2500	
钻机整机质量/t			7.5	

DDL-300 型多功能钻机有三种类型的马达供不同工况条件下选配使用，其转速、扭矩参数见表 7-30。

表 7-30　三种类型马达的转速、扭矩参数值

马达		性能指标	低速	高速
6K-195 马达	双马达	转速/(r·min^{-1})	0~120	0~385
		扭矩/kN	3100	950
	单马达	转速/(r·min^{-1})	0~240	0~770
		扭矩/kN	1550	470
6K-390 马达	双马达	转速/(r·min^{-1})	0~53	0~173
		扭矩/kN	6000	1860
	单马达	转速/(r·min^{-1})	0~106	0~346
		扭矩/kN	3000	930
6K-490 马达	双马达	转速/(r·min^{-1})	0~45	0~150
		扭矩/kN	7800	2400
	单马达	转速/(r·min^{-1})	0~90	0~300
		扭矩/kN	3900	1200

（三）GYZ-70L 型履带式多功能钻机

GYZ-70L 型钻机是一款以潜孔锤取心跟管钻进为主的多功能钻机（图 7-51），具有液压动力头钻机的功能，能用于多种钻进工艺，如空气潜孔锤全面碎岩钻进、空气潜孔锤+跟管取心钻进、普通金刚石回转取心钻进、螺旋钻进等，特别适用于砂卵石地层岩土工程地质钻进和取样，利用潜孔锤取心跟管钻进工艺在堆积体层地层进行取心钻进，穿过覆盖层后转换使用液压动力头——普通金刚石回转钻进，能更快速完成钻孔的地质勘探，还可以用于地质灾害应急抢险，一机多用。

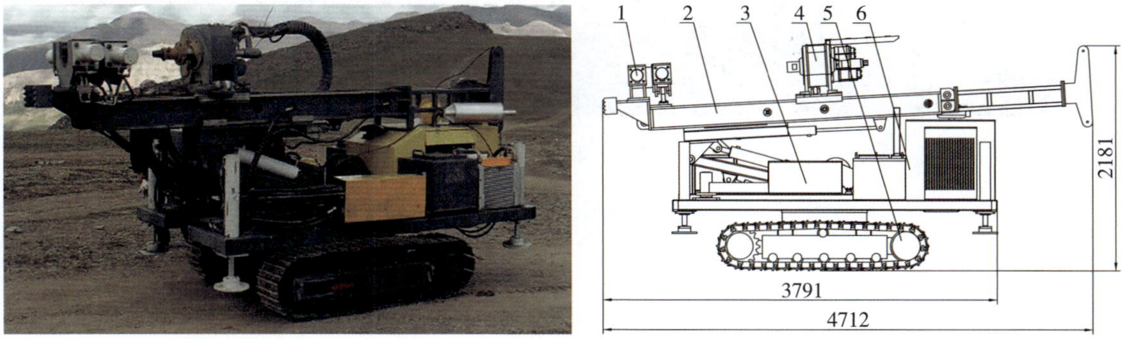

图 7-51　GYZ-70L 型钻机实物与结构组成（运输状态）示意图

1—卸扣装置；2—给进机构；3—液压传动系统；4—动力头；5—履带行走平台；6—动力机

1. 钻机的组成

整体组成结构主要包括液压动力头、给进机构、液压传动系统、卸扣装置、履带行走平台和动力机六大部分。其显著特点是：①可适用于多种钻进工艺方法，如空气潜孔锤钻进、空气潜孔锤跟管取心钻进、金刚石回转取心钻进、螺旋钻进等；②动力头具有 0~45rpm、0~650rpm 两档转速输出；③动力头可横向侧移让出孔口位，方便加接拧卸钻杆，便于长钻具通过；④钻机孔口设有自带卸扣装置，与钻杆液压夹持器配合，减少操作者的劳动强度；⑤钻机装载在履带底盘上，能整机移位、行走快捷方便。

2. 技术性能

主要技术性能见表 7-31。

表 7-31　GYZ-70L 型多功能钻机主要技术参数

性能指标			技术参数		
钻进能力	钻进工艺	孔径 Φ/mm	钻孔深度/m	转速/rpm	扭矩/(N·m)
	空气潜孔锤	100	120	0~45	3350
		220	60	0~45	3350
	金刚石回转	50	200	0~650	800
		150	100	0~650	80
动力机		电动：30kW　柴动：37kW			
给进系统		行程：1800mm；最大起拔力 50kN；最大给进力：38kN			
绞车提升力		30kN			
履带行走		爬坡能力：0~20°；速度：1.73~2.3km/h			
外形尺寸（长×宽×高）/m		3.80×1.65×2.30（运输状态）			
整机质量/kg		约 4500			

3. 应用实例

GYZ-70L 型钻机应用实例：该钻机在青海多彩查涌矿区，采用空气潜孔锤取心钻进技术进行“以钻代槽”的绿色勘探（图 7-52），绿色钻探效果良好，起到了示范作用。

图 7-52　GYZ-70L 型多功能钻机青海多彩 ZK4204 孔金刚石取心钻进现场及所取岩心

该钻机曾在大渡河电站、西藏昌都夏通街滑坡、日喀则南郊水厂、昌都加林村滑坡、阿里普兰县（中缅公路）友谊大桥、绵广路 K284+798~K284+854 段边坡、石家庄正定县 108 国道滹沱河大桥、成都地铁 4 号线、林拉铁路林芝段，地层主要是河床和滑坡堆积地层，完成钻孔 60 多个，取得了良好的技术效果（图 7-53），跟管取心钻进机械钻速≥2.8m/h，回次进尺 0.8~3.0m，岩心采取率 90%以上。

图 7-53　GYZ-70L 型多功能钻机实施空气潜孔锤跟管取心钻进与采取的岩心

六、自动化、智能化钻机

自动化、智能化钻机一直是勘探者在苦苦追求、不断探索和努力的方向及目标。人类经历了机械化、电气化、自动化、信息化时代，随着科技的迅猛发展，正在迈向智能化时代，人们开始进行轻量化、自动化、全流程一体化控制地质勘探设备的研制，将人工智能、智能制造与自动化钻探（井）技术相结合，努力实现自动控制的智能钻探装备。智能制造不仅是制造方式的进步、效率的提升，更是智力的延伸，由传统经验钻探向机械化、自动化、智能化钻探方向发展是大势所趋，自动化、智能化钻机具有很高的生产效率并体现以人为本的理念，代表了国际地质勘探业钻探装备的发展方向。

（一）国外自动化钻机

进入21世纪，美国BoartLongyear公司、瑞典AtlasCopco公司陆续完成岩心钻机的自动化和智能化升级，送钻精度大幅提升，钻杆操作一键完成，改善了取心效率和质量，降低了工作强度。近年来，阿特拉斯·科普柯公司陆续研发应用了DiamecU4APC型、DiamecU6APC型（图7-54（a））和DiamecU8APC型（图7-54（b）、图7-54（c））自动化钻机。其中DiamecU4APC型钻机属于第二代自动化钻机，真正实现了机台单人完成钻探作业的功能，DiamecU6APC型钻机则进一步简化了机械结构，提高了电子系统在恶劣环境中的工作能力，其钻探深度1000m。

（a）U6型钻机　（b）U8型钻机　（c）U8型钻机触摸屏控制面板

图7-54　阿特拉斯·科普柯公司自动化钻机

作为第三代自动化钻机代表的DiamecU8APC型钻机，钻深能力可达1500m，在其设计中更多地考虑了人类工程学，即加强了人性关怀和安全，在野外现场仅需一人操作，钻工所需做的工作只是观察控制台面板（图7-54（b）），适时调节相应旋钮即可，还可兼作其他工作（如处理岩心样品、检查钻具等），显著地减轻了钻工体力劳动，并减少机台钻工人数。APC计算机控制系统可提供完善的自检功能，可以轻松检查故障，可轻松输入和调整控制参数。控制面板可提供所有钻孔资料，便于查看自动或手动控制钻孔情况，可通过因特网进行远程故障诊断。当计算机发生故障时，钻杆回拉和冲洗可受控，定时自动完成和停机。

DiamecU8APC型钻机计算机控制系统的显著特点是：

（1）可提供完善的自检功能轻松检查故障；该控制系统具有的灵活性能够在以后轻松添加选项和配件；

（2）触摸屏控制面板操纵杆和旋转编码器相结合可轻松输入和调整控制参数；为便于查看自动或手动控制钻孔情况，该面板可提供所有钻孔资料；

（3）视窗环境提供了一个灵活的系统，并可运用多种特性；通过因特网进行远程故障诊断和连接记录及手册和部件清单的屏幕显示；

（4）当计算机发生故障时钻杆回拉和冲洗可受控，定时自动完成和停机。

国外钻探机械装备发展有以下趋势：

（1）多数钻探机械将具备“一机多能”；

（2）越来越多地采用拼装式设计，便于变形设计派生产品，便于采用集装箱和空吊运输。

（3）更多地采用顶驱式（液力驱动、电驱动和压缩空气驱动）钻机。

（4）采用国际最通用的技术标准。

（二）国内自动化钻机

智能制造助力提升我国地质勘探装备的能力与水平，探索新一代“地质+人工智能”的地质勘探模式，推动绿色地质装备制造产业的进步与发展，促进地质装备智能化技术发展。国内研制出了多工艺自动化反循环岩心钻机（XD－12R 型）、金刚石绳索取心为主的多工艺自动化岩心钻机（CSD1800-ZD 型，图 7-55），并在山东省平度市山旺-上马台金矿区成功进行了示范应用，钻进地质岩心钻孔 2 个，累计进尺 800 余 m，取得了多项岩心钻探技术突破。首次实现国内地质岩心钻探领域的数字化钻进、优化钻进、加接钻杆、钻杆拧卸、提下钻的操作自动化，机械手摆移钻杆和自动排放；智能钻探控制系统实现了 3 种优化钻进模式。该成果被评为 2019 年探矿工程十大新闻之一。

图 7-55　CSD1800-ZD 型自动化钻机试验现场

（三）国内智能化地质勘探钻机

国家启动了“十三五”重点研发计划“深地资源勘查开采”重点专项——“5000 米智能地质钻探技术装备研发及应用”（2018YFC0603400）项目，旨在构建以“薄壁管柱、满眼钻具、金刚石绳索取心”工艺为主的 5000m 地质特深孔钻探技术体系，其地表装备与总体结构见图 7-56。

采用模块化、轻量化、快装性、易运输、占地小的钻机结构设计，钻井架平台自带动力、原位起升和长行程轻质顶驱导轨。将实现井口自动化作业，管柱自动化处理，单根加接、孔口拧卸及立根排放等工序的无人值守状态。具备高效钻进自动控制模式，在作业过程中，当在孔内岩层完整、钻进参数稳定的状态下，控制系统显示进入自动控制模式，即开始自动控制钻进状态。可实施全钻

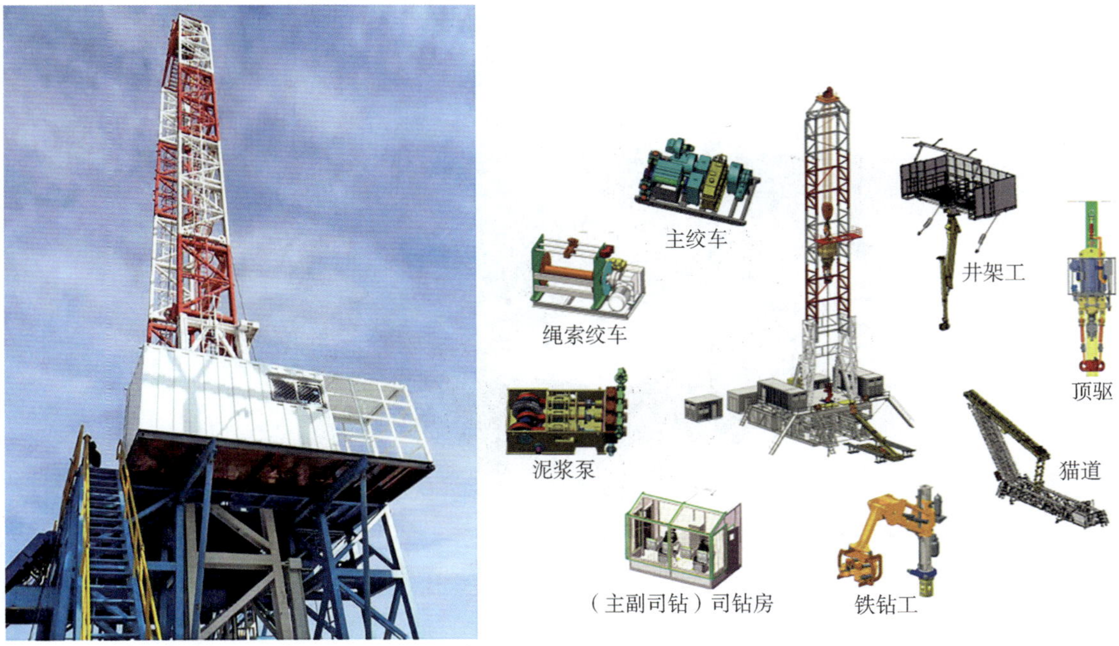

（a）钻机实物　　　　（b）总体结构

图 7-56　5000m 智能地质钻探地表装备

场全流程的一体化集成控制，通过 PLC 技术、总线通信技术及电气系统控制技术，以人性化操作为设计目标，形成一体化集成控制系统（即地质钻探电子司钻），实现一键作业的自动化智能化控制，自动控制系统见图 7-57。

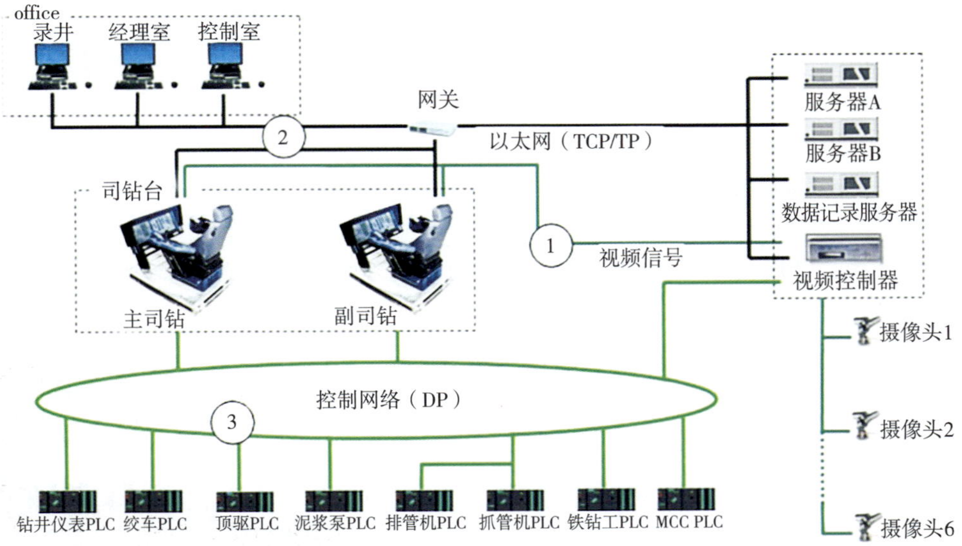

图 7-57　全作业流程的自动化集成控制系统

七、履带式泵车

为解决高海拔地区和丘陵山区的钻探搬迁问题，履带式泵车应运而生。NBB-250/6AL 型泥浆泵车就是一款适应于高海拔地区及丘陵山区地势恶劣环境的履带式自身能独立行走的钻探设备（图 7-58）。

图 7-58　NBB-250/6AL 型履带式泥浆泵车

1. 特点

NBB-250/6AL 型履带式泥浆泵车的底盘由上下底盘组成。上底盘由槽钢、钢板焊接而成，通过螺栓固定于履带梁；下底盘行走机构由引导轮、支重轮、托轮、链轮、履带总成、张紧缓冲装置、左右履带梁等组成。泥浆泵和液压油箱均装载履带车上，该泵车可搭载 800kg 以内的钻探机具物资材料，能在钻探作业区内进行快速整体搬移。

2. 基本性能参数

（1）泥浆泵型号：NBB-250/6A；

（2）履带接地比压：0.05MPa；

（3）电动机功率：30kW；

（4）液压油泵：32/32cm；

（5）液压系统最高工作压力：16MPa；

（6）行走速度：2km/h；

（7）爬坡度：<30°；

（8）外型尺寸：3300×2000×1860；

（9）整机吨位：6t。

该履带式泵车在西藏地区海拔 4700 多米的野外地质钻探作业表明，搬迁动力强劲，可牵动履带式立轴式钻机前行，实用性强，深受钻探工作者的称赞和喜爱。

八、液压动力钳

长期以来，在我国金刚石绳索取心钻进起下钻过程中，大多仍是依靠人力来拧卸钻杆，尤其是施工斜孔，致使钻探操作者劳动强度增大、钻进效率低下、施工周期长，钻探成本上升，钻进深孔更是如此。

适应于地质岩心钻探的新轻型便的液压动力钳（图 7-59）深受广大钻探工作者的欢迎，使用液压动

图 7-59　SQ114/8 型液压动力钳

力钳，可减轻或避免斜孔、提高钻探施工效率、增强劳动安全系数、减轻钻探工作者的劳动强度，对绳索取心钻杆也能起到很好的保护作用，有效避免提钻人工卸扣时的敲打容易损伤钻杆接头、克服人工上扣预扭矩达不到预紧的要求等弊端。

1. 组成与特点

液压动力钳主要由主钳和背钳两大部分组成。其特点如下：

（1）主钳和背钳实现联动，操纵主钳上的手动换向阀，背钳即可同步夹紧、同步松开管柱，动作灵活可靠；

（2）具有一体化的制动盘，使颚板夹紧接头更有效，结构紧凑，重量轻、效率高；

（3）两挡变速级差大，高档速度快，低档扭矩大；

（4）钳头制动机构及转向控制机构设置在钳头的上部，性能可知，安装、调整、使用、维修极为方便；

（5）悬吊主钳，背钳浮动于主钳之下，背钳是通过快速接头与主钳相连，主钳和背钳易于组合使用，也易于分离使用、搬迁。

2. 应用范围

（1）国内绳索钻具钻杆标准：（S59）S60、（S75）S76、（S95）S96、S122；

（2）进口绳索钻具钻杆标准：BQ、NQ、HQ、PQ；

（3）各种套管：$\Phi60$、$\Phi73$、$\Phi89$、$\Phi108$、AW、BW、NW、HW；

（4）普通外丝钻杆：$\Phi50$、$\Phi60$、$\Phi73$、$\Phi89$。

3. 主要技术性能

SQ114/8 型液压动力钳主要技术性能指标见表 7-32。

表 7-32　SQ114/8 型液压动力钳主要技术参数表

序号	性 能		参 数	备 注
1	应用范围/mm		$\Phi57$、$\Phi73$、$\Phi92$、$\Phi114.3$	绳索钻杆接头
2	额定扭矩（kN·m）	高 档	1.5	
3		低 档	8	
4	最大转速（$r \cdot min^{-1}$）	高 档	85	
5		低 档	20	
6	钳头开口尺寸/mm		$\Phi118$	
7	额定系统压力/MPa		11	
8	最大供油量/（$L \cdot min^{-1}$）		100	
9	质　　量/kg		220	

4. 正确使用与维护保养

液压动力钳可以适配各种型号的全液压动力头式钻机和立轴式钻机，与立轴式岩心钻机配置使用与操作见图 7-60。

使用液压动力钳时应保证钻机的液压系统工作压力能满足液压动力钳的工作需要。鉴于常规的立轴式岩心钻机的液压系统为低压（一般为 7～8MPa），应对其液压系统进行适当的改进，能满足液压动力钳的动力要求。

任何一种机械装置都不是完美的，都有适合其作业的环境和使用条件，且不可忽视其正确的使用和日常的维护保养，切忌只顾使用、忽视保养和清洁。应严格按照产品使用说明书定期进行维护保养，保持液压油的清洁，坚持日常对卡瓦的检查和清洁，及时剔除卡瓦齿面的脏污和泥沙，磨损

图 7-60　液压动力钳配合立轴式岩心钻机使用

严重及时更换。

实践表明，液压动力钳能着实减轻钻探工作者劳动强度、有效提高钻探施工效率、延长钻杆使用寿命，提升钻探能力和水平。

第八章　绿色勘探信息化建设

第一节　地质勘探信息化建设的基本概念

随着互联网的发展，人们对信息获取的需求、质量和有效性越来越高。信息正以爆发式的速度增长，移动互联网、智能终端、新型传感器等正快速普及。以新一代信息技术作引领，将助推地质勘探行业的转型升级、高质量发展。

一、信息化

1997 年在首届全国信息化工作会议上对信息化和国家信息化定义为：“信息化是指培育、发展以智能化工具为代表的新的生产力并使之造福于社会的历史过程。”《2006—2020 年国家信息化发展战略》对“信息化”概念的界定：“信息化是充分利用信息技术，开发薪资资源，促进薪资交流和知识共享，提高经济增长质量，推动经济社会发展转型的历史进程。”

信息化是应用电脑、通信、网络等资讯科技及其他相关技术，促使应用对象或领域发生转变的过程。

二、5G 移动通信技术

以 5G（第五代移动通信）为代表的新一代移动通信技术，具有高速、高宽带、超高容量、超高可靠性以及随时随地接入等特点，将提供类似光纤的访问速度，打破时间与空间的限制，为用户提供快捷方便的交互体验。

三、新一代互联网

具备巨大的网络地址资源，网络规模将更大，接入网络的终端种类和数量更多，网络应用将更广泛。

四、大数据技术

我国“大数据治国战略研究”课题组给大数据的定义：微观层次看，大数据是在新一代信息基础设施支撑下，物理空间运动过程加速向网络空间映射的结果，表现为规模巨大、种类多样、内在关联的数据集，趋向于无限接近真实世界；中观层次看，大数据是信息经济时代主要的生产要素，是改造“生产力”和“生产关系”的基础性力量，个人角色、企业组织结构与战略、国家治理方式、国家之间竞争方式，将在数字空间中被重新构建；宏观层次看，大数据是认识论的改革，大量对象从不可知到可知，从不确定性到精准预测，从小样本近似到全样本把握，是认识世界和改造世界能力的升华。

大数据技术是对海量数据进行采集、存储、清洗、分析与挖掘、可视化的技术。大数据既是一类呈现数据容量大、增长速度快、数据类别多、价值密度低等特征的数据，也是一项能够对数量巨大、来源分散、格式多样的数据进行采集、存储和关联分析的新一代信息系统架构和技术。

大数据具备“大体量、多样化（类型复杂）、时效性和大价值”的特征。

大体量——数据量巨大，可从数百 TB 到数百 PB 甚至 EB 的规模，且种类多种多样，可为决策者提供一个业务的全局视图。

多样化——信息码大数据所处理的数据类型早已不是单一的文本数据或者结构化的数据库的表，而是包括各种格式和形态的数据，数据结构类型复杂。

时效性——大数据强调的是在线数据的实时分析处理，数据处理速度快，业界对大数据的处理能力有一个称谓——“1 秒定律”，体现它与传统数据挖掘技术有着本质的区别。

大价值——大数据包含很多深度的价值，通过强大的机器学习和高级分析对数据进行“提纯”，能带来巨大的商业价值，大数据应用十分注重数据的长期积累，数据积累时间越长，就越有利于发现数据间内在的相关性。

五、云计算

是分布式计算的一种，指的是通过网络“云”将巨大的数据计算处理程序分解成无数个小程序，然后，通过多部服务器组成的系统进行处理和分析这些小程序得到结果并返回给用户。云计算是与信息技术、软件、互联网相关的一种服务，可把许多计算资源集合起来，通过软件实现自动化管理，只需要很少的人参与就能让资源被快速提供。

没有“云计算”的诞生，就不可能有大数据。“云计算”是人类处理数据能力的一次重大革命，大数据革命是“云计算”突破的必然产物。随着云计算采集的数据越来越多，存储的数据规模越来越大，分析数据的能力越来越强，人们开始思考海量数据中可能隐含着以往未被发掘出来的价值。

六、人工智能

近年来，全球范围信息技术迅猛发展，人工智能革命方兴未艾、大放异彩。在移动互联网、大数据、超级计算机、传感网、脑科学等新理论新技术以及经济社会强烈需求的共同驱动下，人工智能加速发展，呈现出深度学习、跨界融合、人机协同、群智开放、自主操作等新特征，科技界称之为“新一代人工智能”。

人工智能的核心技术可以分为基础技术、通用技术和应用技术 3 个层次。

七、地质勘探信息化

是在地质勘探的各个方面应用现代 5G 网络、大数据、云计算等技术，将勘探各环节资料数据化汇总至数据库，将地质勘探的主流程进行数据采集、数字化处理，进行分析和挖掘，获取和扩大地质勘探成果的过程。

地质勘探信息化建设指利用现代信息技术来支撑地质勘探管理的手段和过程。随着计算机技术、网络技术和通信技术的发展和应用，信息化已成为实现可持续化发展和提高市场竞争力的重要保障。

绿色地质勘探信息化是以绿色发展理念为指导，通过信息化手段和人工智能技术，改变传统地质勘探模式，在全过程各个环节避免、减少或控制对生态环境的负面影响，实现地质勘探和生态环境保护。

第二节 绿色勘探信息化建设的可行性

近年来，各种地理信息系统在地质勘探工作中得到了广泛应用，为绿色勘探信息化建设打下良好的基础。随着地质云3.0即将投入使用，绿色勘探信息化建设的步伐将会逐渐加快，绿色勘探信息化技术不仅符合生态文明建设发展的要求，也日臻成熟，作为一项关键技术在地质勘探技术中应用和推广具有很强的可行性。

一、现代信息技术和相关软件，为开展绿色勘探信息化建设奠定了坚实基础

随着5G、云计算、大数据、物联网、卫星网、量子通信、移动互联网、人工智能、区块链等现代信息技术不断地在地质勘探信息化建设中加以运用和实践，地质找矿勘探进入到信息化时代的高速发展阶段。地质勘探领域广泛利用各类信息化技术和手段，借助于各种传感器、摄像头和物联网技术，许多传统的勘探设备逐渐向智能化方向演进，为绿色勘探信息化建设提供了新的技术资源和应用条件。

中国地质调查局地质钻孔资料数据库、地质云平台、地质大数据中心的建立，为绿色勘探信息化建设提供了基础。从事绿色勘探信息化建设的企业和科研单位的数量也逐年增加，各企业研发的相关软件产品，如ArcGIS、SuperMap、MapGIS、ZGIS、3DMine、ENVI、EIM、PCI等在绿色勘探、数字矿山的规划、勘探、管理、运营、遥感影像处理等领域的信息化处理和建设中，得到广泛的应用，提供了大数据和云计算环境下的软件桌面端、Web端和移动端等多端融合的产品，已经成为地质勘探不可或缺的主要技术手段。

1999—2001年，中国地质调查局制定了《固体矿产钻孔数据库建设工作指南》(试用)，在10余个省份部署了钻孔数据库建设试点工作；2009—2010年，国土资源实物中心在山东、四川开展了重要地质钻孔数据库建设试点工作，建立了钻孔基础信息库和重要地质钻孔试点库，完成了20m×104m重要地质钻孔的数据库建设和89m×104m地质钻孔基本信息数据库建设；2011年，国土资源部组织开展了钻孔基本信息清查工作，建立了全国地质钻孔基本信息数据库，共入库1103个地勘单位的35580个有钻探工作量项目的958102个钻孔（除油气、海洋、放射性钻孔外），清查内容主要包括钻孔编号、名称、类型、坐标、孔深、终孔日期、档案号、保管单位、施工单位以及其他相关基本信息；2013—2015年，国土资源部组织全国开展重要地质钻孔图表建库工作，首次组成全国重要地质钻孔资料数据库，包括含1100个地勘单位的3万个项目的70万个钻孔、7万张工程布置图、30万张勘探线剖面图、90万张钻孔柱状图、130万张样品测试分析结果表。图表信息内容包括设计钻孔深度、钻孔类型、终孔深度与终孔日期、地质时代与层位、含矿带（层）、岩性描述、测试分析数据等信息。同时开发完成了全国重要地质钻孔数据库平台，可向社会提供钻孔基础信息服务。这些信息技术对于支撑我国经济社会发展、地质找矿、重大工作建设、地下空间开发、生态保护、地质灾害防治等具有重要意义，为绿色勘探信息化建设提供了基础条件。

二、信息技术与地质勘探专业深度结合及学科建设发展，为绿色勘探信息化建设提供了知识储备

勘探信息化建设完全符合绿色发展的理念，使得传统的勘探专业学科在使用信息技术和学科理论建设方面具有独特的优势。将最新的技术发展趋势和实践应用集成到勘探专业学科教材编写、专

业教学、人才培养、实践基地建设、创新产业孵化等多个领域。改变和促进绿色勘探信息化建设手段，扩大学科发展和教育实践的转型升级，已经成为高校地质勘探专业的主流教学模式。毕业新晋入职的高校学生，多数已经熟悉或初步掌握了地质勘查（勘探）相关应用软件，且已经适应了信息化办公模式，这为绿色勘探信息化建设提供优良的知识储备。

大数据时代的到来，为地质勘探工作的发展和变革带来新技术、新模式与新动力，可支撑引领地质勘探工作的数字化、网络化和智能化，并为深度挖掘地质勘探数据内在信息，充分发挥地质勘探数据自身的价值带来了良好契机。

三、信息技术助推提升地质勘探档案管理水平

随着生产力的不断发展变化和智能技术的迅猛突起，20世纪中后期以来纸质环境下的传统档案管理模式开始向数字环境下的数字化、智能环境下的智慧化档案管理发展。从实体档案馆，发展到侧重于纸质档案数字化和电子档案管理的第三代数字档案馆，再发展到现如今的以资源多元化、全面感知、综合处置、双模存储、泛在应用为特点的第四代智慧档案馆。

无论档案管理技术如何发展，档案管理的主要定位仍然是“永久保管档案的基础和研究利用档案的中心”，主要对象仍然是社会和人类活动所产生的各种原始记录。

（一）数字化档案管理

2010年《数字档案馆建设指南》对数字档案馆的定义为：数字档案馆是指各级各类档案馆为适应信息社会日益增长的对档案信息资源管理、利用需求，运用现代信息、技术对数字档案信息进行采集、加工、存储、管理，并通过各种网络平台提供档案信息服务和共享利用档案信息集成管理系统。

数字化档案管理系统是对传统档案管理工作的一次创新，运用现代信息、技术对数字档案信息进行采集、加工、存储、管理，能够实现对档案和档案材料收集、鉴别、整理、保管、转递、统计、查阅等日常工作的数字化管理，并通过各种网络平台提供公共档案信息服务，实现档案的网上浏览和远程查借阅，共享利用的档案信息。

（二）智慧化档案管理

“智慧”的理念最早是由IBM在2008年提出的，进而引发了国内智慧建设的大浪潮。用于人们的生产、生活方方面面，智慧地球、智慧中国、智慧城市、智慧出行、智慧社区、智慧校园、智慧档案馆等以“智慧”为前缀的概念如雨后春笋一般的涌现，并将智慧一词运用到各个领域。

在数字化档案管理的基础上，加上具有全面感知、可靠传递、智能处理等特征的物联网就是智慧档案馆的雏形，智慧化档案管理是数字化档案管理的延续和升华，是数字化档案管理的继承与发展。如果说数字档案馆是2.0版本的档案馆，那么智慧档案馆就是3.0版本的档案馆。智慧化档案管理是适应大数据背景下的第四代档案管理，是继数字化档案管理之后的档案信息发展的高级形态。

智慧化档案管理是以多元化的档案信息资源为基础，将新一代物联网、5G网络、云计算、大数据分析、移动支付等智慧管理技术充分运用在档案管理各个环节智慧化地管理，是随着智能技术发展而出现的新型档案信息管理模式和组织形式，是档案管理发展的方向。

智慧档案馆的显著特点就是无处不在的网络环境，无所不包的海量数据环境与共享，无所不容的业务管理和服务模式。

智慧档案馆与数字化档案馆的概念、要素、特征对比见表8-1。

表 8-1 智慧档案馆与数字化档案馆的对照表

	数字化档案馆	智慧档案馆
概 念	各级各类档案馆为适应信息社会日益增长的对档案信息资源管理、利用需求，运用现代信息、技术对数字档案信息进行采集、加工、存储、管理，并通过各种网络平台提供档案信息服务和共享利用档案信息集成管理系统	是以多元化的档案信息资源为基础，将新一代物联网、5G 网络、云计算、大数据分析、移动支付等智慧管理技术充分运用在档案管理各个环节智慧化地管理档案
基本特征	档案信息数字化、档案管理系统化、档案利用网络化。馆藏资源数字化、信息揭示多维化、数据规模海量化、信息资源共享化	全方位感知、立体互联、无线泛在、可持续发展、以人为本、更深入的智能洞察、更高效的协同管理
应用技术	数字技术	感知技术（物联网、云计算、新媒介、移动互联网、大数据分析、射频识别、移动支付）
处理方式	档案收集、处理、存储、查询等档案管理活动，进行数字化、电子化、网络化处理	在数字化、电子化方面的深入。
管理方式	运用数字编码技术收集、存储及管理数字资源的分布式信息系统，信息传递单向性	运用射频识别技术，实现对档案实体的感知、档案信息的感知、档案管理的感知，对当前全生命周期进行智慧化管理
服务模式	以信息服务为主，实现档案信息的传递和获取。对外服务仅限于档案网站上的在线检索、在线查档、在线咨询等业务	将档案信息资源存放于"云"上，使档案信息资源处于无界状态，打破时空限制，凭借大数据的预测功能，能自动感知外界信息，实现档案信息资源共享

四、市场的潜在需求，为绿色勘探信息化建设创造了发展空间

我国经济的高速发展和城市化的进程，国内城市的高质量发展和规划建设，离不开地质勘探的支撑和技术引导。

面对新常态、新形势，地勘行业将业务领域由以矿产勘查为主，逐渐转变为以生态环境地质和民生地质等业务为主，积极拓展环境地质、农业地质、城市地质、旅游地质、工程地质、水文地质等领域。随着对中深层地热资源、浅层地温能等新兴能源资源的勘探开发，地下水污染治理、城市地下管网探测、城市地下空间勘探，地质旅游地质文化建设等业务的不断深入开展。只有把勘探、设计、施工三者结合起来，认识了地质条件，密切注意一些潜在的问题，工程的设计、施工才能与自然和谐相处，才能减少工程产生的危害。城市建设和市场需求对绿色勘探信息化建设提出了新的应用需求，绿色勘探信息化建设市场潜在需要迫切，发展空间巨大。

五、国内一些典型实践经验的积累，为绿色勘探信息化建设起到了示范作用

国内部分省市在绿色勘探标准制定、调查装备生产、勘探技术研发、信息化建设等方面的典型实践，积累了丰富的资料和可靠的经验，使得当前大规模开展勘探信息化建设具有一定的基础，目标更加清晰，可行性更高。

以绿色勘探信息化建设为契机，以互联网+、大数据、云计算、区块链等现代信息技术为引领的矿产勘查，在勘探技术革新等方面进行了大胆探索，对现有的地质大数据进行存储、管理、分析、应用服务与决策，激活市场应用潜力，推动全国新基建建设，规范市场行为，实现城市发展科学规划、科学找矿、绿色勘探等目标的同时，拓展地质勘探的服务范围和空间。

第三节　绿色勘探信息化建设的内容与方法

信息化条件下的地质勘探工作是在网络技术和计算技术的支撑下，充分利用现代信息技术和设备，将地质勘探的主流程进行数字化处理，构建模块化的业务应用系统，通过流程再造和数据挖掘，充分利用信息资源为地质勘探工作提供良好的支撑、应用和服务环境，服务于地质勘探的全过程。

一、主要建设内容

信息系统的建设主要采用信息技术、网络技术、控制技术、智能技术，实现绿色勘探决策、工作部署、现场实施及后期的信息化、智能化管理。建立绿色勘探数据综合管理系统，盘活存量信息，规范增量信息，打通数据孤岛，实现绿色勘探数据采集、汇聚、管理智能化与协同化，勘探技术档案资料数字化管理与智慧化管理，核心数据库的互联互通，构建“云环境”下绿色勘探信息化平台，做好绿色勘探大数据信息共享服务，为区域发展规划，提供规模化的地质信息服务能力。

（1）构建绿色勘探信息化建设工作平台（体系），制订勘探信息化管理制度和技术标准及信息化建设工作方案，发布绿色勘探标准体系、指导意见，以标准创新推动绿色勘探信息化发展，通过研发推广绿色勘探信息化的新技术、新方法、新设备和新工艺，最大限度地减少对环境的影响或扰动。用绿色理念标准规范地质勘查行为，提高勘探信息化建设水平，实现合理勘查、科学勘探、节约资源、保护环境。

（2）依靠全球区域勘探信息管理的子节点，实现各子节点数据管理和专业应用。基于云计算地质大数据中心，搭建一个灵活的、可扩展的、支持插件式应用开发集成框架，满足海量地质空间数据存储及高性能计算要求，同时支撑数据及功能共享协同的云平台，能够依托基础设施云环境提供灵活的存储及弹性计算，来满足系统整体的性能及功能需要。分区域进行勘探信息管理子节点建设，国内可以按照行政区域、地质单元、地质调查工作管理辖区等进行划分，国外可以按照洲际范围、地域联盟范围等进行划分，逐步建设立足国内、放眼世界的，以矿业权为核心的地质勘探信息库，并在此基础上，打造系列地质勘探信息产品。

（3）建立专业数据库（中心），实现勘探信息资源的共建共享。地质信息数据资源整合是地质勘探信息化建设的重要步骤，是地质信息化产品的基础，是实现多维度的地质大数据时空分析的保障之一。关键是数据库技术、服务支撑环境和系统综合集成，重点是野外数据采集数字化。根据地质信息数据的特征，建立各种分类地质数据库（如矿产地质数据库、水文地质数据库、矿产勘查施工数据库、岩土工程地质数据库、灾害地质数据库、环境地质数据库、城市地质数据库、旅游地质数据库、农业地质数据库等），同时对业务相关数据进行必要的抽取和关联，实现各类地质数据在空间的实体化定位，为后续大数据挖掘分析和业务应用作支撑。

二、建设的基本方法

地质勘探和地理位置息息相关，所以绿色勘探信息化建设以 GIS 为基础，充分利用中国北斗卫星导航系统（BeiDou Navigation Satellite System，简称 BDS）、遥感技术（Remote Sensing，简称 RS）、地理信息系统（Geographical Information System，简称 GIS）、全球定位系统（Global Positioning System，简称 GPS）、数字摄影测量系统（Digital Photogrammetry System，简称 DPS）、专家系统（Expert System，简称 ES）等高科技手段。以助力精准勘探、避免重复建设为目标，以数据整合为主线，以共享服务为支撑，按照信息系统建设的多层架构进行开发，从结构上分为数据层、平台框架层、应用层、用户层（图8-1）。

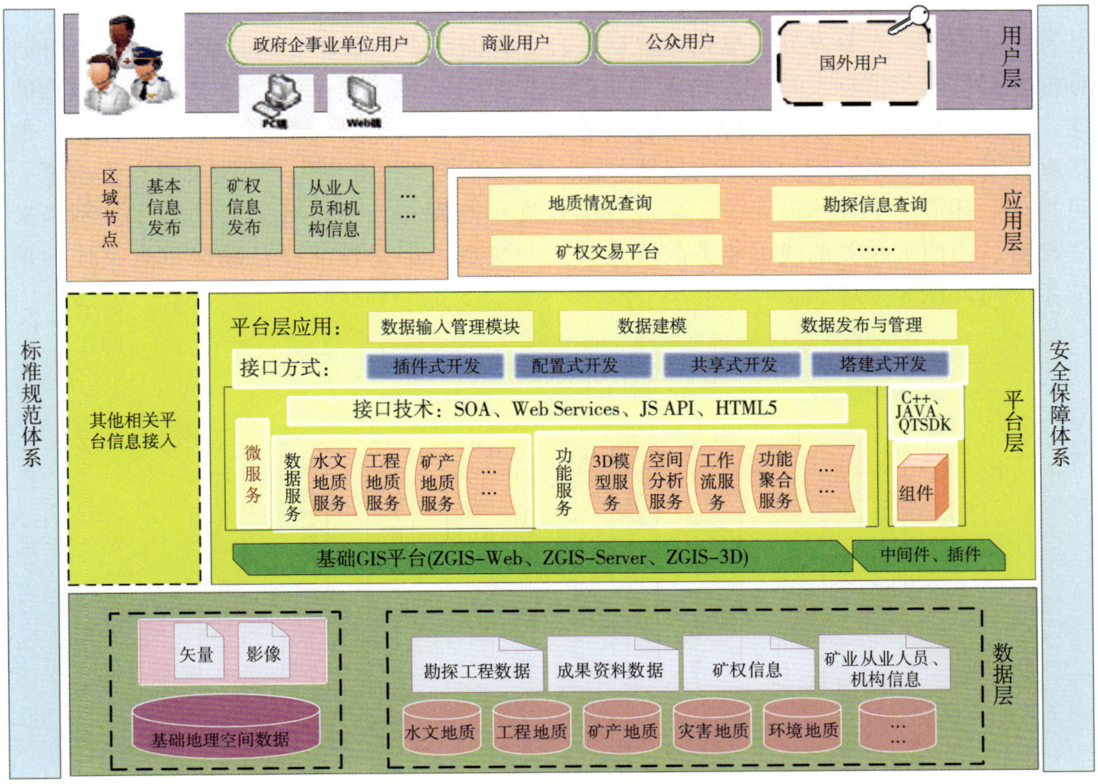

图8-1 信息系统建设的四层架构图

（一）数据层

采用基于数据中心的数据集成管理技术，数据集成管理技术是一种专门用于解决数据识别、输入、管理、发布、共享的数据集成管理技术，用于解决多源异构数据自动识别、管理、共享的核心技术。整合勘探工程数据、成果资料数据以及三维模型数据，构成地上地下一体化地质空间数据库。数据中心对来自不同的数据源：例如本地互联网或局域网的数据，不同的数据格式，通过数据解析插件可以统一标准接口，供所有业务子系统应用。数据中心将多源异构的数据解析封装在了数据中心内部，对外提供统一的数据访问接口，屏蔽了不同数据间的差异。业务系统通过统一的数据访问接口直接操作访问数据，而不用关心数据的存储位置与格式，只关注自己的业务功能。同时数据中心通过权限控制业务系统对数据的访问和操作，从而保证了整个数据的安全性。

（二）平台层

对所提供的GIS服务和业务相关服务提供基本管理功能。服务调用可以在Web应用和GIS嵌入式组件的方式实现对GIS服务的调用，实现紧耦合的应用系统的功能和设计，支持C/S和B/S的软件架构。服务接口是系统平台对外所提供的访问接口，通过基于SOA的SOAP或REST以及OGC的服务，向外提供数据和功能服务，实现与应用系统的集成。应用功能层支持嵌入式组件方式的紧耦合方式，也可以采用松耦合的方式。平台服务采用微服务架构技术方式，将系统用到的服务等都开发成原子服务，然后进行注册，通过网关和负载均衡进行自动管理，在调用应用服务时，系统自动从负载均衡中选取对应的原子服务进行组装调用，从而加快后台服务调用相应的效率。

（三）应用层

通过平台层提供的数据服务和功能服务，结合具体的业务信息，来构建信息服务平台的门户和各种专业应用。充分发挥信息化在数据整合、查询检索、统计分析、应用挖掘方面的优势，现有勘探数据整合与信息发布，为绿色地质勘探提供精准化前期准备，通过对现有数据的查询和检索，减少重复勘探工作的执行，丰富勘查报告并可以根据已有数据规划工作计划，缩短实际现场勘探时间和成本。应用功能的规划包括：地质勘探“一张图”、地质资料查询检索、矿产三维可视化、环境与工程建设评价、矿业权信息展示与发布、采矿区工程管理以及围绕矿业权交易、接洽、招商等相关的线下业务的线上接入与集成，都是目前绿色勘探重点关注的信息化建设应用方向（图 8-2）。

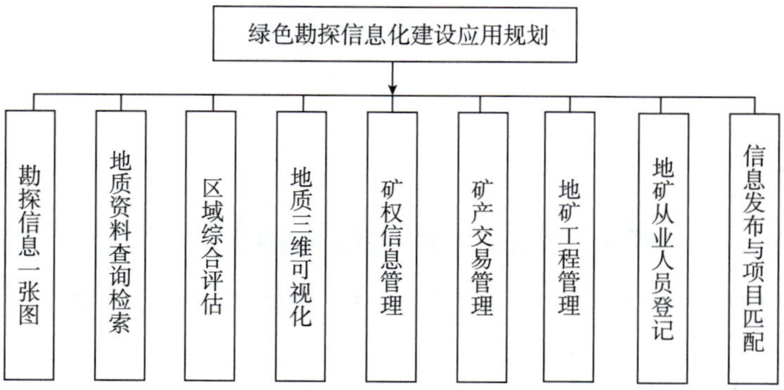

图 8-2　绿色勘探信息化建设框架图

（四）用户层

分为专业用户、商业用户和公众用户，各用户通过平台层提供的统一门户来实现数据的协同共享。同时信息系统的建设要支持总-分-总的部署模式，可以基于多种区域维度进行部署和应用，实现对企业、全国、全球，进行分区域应用节点部署。除此之外，要积极在政府的领导下，联合从事地质勘探企事业单位、软件开发企业和钻探设备制造企业，探索制造智慧钻机设备的研发制造，地质成果资料的数字化、智慧化管理，从而真正实现绿色勘探、智慧勘探（图 8-3）。

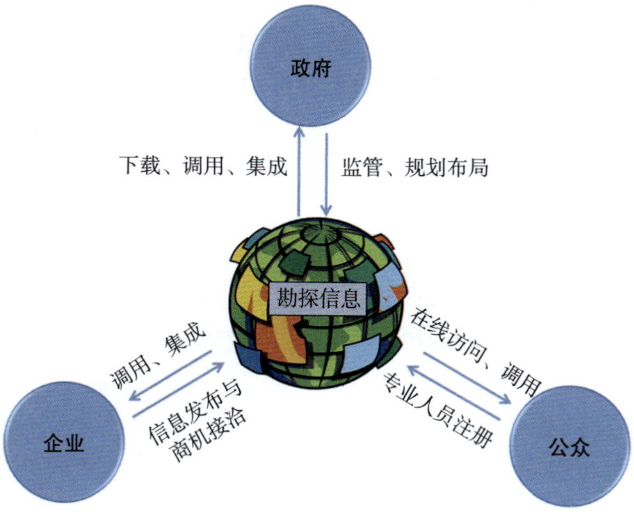

图 8-3　勘探信息与政府、社会的关系图

三、地质勘探钻孔资料数据库的建设

技术档案资料的电子化储存是数字化管理和智慧化管理的基础，以地质电子资料（原始）成果数据库为核心，将地质电子资料按专题进行分类管理，并对相关资料进行录入、检索、统计、服务。

地质钻孔资料是地质勘查工作形成的最重要成果之一，是地质勘查工作形成的第一手资料，是地质调查、资源评价最重要的原始成果，是成果地质资料中主要成果来源的重要基础资料，是国家的宝贵信息财富，具有原始性和基础性。其中蕴藏着巨大的利用价值：一是地质勘探资料的科学价值，对于教学、生产、科研、科普等有重要的指导作用；二是地质勘探资料信息蕴藏着巨大的经济价值，通过综合研究和开发，可广泛应用于国民经济建设的多个领域，促进区域性经济可持续发展。可有效降低地质工作风险，减少重复工作和资金浪费，并在地质找矿、工程建设、市政建设、灾害防治、生态保护和地质科学研究等诸多方面发挥重要的作用。

城市建设速度不断加快，多年的地质勘查、矿产开发和城市建设，形成了丰富的地质、矿产、物化探、水文、工程、环境、市政建设、科研等地质资料，形成了海量的数据。但这些资料、数据和信息分散，数字化程度极低，只有通过地质电子资料管理服务系统的集成、建库，才能更好更快捷地实现地质资料三维可视化服务，提升地质电子资料信息服务集群化产业化的价值，通过系统对资料、数据与信息的集成，可减少地质工作的重复投入，降低地质工作投入的风险，为城市地质钻孔的集成与可视化，地质绿色勘探开发，为城市地下空间的利用提供决策依据。

地质勘探钻孔资料建库工作流程如下：

（一）建库准备

拟定方案、人员组织、资金投入、物资计划、进度与质量跟踪检查、考核验收办法等。

（二）收集资料

建库数据资料除地质技术信息资料外，还应包括勘探技术和工程技术及工程经济等信息资料。

（1）地质技术信息资料：如钻孔原始班报表记录和原始地质编录表记录、“三图一表”（工程布置图、勘探线剖面图、钻孔柱状图，钻孔样品分析报告结果数据表）、岩土原位测试数据、样品测试分析数据等。

（2）勘探技术信息资料：如钻探工艺技术方法、钻杆柱与钻具组配、取心钻具类型与打捞方式、钻进工艺参数、钻头型式与钻进效率、冲洗液类型与基本配方及技术性能、套管使用、新技术新工艺新材料试验技术信息资料等。

（3）工程技术信息资料：如主要工程实施手段、勘探（钻探）设备与仪器装备、岩（矿）心采取率、钻头使用情况、孔内事故与处理情况、环境保护技术方法与退役治理技术方案及效果情况等。

（4）工程经济信息资料：如钻探效益指标与成本指标、生产安全目标完成情况、施工效率（如钻探台月效率、机械钻速、回次进尺、绳索取心钻进起钻间隔、钻头使命寿命）等，钻探成本指标包括人力单位成本、机械单位成本、钻探单位材料成本等；钻探材料成本包括油料成本、电力成本、泥浆材料成本、钻头成本、钻具材料成本等。

（三）整理资料

以项目或钻孔为管理单元，做好资料收集归类工作。

钻孔类型按照地质工作类别分为八大类：区调钻孔、矿产地质勘探钻孔、水文地质勘探钻孔、工程地质勘探钻孔、灾害地质勘探钻孔、城市地质勘探钻孔、地质科学研究钻孔、其他钻孔。

所收集的钻孔资料，按照钻孔属性数据库的要求，以钻孔为单位，填写钻孔属性数据采集记录卡片，将所有需要采集的钻孔属性信息全部填写到记录卡片中。一是方便后续钻孔属性数据的著录入库，二是方便后续钻孔数据质量的检查。

（四）检查数据

通过自查、互查、抽查等方式进行数据检查，要求数据自查率100%、互查率100%、抽查率不小于15%~20%。

（五）建库著录数据

利用相应的采集系统软件直接导入相关资料数据（图8-4），不需要人工录入，可大大提高数据库建库效率，避免人工录入差错。

利用地质钻孔数据采集系统软件，可实现固体矿产、水文地质勘探、煤田地质勘查、工程地质勘探类钻孔属性数据的采集入库。地质钻孔数据采集系统的总体结构与功能主要有钻孔属性数据录入、数据查询、数据汇总、数据导入/导出、数据上报、系统维护、报表打印和系统帮助等。

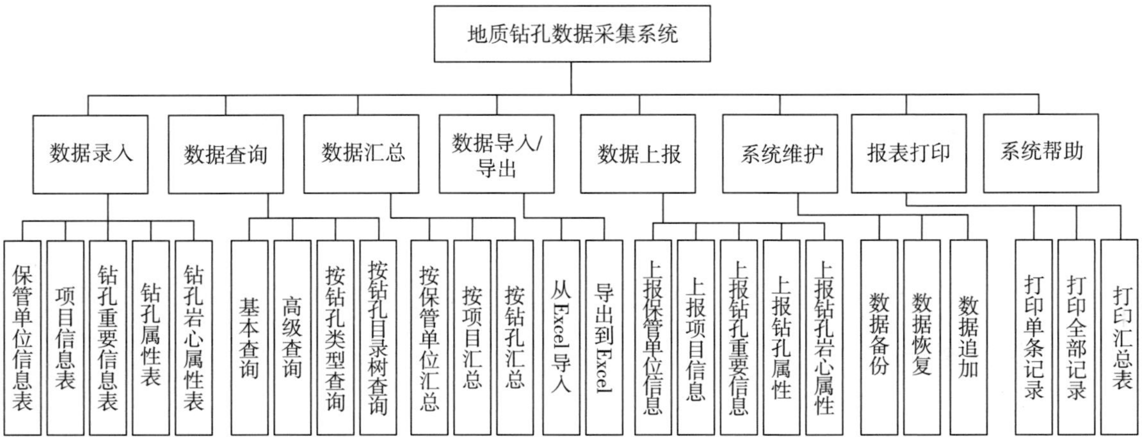

图8-4 地质钻孔数据采集系统方框图

四、数据库的建设应用实例

（一）探矿工程及矿山设计

（1）矿体模型与实体模型如图8-5所示。

（2）钻孔数据库及矿体模型如图8-6所示。

（3）工程地质-矿（岩）体模型如图8-7所示。

（4）露天矿山设计如图8-8所示。

（5）钻孔柱状图。

在探矿工程领域，根据对钻孔岩（矿）心（或岩屑、岩粉）的观察鉴定、取样分析及在钻孔内进行的各种测试所获资料数据，建立钻孔柱状图（图8-9）。借以形象地表示出钻孔通过的岩层、矿体及其相互关系。

一般用于工程建设基础部分，先对需要建设的范围进行相应数量的钻探，取得原地下地质岩层土，建立钻孔柱状图进行研究决定工程建设的构造。可以广泛地应用于工程地质、城市地质、水文地质或探矿工程等领域。

图 8-5　矿体模型与实体模型图

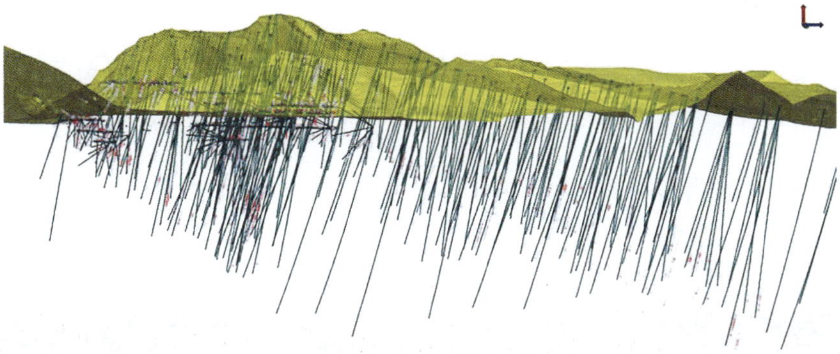

图 8-6　钻孔数据库图

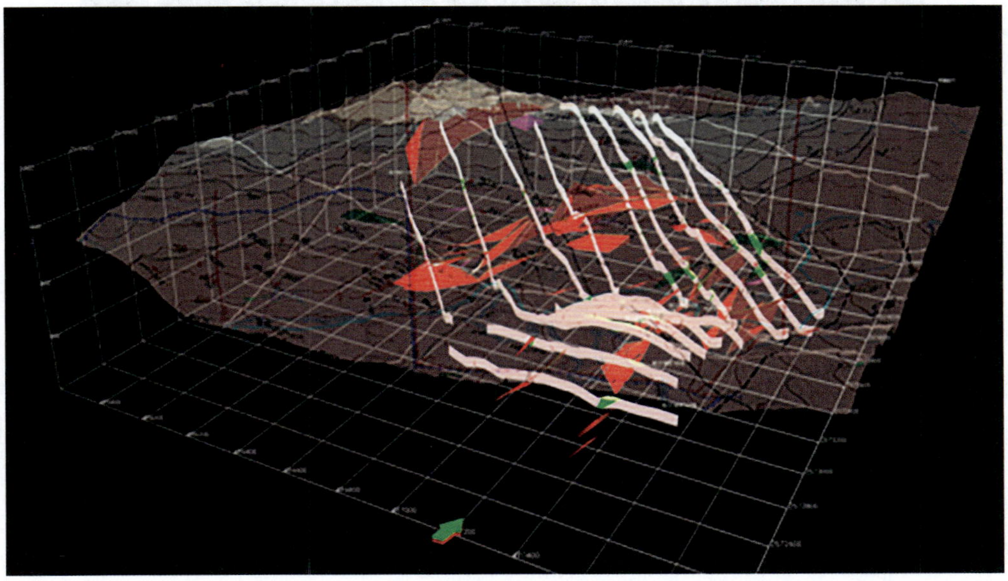

图 8-7　工程地质-矿（岩）体模型图

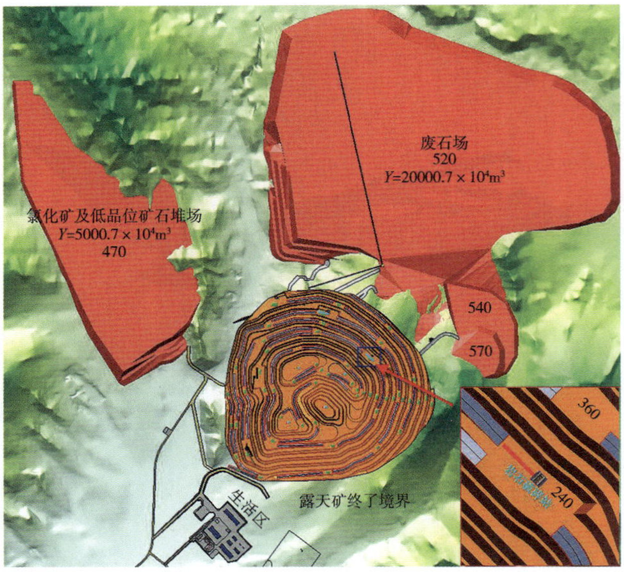

图 8-8　某露天钼矿设计终了境界图

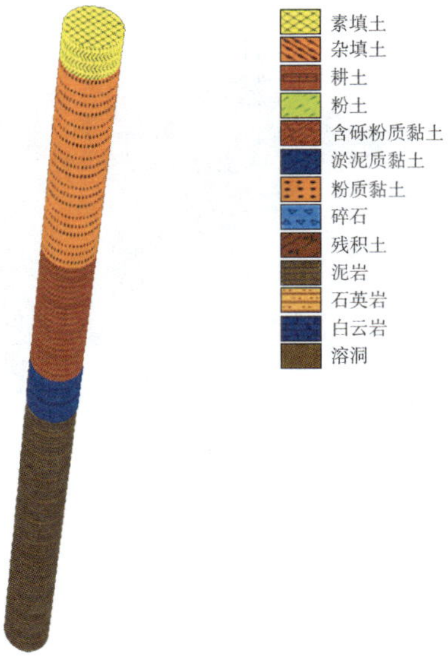

图 8-9　钻孔柱状图

（6）钻孔建模。

实施大范围的钻孔自动化建模，并自动生成钻孔标准信息（图 8-10）。可以通过钻孔模型上的纹理信息识别地层信息。可用于工程地质、城市地质、水文地质或探矿工程等领域进行对钻孔资料数据进行三维建模，用于观察地质分层情况。

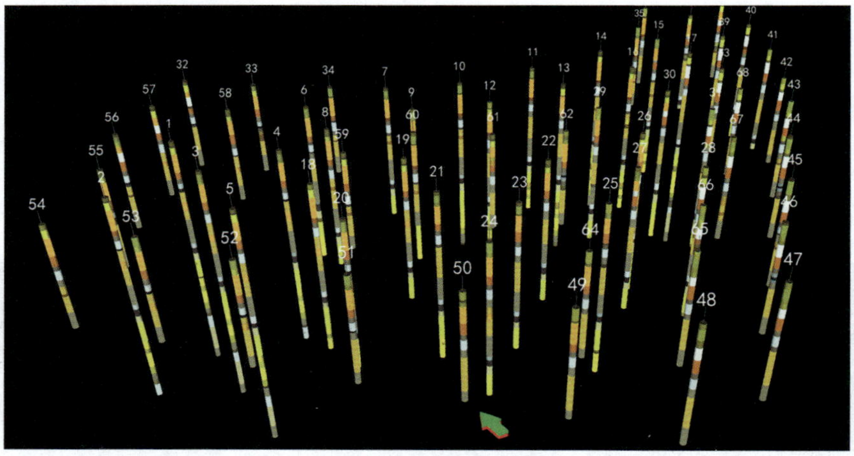

图 8-10　钻孔建模图

（二）工程地质

1. 地层剖面分析

通过模型剖切进行地层剖面分析（图 8-11），模型中含有纹理信息，可以通过纹理对地层进行识别。同时支持地质体模型和钻孔模型的叠加显示。广泛应用于工程地质、城市地质、水文地质或探矿工程等领域地层剖面分析与应用。

2. 饱和度建模

工程地质领域地质体结构三维模型的指标饱和度分析（图 8-12），实现多层地质体结构下对地质属性进行属性体的建模，通过数学插值方法计算区域空间的各点属性值，并通过颜色区间进行分类展示。

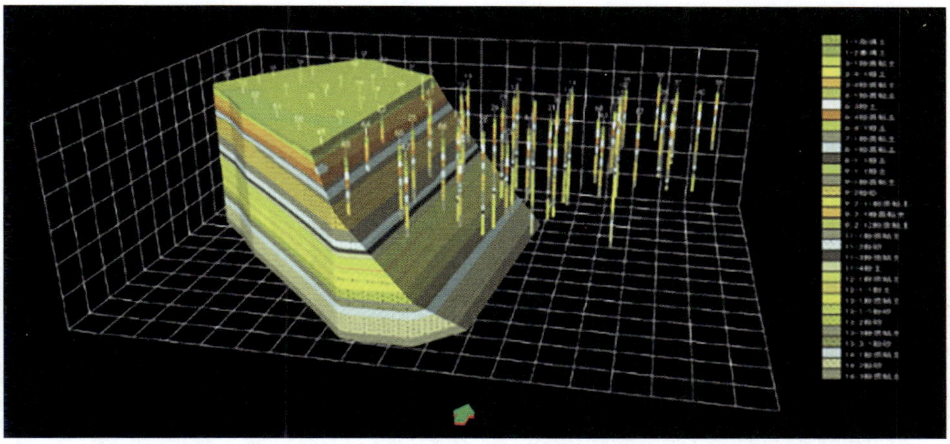

图 8-11　三维地层剖面图

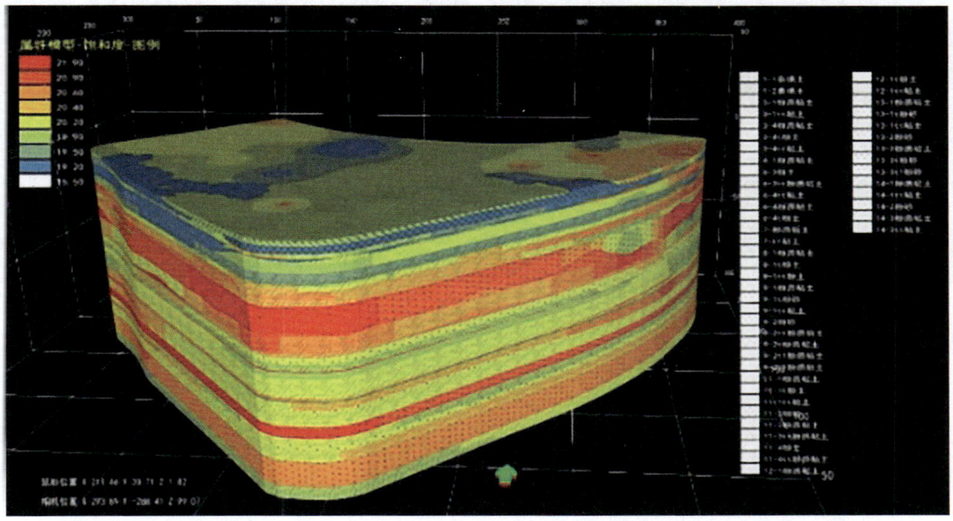

图 8-12　工程地质岩土三维饱和度模型图

（三）水文地质分析

通过水文地质钻孔数据及剖面数据，建立三维水文地质模型（图 8-13），反映含水系统特征，如地貌、地层、断裂、褶皱等和流动系统特征的，如地下水水位、水量、开采量等。可以进一步分

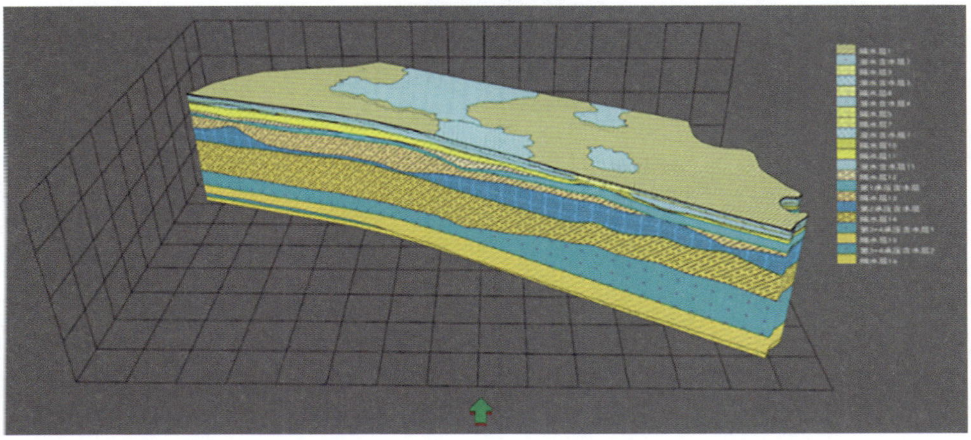

图 8-13　三维水文地质模型图

析出含水层和隔水层在垂直方向上的分布特征和定量关系，用于评价地下水位和开采量以及灾害辅助分析。

1. 含水率模型

水文结构模型完成后，可约束结构模型构建相关的水文属性模型。如地下水含水率属性模型（图8-14），通过在地层三维结构上叠加含水率属性模型，进一步分析出各个地层含水率的分布和特征，通过三维可视化方式，为地下水资源评价提供数据支撑和定量依据。

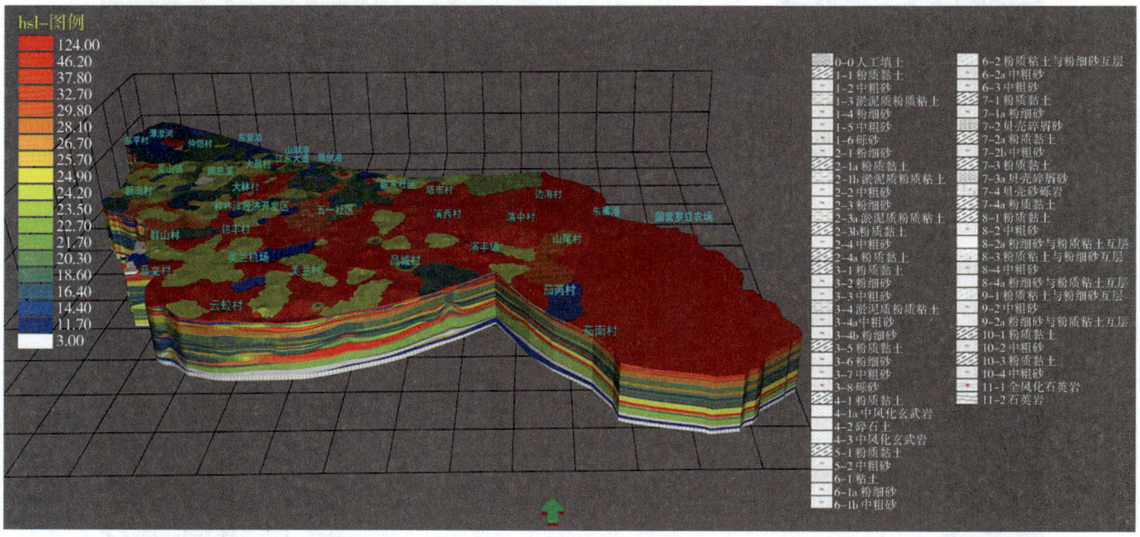

图8-14　含水率模型图

2. 承压分析

水文结构模型完成后，可通过设置爆炸分析的距离，沿着 x、y、z 轴进行爆炸，将水文地质模型在垂直方向上的地层分解剥离（图8-15），便于细致观察含水层、潜水、承压水等水体水位、水量等特征，服务于地下水资源评价和预测。

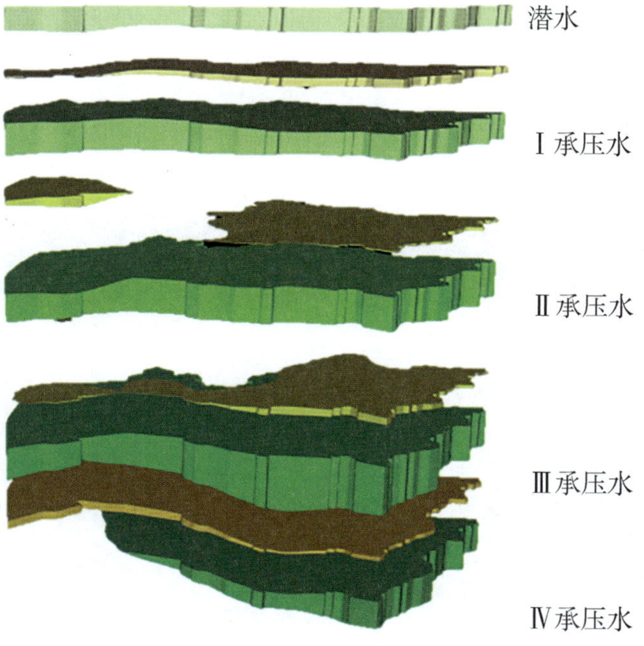

图8-15　承压分析模型图

（四）城市地质

1. 钻孔剖面

在城市地质调查中常用工程地质调查的钻孔数据进行剖面分析，产生三维立体剖面模型（图 8-16），辅助分析地层结构在剖面上的变化和规律，用于城市地质工程建设场地稳定性评价和工程建设适宜性评价。

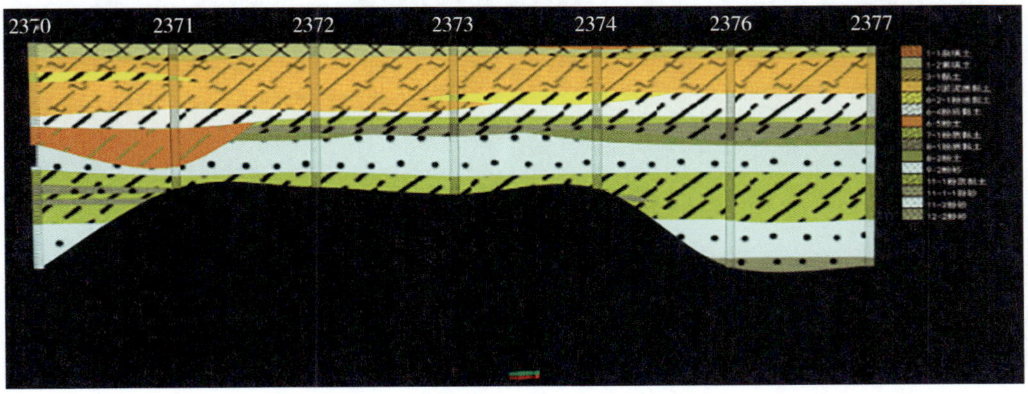

图 8-16 城市地质调查工程地质三维立体剖面模型图

2. 隧道地质体结构模型

在城市地下工程建设中对建立的地质体结构模型（图 8-17），进行隧道开挖分析，可实现基于隧道模型的隧道漫游，通过漫游分析可以判断地层在隧道体内断层走向及产状、岩层的产状和节理产状、岩层的分布和尖灭、土质的分层及工程地质特性，用于轨道交通、地下空间开发、地下综合体建设等领域。

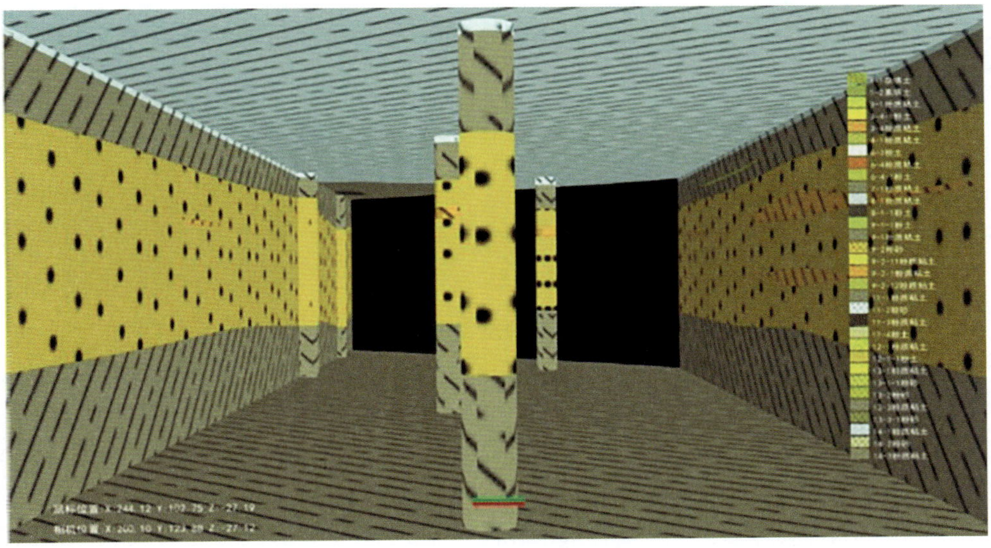

图 8-17 隧道地质体结构模型图

3. 建模-手工剖面-剖切图对比分析

在城市大型工程建设中，剖面图反映了地质结构图的稳定性和地层分布规律，通过对手工绘制的剖面图和系统模型剖切形成的剖面图进行对比分析（图 8-18），可以直观地反映出地质体结构模型的质量和精度，准确地分析出剖面的差异情况和符合度，用于评价工程地质建设、隧道、桥梁等地质结构的稳定性。

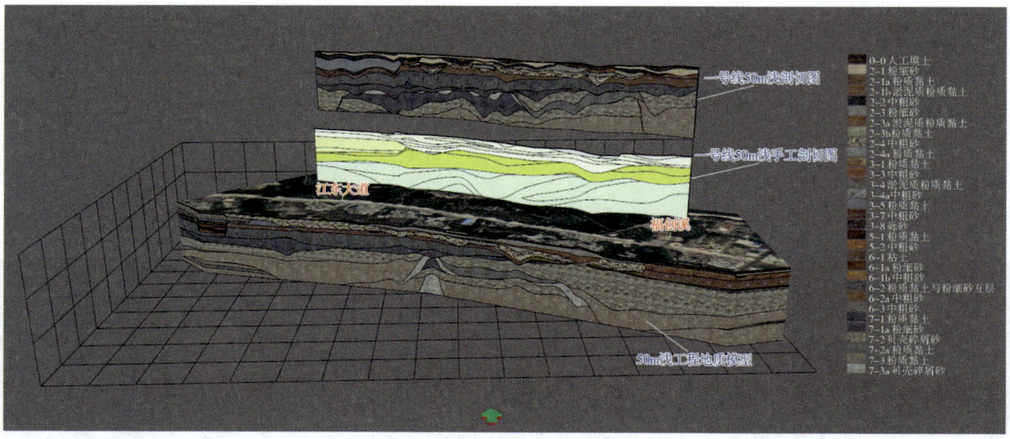

图 8-18　地质结构手工剖面-剖切图对比分析图

4. 城市地质物探剖面分析

通过对物探数据建立地质体结构约束下的属性模型，对物探异常区或指定区进行剖面分析（图 8-19），形成物探剖面，并叠加在城市地质体结构模型上，用于分析物探剖面异常情况，适宜城市地质调查大场景下的模型分析。

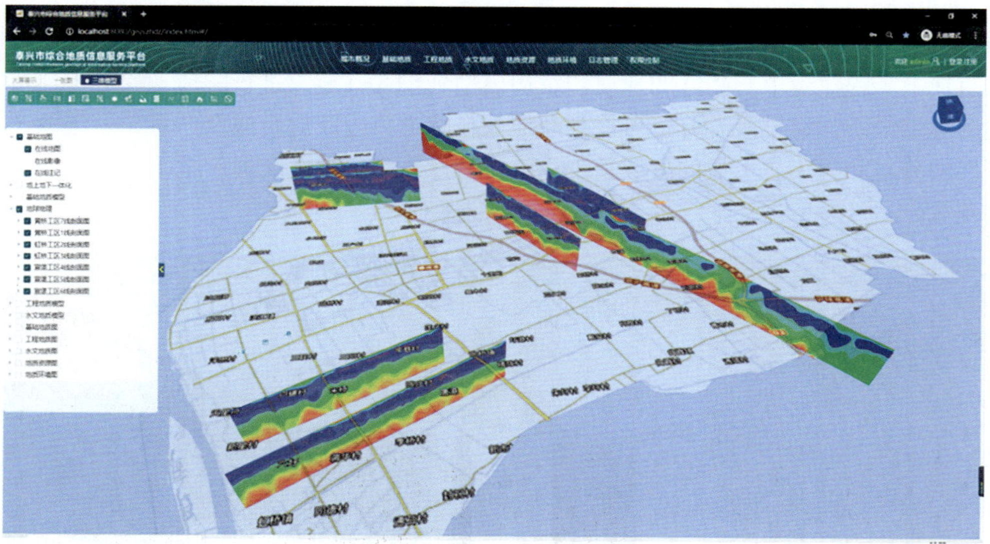

图 8-19　城市地质物探剖面模型图

第九章　勘探施工安全技术

第一节　现代安全管理理念

安全生产是一个永恒的话题，生产安全管理的技术进步与提升是一个永不停止的过程。

2016 年 12 月《中共中央国务院关于推进安全生产领域改革发展的意见》中明确“牢固树立新发展理念，坚持安全发展，坚守发展决不能以牺牲安全为代价这条不可逾越的红线”“贯彻以人民为中心的发展思想，始终把人的生命安全放在首位，正确处理安全与发展的关系，大力实施安全发展战略，为经济社会发展提供强有力的安全保障。”安全生产是“以人为本”的本质内涵，是最基本的需求，是最根本的要求。因此，以人为本质安全化为目的的现代安全管理模式将是未来发展的方向和潮流。

现代安全管理在传统安全管理、常规安全管理侧重于物的条件控制与管理体系与行政手段的基础上，更注重员工的安全行为、安全意识、心理状态以及行为环境，从根本上提高员工的安全意识，激励员工的士气和发挥其能动性，规范作业人员的行为安全，注重安全风险管理和安全生产标准建设，主动预防，实现人员、机械设备、作业环境、管理的本质安全，使生产作业达到最佳安全状态，杜绝事故的发生。

一、本质安全理念

“本质安全”一词最初源于设备，后来被赋予新的内涵，并将本质安全定义为人、机、环境受到自身和其他因素威胁，仍然能够依靠内部系统和组织保证长效安全生产。

本质安全理念认为，所有的事故都是可以预防和避免的。本质安全化是追求事故为零的必由之路，是安全管理的最高境界。

1. 本质安全要素包括 4 个方面

人的本质安全、物（机）的本质安全、环境的本质安全、管理的本质安全（图 9-1）。

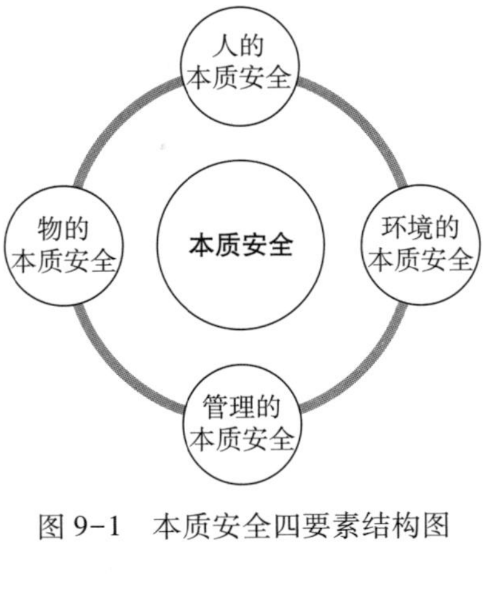

图 9-1　本质安全四要素结构图

（1）人的本质安全：不论在事故系统中还是在安全管理系统中，人都是最主要的构成因素，是本质安全化工作的首要着手点。

（2）物的本质安全：一方面是对机械设备系统机械化、自动化、智能化水平的要求，要求机械设备具有故障检测和安全防护功能，安全可靠性高；另一方面是要求在使用过程中，要确保机械设备正常运转不存在安全隐患，达到本质安全管理的标准。

（3）环境的本质安全：包括空间环境、时间环境、物理化学环境、自然环境和作业现场环境。

“环境”是指工作主体（劳动者、控制者、监视者）的工作环境（或作业环境）。它具有空间属性、物质属性和运动属性。环境是容纳人和物存在的空间，也是保障人和物工作的必要条件。

（4）管理的本质安全：是以风险管理预防控制为核心，以危险源辨识和本质安全管理为基础，以消除人的不安全行为为重点，以切断事故发生的因果链为手段，激励员工的士气和发挥其能动性，实行全员、全过程、全方位的安全管理，全面系统、可持续改进，实现人员、机械设备、作业环境、管理的本质安全，使生产作业达到最佳安全状态，最终实现杜绝生产安全事故发生的本质安全目标。

2. 本质安全性企业的功能标志

是人员思想不懈怠、行为零差错；技术设备无故障、工艺零缺陷；管理责任全到位、制度零漏洞、系统过程无隐患、全面低（零）风险。

岩心钻探的作业环境是非常差的。从环境构成上看，工作主体受温度、湿度、空气流速、噪音、振动等的影响；从环境空间属性看，工作主体受高原缺氧、冰冻严寒、复杂地形、多种地貌，尤其是岩溶洞穴或陷阱、沙漠戈壁、交通不便以及多种自然灾害等的影响，同时存在着诸多危害，如粉尘、辐射、放射性等。要从人、物（机）、环境、管理4个方面对地质勘探（岩心钻探）可能潜在的危害进行辨识、评估，在施工作业过程中，减少和避免各种危害，使生产作业系统人、物、环境等诸多要素本质安全协调统一、匹配最佳、趋于安全。

二、安全风险管理

风险无处不在，风险无时不在。风险有大小，关键在于控制。

风险管理是一个全新的管理理念，安全风险管理是在传统安全生产管理的基础上增强风险意识，引入风险识别、风险评估新机制，是指对行业存在的安全风险进行识别、估计、评价，从而控制和处理这些风险，防止和减少损失，保障生产经营工作安全、顺利地运行。安全风险管理是安全生产标准化建设和职业健康安全管理的基础，风险辨识与评估则是风险管理中一个重要环节。

安全风险等级从高到低划分为重大风险、较大风险、一般风险和低风险，分别用红、橙、黄、蓝四种颜色标示。对不同类别的安全风险，采用相应的风险评估方法确定安全风险等级，针对安全风险特点，从组织、制度、技术、应急等方面对安全风险进行有效分级管控。

三、安全生产标准化建设与“健康-安全-环境”管理体系

（一）安全生产标准化建设

《安全生产法》第四条规定：“生产经营单位必须遵守本法和其他有关安全生产的法律、法规，加强安全生产管理，建立、健全安全生产责任制和安全生产规章制度，改善安全生产条件，推进安全生产标准化建设，提高安全生产水平，确保安全生产”。

安全生产标准化核心是遵循“PDCA”动态管理理念，即实施“策划、实施、检查、改进”动态循环的模式，从建立并保持安全生产标准化系统，实现以安全生产标准化为基础的企业安全生产管理体系有效运行，通过自我检查、自我纠正和自我完善，及时发现和解决安全生产问题，建立安全绩效持续改进的安全生产长效机制。

《企业安全生产标准化基本规范》（GB/T 33000—2016）设定了“目标职责、制度化管理、教育培训、现场管理、安全风险管控及隐患排查治理、应急管理、事故管理和持续改进”8个一级要素。包含领导层责任、全员参与、构建双重预防机制等为安全管理核心要素。将安全生产与职业健康作一体化要求。安全生产标准化具有强制性、系统性、群众性和动态性。

勘探作业标准化重点强调生产作业现场的管理，要求工作现场按规范和标准，实现文明、卫

生、整洁，各种安全标志、标语齐全醒目，各种信号、保险防护、警报装置齐全可靠，安全通道畅通，给工人创造一个舒适良好的工作环境，防止人产生失误带来的种种危害；强调每位员工在工作时必须按照规定的岗位操作程序和动作标准进行操作，使每位职工学会明确自己的岗位，掌握规范正确的操作方法，严格交接班，有效地提高职工安全操作技能和业务素质，养成良好的操作习惯，纠正和避免习惯性违章作业，有效地预防和控制安全风险。

创建本单位及地质勘探项目（班组）的安全生产标准化建设，应重点关注基层一线班组的安全生产标准化创建活动。班组是企业最小最基础的生产单元，安全文化的建设也都是由一个个班组来实现与发展的，作为最小生产单元的班组，其人员结构较为平衡且少，工作也较为单一，管理上也相对比较容易。

（二）“健康-安全-环境”管理体系

健康（Health）-安全（Safety）-环境（Environmental）管理体系是国际上石油天然气工业企业中比较通用的一种科学、系统的管理体系（简称“HSE 管理体系”），它是一种事前进行风险分析并确定自身活动可能发生的危害及后果，从而采取有效防范手段和控制措施防止事故发生，以减少可能引起的人员伤害、财产损失和环境污染，实现本质安全的有效管理方法，它将健康、安全与环境纳入一个体系当中进行管理，拓宽了安全管理的空间。

HSE 管理体系核心是组织实施健康、安全与环境管理的组织机构、职责、做法、程序、过程和资源等要素有机构成的整体，通过先进、科学、系统的管理模式进行建立和运行，在相互关联、相互作用下形成动态管理。

HSE 管理体系主要分为 3 个主要部分，即核心和条件部分、循环链部分、辅助方法和工具部分，围绕这 3 个部分又明确了七项关键的一级要素，实际上这些要素之间紧密相关，并可能会在不同时候同时涉及，体系中任何一个要素的改变，都必须考虑对其他要素的影响。

（三）HSE 管理体系与安全生产标准化的关系

HSE 管理体系与安全生产标准化在原理、运行模式、控制方式、改进手段等方面既有相同之处，都是遵循“策划-实施-检查-改进（PDCA）”动态管理理念，事前进行风险分析；又存在诸多差异，两者相较，HSE 管理不仅涉及生产安全、职业健康方面的管理标准，还将环境管理纳入体系之中，而安全生产标准化则未涉及环境管理的相关标准和要求。此外，两者在管理要素、前置条件、考核标准、监督机制等方面均差异明显。然而，两者在安全管理原则、理念、方式以及风险管控的运用基础具有一致性。

四、应急管理

2018 年 12 月，国务院第 33 次常务会议通过，公布了国务院令第 708 号《生产安全事故应急条例》，规定生产经营单位应当针对本单位可能发生的生产安全事故的特点和危害，进行风险辨识和评估，制定相应的生产安全事故应急预案，并向本单位从业人员公布。

从事地质勘探的生产经营单位应按规定制定生产安全事故综合应急预案、专项应急预案，并针对重点作业岗位制定现场应急处置方案或措施，形成安全生产应急预案体系，按规定建立应急设施，配备应急装备，储备应急物资，并进行经常性的检查、维护、保养，确保其完好、可靠。

（一）综合应急预案

侧重于应急救援活动的组织与协调，对各项救援活动做出概括和提炼，为编写其他预案提供框架，是从总体上阐述生产安全事故的应急方针、政策，包括本单位的应急组织机构和相关应急职责、预案体系和响应程序、事故预防和应急保障、预案管理等内容，是应对各类事故的综合性指导文件，不对具体的应急救援程序和应急处置方案做详细的规定（综合应急预案和专项应急预案及现场处置方案合并编写除外）。

综合应急预案的主要内容包括：总则、生产经营单位的危险性分析、组织结构与职责、预防与预警、应急响应、信息发布、后期处置、保障措施、培训与演练、奖惩、附则等。

（二）专项应急预案

是针对具体的危险作业类别（如坑探工程、硐探工程等）、危险源和应急保障而制订的计划或方案，它是综合应急预案的重要组成部分。主要包括事故类型和危害程度分析、应急处置基本原则、组织机构及职责、预案与预警、信息报告程序、应急处置、应急物资及装备保障。

（三）现场应急处置方案

是根据不同事故类别。针对具体的重要的作业活动或工作场所、重大技术装置或设施、重点工作岗位所制定的应急处置措施。应包括危险性分析、可能发生的事故特征、应急处置程序、应急处置要点、注意事项等。重点是在应急活动过程中应对各种危险情况时的具体做法，因此，要求现场应急处置方案应具体、简单易操作、针对性强。

综合应急预案、专项应急预案，现场应急处置方案三者的区别见表 9-1。

表 9-1　综合预案、专项应急预案、现场应急处置方案三者的区别

安全生产应急预案体系		主要内容
综合应急预案	生产经营单位为应对各种生产安全事故而制定的综合性工作方案，是本单位应对生产安全事故的总体工作程序、措施和应急预案体系的总纲	本单位的应急组织机构及其职责、预案体系及响应程序、事故预防及应急保障、应急培训及预案演练等。包括应急组织机构和人员的联系方式、应急物资储备清单等附件信息
专项应急预案	生产经营单位为应对某一种或多种类型生产安全事故，或者针对重要设施、重大危险源、重大活动，防止生产安全事故而制定的专项性工作方案	危险性分析、可能发生的事故特征、应急组织机构与职责、预防措施、应急处置程序和应急保障等
现场应急处置方案	生产经营单位根据不同生产安全事故类型，针对具体场所、装置或者设施所制定的应急处置措施	危险性分析、可能发生的事故特征、应急处置程序、应急处置要点和注意事项等

地质勘探施工不可忽视现场应急处置工作。地质勘探野外作业现场的应急安全管理重点是现场应急处置和措施，现场处置方案应当规定应急工作职责、应急处置措施和注意事项等内容。对于事故风险单一、危险性小的，可以只编制现场处置方案。

第二节　勘探施工风险辨识与评估

实施安全风险管理，勘探项目部（作业组）、业务部门为第一道风险防控防线；单位（公司）各职能部门为第二道风险防控防线；单位（公司）风险管理领导小组为第三道防线。风险管理要全员参与，实行全员风险管理，发动全员辨识危害。

一、地质勘探作业活动的特点

安全意识加强了，就要提前预防，怎么知道我身边有哪些不安全呢？这就要会进行风险识别与管理。风险识别，首先得知道有哪些风险？风险在哪里？

（一）矿产地质勘探作业活动的特点

矿产地质勘探是以找矿与扩大资源储量为目的的地质勘探工作，主要为野外作业，有的在井下作业或水上作业。主要采用地球物理勘探、地球化学探矿、钻探、坑探、采样测试、地质遥感等勘探手段，是一项具有较大危险性的工作，工作中的有害因素具有多样且不定性的特点，点多线长、高度流动（频繁拆卸搬迁安装）、分散作业。而且，地质调查野外作业点大多数是在人烟稀少、交通和通信不便、地理和气象条件差、气候和自然环境恶劣、作业条件艰苦等，存在着多种危害、有害因素。在《地质勘探安全规程》和《地质调查工作安全手册》及相关规程中，都有明确的提示和提醒，这就需要大家耐心地学习和认真地观察。

（二）矿山地质勘探作业活动的特点

矿山地质勘探工作是整个矿山开采工作的基础，开展矿山综合地质研究，包括对矿床围岩的稳定性和矿体的产状、厚度，以及岩性的破碎程度、水文地质状况、矿区采空区、瓦斯等地质环境进行有效预测，从而避免安全事故的发生。主要为矿山开采计划之前的设计和矿山开采设计提供一定的科学技术依据，为采掘计划及采场单体设计等提供可靠的原始资料；当矿山开采将要完毕时，要编写最终地质报告和申请闭坑文件。

矿山勘探作业活动环境相对矿产地质勘探稳定，流动小，易于总体布局，交通和通信、生活和物质条件要稍好些，但坑道内作业安全风险高于地表作业。

（三）工程地质勘探作业活动的特点

工程地质勘探是运用以各种勘探手段和方法，调查研究、分析评价建筑场地和地基的工程地质条件，查明不良地质作业和现象，为设计和施工提供所需的工程地质资料，充分利用有利的自然和地质条件，避开或改造不利的地质因素，保证建筑物的安全和正常使用。

工程地质勘探作业活动对象为岩土地质环境，勘探方法包括工程物探、工程钻探、工程坑探（探槽探坑、竖井斜井、坑道硐探）、触探等。作业区既有城市，也有城镇和乡村；既有平原，也有山区和沿江沿河；既有地表，也有地下空间。作业环境十分复杂，虽勘探深度较浅，但仍存在多种安全风险。

二、地质勘探作业活动的风险

（一）地质勘探作业活动存在的风险

根据《企业职工伤亡事故分类标准》，地质活动中存在着以下不安全风险：“高原反应、物体打击、雷击、触电、机械伤害、车辆伤害、植物伤害、生物微伤害、生物伤害、火灾、高处坠落、滑跌、滑波、坍塌、冒顶片帮、水害（洪水、透水、溺水）、地震、辐射、泥石流、暴风雪、沙尘暴、雪崩、噪声，以及流行性传染病种、疫情传染危险、有害因素”。

钻探工程存在的安全风险见表 9-2。

表 9-2 钻探工程安全风险源

不安全的作业环境危害	物的不安全状态	人的不安行为
地形地貌：高海拔、坡陡山高、深林、峡谷、悬崖陡壁、水田、苇塘、低洼草泽湿地、沙漠戈壁、无人区、高边坡、高填方、地震带、高压线路、地质灾害区（钻探场地上方有泥石流、山洪通道，周边有溶洞、天坑等）	机械设备和仪器：设备和仪器本身有缺陷，本质安全差。紧固部位未达到或超过设计紧固力、零部件缺失后修复、代替件达不到原有技术标准和工艺水平、超设备能力使用（小马拉大车）、设备水电油路不符合安全要求等； 在既有铁路旁边作业：必须遵守铁路安全有关规定，钻具与架空导线保持安全距离；开钻前摸清沿线地下管线埋藏位置及深度，并在作业区两端设置警戒哨位； 立塔或钻塔整体移位：要与高压线保持安全距离	安全意识淡薄，忽视安全工作
气候条件：高原高寒、恶劣气候、暴雨、雷击、大风、霜冻、冰冻	机具：如垫叉防护部件缺失或损坏、滑轮滑道脏污或缺油、钢丝绳缠绕叠累或跳槽、提引器的锁销（圈）松旷、钻塔绷绳地锚安装不符合规范要求、绷绳未绷紧等	安全知识欠缺，造成误操作
季节性危害：夏季中暑、冬季冰冻、雨季暴雨洪水雷电、干旱季节火灾	管路：供水管路未按规范要求进行布置、连接、绑扎、支撑	安全技能欠缺，无力应对安全隐患
道路运输风险：路基软填方、塌方、土石掉落、桥梁、路面湿滑、便道急弯、坡度大等	工具：管钳牙（或自由钳或扳手）磨损严重打滑或损坏	身患疾病（或情绪不稳失控）
动植物伤害：蛇和动物出没、蚊虫叮咬等	仪器：未按仪器使用说明书要求正确使用各类仪器	习惯性“三违”
人文环境：作业区周边治安状况、少数民族地区、边疆不稳定地区、民俗生活习等	材料：物的堆放位置及方法、高度不正确；违反规定要求管材摆放对垒过高、管材有毛刺，接触使用有毒有害泥浆处理材料	对已发现的安全隐患听之任之
不安全的地层因素：采空区、暗河、溶洞、塌陷地层等	用电：违反用电规定用电，电器设备无接地漏电保护装置（或装置失效）等	不按要求穿戴劳动防护用品
井下作业环境：坍塌、冒顶、透水、片帮、瓦斯、辐射、爆破、噪声、粉尘等	防护：防护装置、保险失效或本身缺陷。安全防护部件（防护罩、防护网、隔离装置）和设施缺失（安全带、安全绳）或损坏	安全责任不到位，监督检查不到位

（二）地质勘探作业活动存在的危害

在勘探过程中会对作业人员造成的典型危害有：电伤、挫伤、轧伤、压伤、扭伤、割伤、划伤、擦伤、刺伤、冻伤、烧伤、烫伤、骨折、辐射伤害、坍塌掩埋、撕脱伤、中毒、职业病等。就钻探机台而言，存在着场地平整（飞石、坍塌掩埋、跌落）；搬迁和安装（碰伤、挤伤、压伤）；上、下钻具（碰伤、砸伤、挤伤）；操作升降机（绞卷、碰伤）；移动钻具（碰伤、挤伤、压伤）；下套管（碰伤、砸伤、挤伤、刺伤）；钻探上作业（高空坠落）；泥浆池区（滑倒、绊倒、扭伤、触电）；其他（电、气焊职业伤害与烫伤）等诸多危害。

三、地质勘探作业安全风险辨识

仅仅有了安全技术规程（标准）和安全制度是远远不够的，要科学的对生产过程进行风险识别和分析，风险识别是对各种风险进行确认的一个动态和持续不断的过程，在勘探项目初次踏勘时和设备人员进场前都必须进行相应的风险识别和危险源辨识，勘探实施之前做全面的风险识别和危险源辨识。常用的方法有类比法、安全检查表（SCL）、作业条件危险性分析法（LEC）、工作安全分析法（JSA）、事故树分析法、事件树分析法、故障模式与影响分析法、风险矩阵分析法（LS）、风险程度分析法（MES）等。

（一）安全检查表（SCL）

安全检查表是安全工程中的一种分析和辨识系统危险性最基础、最简便、广泛应用的方法，也是重要的技术手段。

安全检查表主要有 3 种基本类型：定性检查表、半定量检查表和否决型检查表。

安全检查的内容重点是人、物、环境、管理等方面的缺陷和不足。

安全检查表适用于类比工程项目，比较适用于野外地质勘探作业活动。例如，对钻探工程作业中钻塔安装、拆卸工序按检查见表 9-3。

表 9-3　安全检查表（钻探工程部分）

施工单位：XXX 勘探有限责任公司　勘探项目：XXX 矿普查钻探工程　钻孔编号：______

机台编号：______　机长：______　作业地点：______

序号	检查		检查结果		存在的问题和隐患	备注
	对象	项目及内容	合格	不合格		
1	安装、拆卸钻塔作业	安装、拆卸钻塔时，有无不系安全带现象	□	□		
2		塔上作业，有无安全带低挂高用现象	□	□		
3		安装、拆卸钻塔时，有无扳手袋（保险绳）	□	□		
4		塔上的台板厚度长度宽度是否满足要求	□	□		
5		塔上的台板有无折断或脱落现象	□	□		
6		有无穿带钉子鞋（或硬底鞋）上塔作业	□	□		
7		钻塔工作台有无防护栏破损现象	□	□		
8		活动工作台防坠器灵活可靠性	□	□		
9		工作台绳锤导向绳直径是否满足规范要求	□	□		
10		活动台平衡锤安装位置、距地面距离是否满足要求	□	□		
11		坐式天车有无挡板（罩）	□	□		
12		吊式天车有无保险绳	□	□		
13		钻塔避雷针接地电阻是否<15Ω	□	□		
14		钻塔绷绳的地锚深度能否满足 1m 要求	□	□		
15		有无在夜间或 5 级以上大风情况下安装、拆卸钻塔现象	□	□		
说明	检查对象：事先把检查对象分割成若干单元，如机场地基、设备搬迁、钻机设备安装、机场用电、现场安全防护、现场管材机具摆放、附属工程与机具、现场防火防洪、防风防低温、个人防护、生产操作、安全管理等					
	打钩：是否满足规范要求？合格不合格？在相应栏中打“√”即可					

检查负责人（签字）：　　检查人：　　时间：　年　月　日

（二）作业条件危险性评价法（LEC 法）

作业条件危险性评价法（LEC 评价法）用与系统风险有关的 3 种因素指标值的乘积来评价操作人员伤亡风险大小，认为影响危险性的主要有 3 种因素：L（事故发生的可能性）、E（人员暴露于危险环境中的频繁程度）和 C（一旦发生事故可能造成的后果）。给 3 种因素的不同等级分别确定不同的分值，再以 3 个分值的乘积 D（危险性）来评价作业条件危险性的大小。用公式来表示，则风险分值 D 为：

$$D = L \times E \times C$$

D 值越大，说明该系统危险性大，需要增加安全措施，或改变发生事故的可能性，或减少人体暴露于危险环境中的频繁程度，或减轻事故损失，直至调整到允许范围内。

表 9-4　×××钻探施工项目初始风险评价清单

作业项目	导致后果	危险源风险及后果描述	影响对象	存在时间	L	E	C	D	危险程度	是否重大危险源
交通运输	车辆伤害	长途运输：①成都至爱辉区罕达汽镇，高速公路段，车流量大、车速快；②车辆长途运输前检查不仔细、维护保养不良，车况差，可能发生交通事故，造成人员伤亡；③超速、疲劳驾驶、不系安全带等可能造成严重事故；④恶劣气候对车辆驾驶员产生思维和操作误导	驾乘人员	进出场及施工过程中	3	6	15	270	高度危险	是
		施工区内运输：①施工区内乡村道路，弯多路窄、当地牧民及牲畜较多；②不定期降雨降雪，路滑，违章行驶可能造成事故；③车辆安全性能检查不仔细，可能造成事故			3	6	15	270	高度危险	
高处作业	高处坠落伤害	①气温低，施工现场有泥浆、水，地面较滑；②起重设备固定不牢，造成高处坠落，人员伤亡；③上塔不按要求作业，踏空失足引起高处坠落事故；④交叉作业（吊装/搬运/试钻）时，有其他高处坠物，造成人员伤亡	各班组	施工期间	1	6	15	90	显著危险	否
交叉作业	机械伤害	①清洗设备；②搬迁作业、卸货、吊装、工具不规范使用；③防护装置失效	各班组	施工期间	1	6	7	42	显著危险	否
设备搬迁	机械伤害	①安全设施配备不齐或安全设施失效，机械维护保养不良等容易发生机械伤害；②搬运作业使用的吊具、U 形环、工具等磨损超过标准要求或对工具等检查不认真，造成断裂、滑落，作业人员操作不规范致使人员伤害；③现场指挥人员违章指挥，容易发生机械伤害	各班组	施工期间	3	6	7	126	显著危险	否
仪器用电	触电伤害	①电源线出现设备老化、裸露；②施工现场线路连接或检修，非设备管理员操作	各班组	施工期间	3	6	7	126	显著危险	否
野外作业	火灾	①　吸烟，动火作业；②车辆自燃，引起火灾；③天气干燥、高温；④油料临时存放不规范	全员	施工期间	1	6	15	90	显著危险	否
作业人员	食物中毒	①不合格的饮用水；②用餐时，消毒、卫生条件差，食物变质	全员	施工期间	3	6	3	54	可能危险	否
作业现场	环境污染	①　施工现场、营地、生活废弃物；②机械维修产生的废弃物	所有作业点	施工期间	3	6	3	54	可能危险	否
作业现场	噪声危害	①设备操作人员防噪耳塞配备不齐；②员工未正确使用	全员	施工期间	3	6	3	54	可能危险	否
协调工作	第三方纠纷	①工作业时与当地居民没有进行友好沟通；②未取得工作上的支持	项目部	进出场及施工期间	3	6	3	54	可能危险	否
野外作业	恶劣天气	夜间或 5 级以上大风，雨、雾、雪等天气下作业	所有作业点		3	6	7	126	显著危险	否

LEC 评价法的适用范围与条件：主要适用于对因作业条件不完善而引发的安全风险的评价。该评价法是根据经验来确定 3 个因素的分数值及划定危险程度等级，因此，它有一定的局限性，而且它是一种作业的局部评价，故不能普遍适用，此外，在具体应用时，还可以根据自己的经验、具体情况对该评价方法做适当的修正。

例如，某钻探工程有限责任公司在某钻探项目，专门成立风险辨识评价小组，依照“LEC”评价法进行风验辨识与评估，辨识与初步评估结果《×××钻探施工项目初始风险评价清单》（表 9-4），得出了本项目重大风险源（表 9-5），本项目重大风险源为交通运输。通过制定以上风险控制与削减措施后，对本项目重大风险源进行再评价，剩余风险评价结果详见表 9-6。

表 9-5 ×××钻探项目重大风险源评价结果表

序号	重大风险源	危险源风险及后果	作业环节	危险程度
1	交通运输	人员伤亡 财产损失 社会影响	车辆进出场 中途材料补充 施工期间值班车运输	高度危险

表 9-6 ×××钻探项目剩余风险评价表

序号	重大危险源	控制前初始风险				控制后剩余风险				风险是否可接受
		L	E	C	D	L	E	C	D	
1	交通运输	3	6	15	270	3	3	15	90	是

（三）工作安全分析（JSA）

工作安全分析（JSA）又称工作危害分析（JHA），是一种定性的风险分析辨识方法，用来进行人的不安全行为、物的不安全状态、环境的不安全因素以及管理缺陷等的有效识别。先把整个作业活动任务划分成多个工作步骤，将作业步骤中的危险源找出来，并判断其在现有安全控制措施条件下可能导致的事故类型及其后果。

1. JSA 法的适应范围

主要用于生产和施工作业场所现场作业活动的安全分析。依据地质勘探及钻探、坑探、物探及化探等作业活动，比较适应于工作安全分析（JSA）。

2. 工作安全分析（JSA）步骤

第一步：明确要进行的工作安全分析（JSA）作业任务。

第二步：把作业按照顺序分成几个关键步骤，给每一步骤编号，并且要具体而明确做什么（而不是如何做）。步骤划分不能太笼统，在 5～10 步之内为宜；也不要太细，若作业步骤超过 10 步，则应考虑划分成不同的作业步骤（图 9-2）。

同理，可延伸到钻探作业钻塔内更换照明灯泡作业步骤和坑道内更换照明灯泡作业步骤，延伸至钻探各项工作任务、各工序作业步骤分解，即可进行工作安全分析（JSA）作业。

第三步：筛查每一步作业，分析哪一个环节会出现问题并列出相应的危害因素。

例如：在高原地区从事地质勘探作业，食堂必须使用高压锅煮饭，而高压锅存在的不安全因素主要有：漏电、触电和电击；火灾；烫伤、灼伤；超压爆炸等。

例如：地质勘探作业中的钻探生产中的“下钻、钻进、起钻”工作安全分析（表 9-7）。

第四步：分析可能发生的危害并进行评价，针对每一个危害，应对现有的控制措施的有效性进行评估，对关键活动或重要步骤存在的潜在危害进行风险评价。

第五步：针对识别出的每个危害因素制定风险控制措施，将风险降低到可接受的范围。

第六步：在控制措施实施后，与员工沟通，组织实施并持续改进不断完善，进行认真总结。

表 9-7　地质勘探作业工作安全分析（JSA）

日　　期：________年________月________日　　　第　页 共　页　　　编　号：______________

单位名称：______________________________　　　项目部名称：______________________

工作任务：钻探生产作业　　　钻机型号：XY-5 型　　　钻塔型号：SC18　　　泥浆泵型号：BW-320 型

作业活动		潜在的危害（危险源）描述	时态	状态	可能导致的伤害	风险		危害防控措施	岗位责任人
工作内容	工序步骤					可否容许	等级		
下钻	步骤 1	启动动力机（柴油机或电动机），潜在着柴油机“飞车”（电动机漏电）危害	将来	异常	触电伤害、机械伤害	否			
	步骤 2	结合钻机离合器，联动、操作卷扬机，潜在着分动箱联动错误	将来	异常	导致立轴突然回转，机械伤害	否			
	步骤 3	操作卷扬机，挂提引器提升钻具送入孔内，潜在着提引器脱开、钻具碰撞的危害	将来	异常	导致钻具或钻杆突然坠落，物体打击	否			
	步骤 4	操作卷扬机，将钻杆送入孔内，潜在着提引器下行伤人的危害	将来	异常	物体打击、人员伤亡	否			
	步骤 5	操作拧管机（或人力）拧紧钻杆，潜在着“打叉”飞出（或自由管钳滑脱）的危险	将来	异常	物体打击	否			
	步骤 6	钻机前移，连接主动（立轴）钻杆，潜在着高压管“缠绕”的危险	将来	异常	机械伤害	否			
钻进	步骤 1	正常钻进中升降机抱闸失灵、提引器下坠	将来	异常	物体打击	否			
	步骤 2	操作液压操作阀，立轴倒杆	将来	异常	高压胶管缠绕、人员伤害	否			
	步骤 3	采岩（矿）心操作，经验不足、强行蛮干	将来	异常	岩心管（或钻杆）折断、钻头脱落、烧钻	否			
起钻	步骤 1	关闭泥浆泵停止输送泥浆横跨机器皮带、链条	将来	异常	机械伤害	否			
	步骤 2	提起主动（立轴）钻杆、钻机后退有异物（电缆或工器具）卡住	将来	异常	机械伤害、触电	否			
	步骤 3	操作卷扬机过快、过猛	将来	异常	提引器顶天车、引发炮管事故，物体打击	否			
	步骤 4	操作拧管机（或人力）拧紧钻杆，潜在着“打叉”飞出（或自由管钳滑脱）的危险	将来	异常	物体打击	否			
	步骤 5	将钻具提出孔内，放平地面速度过快、提引器切口朝下	将来	异常	物体打击、人员伤亡	否			
	步骤 6	摘取提引器、断开钻机离合器错误操作	将来	异常	机械伤害、物体打击	否			
	步骤 7	关闭动力机（柴油机或电动机），冬季柴油机未排放冷却水	将来	异常	缸体冻裂	否			

JSA 小组负责人：　　　JSA 小组安全员（或注册安全工程师）：　　　JSA 小组分析制表人：

步　骤	作 业 活 动	示　　意
步骤 1	断电源	
步骤 2	搬梯子	
步骤 3	安装（支撑好）梯子	
步骤 4	上梯子	
步骤 5	换灯泡	
步骤 6	下梯子	
步骤 7	接通电源（观察灯泡）	
步骤 8	正常后，将梯子放回原处	

图 9-2　室内更换照明灯泡作业步骤

3. 安全风险的初步判断与评价

风险评价是评价风险程度并确定其是否在可容许范围的过程。将风险分析的结果与风险准则比较，确定风险等级。安全风险分为“极高风险”“高风险”“中等风险”“低风险”“极低风险”5个等级（划分方法如“SEP”评估方法）。其中“中等风险”以上为不可接受风险，需立即采取处置措施。

4. 安全生产风险公告

（1）应在重大危险源、存在严重职业病危害的场所设置明显标志，标明风险内容、危险程度、安全距离、防控办法、应急措施等内容。

（2）应在有重大事故隐患和较大危险的场所和设施设备上设置明显标志，标明治理责任、期限及应急措施。

（4）必须在工作岗位标明安全操作要点。

5. 安全风险管控措施

通过实施管理措施和技术措施对风险进行控制，使风险降低或保持在可接受范围的行为和过程。

安全基本防护主要包括安全防护设备、安全防护技术手段、劳动安全防护用品。

第三节　安全生产事故隐患排查与治理

安全风险是事故发生的可能性和后果严重性的组合，隐患是风险管控失效后形成的缺陷和漏洞，隐患不及时排除治理将导致事故发生。要把安全风险管控挺在隐患前面，把事故隐患排查治理挺在事故前面。

安全生产事故隐患（简称“事故隐患”）排查治理与安全风险预防控制是本质安全的重要环节，是安全生产标准化的评价指标及重要内容。从流程上看，标准化、隐患排查、风险管控3个管理措施均涉及查、改、验这3个环节，只是形式不同而已，而且风险辨识、评估，隐患排查治理是串联起来的，并且包含和贯穿于标准化的动态循环之中。因此，三者具有一定程序上重复性和叠加性。

事故隐患分为一般事故隐患和重大事故隐患。一般事故隐患，是指危害和整改难度较小，发现后能够立即整改排除的隐患；重大事故隐患，是指危害和整改难度较大，应当全部或者局部停产停业，并经过一定时间整改治理方能排除的隐患，或者因外部因素影响致使生产经营单位自身难以排除的隐患。

第四节　坑道钻探工程专项安全技术设计

一、坑道作业特点

（1）地下坑道空间小，常需要通风、通水、通电、排水，钻探工程还需开拓钻窝，运输困难，施工条件较地面恶劣。

（2）坑道内要钻各种不同方位和倾角的钻孔，有上仰孔、上垂直孔、下垂直孔、下斜孔、近水平孔等，增大了施工难度。

（3）坑道内受钻进空间和防爆要求等条件限制，所有设备和仪器不仅重量和体积受限，而且所有装备都必须要有防水、防潮、防火、防爆及漏电保护等设施。钻机的动力只适宜用电力、液压马达或压缩空气驱动。

（4）开孔就在基岩内钻进，钻孔结构简单，钻孔口径较小，要用体积小、机械化和自动化程度高的钻探设备。

因此，在坑探施工过程中主要存在顶板事故、运输事故、爆破危害、粉尘瓦斯有毒气体危害、坠落危害、机械伤害、噪声危害等危险有害因素。作业过程中有冒顶、片帮、高处坠落、物体打击、机械伤害、电器危害、放炮、火药爆炸、火灾、中毒窒息、巷道运输车辆伤害、粉尘、噪音、振动等危害。

二、坑道钻探工程专项安全技术设计

根据2014年国家安监总局颁布的《金属非金属矿产资源地质勘查坑探工程安全专篇编写提纲》规定，坑探工程安全专篇编制包括设计依据、项目概况、危险与有害因素分析、安全对策措施、安全管理、对坑探施工组织设计的调整建议6个方面及附图。

三、坑道钻探安全生产技术要点

（1）坑道硐室钻探机台必须设置安全员，并每天检查坑道内的安全环境。

（2）坑道内保持良好通风、供风量。

（3）钻探与采矿（爆破或掘进）交叉作业时，停止钻探生产。

（4）坑道内设备搬迁和安装，要统一组织、专人指挥；材料及岩心的运输应采用电动车或两轮人力车搬运，禁止使用尾气排放超标的机动车，减少和降低防止空气污染、消耗。

（5）竖塔后要上紧固定钻塔的螺丝。固定钻机的锚杆深度满足稳定钻机的需要。如果在钻进过程中发现有松动现象，应当重新锚固。

（6）在钻进仰角孔时，应当使用封水密闭的接头，并泵入有合适泵压的冲洗液，严防内管因下落太快可能造成对人员、设备、钻具的撞击事故发生。

（7）提下钻应平稳，不宜太快过猛，提钻时要严格注意主动钻杆顶部顶撞坑道顶部岩石，防止发生顶部岩石脱落。

（8）施工大于300m的中深孔，必须采用机场硐室以外冲洗液大循环系统，不能仅围绕机台。

（9）在提钻、拧卸钻杆或钻进过程中，不能站在动力头的下方。

（10）当下钻遇阻时，应当扫空，不能强行下压钻具，应防止压弯钻杆。

（11）对危险不稳定的坑道围岩通过协调进行支护；对经过评估后无法保障安全施工环境的，

则协商终止钻探施工。

(12) 潮湿环境中顶、壁蚀变带和断层泥围岩易潮解、水化、应力变形，此时应当经过安全评估并根据评估结果确定是否重新支护。

(13) 供电线需采用电缆输送，电缆、送风管、循环水应当分别挂设两边，相互间距>10cm。

(14) 经常清理坑道积水，不得在坑道内任意蓄水，不得将废浆存放在坑道内。

(15) 终孔之后，应对主巷道内的泥浆坑、泥浆槽进行清理和填埋，不能使其对搬迁运输构成安全隐患。

(16) 严格交接班制度，应当将坑道内顶和帮的岩石稳定性、电线、电缆、风管、送风机、坑道内的空气质量、班报表记录等进行详细交接，接班班组还应进行检查核实。尤其是电线、电缆、风管是否有破损一定要详细检查。

第五节 职业健康安全

习近平总书记在十九大报告中指出："实施健康中国战略，要完善国民健康政策，为人民群众提供全方位全周期健康服务"。新形势下，职业安全健康工作应转变观念——把"以职业病防治为中心"，转变为"以职业人群健康为中心"，为职业人群提供全方位、全周期的健康服务，覆盖每个人职业生涯的全过程。涵盖职业危害的预防、职业病的治疗和康复等系统连续的健康服务，追求生理、社会、心理等方面的全面健康。

职业病具有不可逆性，难以根治，并会造成部分劳动者永久性丧失劳动力。通过提前预防和有效管理，是可以预防的。职业病防治工作坚持"预防为主、防治结合"的方针，建立用人单位负责、行政机关监管、行业自律、职工参与和社会监督的机制，实行分类管理、综合治理。严格遵守国家职业病防治法律法规与职业健康安全管理标准，落实职业病预防措施，从源头上控制和消除职业病危害。

2020 年 3 月，我国发布了《职业健康安全管理体系要求及使用指南》(GB/T 45001—2020)，代替了原 GB/T 28001—2011 标准和 GB/T 28002—2011 标准，主要包含职业健康安全管理体系的要求，职业健康安全管理体系的使用指南。这标志着中国的职业健康安全管理体系认证与国际上的 ISO45001 职业健康安全管理体系认证标准相接轨。

《职业健康安全管理体系要求及使用指南》(GB/T 45001—2020) 采用了基于风险的思维，基于"策划-实施-检查-改进 (PDCA)"的概念，通过建立、实施和保持职业健康安全管理体系，改进健康安全，消除危险源并尽可能降低职业健康安全风险，防止对工作人员造成伤害和健康损害，并提供健康安全的工作场所。更加注重职业健康安全绩效，更加强调了组织环境以及工作人员和其他相关方面的需求及期望，强化了领导作用，强化了工作人员协调和参与，细化了危险源辨识和风险评价及运行控制的要求。

(1) 职业健康安全管理体系的成功取决于用人单位的重视程度以及组织各层次和职能的参与。用人单位应设置或者指定职业卫生管理机构或者组织，配备专职或者兼职的职业卫生管理人员，负责本单位的职业病防治工作；制定职业病防治计划和实施方案；建立健全职业卫生管理制度和操作规程；建立健全职业卫生档案和劳动者健康监护档案；建立健全工作场所职业病危害因素监测及评价制度；建立健全职业病危害事故应急救援预案；优先采用有利于防治职业病和保护劳动者健康的新技术、新工艺、新设备、新材料，逐步替代职业病危害严重的技术、工艺、设备、材料；对劳动者进行上岗前的职业卫生培训和在岗期间的定期职业卫生培训，普及职业卫生知识，督促劳动者遵守职业病防治法律、法规、规章和操作规程，指导劳动者正确使用职业病防护设备和个人使用的职业病防护用品；工作场所应当符合国家职业卫生标准；对从事放射性工作的人员，上岗前应当进行上岗前的职业健康检查，符合放射工作人员健康标准的，方可参加相应的放射工作；为劳动者提供个人使用的职业病防护用品；要在醒目位置和重点区域分别设置安全风险公告栏，在工作场所与作业岗位设置警示标识和告知卡，标明主要安全风险、可能引发事故隐患类别、事故后果、管控措施、应急措施及报告方式等内容，不得隐瞒职业病危害，定期进行职业病危害检测，强化危险源监测和预警。

（2）作业人员（劳动者）除享有应有的职业健康安全权利外，还应具备职业安全健康意识。应认真履行健康职业安全责任义务。学习和掌握相关的职业卫生知识，增强职业病防范意识，遵守职业病防治法律、法规、规章和操作规程，明确职业健康安全方针和职业健康安全目标；认识到自己对职业健康安全管理体系有效性的贡献作用，包括提升职业健康安全绩效的益处，知道不符合职业健康安全管理体系要求的影响和潜在后果，知道与其相关的危险源、职业健康安全风险和所确定的措施，能正确使用、维护职业病防护设备和个人使用的职业病防护用品，发现职业病危害事故隐患应当及时报告；从事野外地质勘探工作，自觉按规定要求进行身体检查，进入高原艰险地区作业出队前进行职业禁忌证的专项体检，并建立员工相应的健康档案；严格执行安全操作规程，正确佩戴和使用劳动防护用品。

（3）开展对危险源进行辨识，包括：

1）基础设施、设备、原料、材料和工作场所的物理环境。

2）产品和服务设计、研究、开发、测试、生产、装配、施工、交付、维护和处置。

3）人的因素。

4）工作如何执行。

地质勘探作业组织开展危险源辨识中还应考虑到以下几方面：常规和非常规的勘探作业活动与状况、新的或变化的危险源情况、有关危险源的知识或信息的变化、勘探现场潜在的紧急情况、勘探作业人员（劳动者）的能力与局限性等。

第十章　绿色勘探工程案例

绿色勘探工程案例一

发挥遥感技术优势，走绿色勘探之路

随着航天遥感和卫星传感器技术的发展，遥感卫星数据分辨率的提高，利用高分遥感技术在我国西部基岩裸露、半裸露地区指导找矿已成为一种绿色、快速、经济的手段。中国煤炭地质总局航测遥感局以 WorldView-2 、Quickbird、IKONOS、ASTER、CASI/SASI 等遥感数据为依据，运用遥感技术在西昆仑高寒、高海拔、低植被覆盖区开展一系列遥感找矿工作，建立多种遥感找矿模型，其核心是“不毁一草一木，完成找矿之路”。高分遥感技术在西昆仑、东昆仑、花牛山地区矿产地质综合调查中作用显著，可为实现找矿工作的快速突破创造条件，并为遥感技术在相同或类似地区的找矿工作提供依据和借鉴。

一、背景情况

西昆仑地区地处青藏高原西北缘与塔里木盆地西南缘之间，是秦祁昆构造带的重要组成部分。沉积作用、构造作用、变质作用、岩浆活动等多种成矿地质条件优越，已发现的矿床种类繁多，矿种齐全，找矿前景十分乐观。近年来，在众多地质矿产学者的不懈努力和艰辛付出下，取得了一系列重要找矿突破。先后在塔什库尔干地区古元古界布伦阔勒岩群发现老并、赞坎、叶里克铁矿床、吉尔铁克沟磁铁矿床和田地区火烧云中侏罗统龙山组超大型 SEDEX 型碳酸盐岩型 Pb-Zn 矿、切列克其下志留统温泉沟群 SEDEX-受变质改造-热液加富型含铜铅锌的赤铁-菱铁矿、玛尔坎地区石炭系大型海相沉积型优质锰矿床等。然而，西昆仑地区高寒缺氧，地形切割强烈，地势险峻，人烟稀少，交通极为不便，植被稀疏，生态环境脆弱（图 10-1），大面积的野外地质调查工作往往面临挑战，且破坏当地生态平衡，不少地段漏控，难以获取系统、全面、翔实的地质矿产资料。

图 10-1　西昆仑地区地形地貌

随着遥感技术的不断发展和在地质找矿应用中的日益深入，遥感技术在矿致遥感异常信息提取和找矿有利地区圈定等方面显示出明显的优势。西昆仑地区植被稀少、基岩裸露，适合遥感技术的发挥。为此，中国地质调查局2010年下达了“昆仑-阿尔金成矿带地质矿产调查（计划项目）”所属工作项目“西昆仑成矿带矿产资源遥感综合调查（2010—2012）”，由中国煤炭地质总局承担，旨在运用遥感技术快速发现或圈定一批矿致遥感异常和遥感找矿线索，结合最新成矿理论，初步查明区域成、控矿地质条件和矿化（蚀变）类型，圈定遥感找矿有利区，为后续区域地质矿产调查项目规划部署和矿产资源勘查评价提供依据。3个年度完成3个区块共计33幅1∶5万矿产地质高分遥感解译，取得了良好的找矿效果。

二、调查区的特点与难点

（一）调查区植被稀疏，生态脆弱，自然恢复难度大

调查区属昆仑-喀喇昆仑冰蚀基岩高山-极高山区，总体地势呈南高北低格局，工作面海拔4800~5500m，缺氧量达50%；属高原寒带荒漠气候，昼夜温差大，8月份夜间气温尚在零度以下；生态脆弱，可供植被生长的土层很薄，植物发芽困难、生长非常缓慢，植被一旦被破坏，自然恢复的概率极低。

（二）自然环境与地层条件恶劣，传统勘探找矿难度大

（1）调查区地形切割严重，山高坡陡，多为悬崖峭壁（图10-2（a））。传统找矿（地面物探+钻探等）设备整体无法搬运上山，只能将设备解体，靠人工和牦牛进行搬运，劳动强度大，周期长。

（a）作业区的地形地貌

（b）作业区9月份的气候环境

图10-2 西昆仑自然环境

调查区气候属典型的大陆性寒温带干旱季风气候。其特点是干燥寒冷，以温差大（昼夜温差>15℃）、干燥少雨为特征。年平均气温约3.3℃，极端最高气温32.0℃，极端最低气温-39.1℃。年平均日照时数2831.0h，无霜期79d。年平均降水量68.3mm，年平均蒸发量2309.5mm。每年9月下旬开始降雪，10月份至次年4月下旬为冰冻期，每年野外施工作业时间仅5个月左右，给传统野外地质调查工作带来诸多不便（图10-2（b））。

（2）地层、构造条件极端复杂，地质勘探程度极低。

西昆仑位于欧亚板块与印度板块的结合处，地处青藏高原西北缘与塔里木盆地西南缘之间，大地构造位置处于古亚洲构造域和特提斯构造域的结合部位，是秦祁昆构造带的重要组成部分，从古元古代地层到中生代地层均有出露，是研究特提斯洋演化的重要地区。区内褶皱强烈，断层发育，

经历了多阶段、多种类型的构造事件，不同时期的地质事件互相叠加，多期岩浆作用和多期变质作用形成了复杂的岩浆岩、沉积岩、变质岩复合体（图 10-3）。

（a）岩体和长城系的分界

（b）花岗闪长岩样品

（c）混杂岩带中岩石风化破碎严重

（d）混杂岩带局部影像特征（IKONOS图像）

图 10-3 作业区地质环境与条件

在此开展地质找矿工作，植被一旦被破坏，自然恢复的速度极慢，其结果会恶化生态环境，就会成为区内不稳定、不和谐的因素之一。因此，采用传统的找矿模式势必会影响当地生态平衡，利用遥感技术实施绿色勘探成为地质找矿勘探不二的选择。

三、取得的成果

在西昆仑地区发现 5 处极具找矿远景意义的矿化带，分别为：①黑恰铁多金属矿化带；②大红柳滩含稀有金属花岗伟晶岩带 1 处，解译岩脉百余条；③大红柳滩层控型铁多金属矿化带 1 处；④俘虏沟燕山期花岗岩有关热液脉型铁、铅、银、铜矿化区 1 处，矿化点数十处；⑤俘虏沟层控型含铜铅锌银的菱铁-赤铁矿矿化带 4 处。

（一）黑恰铁多金属矿化带

1. 遥感影像解译标志建立

在 IKONOS（波段组合 B3（R）B2（G）B1（B））高分遥感图像中，黑恰铁多金属矿化带表现为淡褐色带状影纹图案，与两侧岩层影像特征略有差异（图 10-4（a））。在 ETM（波段组合 B7（R）B4（G）B3（B））假彩色合成图像中，矿化带呈黄绿色色调，规则条带状影纹图案，两侧岩层呈蓝色条带影纹图案，二者色差明显，易于区分，但界线不易确定，带内细节刻画不足（图 10-4（b））。

（a）IKOlNOS图像　　　　（b）ETM图像

图 10-4　黑恰铁多金属矿化带遥感影像解译标志

为进一步增强遥感解译效果，在上述处理的基础上，对 IKONOS 图像的 B3（R）B2（G）B1（B）波段组合进行了去相关分析。黑恰铁多金属矿化带在增强后的图像中表现为不同深浅的褐色，呈规则条带状影纹图案，与带外 2 侧岩层的影像特征差异明显，界线清楚，易于识别。矿化带内的铁矿体多位于矿化带中、下部，色调较矿化带深，呈暗红褐色色调，窄条带状、透镜状、串珠状断续延伸，与矿化带界线基本清楚。通过详细解译，矿化体主要分布在矿化带的西北段，其他地段因单矿化体规模较小或表层覆盖较严重，不易直接判译。底板围岩色调以暗灰蓝-暗褐黑色为主，间红褐色；顶板围岩色调为浅灰-白色-淡黄褐色，均呈带状延伸（图 10-5（a））。基于主成分分析的信息分解技术是增强地质岩性弱信息的一种常用方法。利用 IKONOS 数据 B1、B3、B4、B2 波段进行主成分分析，取第三主分量与原始 1、3 波段组合得到的新图像中，黑恰铁多金属矿化带呈桃红色色调，带状影纹，明显区别于围岩影像特征（图 10-5（b）），便于直接判译。

（a）去相关分析　　　　（b）主成分分析

图 10-5　IKONOS 高分遥感图像增强处理后的黑恰铁多金属矿化带解译标志

2. 矿化遥感异常信息提取

铁染信息的吸收特征波谱中心分别为 0.45 μm、0.55 μm、0.85 μm 和 0.90 μm，反射特征波谱为 0.60~0.80 μm，对应于 IKONOS 数据，B1 呈吸收特征，B3 呈反射特征。主成分分析是通过对特定的几个波段进行正交变换，去除波段间的相关性，降低数据的维数，使尽可能多的有用信息集中到少量的波段图像中。各个主分量常常代表一定的地质意义，且互不重复，地质意义具有其独特性。对 IKONOS 数据的 B1、B3、B4、B2 波段进行主成分变换，代表铁染主分量的判断准则是在构成该主分量的特征向量中，B3 的系数应与 B1、B4 的系数相反，一般与 B2 的系数相同（表 10-1）。

表 10-1 铁染异常特征矩阵

	B1	B3	B4	B2
PC1	0.383	0.549	0.505	0.544
PC2	-0.704	0.270	0.578	-0.313
PC3	-0.571	0.268	-0.499	0.594
PC4	0.178	0.744	-0.403	-0.503

采用主成分分析法进行铁矿化（铁染）遥感异常信息提取，PC3 是铁染异常的特征主分量。按照均值+3δ（标准差）确定异常下限，提取出的铁染异常特征明显，呈带状分布（图 10-6）。

图 10-6 IKONOS 高分数据提取的铁染异常 IKONOS（右上角为铁矿体野外照片）

3. 野外调查验证

系统的野外调查结果表明：在平面上，铁（化）矿体由 NW 向 SE 发育程度逐渐变差，矿化体的地表厚度逐渐减薄，单矿体走向延伸长度逐渐变小；在空间上，铁多金属矿化带与碳酸盐岩关系密切，多构成矿体顶板（少数地段构成矿体底板），铁矿体产出部位均有碳酸盐岩发育，但碳酸盐岩厚度与铁矿体厚度往往无明显关系或呈负相关关系。沿矿化带走向，Cu、Pb、Zn 成矿元素由 NW 向 SE 大致呈铅-锌-铜元素分带规律，亦即随着铁矿体厚度由厚变薄，Pb 含量逐渐降低，Zn 含量逐渐增高；在铁矿体尖灭地段，Cu 含量逐渐增高，并出现 Cu 的独立矿体（图 10-7）。

（二）大红柳滩花岗伟晶岩型稀有金属矿化带

WorldView-2（R（8）、G（4）、B（3）波段合成）图像上花岗伟晶岩为亮白色、灰白色、浅亮黄色色调，条带状影纹特征，常沿岩体外接触带及其附近围岩成群成带出现，与围岩反差明显，易于判识（图 10-8a）；ASTER 数据遥感异常特征主要表现为羟基异常（图 10-8b）。在康西瓦-大红柳滩-俘虏沟一带共解译出数百条规模大小不等的花岗伟晶岩脉，经实地调查，部分岩脉含矿。虽在高分遥感影像上难以识别无矿简单花岗伟晶岩和稀有金属矿化复杂伟晶岩，但为今后在该区开展花岗伟晶岩型稀有金属矿调查与勘查评价工作提供了找矿目标体。

空间上（含稀有金属）花岗伟晶岩与燕山期含斑黑云母二长花岗岩关系密切。岩体内、外接触带和附近围岩中伟晶岩脉特别富集。多呈 NW 向展布，与区域构造线方向一致，倾角一般为 35°~75°，多沿片（劈）理或构造裂隙，呈不规则脉状、条带状、透镜状、扁豆状、豆荚状、串珠状成

（a）赤铁-褐铁矿矿石

（b）铁矿空洞中的方铅矿矿化

（c）铁矿体顶板碎裂大理化白云岩中的铅锌矿化

（d）铁矿体顶板大理化白云岩中的蓝铜矿化

图 10-7　黑恰铁多金属矿化带典型矿石照片

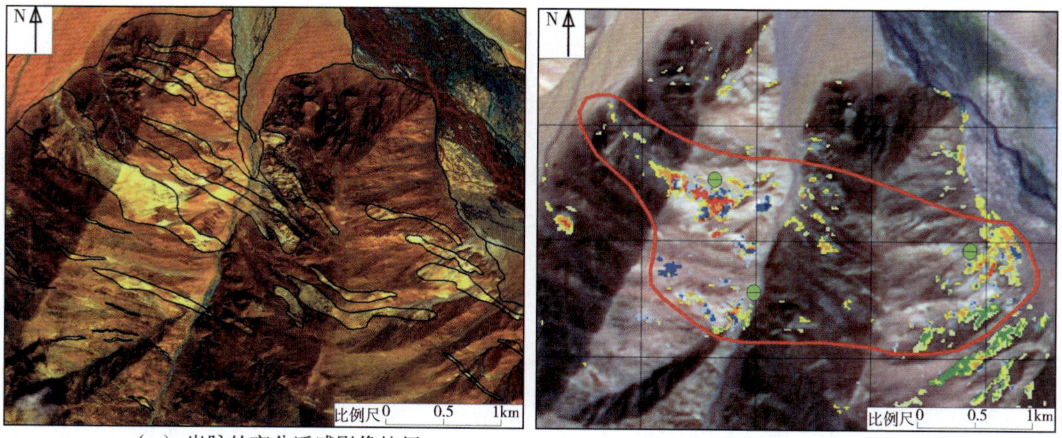

（a）岩脉的高分遥感影像特征

（b）岩脉发育区ASTER遥感异常图

图 10-8　大红柳滩花岗伟晶岩脉

群产出，空间上形成一花岗伟晶岩带。岩脉单体大小差异悬殊，小者数米长，数厘米宽，大者数百米长，数十米宽。

伟晶岩类型以白云母伟晶岩为主，稀有金属（锂辉石、绿柱石）伟晶岩次之。伟晶岩脉主要矿物成分、化学成分与旁侧花岗岩成分基本相似，主要由石英、长石及白云母组成，部分岩脉中含锂辉石、锂云母、绿柱石、含铷钠长石、电气石、锡石、黄玉及铌钽铁矿等富含稀有金属和挥发组分的矿物。伟晶岩组构以粗粒伟晶结构为主，文象结构次之，以带状构造为主，偶见晶洞构造。

推测其成因可能为旁侧花岗岩浆演化，在岩体内、外接触带及其附近相对封闭的围岩中由富挥发组分的残余岩浆熔融体结晶而成，形成时代为燕山期（侏罗纪）。

根据新疆地质矿产局第二地质大队对大红柳滩南1号矿脉检查结果，样品锂辉石含量大于17kg/m^3，Li_2O 品位大于 0.6×10^{-2}，BeO 平均品位大于 0.061×10^{-2}，Ta_2O_5 品位 0.007×10^{-2}。

（三）大红柳滩层控型铁多金属矿化带

WorldView-2（R（5）、G（3）、B（2）波段合成）图像上矿化带呈不同深浅的黄褐色色调，呈窄条带状、透镜状、斑点状影纹特征，空间上断续延伸，宏观上构成明显的带状影纹特征，遥感解译标志清晰，遥感特征明显，与围岩色调差异显著，易于判识（图10-9）。

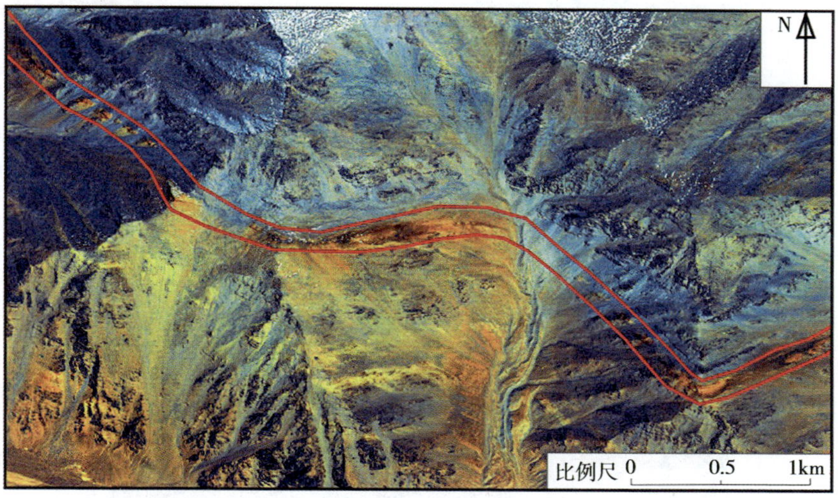

图10-9 大红柳滩铁多金属矿化带（局部）高分遥感特征

矿化带连续性好，向NW方向被康西瓦断裂所截，向SE延伸出区外，区内走向延伸长度约18km，宽度50~100m，倾斜延伸长度不详。矿化带与片理产状基本一致，总体产状为30°~50°∠65°~85°。近矿围岩蚀变微弱。矿体受后期脆-韧性构造剪切作用强烈，带内发育“δ”旋转碎斑系，剪切指向为右行走滑性质。带内含10余条矿（化）体。矿（化）体呈层状、似层状、透镜状，与围岩呈突变关系，产状与片理产状基本一致，层控特征明显。单矿（化）体长度数百米至9500余米，地表出露厚度0~50m，一般厚约20m。按矿石类型由东而西分为3段：东段为含锰、银、铅的赤铁矿；中段矿体两侧受燕山期黑云母花岗岩和花岗正长斑岩体热动力改造，铁矿体矿相发生转变，大部分赤铁矿转变为磁铁矿，形成假象磁铁矿，改造成含锰、铅的赤铁-磁铁矿；西段为含铜、铅赤铁矿。矿体顶板多为片岩，次为大理岩，底板为大理岩。矿石呈他形-自形细粒状结构，中段见镶边结构、假象结构，以块状构造、条带状构造、皱纹状构造为主，地表多见蜂窝状、角砾状、粉末状构造等。方铅矿呈微细粒浸染状赋存于赤铁矿中。矿石矿物有赤铁矿、褐铁矿、镜铁矿、磁铁矿、方铅矿、软锰矿、硬锰矿、孔雀石、蓝铜矿、辉银矿等。脉石矿物有石英、云母、铁白云石、方解石等（图10-10）。

（四）俘虏沟燕山期花岗岩有关热液脉型铁、铅、银、铜多金属矿化区（带）

矿（化）体规模一般较小，且围岩蚀变不明显，故WorldView-2影像宏观特征不明显。在高分影像上富Pb矿体一般呈浅灰白色、亮白色色调，斑点状、短线状、透镜状影纹结构，遥感异常特征主要表现为羟基异常，铁染异常次之；含Pb（Ag）Cu赤铁菱铁矿（化）体规模较前者大，一般呈红褐色色调，细条带状、透镜状影纹结构，遥感异常特征主要表现为铁染异常，羟基异常次之（图10-11）。

图 10-10　大红柳滩铁多金属矿野外露头及含铜赤铁矿石照片

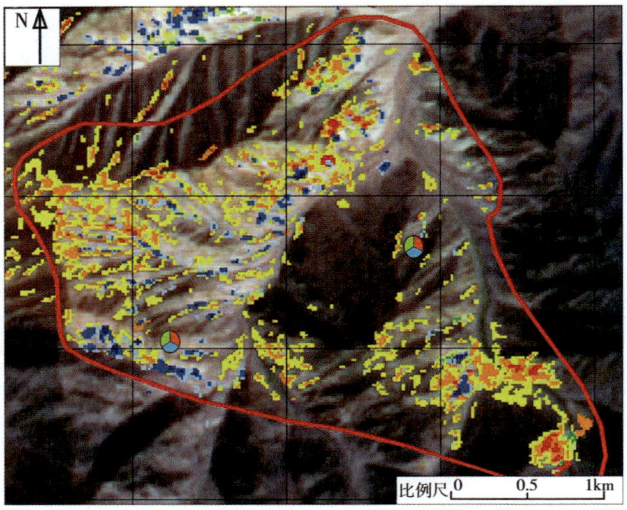

图 10-11　俘虏沟东段银铅矿区 ASTER 遥感异常图

矿（化）点密集分布，多达数十处，形成俘虏沟矿点集中区。单矿体规模一般较小，但品位较富，多形成富矿体。矿（化）体走向延伸长度相差悬殊，为数十米至数百米，个别矿体长达千余米，宽度一般为 0~5m。NW 向展布的矿体走向延伸长度一般大于 NE 向展布矿体。矿体产状陡立，一般大于 75°。不同接触带（矿化地段）矿（化）体成矿元素有所不同，成矿元素以 Pb 为主，有富 Pb 矿体、含 Pb（Ag）赤铁矿（化）体、含 Pb（Ag）Cu 赤铁矿矿（化）体、含 Pb（Ag）菱铁矿（化）体等。

矿石矿物有赤铁矿、褐铁矿、菱铁矿、方铅矿、黝铜矿、黄铜矿、辉银矿等。脉石矿物有云母、铁白云石、石英、方解石、重晶石等。多数矿体矿石品位不详。不同矿（化）体矿石组构有所不同，一般地，赤铁矿呈他形-自形细粒状结构，菱铁矿呈半自形-自形中-粗粒结构，方铅矿多呈自形中-粗粒结构，黝铜矿、黄铜矿呈他型-半自形细粒结构，辉银矿呈他型微细粒结构；赤铁矿、菱铁矿呈块状构造、（对称）带状构造，富 Pb 矿（品位一般 40%左右）呈块状构造，含 Pb 铁矿中方铅矿呈微细（网）脉-浸染状赋存于赤铁矿或菱铁矿中。铁多金属矿化体地表多见蜂窝状构造、晶洞状、角砾状、粉末状构造等。

（五）俘虏沟层控型含铜铅锌银的菱铁-赤铁矿矿化带

在 WorldView-2（R（5）、G（3）、B（2）波段合成）高分影像上矿化带呈红褐色色调，条带状、斑状影纹图案，遥感特征明显（图 10-12）。

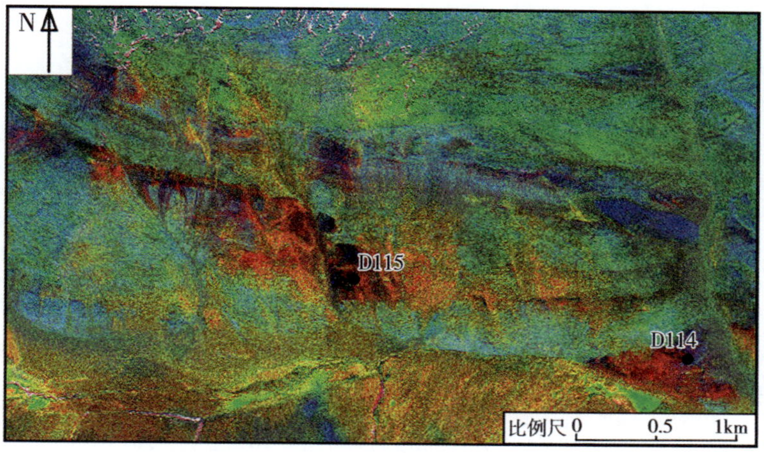

图 10-12　俘虏沟层控型铁矿化带高分影像特征（局部）

区内见多条矿化带，位于碎屑岩向碳酸盐岩过渡的部位，产状与片理产状协调一致，层控特征明显，走向延伸稳定，长 1.5~7.5km，宽 50~200m。矿体围岩多为块状大理岩或含铁条带状大理岩。矿体呈似层状、透镜状、豆荚状或断续分布，普遍层间多期脆-韧性构造剪切作用影响，矿体变形强烈，呈复杂肠状褶皱体。矿体厚度一般为 1~10m，地表出露长度为 20~3000m。矿体内含石英-方解石脉。地表矿石自然类型为菱铁-赤铁矿。矿石矿物以赤铁矿、褐铁矿为主，次为镜铁矿、菱铁矿，脉石矿物为铁白云石、方解石、石英及白云母等。矿石结构以他形-半自形细粒状结构为主，自形中粒-粗粒结构次之。矿石构造有块状、条带状、皱纹状构造等，地表常见皮壳状、被膜状、蜂窝状、土状、角砾状构造等。在构造剪切强烈地段，含黝铜矿、方铅矿、闪锌矿及辉银矿等。沿碎裂化铁矿石裂隙和溶隙溶孔中呈细脉-网脉状、浸染状或团块（粒）状充填胶结铁矿石。

四、体会与认识

（1）绿色勘查，理念先行。在地形地质条件复杂，生态环境薄弱地区开展矿产勘查工作，首要的是要牢固树立生态保护第一的新理念，打破传统思维，切实把生态保护放在首位。

（2）勘探技术，遥感为先。在高寒高海拔地区开展勘探工作，本着环保、经济的原则，首要工作是运用遥感技术快速发现或圈定一批矿致遥感异常和遥感找矿线索，结合最新成矿理论，初步查明区域成、控矿地质条件和矿化（蚀变）类型，圈定遥感找矿有利区，为后续区域地质矿产调查项目规划部署和矿产资源勘查评价提供依据。这些得益于绿色勘查理念深入人心，绿色勘查意识有了极大提高，切实把生态优先理念真正融入矿产勘查的具体实践中，由被动的破坏后恢复转变为主动的减少对环境的扰动。

（3）面对新形势下的地质勘查，我们将牢固树立“创新、协调、绿色、开放、共享”的发展理念，坚持生态保护优先，摈弃传统地质工作思维模式，促使地质工作转型升级，实施创新驱动，寻求更多的遥感找矿方法，随着我国 GF-1、GF-2、资源 2 号 02C、资源 3 号、天绘 1 号、天绘 2 号等高分遥感卫星的飞速发展，将遥感技术应用到地质勘探领域，减少人为调查对环境的破坏将成为必然！

（由中国煤炭地质总局航测遥感局　王辉教授级高工，张少鹏、范玉海博士供稿）

绿色勘探工程案例二

创建“多彩”模式，探索绿色勘探之路

地质工作应为生态文明建设提供重要支撑和服务。为全面促进资源节约循环高效使用提供支撑，为自然资源综合管理制度建设提供基础，为减灾防灾提供技术支持和服务。青海省有色地质矿产勘查局以多彩地区查涌、撒纳龙哇和鄂拉山地区温泉北山绿色勘查示范项目为契机，创建出“多彩模式”，其核心则是“生态至上，绿色勘查，反哺社会，和谐共赢”，彰显出绿色勘查理念的提升，是落实“五位一体”总体布局和诠释五大发展理念的生动实践，是一种全新的勘探模式。“多彩模式”成为绿色勘查的旗帜，代表着矿产资源勘探方式的发展改革方向，体现着勘探找矿与生态保护的协调统一，对地质勘探尤其是我国西部高原生态脆弱地区的地质勘探工作具有很好的指导意义和示范作用，对基础设施建设中的工程地质勘探也有着很好的示范效果。

一、背景情况

地处青海省南部的“三江源”地区被称为“中华水塔”，生态系统脆弱，是国家生态保护与建设的战略要地，也是重要的水源地和生态屏障，对我国经济社会可持续发展有着至关重要的作用和影响。美丽的青南地区“黄果树”（黄南、果洛、玉树）是地质矿产资源主要的成矿带之一，三江成矿带是我国重要的铜多金属矿富集区，也是国家重要的矿产资源战略储备基地之一。青海省治多县多彩地区铜多金属整装勘查是2012年批准的国家级重点整装勘查项目，就位于我国著名的三江成矿带北西段，是青海实现找矿突破目标的重点地区，是青海省寻找大型-特大型战略资源——铜多金属矿床最有利地区。由于该区处于三江源地区，为少数民族集聚区、全民信教区、贫困区，水源发育，生态环境脆弱，加之人文环境与生态保护等多种原因，国家在这里设立的3个整装勘查区，有两个相继折戟沉沙，最后只剩下“多彩铜多金属矿整装勘查区”这棵“独苗”了（图10-13）。

图10-13　多彩地区多日茸项目部驻地

青海省属于经济欠发达地区，地方经济发展依然落后，摆脱贫困的任务很重，一度将矿产资源勘查开发成为青海经济社会发展的重要支撑。党的十八大以来，党中央、国务院高度重视青海省生态环境保护工作，习近平总书记多次就青海的生态保护做出重要指示，青海省委、省政府确立了“生态立省’的战略，提出将“对生态环境的扰动降到最小”的绿色勘查理念，全面“一优两高”的战略部署，坚持生态保护优先，推动高质量发展，创造高品质生活。因此，在三江北段制定了《三江源自然保护区规划》，在玉树隆宝国家级自然保护区下划分了东伸、江西、白扎、昂赛、通天河、当曲、果宗木查、索加-曲麻河等 8 个保护分区，要求所有勘查单位在编制勘查设立方案时，要对工作区进行生态环境承载能力评价、勘查活动前要对环境的影响预测及保护措施单独成章，并提交相关部门审查批准后方可实施，着实保护三江北段的生态环境。随着生态环境保护工作的逐步推进和对生态环保的要求越来越高，藏区群众的环保意识也越来越强，加之该区为藏区，牧民大都信奉藏传佛教，地质勘查与生态环境保护相关的外部环境问题日益凸显，地勘工作布局面临大幅调整，地质找矿的范围和空间被大幅压缩。

青海省有色地质矿产勘查局（以下简称“青海省有色地勘局”）在青南多彩地区的整装勘查中，把地质勘查与生态保护、牧民利益与藏区和谐等要素紧密结合，在生态脆弱区、藏民聚集区、找矿远景区特殊环境中开展绿色勘查，创建出了青南地区独特的“多彩勘探模式”，取得了显著成效，得到了行业部委和地方政府的认可和赞同。

二、新形势、新理念对地质勘探提出的新要求

“青海省治多县多彩整装勘查”项目是国家级的整装勘查项目之一，位于青海省的南部，区内海拔 4500~5200m。地球化学景观上属青南半湿润高山草甸区，牧草覆盖率占 30%~80%，部分地区水草丰美，该区经济发展以畜牧业为主，生态草原是每个牧民的生存之本。

青海省有色地勘局作为青海省一支重要的主力地勘单位，面对地质勘探工作的新形势、新理念，如何认真贯彻落实国家、省委省政府关于生态保护战略部署及要求，如何在生态保护优先的前提下开展好地勘工作？如何确保项目的正常实施、获得地质找矿的突破？如何有效地减少对环境的扰动？如何树立“勘查一个项目、造福一方百姓”的担当意识？为贫困牧区的经济发展、社会进步、民族团结和构建富裕文明、和谐新青海发挥积极作用等一系列问题，实现“既要金山银山，又要绿水青山”，是摆在我们地质工作面前的一项重大课题。因此，积极开展绿色勘查、和谐勘查是时代赋予地勘队伍的一项新任务，是一种历史责任，倒逼着我们迫切转变理念、调整工作思路、改变勘探作业方式、探索绿色勘探新技术与新方法及新工艺。

三、探索“多彩绿色勘探之路”

基于上述新要求，我们把地质勘查与生态保护、牧民利益、藏区和谐等要素紧密结合，探索出一条在生态脆弱区、少数民族聚集区、找矿有利区可持续开展地质勘查的新路子，实现生态保护、和谐共进与矿产勘探的相得益彰，摸索了一些值得总结和推广的经验和做法。

（一）树立绿色理念，构建绿色和谐勘查氛围

我们将绿色勘查作为求生存、保发展的一项重大发展战略，在全局范围大力宣传和倡导绿色勘查理念，教育干部职工切实以主动的生态保护作为赢得政府、政策和当地牧民群众支持，促进地勘工作和生态保护协调发展。

一是我们认为绿色勘查的核心应是“生态至上，绿色勘查，反哺社会，和谐共赢”，把生态环境安全作为底线、红线、高压线，将绿色勘查理念根植于心。

二是坚持“生态保护第一，尊重群众意愿”原则，把绿色发展理念贯穿到整装勘查区每个子项目、每个施工作业环节之中。

三是充分利用报纸、网络、大型研讨会等加强宣传、报道和教育，营造绿色勘查氛围，构建起了生态、安全、富民“三位一体”矿产勘查新理念。

（二）主动作为，先行探试，摸索绿色勘探之路

绿色勘探没有现成的模板，没有成熟的经验可借鉴，青海省有色地勘局就主动作为，坚持“勘查一个项目，造福一方百姓”的新理念，先行探试，在实践中摸索“生态保护的前提下搞好矿产勘查”的绿色勘探新路子。

（1）带头自加压力，明确责任，建章立制。

为了扎实有效推进绿色和谐勘查工作，在国家还没有出台相应规定办法的情况下，青海省有色地勘局在青海国土资源系统率先谋篇布局研究出台了《地质勘查工作中生态环境保护的实施意见》，提出了树立绿色勘查理念、落实生态保护措施、促进民族团结进步 3 个方面 17 条具体措施，构划了绿色勘查路径图。在绿色勘查实践中不断完善细化，强化了贯彻落实，制定出台了《地勘项目生态环境保护检查验收制度》，成立检查验收组，制定环保验收表，设置验收内容和评定标准，根据工作区特点，专门制定了野外绿色勘查“十不准”，要求项目人员尊重当地群众宗教信仰和生活习性，珍惜爱护工作区动植物资源。

（2）积极探索可操作性绿色勘探路径和方法。

在前期摸索阶段，依据青海南部地区的特殊性和重要性及施工环境条件，率先在“青海省治多县多彩整装勘查”项目探索绿色勘查之路。

一是制定出台了《地质勘查槽井探工程生态恢复治理操作规程》和《外包工程监管办法》，并成立了关于生态恢复环境治理领导工作小组，把生态环境恢复治理也作为一项硬性指标，并在施工单位开工前，与施工单位签订生态保护合同书，明确生态环境恢复治理保证金制度。同时纳入该项目生态恢复治理的监管范围之内，确保“生态环境不破坏、牧场质量不降低、牧民利益不受损”，促进了地勘工作和生态保护协调发展，让牧民参与验收，实现了地方政府、牧民和地勘单位的共赢。

二是未雨绸缪、早期介入。地质勘查设计中突出环境保护与恢复治理，把生态恢复治理与地质找矿工作和野外安全生产工作结合起来，开展地质勘探与环境恢复治理实行同设计、同实施、同验收，即在项目中期、终期检查时，指定项目负责人和生态恢复治理专人共同负责，有力推进地质勘查工作和环境生态保护工作。

三是在布设探矿工程和修筑便道时，尽量选择植被发较弱育的地区，保留和保护好原有的草皮和植被，施工场地力求尽可能少占用草地，并在放置草皮的地方铺好彩条布，待工作结束后及时回填，并将草皮和植被重新复植，尽量恢复原貌。工程完工后严格按操作规程执行槽探回填、植被复植、播种草籽等措施恢复原始环境（图 10-14）。

四是车辆沿固定路线行驶、选用环保泥浆、设备及关键部位加强环保防护，在设备及有废液部位铺设防渗布，减少渗入土层，减少水污染。

五是项目驻地做好整体规划，划定工作区，生活垃圾集中处理，及时掩埋。每个项目必须坚持做到“生态保护第一”“保护环境　人人有责　爱护草原　从我做起”，并制作标语，增强环境保护意识，提醒全体员工自觉遵守。

（3）加强组织领导，明确生态保护责任。

在局、院两级成立了以“一把手”为组长的绿色勘查工作领导小组，负责督导实施绿色勘查工作；制定了《绿色勘查岗位责任制》，明确了主要领导、分管领导、总工办、环境保护部门到野外项目组工作人员等各层次岗位的环境保护责任，从项目设计、施工到验收都提出了环境恢复治理具体要求，对外协施工单位、外聘人员等违反要求和规程造成环保事故的明确处罚措施；局、院还

（a）钻探结束后对机场便道及时回填

（b）槽探开挖结束后及时回填、种植草籽

（c）用彩条布覆盖

（d）用塑料薄膜覆盖

图 10-14 施工结束后及时对地表环境进行修复

密切结合绿色勘查要求，进一步完善了质量、环境、职业健康管理体系，明确岗位职责，持续运行良好。建立目标责任考核体系，科学制定考核办法，层层签订《绿色勘查目标责任书》，加大生态保护在目标考核分值中的比重，对成效突出的单位、项目和个人进行了表彰奖励，使生态保护和找矿突破成为地勘工作的重要目标和价值追求。

（三）因地制宜，摸索符合青南地区实际的绿色勘探管理办法

青海省有色地勘局出台了《关于地质勘查工作中生态环境保护的实施意见》，将绿色勘查上升到局层面进行了进一步规范。

（1）建立“五同时”制度。青海省有色地勘局率先建立了地质工作与环境恢复治理“五同时”制度，将生态环境要求与地勘工作质量、安全生产放在同一高度，进行同设计、同施工、同检查、同验收、同考核。

（2）建立联系机制。为有效地推动和落实绿色勘查工作，我局建立了严格执行地勘项目进出场前的主动联系机制，各项目在施工前主动与当地政府、群众共同商讨生态环境保护措施，施工结束后请当地县自然资源部门、乡政府、村委会及群众代表共同验收，确保生态环境不破坏，草场质量不降低，牧民利益不受损。

（3）结合多彩地区的实际，因地制宜，灵活选用勘探作业方式。以“青海省治多县查涌地区铜多金属矿普查”和“青海省治多县撒纳龙洼地区铜多金属矿预查”绿色勘查示范项目为依托，积极探索不同勘查阶段、不同地球化学微景观的绿色勘探具体措施。能不破坏草地，就决不破坏；能少扰动草地，必须想方设法减轻扰动，采用“以铲代镐（锹）”“以钻带槽”、改进钻探机台场地的修筑方式和“一基多孔”勘探方法，有效地保护了宝贵的草地资源。

1）“以铲代镐（锹）”，在采土壤样时既不用镐刨也不用锹挖，而是用洛阳铲（图 10-15），采样对地表的扰动就由原来的 900cm^2 下降到直径 Φ10cm 的小洞，采样结束后并快速逐一回填。

（a）用铲或锹　　　　（b）以铲代（镐）锹

图 10-15　采取岩土样照片

2）“以浅钻代替槽探”，采用已经成熟的便携式钻机，用浅钻代替槽探（图 10-16）。改变了原来槽探工程必须进行地表开挖的局面，1 个工程对地表的扰动面积减少 500m^2。施工结束后及时修复，不仅能够满足地质勘查需求、达到预期的找矿效果，且能最大限度地降低对生态环境的扰动。

（a）浅钻代替槽探施工

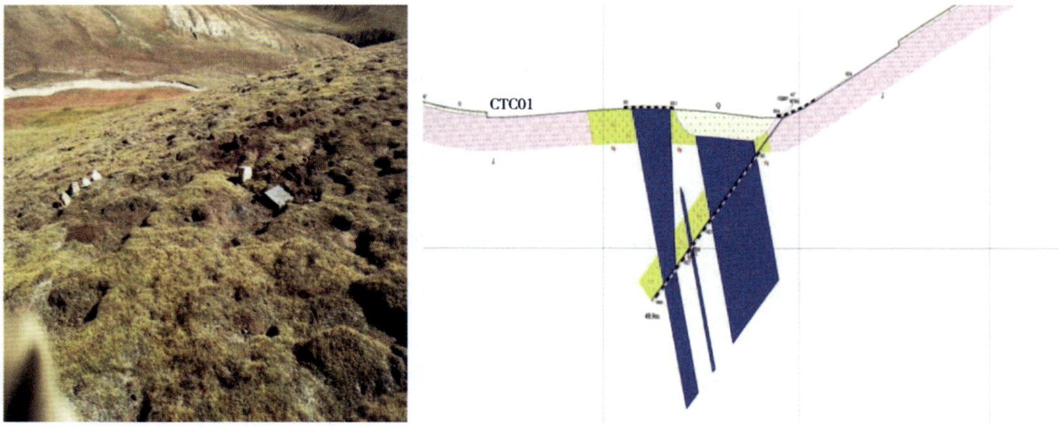

（b）施工后恢复治理及地质效果

图 10-16　浅钻代替槽探

3）因地制宜，搭设钻机场地，如 ZK2601 钻孔，由矿区的临时公路到钻机孔位施工现场，就没有再修葺临时便道，钻孔所处的位置虽是碎石堆积区，我们并未进行开挖平整作业，而是用钢管或方木料建出一个基场（图 10-17），以往常见的钻机旁开挖的循环水池和泥浆池也改用长方体钢箱取而代之。

图 10-17　用钢材料搭建的钻探场地

4）用“一基两孔”的方式施工 2 个钻孔，则少修路 300m、少修一个 20m^2 左右的基场，这样既能满足地质找矿及勘查标准的要求、能够凸显出预期的找矿效果，也在一定程度上减少了对生态环境的影响（图 10-18）。

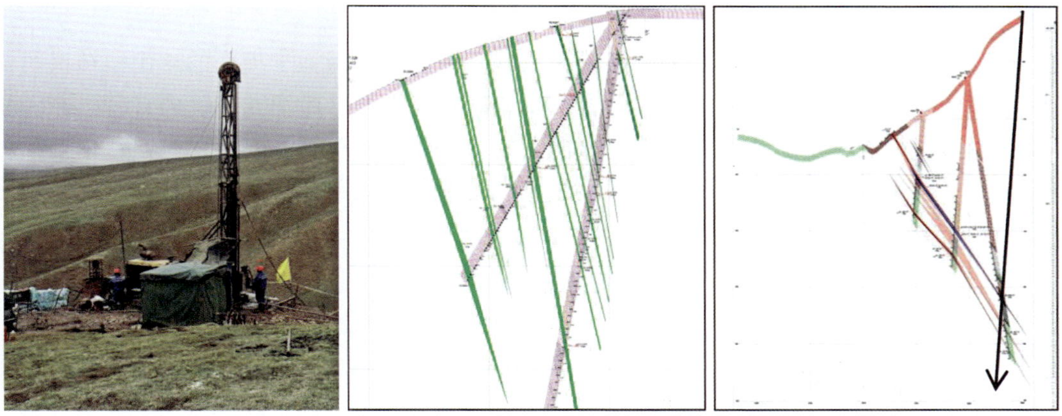

图 10-18　用全液压履带式钻机实施一基多孔

仅 2016 年一年，在多彩整装勘查区实施的查涌、撒纳龙哇和米扎纳能 3 个勘查项目，采取这些措施后，就节省修路 10 余千米、缩减槽探工程 70 余个、减少钻探机台 30 个，累计减少开挖、压覆草地约 35000m^2。

（四）持续改进，积极探索绿色勘探新技术、新方法、新手段

（1）与有关大学建立“产学研用”科技创新平台，坚持理论研究与找矿实践相结合来指导找矿，提升地勘投入产出比，以较小的工程投入产生较好的找矿效果，最大限度降低对生态环境影响。

（2）与科研单位签订战略协议，为我们提供地质勘探新技术支撑，力求最大限度地减少和控制勘查活动对草场的影响。

（3）大力推广应用履带式多功能全液压钻机、便携式钻机等先进的钻探技术和装备。全液压履带式钻机在多彩勘探作业区可自行迁移（图 10-19），不修路，切实较少对环境的扰动和破坏。

（4）积极探索使用“一基多孔”定向钻进、空气潜孔锤和管钻进等新技术和新方法。

（a）钻探生产试验　　（b）钻机自行迁移

图 10-19　多功能履带式岩心钻机

（五）绿色勘探促和谐双赢、精准扶贫促民族团结进步

一是在勘探工作的实施过程中，真诚地与当地牧民交朋友，不算小账算大账，在足额支付草山补偿费的基础上，按照“施工一方、便民一方”的理念主动帮助当地群众解决生产生活难题，为牧民办实事、办好事，营造和谐勘查环境。在勘查作业区为牧民修路、建桥改善牧区交通条件；在多彩整装勘查区，投入近 190 万元修建桥梁 1 座、村级公路 180 余千米，解决了当地牧户冬夏季草场的转场问题，被乡政府、牧户称为便民路、致富路。项目组无偿为牧民转场、搬家近 400km，节假日和民族节日期间走访慰问牧区贫困家庭，为牧民群众联系西宁医院治病，项目组聘用牧民司机增加牧民收入，也增进了与当地牧民之间的感情，赢得了他们对地勘工作的大力支持，得到了牧民群众与地方政府的赞誉。

二是在多彩项目开展地质整装钻探的同时，对前人历史上勘探施工损伤的草山植被进行恢复治理，及时组织施工队伍采用人工种植方式对多彩整装勘查区查涌、撒纳龙哇、多日茸、尕龙格玛东矿区等项目探索性开展种草工作，对以往的探槽、机台和废弃便道等采取土地平整、播撒草籽、覆膜保温保湿等手段进行植被恢复，取得了明显成效，受到当地政府高度赞誉，并赠送锦旗和感谢信（图 10-20），被誉为“地勘铁军”。

图 10-20　当地赠送的锦旗

四、取得的成果

（一）“多彩模式”引领全国绿色勘探先行

通过在青南“多彩整装勘查区”不懈努力和探索，坚持绿色勘探，将地质勘查与生态保护、牧民利益、藏区和谐等要素有机结合，已形成了1个总纲、5个配套措施的绿色勘查工作体系，创造出了在生态脆弱、藏民聚集区、找矿远景区开展绿色勘查的“多彩模式”，得到了自然资源部、青海省政府的认可，有效推动了环境敏感区、生态脆弱区的地质勘查工作，为青海乃至全国如何因地制宜开展绿色勘查积累了更加丰富多样的实践经验，为我省及全国绿色勘查相关标准及制度的建设提供了依据，引领全国绿色勘探先行。

（二）地质找矿成果突出

采用的绿色勘查新技术、新方法基本满足地质勘查的需求，操作性较高的制度要求与良好的外部环境促进了地质找矿成果的显现。三江成矿带北段多彩地区铜多金属矿勘查连续取得找矿新突破，涌现出尕龙格玛、查涌、撒纳龙哇、多日茸、米扎那能等一批大中型矿床，勘查作业区累计探明资源量铜铅锌 221×10^4t，有望成为千万吨级铜多金属矿资源勘查基地。

“青海省治多县多彩地区铜多金属矿普查”项目得到了青海省国土资源厅和国内业界的高度肯定。2016年8月获得了第五届“中国有色金属地质找矿成果奖”二等奖。

（三）绿色勘探取得了良好的技术成果和实践经验，具有较好的示范作用和推广价值

（1）“以铲代镐（锹）”：在青南半湿润高山草甸区解决了覆盖层厚等困难，既能保证采样质量的客观性和真实性，又能满足生态脆弱区环境保护的需求。

（2）“以浅钻代替槽探”：改变了原来槽探工程必须进行地表开挖的粗放落后的勘探作业方式，1个工程对地表的扰动面积减少 500m^2。这样既能达到预期的找矿效果，又最大程度地降低对生态环境的扰动，尤其是在第四系覆盖层较厚区域，传统槽探无法达到地质找矿目的地段，采用“以浅钻代替槽探”的新技术效果明显。

（3）实施“一基多孔”：采用的模块化、多功能全液压履带式等多种形式的钻机，实施“一基多孔”定向钻进新工艺、新方法。即对设计中必须施工的探索矿体走向和倾角的后排孔，一律采用一个钻机在同一基台施工不同倾角和深度的两个甚至多个钻孔，节省场地，保护环境。

（4）绿色勘探，实现地质找矿与和谐发展双赢。

通过绿色勘探的实践，大大减少了植被的扰动和破坏。自开展恢复治理工作以来，累计恢复以往地勘槽探遗址近 80000m^3、恢复道路 50km；修复施工机台场地300余个、槽探 5.89×10^4m^3，恢复治理面积达900余亩、复绿面积570余亩，牧草成活率在70%以上。极大程度地降低了对青南多彩地区的环境扰动，增强了草地生态系统的自我调节功能，有效遏制了土地荒漠化进程，减少了水土流失，促进了生态系统的良性循环，同时还增加了当地牧民的经济收入。从源头上减少对环境的干扰与破坏，减少后期的环境治理投入，最大限度恢复和改善生态环境，具有重要的经济意义。

五、体会与认识

（1）绿色勘查，理念先行。理念是行动的先导。在环境复杂、环保要求高的新形势下开展勘探工作，首要的是要牢固树立生态保护第一的新理念，打破传统思维，切实把生态保护放在首位。

（2）多彩整装勘查项目之所以能顺利开展并实现找矿突破，主要得益于我们绿色勘查理念深

入人心，绿色勘查意识有了极大提高，切实把生态优先理念真正融入矿产勘查的具体实践中，由被动的破坏后恢复转变为主动的减少对环境的扰动。

（3）我们才走出了绿色勘查的第一步，绿色勘探还有许多难题需要攻克和解决，有待于继续寻找和探索更加有效的绿色勘探新技术、新方法、新工艺。

（4）我们坚信，只要我们将一如既往地像爱护自己的眼睛一样爱护生态环境，以更大的决心、更大的气力、更大的勇气、更大的自信、更高的要求来开展绿色勘查、和谐勘查，地质勘查之路必将会越走越宽、越走越远。随着绿色勘查的全面深入，祖国大地的“绿水青山”将真正成为一座座“金山银山”！

（由青海省有色地质矿产勘查局　陈福海探矿工程高级工程师供稿）

绿色勘探工程案例三

探索高原生态脆弱区绿色钻探之实践

川西北高原生态脆弱区某整装勘查区，在实施勘探作业时，充分利用国内先进成熟的钻探技术成果，进行集成创新，成功探索出了一套“小直径有缆随钻/螺杆马达定向钻进、套管取心钻进、钾石灰-聚磺泥浆、复合凝胶（FHD）快速堵漏”等多种钻探技术组合，在国内地质勘探极端复杂地层成功应用套管钻进技术，并创造了国内地质钻探套管钻进270m的深度纪录，成功应用地质钻探小直径受控定向钻进技术取得重大突破，形成了一套适合于矿复杂地层条件和恶劣地理条件的绿色钻探技术。

一、背景情况

某整装勘查区位于川西北高原生态脆弱区，海拔在3100m以上（图10-21）。

图10-21 川西北高原某整装勘查区地形地貌

早在20世纪50年代末起，前人在该区做了大量的勘探技术工作，先后共投入槽探工作量$59\times10^4m^3$，钻探工作量23×10^4m，坑探工作量8.5×10^4m，取得了优异的地质成果。同时，传统粗放的勘探方式也遗留了大量的探槽、坑（井）口、废（矿）石堆等（图10-22），探矿坑道采掘带来的废渣堆积或排放于地表，废渣、废水等，不同程度的污染了地面、草场、河滩等；挖掘过的坑口、探槽等，曾对当地脆弱的生态环境造成了一定的破坏，因误入（或坠落）而给人畜带来一般性安全危害。

图10-22 20世纪70年代遗留的勘探遗迹

二、勘探作业区的特点与难点

（一）高原藏区，生态脆弱，环境特殊，对环保要求高

勘探作业区海拔 3100～3800m，属高原气候，气温变化大，全年最高气温 29℃，最低气温 -26℃，年平均气温 3.7℃，气候条件恶劣，生态脆弱，适宜植物生长的土层极薄。植物发芽困难、生长非常缓慢，植被一旦被破坏，自然恢复的概率极低。

（二）自然环境与地层条件恶劣，钻探工作难度大

（1）勘探区地形相对高差较大，山坡很陡（图 10-23（a）），钻探设备整体无法搬运上山，只能将设备解体，靠人工和牦牛进行搬运，劳动强度大，周期长。

区内气候属高原气候，气温变化大，全年最高气温 29℃，最低气温 -26℃，年平均气温 3.7℃。每年 9 月下旬开始降雪，10 月份至次年 4 月下旬为冰冻期，每年到 10 月 20 日必须停工野外施工作业，钻探施工周期短（图 10-23（b））。

（a）地形地貌（山高、坡陡）　　（b）10月份的天气

图 10-23　勘探区作业环境

（2）地层构造极端复杂，“五毒俱全”。

令地质勘探工作者头疼和棘手的是该勘探区地质构造极端复杂。勘探区内地层条件也异常复杂，为灰岩、硅灰岩、炭质板岩及断层破碎带交互进行，换层频繁，漏失与垮塌并存；区内还发育高陡构造，岩层倾角 70°～80°，局部接近垂直；区内地层软硬不均，各向异性，换层频繁，岩石破

图 10-24　岩心破碎

碎，超径严重，造斜能力强，易孔斜和引发孔内事故。钻探作业典型性和代表性很强，凡岩心钻探所遇到的复杂难题，大都在铀矿地层中集中反映：炭质板岩层是该勘探区钻探的“拦路虎”，岩石松散破碎、取心困难（图 10–24）、地层缺失、遇水剥离孔壁坍塌、掉块、超径、地层造斜能力强、易孔斜、钻进效率低、成本高、质量差等诸多因素和技术难题聚集交错，断钻、埋钻等孔内事故频发，地层极端复杂，被我国地质钻探工程界称为“五毒俱全”。

在此开展地质勘探工作，植被一旦被破坏，自然恢复的速度极慢，其结果会恶化生态环境，就会成为藏区不稳定、不和谐的因素之一。因此，实施绿色勘探成为地质找矿勘探的必然选择。

三、树立环保新理念，积极实施植被恢复，营造和谐环境

（一）攻克高原植被人工种植技术

高原植被人工种植技术是恢复治理工作的关键，直接影响到恢复治理工作的成败。面对生态脆弱的现状，积极与省草原研究科研单位合作，通过艰苦不懈的努力，开展高原生态恢复治理技术攻关。运用先进技术，精心设计，科学组织实施，早在 2005 年就先行对铀矿勘探设施退役治理的一个小型的渣堆开展植被修复现场试验，取得了成功，攻克这项难题。

（二）积极开展生态恢复治理工程示范，取得显著效果

在高原植被人工种植技术研究取得成功之后，积极开展生态恢复治理工程示范，并逐步扩大生态恢复治理工作范围。对历史遗留下来的槽探、坑（井）口和采出的废（矿）石堆、钻探机场遗址等，根据实际情况分别采用砌筑挡墙、护坡和排水沟等多种方法进行恢复治理；同时，对废（矿）石堆表面进行黄土覆盖和植被处置，恢复耕种和通行。通过多年努力，寸草不生、废石裸露的废渣堆上，长出了郁郁葱葱的青草，呈现出生机盎然的景象，治理前后对比效果如图 10–25 所示。

四、把生态保护放在首位，探索铀矿勘探新思路

坚持“生态保护第一”的原则，牢固树立绿色勘查新理念，优化地质勘查方法，积极与有关院校及科研单位密切合作，开展了“靶向式勘探专项课题研究”“高原生态环境脆弱区综合钻探技术应用示范”“复杂地层泥浆技术初步研究”等多项课题研究和技术攻关，充分利用国内先进的钻探技术成果，博采众长，展开技术攻关，集成创新，采用先进钻探设备和小口径金刚石钻进工艺，探索一套适合该整装勘查区钻探的全新的技术组合和工艺方案，突破制约该矿区快速勘探施工的瓶颈。

（1）采用多种物化探无损地表技术（图 10–26），提高找矿精度，减少对植被的破坏。

（2）大幅度消减山地工程，不再使用“探矿坑道、槽探揭露”传统粗放落后的勘探方法，减少对生态环境的破坏，有利保护脆弱的生态环境。

（3）从改善孔内安全、提高钻进效率、改善施工质量、减少钻机搬迁、提高钻机搬迁效率等五方面采取有效措施，采用先进钻探设备和钻进工艺方法，探索适合高原生态脆弱区钻探技术体系（图 10–27）。

1）采用人力和静态破碎岩石技术及编织袋垒砌，创新平整钻探机场方法。

对新设计的地质钻孔，从一开始就引入钻探环保新的施工理念，在平整场地时，尽量少修（或不修）筑上山便道，设备上山搬迁，能用人力（或牦牛）搬迁的尽量用人力（或牦牛）搬迁；在平整场地时，不再使挖出的废土石渣随意倾倒、沿坡乱滚，破坏草场植被，而是人工挖土，遇到

（a）探矿坑道渣堆治理前后对比

（b）钻机场地治理前后对比

（c）槽探治理前后对比

图 10-25　治理前后对比

稍坚实的岩石，不再用雷管炸药爆破，避免废石、滚石破坏草地，而是采用静态破碎岩石技术，胀裂过程安全环保，无噪音、无飞石、无粉尘、无污染、无有害气体。采用人工将挖出的废石土渣逐一装入编织袋，再将装有渣土的编织袋垒砌成堡坎（图 10-28），这样虽然花费的人工费多了，但减少了破坏，又有效地保护了生态环境。

2）因地制宜，采用人力搬迁、牦牛驮运、卷扬机提升等办法实施钻探设备材料搬运。

由于勘探作业区地形相对高差较大，山坡很陡，作业人员上山需借助绳索攀爬，夜班和下雨天下班时也必须借助于绳索才能下山。钻探设备整体无法搬运上山，将设备解体，结合实际，尽量少修（或不修）筑上山便道，坚持采用人力搬迁、牦牛驮运、卷扬机拉动爬犁搬运钻探设备及材料上山（图 10-29）。

3）运用定向钻探技术，成功实施地质钻探小直径受控定向钻进，攻克该勘查区极端复杂地层取得重大突破，实现了“以钻带槽、一位两孔”“一位三孔、跨勘探线”的定向分枝钻探技术，最大限度地减少对高原生态环境脆弱区的扰动，成效显著，意义深远。

图 10-26　物化探无损地表技术

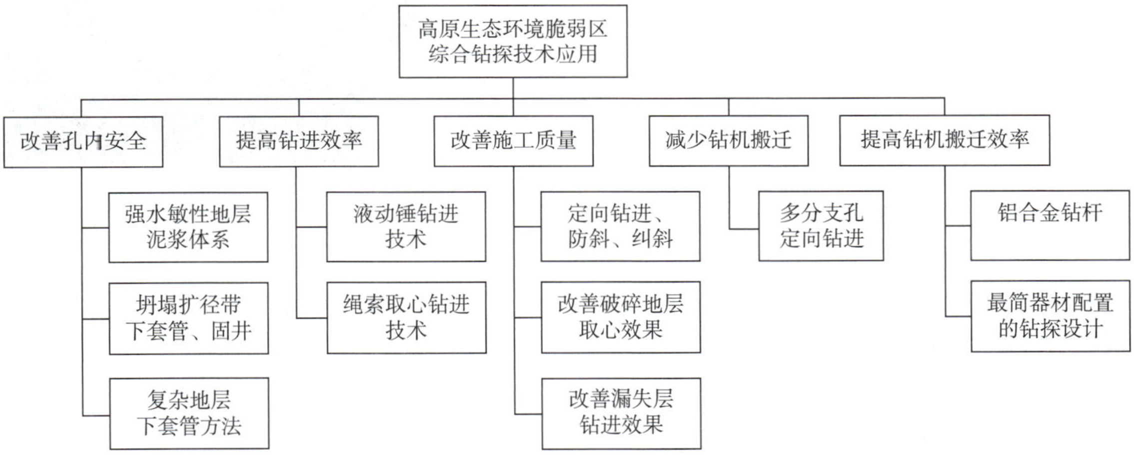

图 10-27　高原生态脆弱区钻探技术体系

（a）人力平整　　（b）编织袋垒砌

图 10-28　修筑、平整钻探机场

（a）人力搬运　　（b）牦牛驮运　　（c）卷扬机拉动爬犁搬运

图 10-29　因地制宜，实施钻探设备材料搬运

LZ 型连续造斜器定向钻进技术

从 2007 年起，就开始进行连续造斜器定向钻进技术的研究与应用，先后在 12 个钻孔中采用 LZ-73 型连续造斜器进行人工纠斜、造斜，最大造斜深度 410m，取得了很好的成效。

如 ZK27-6-1 钻孔，设计深度 760m，倾角 80°，方位 190°，终孔深度 773.73m。然后采用 LZ-73 连续造斜器从 ZK27-6-1 钻孔内实施分枝造斜（钻孔编号为 ZK27-6-2），定向分枝点深度选在 270m 处，定向分支成功，终孔孔深 954.58m，孔深 800m 处偏距为-9.18m，见矿孔深 810m，靶点孔深偏离勘探剖面为-11m，900m 处偏距为-19.86m，终孔偏距为-24.99m。是该矿区复杂易斜地层中利用 LZ 型连续造斜器完成的一个高水平定向分枝钻孔（图 10-30）。

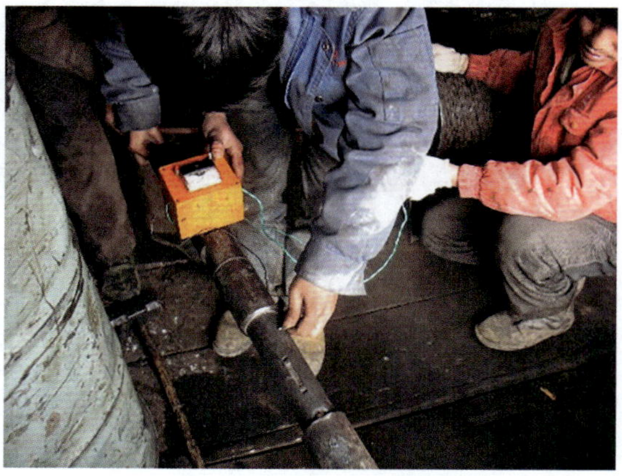

图 10-30　LZ-73 型连续造斜器分支孔示意图

有线随钻测斜-液压螺杆马达定向技术

Ⅰ. 定向钻进技术原理（图 10-31）：通过有线随钻测斜仪+液压螺杆马达/弯外管+造斜钻头等组成的专用钻具在钻孔内受控定向钻进，使钻孔轴线实际轨迹按照设计轨道方向钻进前行，近似重合，从而达到目标靶点。

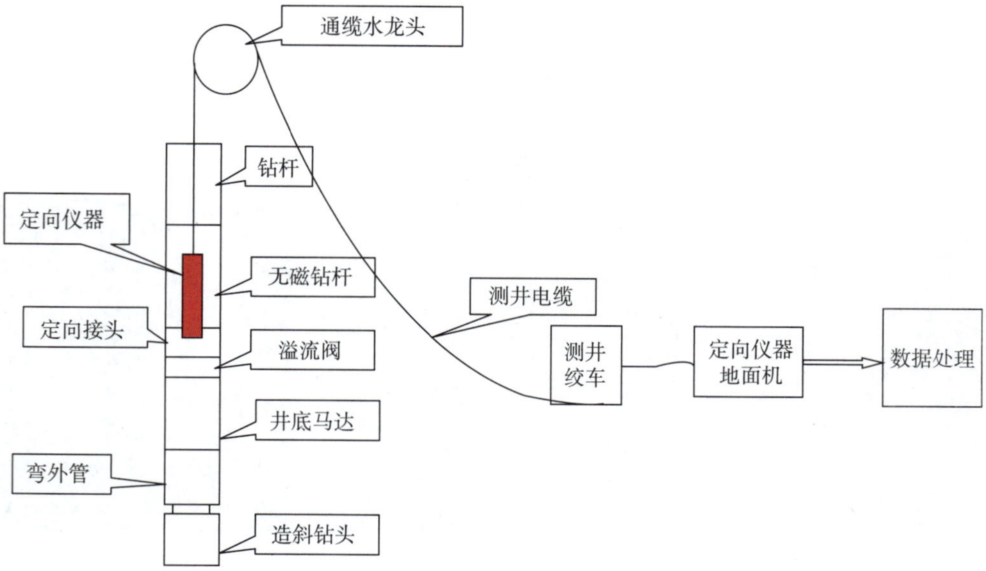

图 10-31　有线随钻测斜-液压螺杆定向钻进原理示意图

Ⅱ. 钻探设备、仪器、机具、管材配置见表 10-2。LHE2000 型有线随钻测斜定向仪、司钻表、孔底液压螺杆、无磁钻铤、造斜钻头如图 10-32 所示。

表 10-2　定向钻进设备、仪器、机具、管材配置表

名　称	型号、规格	备　注
钻　机	XY-5 型立轴式油压钻机	功率 55kW、电力驱动
泥浆泵	BW-320 型卧式三缸泥浆泵	功率 30kW、配自制稳压罐
钻　塔	SGX 型四角钻塔	高度 17m
发电机	150kW、200 kW 柴油发电机组	备 用
随钻测斜仪	LHE2000 型有线随钻测斜仪	配套 1200m 型自动绞车
螺杆钻具	5LZ73×7. 0 型液压螺杆钻具	弯角：0. 7°、1°、1. 25°
水龙头	购专用通缆水龙头、自制大通孔贯通式水龙头	
高压胶管	铠式钢编高压胶管	耐压不低于 16MPa
钻　杆	Φ52mm 铝合金钻杆、Φ50mm 钢钻杆、	
	Φ71mm 绳索取心钻杆	
钻　铤	Φ68mm 钢钻杆	
扶正器	Φ94mm 扶正器	
无磁钻挺	Φ71mm 无磁钻杆 9m	2 根、每根 4. 5m
造斜钻头	PDC 钻头、孕镶金刚石全面钻头	
钻杆夹持器	Φ 71～Φ 110mm 木马夹持器	

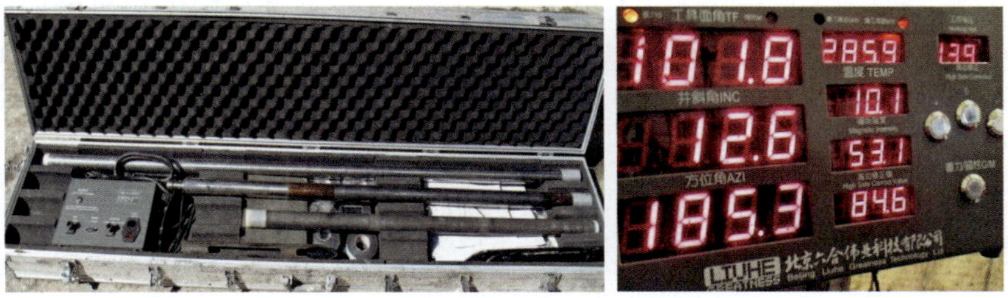

（a）随钻测斜定向仪与司钻表

（b）螺杆钻具、无磁钻铤

（c）PDC与金刚石全面钻头

图 10-32　LHE2000 型有线随钻测斜定向仪器与器具

Ⅲ. 钻具组合：采用通缆水龙头+Φ89 主动钻杆+Φ71 绳索取心钻杆+Φ73 无磁钻杆（内含 MWD）+定向接头+Φ73 液压螺杆马达+Φ96 PDC 全面钻头技术组合（图 10-33）。

Ⅳ. 生产实践及效果。

采用有线随钻-液压螺杆定向钻进技术，通过生产实践，在极端复杂地层多个钻孔成功地进行了“一基三孔”“一孔多支”、纠斜与侧钻绕障等定向钻进施工（图 10-34），获得高精度、高质量的小口径地质岩心钻探受控定向显著效果，减少搬迁，保护生态，提高了钻探效率和钻孔质量，在西部高原地区起到了很好的示范与推广作用。

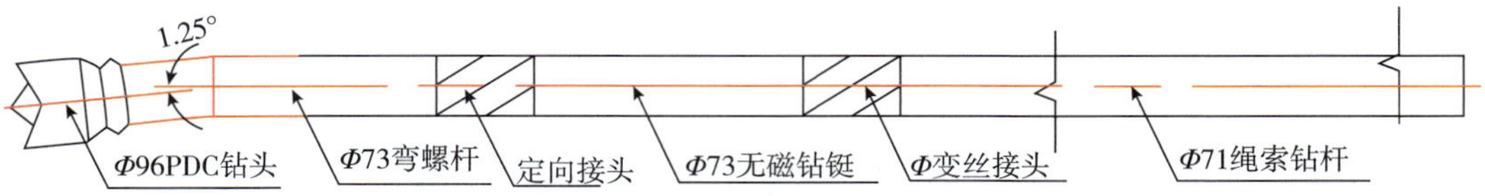

图 10-33　钻具组合示意图

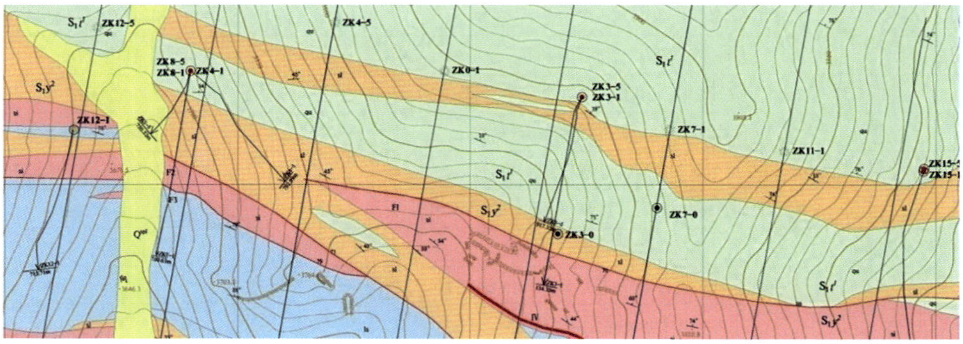

图 10-34　“一基多孔”“分支孔”“定向孔”平面分布图

在 3-3′勘探线 ZK3-1 孔内成功分支钻进 ZK3-5 孔；在 8-8′勘探线 ZK8-1 孔位成功实施“一基三孔”（ZK8-1、ZK8-5、ZK4-1），并实现了由 ZK8-1 孔位跨勘探线三维定向钻进施工 ZK4-1 孔，达到了地质设计目的；将 ZK11-1 地质设计的斜孔改为直孔安装，实施孔内定向施工；ZK12-1 孔避开地质设计较陡的地形，适当移动钻孔到较平缓的位置，减少开挖量和对草地的破坏，实施定向施工，达到了地质设计目的；在 15 号勘探线 ZK15-1 孔位成功实施“一基两孔”（ZK15-1、ZK15-5），并在多个钻孔中采用螺杆定向技术成功实施钻孔纠斜和绕障施工，效果良好。

4）尝试套管钻进技术，成功隔离地表上部破碎地层。

套管钻进的实质就是直接采用套管（取代传统钻杆）向下传递钻压和扭矩及输送冲洗液，驱动孔底取心钻具钻头旋转刻取岩心，并作为泥浆和投送孔底取心钻具的传输通道，依照绳索打捞原理在不提钻情况下进行绳索取心、检查或更换孔底服役钻头，实现不提钻换钻头取心钻进，钻至预定孔深，打捞出孔底取心钻具，将套管柱留在孔内作为技术套管保护孔壁（必要时进行固孔），从而完成套管钻进作业、采取岩心和保护孔壁的钻探方法。

中国地质调查局探矿工艺研究所研制的 Φ114 套管钻进系统主要由具备不提钻换钻头取心钻进功能的 BH-114 型套管取心钻具、Φ114 套管（代替钻杆）、绳索钻进配套装置（绳索绞车、打捞器、木马夹持器）、套管提引接头、提引器、专用工具等组成。

BH-114 套管取心钻具（简称“BH-114 钻具”）结构如图 10-35 和图 10-36 所示。

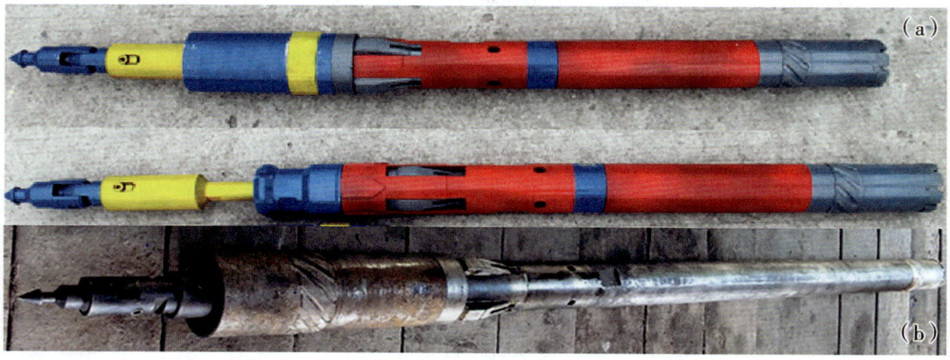

图 10-35　BH-114 套管取心钻具实物图

a—主钻具；b—主、副钻具连接后的副钻头张开状态（孔内钻进状态）

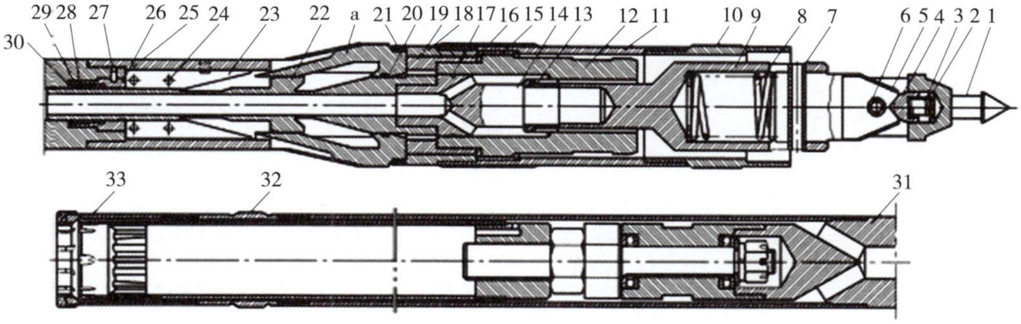

图 10-36 BH-114 套管钻进取心钻具结构示意图

1—矛头；2、30—垫圈；3、8—弹簧；4—球头套；5—滑座；6、7—弹簧销；9—缓冲；10—Φ122 扩孔器；11—上外管；12—悬挂接头；13—报信阀；14—引流杆；15—密封环；16—悬挂环；17—O 型圈；18—定位端管；19—钻头架；20—副钻头；21—磁性销；22—张敛轴；23—收敛爪；24—圆柱销；25—分水接头；26—压盖；27—定位销；28—限位器；29—调节阀；31—Φ89 单动双管钻具；32—扩孔器；33—主钻头

Φ114 套管，采用绳索钻杆结构类型，钻进时作为钻杆使用，传递扭矩和钻压，并作为传递冲洗液的通道；钻进结束后留在孔内，作为技术套管隔离孔壁（图 10-37）。

（a）下钻

（b）Φ114套管

图 10-37 Φ114 套管钻进试验

BH-114 型套管取心钻具的基本性能参数见表 10-3。

表 10-3 BH-114 型套管取心钻具主要技术参数

序号	性能指标		技术参数
1	适应钻孔直径/mm		Φ122.5
2	岩心直径/mm		Φ68
3	到位报信压力/MPa		1.5~3.0
4	主钻头		Φ94mm 普双钻头
5	副钻头	类　型	4 块组合张敛式
6		规格/mm	Φ122/Φ93.5
7		张开直径/mm	Φ122.5
8		收敛直径/mm	Φ93.5

续表

序号	性能指标		技术参数
9	主钻具外管	外径/内径/mm	Φ89 /Φ80
10		长度/mm	1380~3380
11	主钻具内管	外径/内径/mm	Φ77/Φ70
12		长度/mm	1000~3000
13	主钻具长度/mm		1567~3567
14	副钻具长度/mm		294
15	副钻具接口		Φ122 扩孔器

Φ114 套管管体与接头规格尺寸见表 10-4。

表 10-4　Φ114 套管管体与接头规格尺寸

规　格	外径/mm	内径/mm	壁厚/mm	长度/mm
套管管体	Φ114. 3	Φ103	5. 65	3000
套管接头	Φ116	Φ103	6. 50	200

2013—2014 年，采用 Φ114. 3mm×5. 65mm 套管和 BH-114 型套管取心钻具在 3 个钻孔（ZK3-1、ZK4-1、ZK12-1）中进行了套管钻进试验，其中 ZK3-1 孔为直孔、ZK4-1 开孔顶角 5°、ZK12-1 开孔顶角 9°。共完成套管钻进 528. 43m。最大钻进深度 270. 12m。平均回次进尺 1. 78m，最大回次进尺 3m；平均机械钻速 0. 98 m/h，最大机械钻速 1. 35 m/h，最大提钻间隔达到 126. 06m（连续钻进 240h），折合台月效率可达到 340m/台月。Φ114mm 套管钻进不仅经受了极端复杂地层斜孔的考

（a）泥浆实验室

（b）泥浆测试

图 10-38　勘探现场泥浆实验

验，还适应了超常规泥浆（固相含量>5%，黏度45~68s、含沙量>0.8%）等恶劣工艺条件的验证，整个套管钻进系统性能稳定。创造了国内地质勘探极端复杂地层条件下，在较长孔段套管取心钻进的纪录，为地质勘探顺利穿越复杂地层提供了实用、有效的钻进方法，成为克服地质矿产勘查复杂地层钻进难题的“法宝”。

5）探索“钾石灰-聚磺”泥浆体系，成功穿越炭质板岩强水敏地层。

岩心钻探常规泥浆体系根本无法满足该整装勘查区破碎不稳定复杂地层。开展强水敏性地层泥浆体系研究，突破现有地质岩心钻探规程的限制，大胆吸收引进石油钻井液先进技术，通过探索和研究，不断深入改进和完善，逐步形成了适合于该铀矿强水敏地层特点的“钾石灰-聚磺”泥浆体系（图10-38和图10-39）。

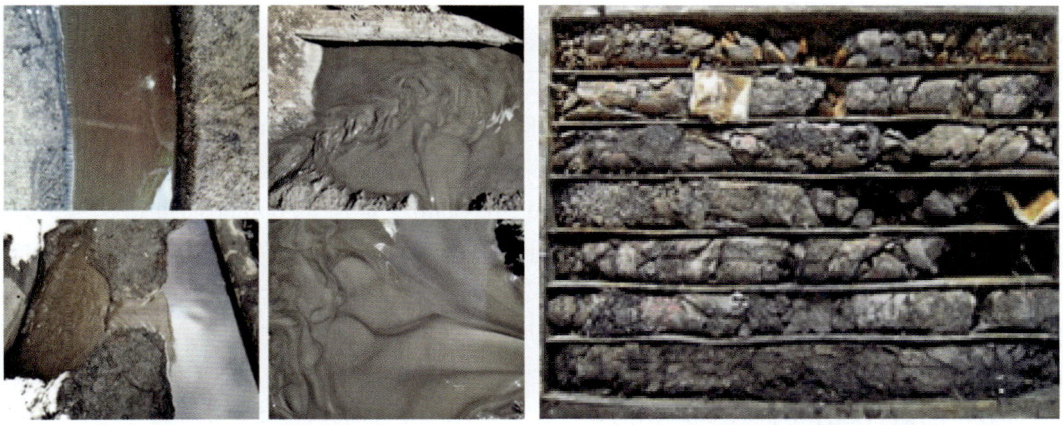

（a）孔口流出来的泥浆　　（b）取出的包裹完好的炭质板岩岩心

图10-39　使用“钾石灰-聚磺”泥浆效果

经过多个钻孔中的应用表明，孔壁稳定性得到明显改善，起下钻不顺畅的状况得到改观，对破碎不稳定岩层（炭质板层）的穿透能力大幅提高，已成功穿过了厚度300m的炭质板岩层，且能满足普通金刚石起钻取心钻进、金刚石绳索取心钻进、套管护壁钻进、有线随钻测斜螺杆定向钻进等多种钻进方法。

6）运用轻质铝合金钻杆，大大减轻钻探人员的劳动强度。

图10-40　轻质铝合金钻杆实物

由于该铀矿勘探区地形相对高差大，山高坡陡，海拔高度大，致使钻机设备及钻探管材的搬迁上山成为一大问题，钢制钻杆的运输十分困难，工人的劳动强度大，搬运十分艰难。为此，寻求轻型简捷的钻探器材配置，使用铝合金钻杆，对其减轻钻杆钻具的搬迁难度和钻机的钻进负荷、提高起下钻速度具有重大的意义。

铝合金的密度和弹性模量几乎是钢的1/3，而比强度（断裂强度极限与密度之比）却是钢的1.5~2倍。铝合金钻杆质量轻（图10-40），与传统钢钻杆相比，在自重、比强度、弹性和耐腐蚀性等方面具有突出的优点。我们采用中国地质科学院勘探技术研究所研发的Φ52mm×7.5mm配65锁接头的7E04铝合金钻杆最大抗拉强度630kN，热处理后杆体抗拉强度645MPa，屈服强度585MPa，设计钻深能力1000m。铝合金钻杆与钢制钻杆性能对比见表10-5。

表 10-5　铝合金钻杆与钢质钻杆性能指标对比

指　标	铝合金	钢 质	备　注
钻杆体规格/mm	Φ52×7.5	Φ50×6.0	外丝连接
密　度/($g \cdot cm^3$)	2.78	7.85	
杆体在空气中的单位质量/($kg \cdot m^{-1}$)	2.90	6.50	
杆体在空气中的定尺质量/kg	13.2	29.25	定尺长度 4.5m
钻杆锁接手质量/kg	6.6	6.8	
每根杆在空气中的定尺质量/kg	19.8	36.1	定尺长度 4.5m，含锁接手
1000m 钻杆在空气中的质量/kg	4400	8022	
铝合金钻杆抗拉断力/kN	630		Φ52mm×7.5mm
铝合金钻杆抗扭强度/N·m	4900		Φ52mm×7.5mm

轻质铝合金钻杆共进行了 200 回次的生产试验，累计进尺 858.42 m，最大使用孔深 813.13m，主要在孔段的上部连接使用，下部连接钢制钻杆。钻杆柱组合形式：Φ96mm 金刚石钻头+Φ96.5mm 扩孔器+Φ89mm 岩心管+Φ94 异径接头+Φ94mm 稳定器+Φ68mm 加重钻杆（3 立根）+Φ50mm 钢钻杆 +Φ52mm 铝合金钻杆+主动钻杆+水龙头。

生产试验表明，铝合金钻杆在海拔高、山势险峻、地形复杂、自然条件恶劣、地理位置偏远、交通不便的特殊环境钻探施工时，可减少钻机动力消耗，降低钻探施工难度，提高钻探效率，减轻工人劳动强度。

7）对退役的地质勘探设施（钻机场地和便道），钻探废浆固化处理，及时修复生态环境，

每当钻孔终孔，地质勘探设施（钻探场地）结束使命后，对钻探废浆进行固化，掩埋处理，在第二年 5~8 月份进行覆土，按照已探寻总结出的播撒方式，选择适合于高原气候条件的草种进行播撒，经过 2~3 年的精心养护，可达到修复目的，效果如图 10-41 所示。

图 10-41　钻孔施工前后场地对比

五、技术成果与社会效益

在该整装勘查区成功探索出了一套小直径有缆随钻/螺杆马达定向钻进、套管取心钻进、“钾石灰-聚磺”泥浆、复合凝胶（FHD）快速堵漏等多种钻探技术组合，形成了一套适合于该脆弱地区复杂地层条件和恶劣地理条件的绿色钻探技术体系。

对生态环境的修复治理，取得了较好的技术成果和社会效益，填补了该地质系统在高海拔、高寒地区废（矿）石堆治理的空白，并获国家发明专利。对西部地区地质勘查、矿山开采和水电开

发具有很好的示范作用，也具有重要的参考价值和指导意义。

2009 年 7 月，当地州政府在该铀矿勘探矿区召开了“全州生态建设工作现场会”，对生态治理恢复成果给予了高度评价，得到了当地政府和村民的认可和赞扬。

2018 年 6 月 24 日该地区遭受了强降雨，从 6 月 23 日开始持续暴雨，在 24 日晚暴雨达到峰值，降雨量达到 32.9mm，累计降雨量超过 100mm。持续降雨引发山洪泥石流洪涝灾害，多处道路被冲毁、桥梁被冲垮、引发山体塌方。10 年前治理修复的山体经受了恶劣气象环境的考验（图 10-42），表明治理是成功的，工程质量不愧为“优良”。

图 10-42　遭受强降雨考验的治理渣堆

六、体会与认识

面对新形势、新需求，我们将牢固树立“创新、协调、绿色、开放、共享”的发展理念，坚持生态保护优先，摈弃传统地质工作思维模式，促使地质工作转型升级，实施创新驱动，学习兄弟单位的成功经验和好的做法，改进勘查方式，真正使绿色勘查理念落地、落实，提高勘查水平，实现找矿新突破。

大力实施生态治理恢复，改善了当地生态环境，使治理区基本恢复了自然原貌，有效地改善了当地的环境质量，以绿色勘探推动精准扶贫，实现保护生态、保障矿产资源和地方经济发展双赢，促进西部民族地区的稳定，取得了良好的环境效益和社会效益。

（由四川省金核地质勘查有限责任公司　黎波、李晓晨、樊留建探矿工程高级工程师，张中钻探工程师供稿）

绿色勘探工程案例四

多彩地区绿色钻探工程施工探索与实践

青海省地处我国青藏高原，被称为“世界第三极”，是我国长江、黄河、澜沧江的发源地，被誉为“中华水塔”，是我国最大的生态脆弱区，全省近90%的面积属于国家重点生态功能区，具有海拔高、气温低、降水少、生态系统结构简单、抗干扰能力弱和易受全球环境变化影响的特点，表现出较强的脆弱性，据相关学者研究表明，区内生态脆弱度以中度脆弱和强度脆弱为主，中度脆弱区占总面积的45.55%，强度脆弱区占总面积的25.57%。

2014—2016年，我公司承担了多彩整装勘查区（治多县多彩、查涌、撒纳龙哇、米扎纳能等矿区）部分钻探工程施工，完成了钻探工程量共计25388m。在钻探工程领域中对环境保护实施管理的方法和先进技术成为“多彩模式”中的典范，推动着“绿色勘查”的步伐大步向前，随着习近平总书记提出的“五位一体”总体布局和五大发展理念的治国理政思想，印证了华锋公司对钻探行业未来发展方向的把握是准确的。努力为矿产资源勘查实现“既要金山银山，也要绿水青山”的宏伟目标贡献出华锋力量！

一、采用科学、先进实用的勘探技术方法，减小钻探工程对施工环境的扰动和破坏

（一）减少对地表植被的破坏和影响

（1）采用“以钻代槽”、定向分枝孔、一基多孔、水平孔等技术方法，可大幅减少机台场地和搬迁道路的修建，减少对植被的破坏和环境的影响。对植被覆盖较好，生态恢复较慢的地区，我们选用Hydrcore2000和V600浅孔型钻机实施，以浅钻代替槽探。

在地势较平缓的地段可以不修路，全液压履带式钻机代替传统钻机作业，可以满足在同一个场地上施工不同倾角和方位角的钻孔的需要。而且机台修筑面积小，可以实现在一个场地上完成2~3个钻孔施工。这样不仅减少机台场地和搬迁道路的修建，还减少了搬迁次数。既能满足勘查技术规范要求，又能最大限度地减少土地占用及对生态环境的扰动。

（2）采用便携式钻机或集成式全液压履带钻机或背包钻机等，减少机台场地建设和搬迁道路的占地面积。我们选用了加拿大生产的Hydrcore2000型便携式全液压钻机和自行设计生产的V600型携式全液压钻机（图10-43），钻机施工场地小，仅需3m×4m，钻探施工能力450m，钻机总重量仅为1.5t，具有重量轻、模块化、自动化程度高和钻进效率高的特点，适应于恶劣路况人工搬迁

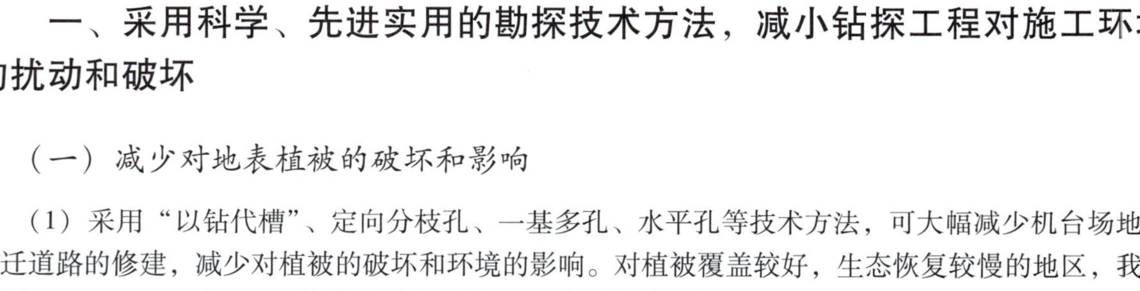

（a）Hydrcore2000型　（b）V600型　（c）钻机平台

图10-43　便携式全液压钻机

和狭窄场地进行钻探作业。

选用 C6C 型全液压履带式钻机（图 10-44）实施中深孔。该钻机的钻进能力：PQ-540m，HQ-800m，NQ-1200m，BQ-1540m。可进行倾角在 45°~90°范围内的钻孔。钻进主机和附属设备均集成在履带台车上，施工场地仅需 6m×8m，并且可自行移动，钻探设备搬迁运输时可采用垫木板或旧轮胎的方式，来避免履带压坏植被。查涌普查和撒纳龙哇预查作业区采用了该钻机实施“一基多孔”，取得了较好的勘探效果，在一定程度上也减少了对生态环境的影响。

图 10-44　C6C 型全液压履带式钻机

（3）因地制宜选择合适的方式搬运，最大限度地减少或避免修路对植被的破坏。该项目在设备物资搬迁运输中，我们采用了人力搬迁、牦牛驮运、滑橇式、履带运输车（带塑胶履带）等方式（图 10-45），钻探设备材料搬迁运输时还采用垫木板或旧轮胎的方式，来避免碾压损坏植被。尽可能减少或避免对植被的破坏和生态环境的影响。

（a）人力搬迁钻机部件　（b）履带运输车搬迁运输

图 10-45　搬迁运输方式

（4）根据地层情况，灵活选用优质、高效、节能的钻进方法，提高了钻探施工效率，缩短施工周期，最大限度地减少因钻探施工占用场地的时间，减少对生态环境的影响。

1）采用宝长年的金刚石绳索取心钻具，钻进效率 3.5~6m/h，台月效率达 1160m/台月，平均岩（矿）心采取率达到 98%以上。

2）钻进覆盖层和破碎易坍塌复杂地层时及时采用跟管钻进，直到穿过复杂地层，钻进到完整地层后再下入技术套管。

3）钻进遇到层理发育的地层、破碎易堵心的地层或坚硬打滑地层时，则及时调整采用金刚石绳索取心液动潜孔锤钻进技术，从而有效解决了回次进尺短易堵心的技术问题和硬地层钻进效率低的难题。

（二）减少或避免污染环境和地下水的影响

（1）采用环保型冲洗液体系。为了将冲洗液对环境所造成的影响降低至最小，必须选择环保型冲洗液体系，确保其不含毒性且不会对环境造成严重污染。冲洗液体系应具备：①应首选清水类型的冲洗液，配制过程中不得添加任何处理剂；②冲洗液调配时，一旦发现添加剂中含有毒成分，则必须将其替换；③在冲洗液中加入钾离子、铵离子等农作物生长所需要的成分，对土壤环境有利；④必要时做好水泥固封处理，可有效保护地下水层。

采用无毒无害的冲洗液和环保可降解材料的处理剂配制冲洗液。在该项目我们采用了清水+润滑剂和聚合物冲洗液体系、钾盐低固相冲洗液体系等。最大限度地减少或避免了冲洗液污染地表环境和地下水。禁止使用对植被影响较大的氢氧化钠、铬质泥浆处理剂等。

（2）在钻探施工中针对孔深较大、作业时间相对较长的钻孔，使用振动筛、除砂器、除泥器以及分离器等设备进行冲洗液固控处理，配备了ZQJ190×2-1.5×0.6型钻井液清洁器（除砂机含振动筛）、LW355×1257型离心机（除泥器）等冲洗液固控和测试及废浆处理的设备和仪器。优化冲洗液循环处理系统，降低废浆排放量，提高泥浆利用率，减少或避免废浆的排放，有效减少或避免了冲洗液污染地表环境。

在现场冲洗液沉淀池、废浆池采取防渗漏措施，在地表面铺设软管或循环槽引流返浆。在泥浆泵下方铺设防冲洗液泄漏托盘（图10-46（a））。清水池、废浆池的建立可以结合现场有利的地形地势，通过在地表搭建平台并装设水袋的方式（图10-46（b）），避免在现场开挖清水池和废浆池。

（a）泥浆泵防冲洗液泄漏托盘

（b）钻探施工现场搭建的水袋

图10-46 保护施工环境措施

（3）采取先进实用的堵漏技术减少冲洗液的消耗，减轻对地下水的污染。在钻探施工中出现钻孔漏失时，采用CCL存储式超声波钻孔测漏仪进行测漏，确定漏失层位置和漏失量及快速堵漏方案，根据具体情况选择合适的堵漏方法，我们尝试采用了随钻堵漏、“水泥球、黏土球”惰性材料堵漏、“混凝土纤维+水泥”堵漏、“803堵漏剂+锯末+膨润土+非水解聚丙烯酰胺”混合材料堵漏、AUSPLUG堵漏剂、HOLEPLUG堵洞王堵漏等多种有效的技术手段，减少了冲洗液的消耗，减轻了对地下水的污染。

二、钻探施工现场的噪音、废气、废液、粉尘的控制与处理

（一）废浆的回收与处理

在钻探施工过程中会产生一些废弃的冲洗液，如果不进行回收或处理，直接排放到施工现场，会对环境造成严重污染。我们在钻探施工过程中，采取相应的技术手段预防冲洗液对环境造成污染和影响，并对施工中产生的废浆及时进行无害化处理和回收，减少废浆对环境和职业健康的影响。

（1）根据石油钻井行业规范，结合钻探作业现场实际，我公司按照《一般工业固体废物贮存、处置场污染控制标准》（GB 18599—2001）中第Ⅱ类一般工业固体废物（废弃冲洗液、岩屑、沉淀池污泥等）进行控制。

（2）钻探施工过程中产生的废浆一般会暂存于现场废浆池中，废浆池内壁采取防渗漏处理，在铺设防渗漏材料前，清理废浆池中尖锐的碎石，用填土夯实夯平，确保废浆池承压后，不会破坏防渗漏材料。

（3）通过固控设备使现场冲洗液中的固相颗粒与液相分离，固相废弃物可根据业主方要求采取回收或掩埋处理，若施工区域较大范围内无回收站点，可现场暂时储存，并做好防渗措施，后期一次性运输至有条件的回收站点。

（4）向废浆或其沉积物中加入固化剂，使其转化成胶结强度大的固体，使废物中所有污染成分呈现化学惰性或被包容起来，就地填埋或用作建筑材料等。该方法能显著降低冲洗液中金属离子和有机质对土壤的侵蚀和土壤沥滤程度，从而减少对环境的影响和危害，回填还耕也较容易。

（二）废油的回收与防渗防漏措施

（1）自行采购油料时，在车辆上铺设吸油毡和环保布。油料运输途中，严格控制车速，平稳驾驶，避免急走急停，避免运输途中的跑、冒、漏、滴现象。

（2）柴油是钻探工程使用量最大、接触最频繁的物质，我们“勤买，少存”，分类标识，降低现场库存。现场存放的柴油一般为 3 桶，专门设置了柴油防泄漏下沉铁桶箱（图 10-47（a）），即使柴油全部泄漏，也不会溢出而影响土壤。油料的存放位置在作业现场的下风口，且距离周边植被或其他易燃物品至少 10m 以上，营地存油区安全距离至少 25m 以上，并设立警戒标志，警戒范围内禁止吸烟和任何动火作业。

（a）防泄漏下沉铁桶箱　（b）防燃油泄漏盘　（c）防发电机泄漏盘　（d）钻机垫吸油毡

图 10-47　防止油液渗漏措施

（3）对营地和钻探施工现场的钻机、发电机、水泵以及存油点等机械设备及关键场所，均设有防燃油泄漏盘、海绵层、吸油毡等多重控制措施（图 10-47）。齿轮油、液压油、机油等其他油类物质集中少量存放于现场，并铺设环保布和防泄漏托盘。定期对存油桶进行检查，发现泄漏，立即更换。

（三）粉尘和噪音的控制

（1）粉尘的控制：场地干燥且遇 6 级以上大风时，不得从事土方回填、开挖以及可能产生扬尘污染的作业；修筑道路、钻探平台时，开挖土方应控制扬尘浓度，夯实平台和路基，减少扬尘产生量和影响范围；气候干燥季节，降低车辆行驶速度，并定期对道路洒水，保持道路湿润，控制粉尘。对于临时堆放渣土，使用土工布、塑料网膜覆盖；现场尽量不开展打磨、焊接及热切割作业，若焊接件无法通过拆卸或运输至他处进行作业时，应设置围护和挡尘板，且作业人员必须佩戴防尘装备。在配制冲洗液和水泥浆时，操作人员必须佩戴防尘口罩、护目镜等。

（2）噪音的控制：钻探施工现场噪声主要由柴油机、发电机以及钻机发动机等机械运转产生，我国目前尚无地质勘探行业噪声专项标准和规定，国内对噪声排放标准通常执行《工业企业噪声排放限值及测量方法》中第2类。环境质量标准执行《城市区域环境噪声标准》中1类。《工业企业噪声排放限值及测量方法》标准规定，各类声功能区厂界噪声限值，见表10-6。

表10-6 各类声功能区厂界噪声限值汇总表 单位：dB

声环境功能区	A类限值[a]		B类限值[b]	
	昼间[c]	夜间[c]	昼间[c]	夜间[c]
0类区域（城郊、乡村）	50	40	50	40
1类区域（居住及文教机关）	55	45	55	55
2类区域（商业、工业混杂区）	60	50	60	60
3、4类区域（道路交通干道两侧、穿越城区铁路两侧）	65	55	65	65

钻探项目对钻探设备均安装有消音装置，并制定了一系列有效的降噪控制措施，经噪声测试仪检测对比，噪声排放符合要求，未达到扰民限值，施工现场涉及的各工作环节主要噪声源排放检测值见表10-7。对施工现场的钻探设备安装消声装置或场地修隔音设施，降低施工噪音；作业人员佩戴耳塞。在有人居住区和野生动物栖息附近，夜间停止有噪声的作业活动。

表10-7 钻探施工现场主要噪声源排放检测值

施工工序	主要噪声源	噪声值/dB					时间		是否可控
		0m	25m	50m	100m	200m	昼间	夜间	是
修路平场	挖掘机	90	82	68	52	31	运行	禁止	是
设备搬迁	挖掘机	90	82	68	52	31	运行	禁止	是
	车辆	73	64	49	35	22	运行	运行	是
钻探施工	钻机（LF90）	92	83	69	53	41	运行	运行	是
	发电机（传动）	86	77	64	49	29	运行	运行	是
	水泵（传动型）	84	75	62	46	27	运行	运行	是
物资供给	车辆	73	64	49	35	22	运行	运行	是
复垦	挖掘机	90	82	68	52	31	运行	禁止	是

施工现场的噪音控制主要注意以下几点：

1）钻探施工作业以及道路修筑、复垦所涉及的大功率设备，如发电机、钻机等，均设有消音装置，噪音检测符合相关标准。

2）作业场所距离居民区、村庄较近，将对主要声源设备设置隔音屏障，排气口朝向避开农户、房屋集中分布的区域。钻探现场设备布置时，将主要的噪声源设备放置于距离农户、房屋较远的位置。

3）车辆进入居民区或村庄，降低车速，不得鸣笛，尤其是重型车辆通过这些区域时，尽量选择白天进入，避免影响居民或村民的正常休息。

4）对发电机、柴油机等设备加装衬弹性垫料以减震降噪。

5）作业过程中平稳操作，避免产生非正常噪声，不重击敲打内管、钻杆以及其他可能产生尖锐噪声的管材料或机具等，也可以采取降噪措施后再进行作业。

6）对已经完成工作任务的机械设备，及时停机，避免空转产生噪音。

（四）生活垃圾的回收与处理

（1）宿营地设置可回收与不可回收废弃物存放设施，并设有明显标识，按要求分别进行定点投放，定期回收，同时还建立了项目卫生检查与清理制度，项目部专人负责监督。

（2）生活废水、剩菜、剩饭等垃圾使用塑料回收桶集中盛装。

（3）在宿营地下风处植被相对稀少且远离水源的合适位置建立厕所，厕所规格 3～5m²，深度 1.5～1.8m 为宜，作业现场设置专门的移动式厕所（图 10-48），并定期进行清洁和消毒处理。

（4）项目部产生的废弃物均运输至就近垃圾回收站处理。

三、钻探工程结束后，及时进行生态恢复治理

根据《土地复垦条例》坚持“科学规划、因地制宜、综合治理、经济可行、合理利用”的原则，该项目所在地域处于少数民族聚集区、生态脆弱区，使得这里成为了一个十分敏感的地区。地表植被茂盛程度因地域不同，差异很大，复垦方向以恢复生态为主，遵循破坏土地与周边现状尽可能保持一致的总体要求。

（一）机台场地、驻地和临时仓库等设施

工程施工结束后，及时拆除现场施工设备、物资和临时设施，清除现场各类杂物、垃圾及污染物。废浆、废液应进行固化处理，深埋于开挖的坑、池底部，上部回填无污染的土壤。对于现场不能处置的污染物，我们将其外运到专业处理场进行处理。

（二）场地的平整覆土与钻孔封闭

（1）孔位确定后，应对现场植被、水源、地形地貌进行照相留档，复垦后，应做对比，确认现场恢复程度是否在可接受范围内。

（2）钻孔结束后，按照《地质岩心钻探规程》（DZ/T 0227—2010），将孔口封闭，设立孔口桩，涌水钻孔设置排水通道或采取封堵措施。

（3）在对施工现场进行回填时，先将较大石块放在场地内侧，然后将碎石及砂土填于其上，最后将剥离的植被复原（图 10-49），并整齐摆放。

图 10-48 施工现场的移动式厕所

图 10-49 钻探施工机台场地植被恢复

（4）钻探工程结束，拆除地表设施，清理现场垃圾，并转移施工设备，对营地范围内人工造成的沟坎进行平整，并播撒适宜当地生长的草籽，加速恢复。

（5）营地及作业现场厕所排泄物可用于植被分层回填时的养料，可采取消毒措施处理后进行回填。

（6）作业现场用于施工的蓄水池、废浆坑，在废浆转运工作结束后，及时将开挖时集中堆积的土壤进行回填并夯实，最后还原表土植被，对于施工过程中被破坏的地段采取补种措施，并在现

场设置警示标志。

（7）场地的覆土厚度及土质应符合恢复地类的复绿设计及相关行业的规范标准要求。一般要求草地覆土厚度20~30cm，耕地及林地覆土厚度39~50cm。没有挖损和污染的场地，可采取深翻、松土、培土等方式达到土地耕作的要求。

（三）复垦与复绿

（1）钻探施工结束后，及时垦复绿，工程质量满足《土地复垦质量控制标准》TD/T 1036—2013、《园林绿化工程施工及验收规范》DB11/T 212—2017等相关验收标准及项目绿色勘查实施方案的要求。

（2）草地复绿，一般采用播撒方式培植，草种应适应当地生长并与原草地环境协调。

（3）林地复绿，林木品种适合当地生长，应结合当地居民及社会经济发展及环境的协调要求，林木的种植施工应符合相关行业规程及标准。

（4）耕地复垦，经现场深翻、松土及覆土后，应满足当地农作物耕种条件。

（5）在工程质保期及植被恢复养护期间，应对损坏或检查不合格的工程进行修补和返工处理。

（由四川华锋钻探工程有限责任公司 舒智探矿工程高级工程师供稿）

绿色勘探工程案例五

页岩气微地震浅井绿色钻探工程实践

一、项目背景概况

页岩气作为我国一种新型的非常规天然气资源，是现代油气勘探的重要领域，也是当今全球增长最快的气体能源之一，目前全世界已经掀起“页岩气革命”。页岩气蕴藏于页岩层或泥岩层中，必须实施页岩气井储层压裂改造才能开采出来。在压裂过程中，岩石破裂会伴随产生强度较弱的地震波，称为“微地震”。

我公司承担了四川省泸县、三台、内江、珙县等页岩气微地震浅井工程，一般在农田内进行，涉及影响环境的风险因素较多，业主、作业区周边居（村）民对于农作物、水资源以及生态保护的要求极高。在与壳牌公司和中石油川庆钻探工程有限公司地球物理勘探公司合作中，树立“科学钻探，绿色发展”的无痕勘探新理念，积极开展微地震浅井工程施工技术的研究，创新绿色勘探手段，大力推行环保技术措施，优选施工设备、钻具级配、钻进工艺，优化设计水泥浆液的参数和固井工艺方案，2012—2014 年期间共完成了 43 口页岩气微地震浅井工程施工，累计钻探进尺 9408m。努力将钻探施工等相关活动对环境的破坏和影响降到最低，特别是对钻探冲洗液的排放与处理尤为重视，使用了环保无污染型冲洗液和处理剂，有效减少了钻井及冲洗液体系对水土环境的污染和破坏，施工过程中产生的废水、废浆、废渣通过车辆运输至当地制定处理站进行处置，为实现资源开发利用和生态环境保护协调发展做出了不懈努力和尝试。

二、绿色钻井设计

（一）钻井设计及技术质量要求

通过微地震监测技术获取裂缝的空间展布特征、提取岩石力学参数，为进一步储层改造及开发井位部署提供相应技术支撑。目前微地震监测技术是比较有效、可靠性较高的一种压裂裂缝监测技术。微地震监测技术是通过观测和分析由压裂、注水等石油工程作业时导致岩石破裂（或错断）所产生的微地震信号，监测地下岩石破裂、裂缝空间展布的地球物理技术。根据微地震监测仪器的布设方式，分为井中监测和地面监测两类。将监测仪器布设在井中，对微地震事件进行监测的方式就是微地震井中监测。相对于地面监测，井中监测所得到的资料具有微地震事件多信号强反演可靠性高等优点。因此，微地震井中监测在压裂过程中得到广泛应用。

微地震浅井监测是指在距离压裂井压裂层段的垂向距离超过 1km 以上，井深不大于 300m 的浅井中，放置监测仪器进行的井中监测（图 10-50）。通常利用 2~3 口井的微地震浅井，布设检波器进行监测，即可扩大微地震观测在水平方向的张角，提高计算精度，以便全面描述压裂裂缝的空间图像。微地震浅井设计与技术质量要求如下：

（1）井身必须保持垂直，最大井斜不得超过 10°，套管必须设置一定数量的扶正器以确保套管居中。

（2）全井段必须下金属套管，套管要有足够的强度，不得破损、变形，以保证检测设备顺利下井。

（3）套管与井壁之间必须用水泥固井，要求固井良好，不能出现未胶结或胶结不实的情况。

（4）井深不大于300m，井径必须大于Φ130mm，套管内径必须大于Φ98mm。

（5）套管高于地面500~600mm，井口必须平整，并在井口套管安装操作平台和焊接耳朵。

（6）固井后必须用带通规的刮管器对套管内壁进行刮管作业，保证套管内壁光滑，以确保检测仪器下放到位。

（7）必须用沉沙打捞装置把井内的沉沙及杂物打捞干净。

（8）孔口应安装封闭装置，需用专用工具才能打开并保证不被破坏。

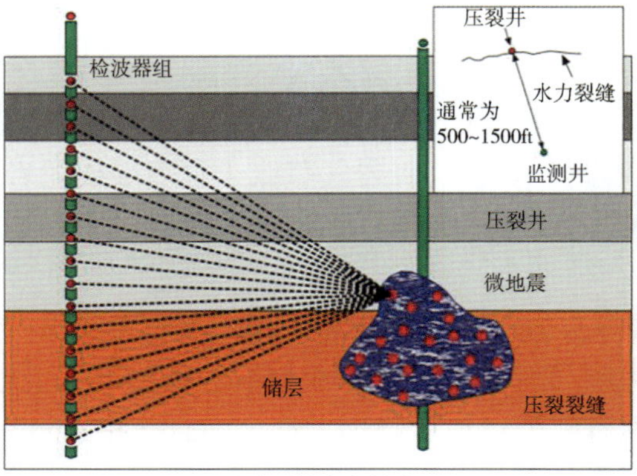

（a）监测示意图

（b）压裂监测现场

图10-50　微地震浅井监测

（二）绿色勘探要求

（1）钻孔施工必须使用环保型钻井液，工程结束后废浆处置率达到100%。

（2）施工过程中造成植被破坏时，恢复率达到100%。

（3）施工区垃圾集中分类存放，减少固体废弃物污染，可以降解的填埋率达到100%，不可降解的垃圾需运送到附近政府指定的垃圾回收站。固体废弃物达标处置率达到100%。

（4）施工区域含油废物填埋率达到100%。

（5）地形地貌恢复尽可能与原始地形地貌，自然环境相协调。确保土地恢复率达到100%。

（6）全面实现安全生产“零事故、零污染、零损失”的工作目标。

三、绿色勘探施工技术措施

绿色勘探就是要在整个钻井过程中，着眼于污染预防，最大限度地减少原料和能源的消耗，降低生产成本，减少和防止钻井过程对生态环境的破坏。

（一）施工前的准备

（1）获取行业准入资格。要想进入外资公司（中国石油）勘探施工领域，就必须取得QHSE体系的国际认证和中国石油行业准入证，才能承接地震勘探钻井技术服务方面的工程施工。并且每年都要进行行业准入证的审核，经审核合格后方可颁发下一年度的准入证。我公司先后在全国25个省、市、自治区为26个国外矿业公司和国内30多个地质勘查单位、矿业公司提供了优质的钻探服务，公司在为一些矿业公司提供钻探服务的过程中，形成了与国际接轨的先进技术标准和管理体系。在BHP、壳牌公司、WMC、Rio Tinto等公司的帮助下建立了严格的、人性化的健康、安全、环保管理体系。公司曾连续3年被四川省安全生产监督管理局评为安全生产先进单位，还是四川省安全文化建设示范单位，为安全生产标准化二级企业。2019 年我公司获得中关村绿色矿山产业联盟颁发的“绿色矿山突出贡献奖”。自公司成立以来无重伤以上的任何安全事故发生，在业界公司被誉为“中国最王牌的钻探公司”。由于我公司与国际知名矿业公司及国内大型矿业公司、地勘单位等长期合作，取得了较好业绩和声誉。

经过严格的考评，我公司在 2012—2014 年期间取得了壳牌公司与中石油西南石油局合资公司颁发的地震勘探钻井技术服务准入证。

（2）认真优化绿色钻井施工方案。为了确保和落实地震勘探钻井施工中的绿色钻井目标和要求，我们制定了切实可行的绿色钻井施工方案和技术措施，还与甲方签订了《钻井工程健康、安全和环境保护（HSE）合同书》。根据钻井设计要求和绿色勘探要求，我们采用 C6C 型全液压履带式钻机（图 10-51），配备了 ZQJ190×2-1. 5×0. 6 型钻井液清洁器（除砂机）、LW355×1257 型离心机（除泥器）等冲洗液固控和测试及废浆处理的设备和仪器（图 10-52），并对施工区环境影响因素、危险源等进行调查识别，还对勘查活动可能造成的生态环境影响及程度进行预判和分析；并将节能减排、环境保护和恢复治理、和谐勘查等相关方面的要求和绿色勘查工作的组织管理、预防控制和恢复治理的技术措施编入钻井施工方案之中。

图 10-51 C6C 型全液压履带式钻机

图 10-52 冲洗液固控装置

（3）建立规章制度、规范行为。树立绿色勘查、和谐勘查的新理念，公司先后印发实施了《环保行为准则与实施计划》《突发环境污染事件应急处置预案》《钻探施工项目安全管理细则》《钻探材料安全环保数据使用说明书》（MSDS、推广使用环保型无污染冲洗液材料）等。

（4）做好“技术-环保-安全”交底和培训。施工人员在进入作业现场之前，由壳牌公司安全专员对我公司施工人员进行相应的职业健康与安全、作业技术培训。并制定钻井作业、固井作业等操作技术规程，对新员工进行相关规定的培训，还进行了突发环境污染事件应急处置预案、火灾应急处置等预案的学习和演练（图 10-53）。

（5）加强钻探现场管理。钻井施工场地一般应按照现场施工设备、附属设施安装、施工操作、钻井液循环系统、材料物资存放、临建房屋等施工需要，依据现场地形条件进行分区布置，尽可能减小对环境的影响，并满足安全文明施工的需要，严格控制场地平整及使用土地面积。由于我们采用的钻机为集成式设备，主机和泥浆泵、动力头、柴油机、操作台、钻塔、主副卷扬机等装置均设置在长 5300mm，宽 2600mm 的钻机底座上，其占地面积小，而且搬迁运输方便。钻井液配制均严格按照《钻井液材料规范》（GB/T 5005—2010）等国家和行业标准规范执行。所有钻井液都在密闭循环系统中经回收处理后循环使用。现场配置了钻井液固控设备，还建设了沉淀池、废浆池。这样既保证了钻井液不污染环境，还可以将钻井液处理后循环利用。因此也节约了资源。

（6）开展环境因素的风险辨识。采取了综合调查法对钻探施工过程中各种影响环境的风险进

（a）课堂学习

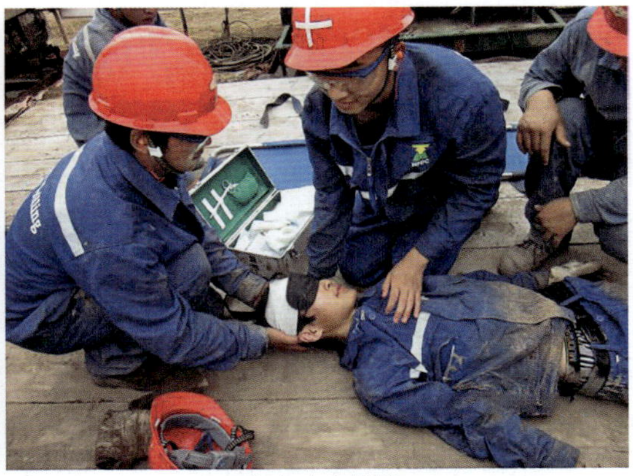
（b）应急演练

图 10-53　HSE 培训

行系统地辨识，并初步统计，根据环境因素的发生频率、环境影响范围及环境影响程度和环境影响恢复能力等多个方面进行判别，得出涉及钻探施工的环境影响等各种因素（表 10-8）。

表 10-8　钻探施工环境影响因素评价统计表

序号	环境因素	环境影响	状态	环境影响评价							重要因素	优先级别
				a	b	c	d	e	M	X		
1	修路/场地平整/营地建设	植被破坏	异常	3	3	3	3	4	4	16	是	中度
2	钻机/车辆行驶	植被破坏	异常	4	1	3	3	3	4	14	否	一般
3	设备/车辆/物料/人员压实影响	植被破坏	异常	4	1	2	3	3	4	13	否	一般
4	生产和生活垃圾	土壤、水影响	异常	3	2	2	2	2	3	11	否	一般
5	冲洗液排放	植被、土壤、水影响	异常	4	2	4	3	4	4	17	是	中度
6	油料泄漏	植被、土壤、水影响	异常	3	3	4	4	4	4	18	是	中度
7	火灾	植被破坏	紧急	3	3	5	3	5	5	19	是	紧急
8	噪声污染	人、动物影响	正常	4	2	2	1	3	4	12	否	一般
9	设备尾气	人、大气影响	正常	2	2	1	1	2	2	8	否	一般
10	切割、打磨粉尘	人、大气影响	异常	2	1	2	1	2	2	8	否	一般
11	办公废弃物	土壤、水影响	正常	2	1	3	3	2	3	11	否	一般

说明：X—环境因素得分；a—发生的频率；b—排放值与法规标准之比（或管理受控情况）；c—影响范围及程度；d—环境影响的可恢复性或持续性；e—公众和媒体的关注程度（敏感性）。

注：X≥15 或 M=5 为重大环境因素。

对钻探过程中涉及环境影响的各个环节进行全面辨识和分析后，筛选出影响环境风险的主要因素有：①修路、场地平整、营地建设（可能涉及的边坡处理）等方面对当地植被造成的影响；②项目进出场以及后勤保障（物资材料供给）期间，车辆行驶路径对植被造成的影响；③设备、车辆、物料、人员等对地面的压实影响；④垃圾、污水、钻井液等污染物的影响；⑤燃料泄漏造成对土地、水资源、植被以及动植物的影响；⑥可能发生火灾对生态环境造成大面积破坏；⑦噪声污染；⑧光污染、粉尘污染等其他类污染源因素。

（7）施工现场标准化建设。

地质钻探施工作业现场建设是反映项目管理水平的重要标志，它不仅代表公司的外部形象，也是项目安全生产能否顺利进行的关键因素之一。为了提高工程效率、提高环境利用率、提高员工满意度、消除安全隐患、改善作业环境、保护生态资源，我们从现场管理抓起，树立过程精品意识，铸造一流精品工程，全面推行施工作业现场规范化、标准化建设。

1）项目驻地建设：根据地质环境、项目规模要求确定露天驻地的基本布局。根据地域特点，利用地形节约占地。满足防火、防爆、防冻以及防洪、防汛等安全技术及环保要求。驻地建设实行区域制，即将住宿区、厨房区、生活垃圾区、材料堆放区等模块化分区布置。不同区域之间应保持足够的安全距离。该项目驻地建设布置如图 10-54 所示。

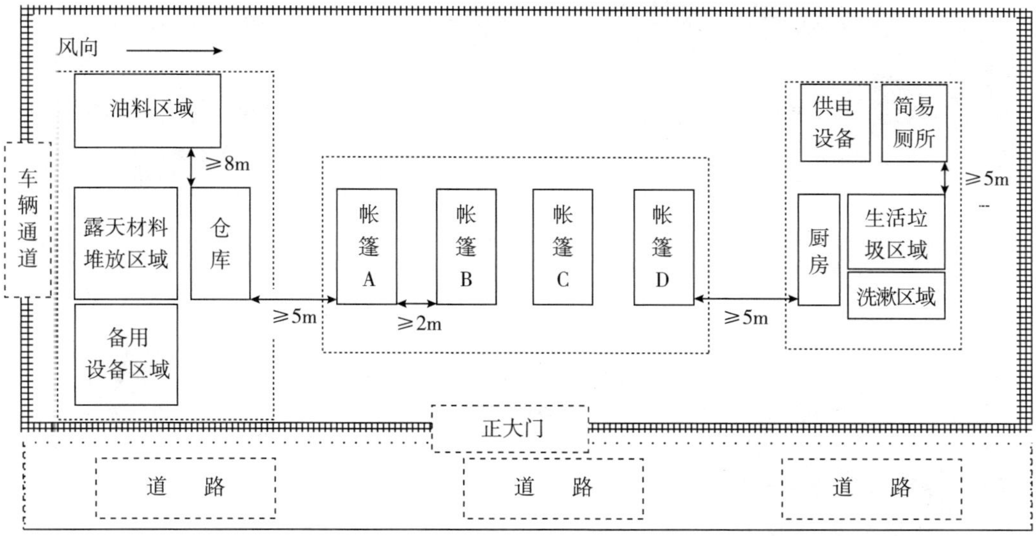

图 10-54 项目驻地标准化建设示意图

2）机台现场建设：根据场地环境、钻机类型及钻探工艺要求确定机台的基本布局；根据地域特点，利用地形节约用地方便施工；满足防火、防爆、防冻以及防洪、防汛等安全技术及环保等要求。结合现场实际，根据钻机类型、场地需求进行合理布局。该项目 C6C 钻机现场标准化布置如图 10-55 所示，机台标准化建设如图 10-56 所示。

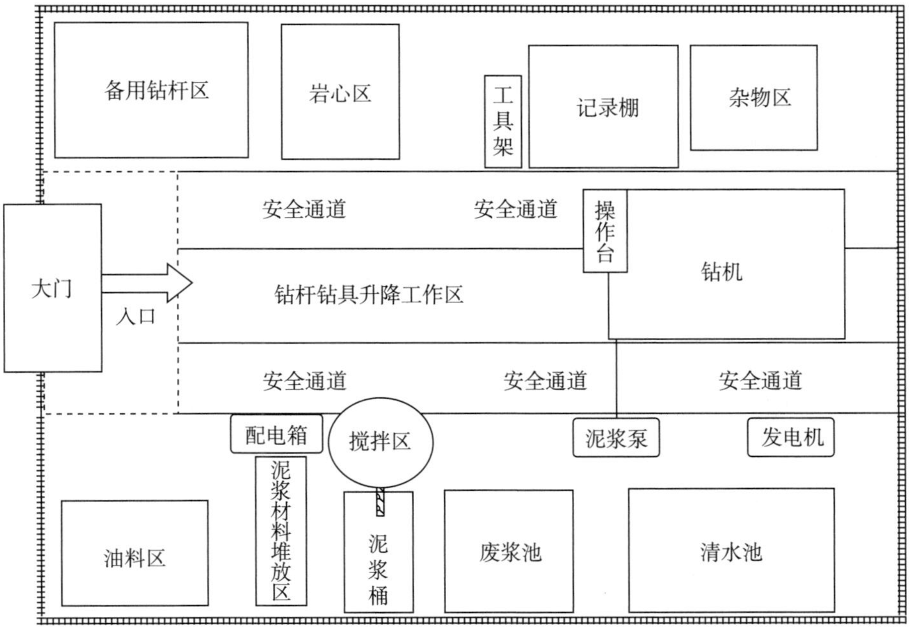

图 10-55 C6C 现场标准化建设示意图

3）工作考核：将钻探项目驻地、机台规范化、标准化建设情况纳入项目考核管理，考核结果与项目经理、机长、专（兼）职安全员工资待遇挂钩。项目出队前专人负责按要求做好材料计划

（a）施工现场1　（b）施工现场2

（c）施工现场3

图 10-56　机台标准化建设

和出库清点工作，并严格按照公司制定的《地质钻探项目现场规范化建设与考核标准》要求落实现场规范化建设工作。项目现场规范化建设考核结果作为项目经理、机长、专（兼）职安全员年度评先选优、岗位晋升的标准之一；同时也作为向局推选为“优质工程”“安全生产先进集体”荣誉的重要依据。

（二）施工中的技术措施

（1）通过研究摸索我们采用优质高效的钻井方法和科学合理的钻井参数。一开采用 Φ150mm 硬质合金全面钻进；二开采用 Φ130mm 复合片全面钻进方法。钻探台月效率达到 1850m/台月。

（2）全孔使用自主选配和研发的环保型钻井液体系，即无固相（清水+植物胶）或低固相（膨润土+植物胶+纤维素）的优质环保浆液。其泥浆材料及处理剂具备无毒无害、可自然降解性能，符合环保标准要求。施工中加强循环液的现场使用管理，做好施工中防渗、堵漏及净化处理，预防浆液使用中造成地面及地下污染。产生的废浆按照《一般工业固体废物贮存和填埋污染控制标准》（GB 18599—2020）等相关规定进行固化处理，然后外运到专业的处理场进行处理，有效控制了钻井过程中影响环境的重大风险源。

（3）钻机的柴油机安装消声装置或场地修隔音设施，以降低施工噪音；在有人居住区和野生动物栖息附近，夜间应停止有噪声影响的作业活动。柴油机动力设备安装了尾气净化装置，尾气排放执行国家环保排放标准，不同地区还要满足施工所在地的地方相关标准要求。

（4）多元防护，防止污染。采取“不落地”防泄漏应对措施，严格控制设备维修、油料储存及使用过程中可能发生的污染。针对不同的作用或目的设计使用防止油料、泥浆泄漏的“托盘”（图 10-57（a）、图 10-57（b）），钻机底座下面采用铺设防渗土工布和吸油毡（图 10-57（c）），达到保护土壤、植被、水资源免受污染。规范钻杆架（图 10-57（d）），立体存放钻杆，既减少了场地面积，又起到了防压实土地、压坏植被的作用。

（5）根据现场不同的作业条件，有针对性地采取防火及隔离措施，制定了严格的防火管理制度和动火作业审批程序，实施全过程监督。在草原、森林以及植被丰富的区域开展勘探作业，必须对钻探施工设备以及作业现场采取有效防火措施，如：安装防火帽（图 10-57（e））、设置防火隔离带（图 10-57（f））、阻燃挡板等。施工现场严禁燃烧秸秆、泥浆和水泥的包装袋等易产生烟尘、废气污染的物品。

（a）防止油粒泄漏的“托盘”

（b）防止泥浆泄漏的“托盘”

（c）防渗土工布和吸油毡

（d）规范摆放钻杆架

（e）柴油机上安装防火帽

（f）设置防火隔离带

图 10-57　施工安全环境措施

（三）施工结束后及时进行土地恢复与植被复垦

（1）施工结束后，及时安装孔口封闭装置避免人为破坏（需用专用特制的工具才能打开）。

（2）工程施工结束后，及时拆除现场施工设备、物资和临时设施，清除现场各类杂物、垃圾及污染物。废浆、废液应进行固化处理，深埋于开挖的坑、池底部，上部回填无污染的土壤。对于现场不能处置的污染物，我们将其外运到专业处理场进行处理。

（3）场地和道路施工剥离的适合复垦的表土或草皮，应当收集存放管理，作为施工结束后的复垦、复绿使用。场地恢复平整工作结合现场情况，尽可能按原始地形地貌恢复。尽可能与自然环境相协调。场地的覆土厚度及土质应符合恢复地类的复垦复绿设计及相关行业的规范标准要求。如果仅压占未污染的耕地，经现场深翻、松土及覆土后，应满足当地农作物耕种条件（图 10-58）。

（a）恢复后的土地

（b）恢复后的水田

图 10-58　施工场地恢复

（4）修筑道路和施工场地尽可能减少土地的占用，并尽量避免造成树木和植被的破坏。如果因工程施工无法避免的，也要将需要移植的树木尽量移植保存，用于项目施工结束的复绿或就近栽培。草地复绿，一般采用播撒方式，草种应适宜当地生长并与原草地环境协调。林地复绿，林木品种应适合当地生长，也应结合当地居民及社会经济发展及环境的协调要求，林木的种植施工需符合相关行业规程及规范标准。确保对施工区的生态影响降至最低。

四、认识与体会

（1）绿色勘探作为一种先进的理念、文化和发展方式，在国外已得到广泛传播和实践。我们应该学习国外先进的安全环保理念和生态环境保护措施，引进掌握具有国际化技术标准的钻探装备和监测仪器等。将绿色勘探的理念全面推广到所有的地质勘探工作中，彻底从被动的恢复治理方式向主动的减少影响或不影响生态环境的新模式转变。

（2）绿色勘探是加快推进生态文明建设的要求，也是一项复杂的综合性系统工程，将“绿色和协调”全面贯穿于整个勘探过程中，既需要先进的理念来引导，又需要科学的规范和标准约束，更需要先进的技术手段来保障。

（3）绿色勘探，必须依靠科技创新，拓展绿色勘查手段，采用科学合理的技术方法以减小钻探工程对施工环境的扰动和破坏。

（4）尽快制订行业的绿色勘探规范、标准等。增大绿色勘探资金和政策支持，设立工程项目绿色勘探专项资金，加强绿色勘探项目管理工作，落实生态环境恢复治理岗位责任制和检查验收制度、奖惩措施等。

（由四川华锋钻探工程有限责任公司　舒智探矿工程高级工程师供稿）

绿色勘探工程案例六

小倾角钻孔代替槽探技术创新与生产实践

一、背景情况

槽探工程是地质找矿的重要勘探方式和技术手段，随着我国社会经济的快速发展，槽探施工对环境的负面影响越发突显。十八大以来生态文明与生态安全已经成为新的国家战略，绿色发展理念成为社会共识；地质找矿工作必须适应这些新要求，在理念、方式和方法上进行战略性转变，绿色勘查、绿色勘探势在必行。以绿色发展理念为指导，2015—2016 年，黑龙江省地质矿产局在地质找矿过程中开展了绿色勘查示范试点项目工作，探索运用先进的找矿手段、方法、设备和工艺，最大限度地减少对生态环境的负面影响，实施地质勘探全过程环境影响最小化控制。

我院组织开展了以钻探代替槽探的小倾角（倾角 0～30°）钻孔的探索研究工作，对 EP600PLUS 全液压便携钻机设备进行技术改造，对取心工艺进行创新，实现地表倾角 30°钻探代替槽探作业，通过两年多的钻探设备、工艺、技术方法综合研究和现场钻探试验，在森林覆盖区施工小角度钻孔 9 个，其中有 4 个钻孔揭露见矿体和矿化体（2 个钻孔见到了工业品位金矿体，2 个钻孔见到了矿化体），达到了槽探作业的目的，取得了较好的效果，实现了找矿和环境保护双赢。

二、槽探施工存在的问题与替代方案

我国东北大兴安岭地区森林覆盖坡积层较厚、大块滚石较多、风化基岩发育，采用人工挖掘探槽勘探很难深挖到基岩，并且对森林地表生态环境的破坏较大，不仅直接破坏地表植被及地表层序，一些植被土壤环境脆弱地区还会造成土壤流失，甚至破坏第四系中微循环水系、冻层涵养水，加之受林业占地手续审批程序的繁多困难、补偿费用较高和环境保护的制约，槽探工程大规模实施已不再适宜，虽然也强调了绿色槽探，但槽探工程破坏力极强，一般性的及时措施不能根本性的改变槽探作业方式的严重后果，开挖施工完毕的探槽回填后很难恢复至原本的生态状态，且修复成本极高。倘若探槽布设在农田、沼泽、地势低洼、森林茂密、残坡积层较厚地区，施工更是十分困难，甚至根本无法揭露到基岩，达不到地质揭露目的，对生态环境的破坏和负面影响极大。

钻探工程与槽探工程相比较，作业所需的占地面积小，可大幅度减少土地使用费、林地耕地占用费、树木青苗补偿费、林地耕地恢复费等各种成本支出，还降低了槽探施工难度与安全风险，环境效益上优势明显。因此，利用地表浅钻是解决矿产勘探揭露与生态环境保护之间矛盾的有效办法之一。

三、小倾角钻探关键技术

小倾角钻探，又称小角度钻探，是与地表小的倾角或接近水平方向钻探，是黑龙江省地质矿产局为破解槽探施工和环境保护之间的难题，进行地表勘探科研攻关的新技术、新方法。

（一）小倾角钻探工作原理

通过操纵钻机主机驱动钻杆、带动双管钻具和钻头回转，沿小倾角或水平方向钻进、刻取岩石，采用特定的取心方式打捞获取岩心，达到槽探的目的。小倾角钻孔施工结构简图如图 10-59 所示，钻孔深度一般可控制在 200m 内。

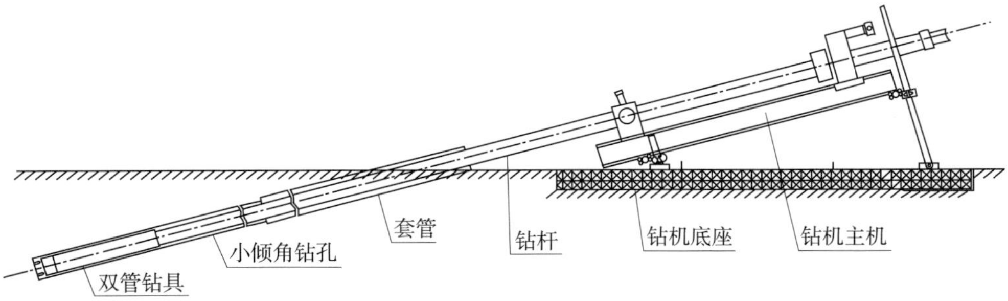

图 10-59　小倾角钻孔示意图

（二）小倾角钻孔代替槽探施工的技术创新

EP600PLUS 全液压便携钻机主要技术性能参数见表 10-9，出厂设置钻孔倾角为 45°~90°，扭矩为 650N·m。根据小倾角钻孔布设（图 10-60）要求，钻机要具备小倾角（0~30°）或水平钻进能力。因此，必须对 EP600PLUS 全液压便携钻机进行改装和技术创新。

表 10-9　EP600 型便携式全液压钻机主要技术性能参数

性能指标			单位	技术参数	备　注
钻进能力	BTW 钻杆		m	600	Φ60mm 孔径
	NTW 钻杆		m	300	Φ75.7mm 孔径
	HTW 钻杆		m	100	Φ96mm 孔径
钻进角度			°	45~90	
动力头	转速		rpm	1300	
	扭矩		N·m	650	
	起拔力		kN	50	
	给进力		kN	30	
	给进行程		m	1.83	
卷扬机	提升力		kN	7.0	
	提升速度		m/min	150	
	钢丝绳	直径	mm	Φ5	
		容量	m	650	
桅杆高度			m	5	
液压系统	流量		L/min	160	
	最高压力		MPa	21	
夹持钻杆方式				液压夹紧、液压松开	
柴油机			台	3	D1105-T 型，单台 23.5kW
模块数量			件	12	
单件最大重量/总重量			T/kg	1.15/180	

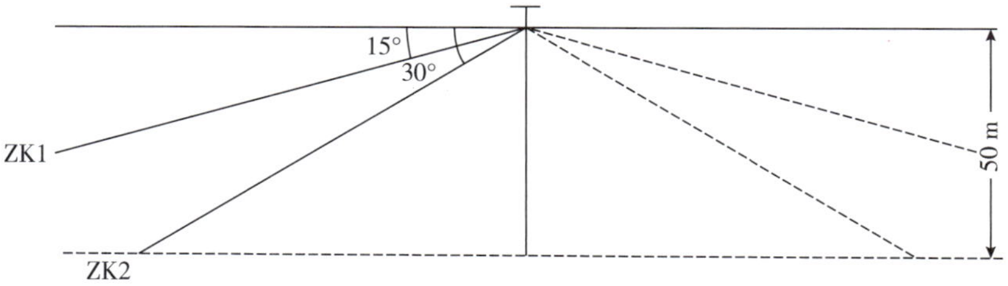

图 10-60　小倾角钻孔布设示意图

（1）重点对英格尔 EP600PLUS 全液压便携钻机进行机架安装技术（进行）改造（图 10-61（a）、图 10-61（b））。改造了钻机桅杆、支撑杆，增加了铝合金槽钢底枕（图 10-61（c））、底座、支架和扶正器，实施锚管固定（图 10-61（d）），小倾角方向安装和固定，可实现地表倾角 0~30°范围内的小角度钻孔施工。

（2）探索总结出了“英格尔全液压便携钻机+铝合金槽钢底枕+锚管固定+泵送钢索取心+跟管护壁+全姿态数字”的钻探工艺技术方法。

（a）改装后的钻机全貌

（b）改造后的调试现场

（c）改装的铝合金槽钢底枕（插口式可调）

（d）用锚管固定底枕

图 10-61　EP600PLUS 钻机改装

（3）改装铝合金机座底枕，长度可调，可减少占地面积三分之一以上，其质量比木质底枕减轻一半，大大降低了钻工的劳动强度，提高了钻探场地平整和搬迁效率。

（4）创新“逆作法”开孔方法。即改变传统“由大到小”的开孔方法及套管下入顺序，采用“逆作法”施工，即先以 Φ76mm 口径钻进开孔，钻进到一定深度且阻力很大时，将 Φ73mm 口径钻具留在孔内；然后用大一级的 Φ91mm 口径钻具外套钻进扩孔至 Φ73mm 口径钻具的深度时，在孔口处卸下 Φ89mm 钻具顶部的异径接头，将 Φ89mm 钻具留在孔内作为套管；再将钻杆连接 Φ76mm 口径钻具继续钻进，以此循环“跟管钻进”操作，直到见到完整岩石为止，确保套管完全坐在完整基岩层上和后续钻进的孔内安全。

该开孔方法称之为“逆作法”开孔方法，是小角度钢索取心钻探在野外实践中总结出来的一套“以钻带槽”行之有效的方法，可以快速通过残坡积层，提高钻探效率。

（5）采用钢索（泵送）取心技术.

绳索取心技术用的是软绳，主要应用于倾角 75°～90°的钻孔，打捞矛头、取心钻具可以靠自重下沉进入孔底，一旦倾角变小则打捞矛头就无法正常沉入孔底捞取岩心。

基于软绳索在小倾角和水平状态钻探时，无法实现正常投放、采心、打捞的取心难题，我们开展钢索取心应用技术创新，利用泥浆泵输出的（高压）泥浆把（阀片式专用）取心钻具输送到孔底，实施绳索取芯工艺钻进回次结束后，由地表专用卷筒带动钢索连接阀片式打捞器，靠泵输出的冲洗液将打捞器送入孔内捕获捞取钻具，获取岩（矿）心。鉴于钢索本身有一定的刚度和强度，故而钢索取心钻具自身也具有一定自动纠偏功能。该技术用于 0～30°小倾角（近似水平）岩心钻探，效果显著。

四、生产实践与成果

（一）钻探生产试验

采用“英格尔 EP600PLUS 全液压便携钻机+铝合金槽钢底枕+锚管固定+泵送取心+跟管护壁+全姿态数字”的钻探技术，在野外开展 30°倾角钻探生产试验（图 10-62），充分发挥出了该钻机的钻进能力，共实施 30°倾角钻孔 9 个，完成钻探实物工作量 730.25m，其中最大孔深 117.9m。

图 10-62　小倾角钻探生产试验现场

小倾角钻进岩（矿）心采取率（图 10-63）达到 96.79%以上，钻孔倾角偏斜每百米<1°，方位角偏斜每百米<2°；钻孔质量见表 10-10，主要经济技术指标见表 10-11，钻探平均台月效率为 643.96m/台月，最高台月效率为 1365.854m/台月，其中有 5 个钻孔单孔台月效率超过千米；平均钻月效率为 367.514m/钻月，钻探纯钻时间利用率为 43.3%，辅助时间率为 43%，平均小时效率 2m/h，平均回次进尺 1.60m/回次，充分显示了 EP600PLUS 全液压便携钻机及其配套工艺在小倾角钻孔施工中钻进能力和生产效率。

表 10-10　钻探工程质量表

孔号	孔深	原始班报表			岩矿心采取率/%		简易水文观测			弯曲度测量			孔深校正			封孔情况	钻孔质量
		应计	实计	合格率/%	岩心	矿层及顶底板	应测	实测	合格率/%	应测	实测	超差	应测	实测	超差		
XZK248-1	117.9	84	84	100	99.49		84	84	100	3	3	无	2	3	无	全孔	优
XZK248-2	41.7	31	31	100	98.80	100	31	29	94	1	1	无	全孔	优			
XZK240-1	101.5	71	71	100	99.70		71	66	93	2	2	无	2	2	无	全孔	优
XZK256-1	60.15	44	44	100	98.17		44	43	98	2	2	无	1	1	无	全孔	优
XZK232-1	80	56	56	100	100.0	100	56	56	100	2	2	无	1	1	无	全孔	优
XZK240-2	56	39	39	100	96.79	100	39	38	97	2	2	无	1	2	无	全孔	优
XZK272-1	90	62	62	100	97.89	100	62	62	100	2	2	无	1	1	无	全孔	优
XZK12-1	100	36	36	100	100.0		36	36	100	2	2	无	1	1	无	全孔	优
XZK12-2	83	33	33	100	100.0		33	33	100	2	2	无	2	2	无	全孔	优

表 10-11　主要技术指标统计表

序号	孔号	孔深 m	施工时间（月日）	总台时 h	钻用效率（m/钻月）	计入台时 h	台月效率（m/台月）	纯钻时间 h	纯钻效率（m/h）	辅助时间 h	事故停待 h	回次（次）	回次进迟（m/回次）
1	XZK2W48-1	117.9	7.27—8.9	338	250.851	309	274.186	108.50	1.084	104.10	96.00	84	1.404
2	XZK240-1	101.5	8.13—8.17	176	414.286	96	757.463	51.30	1.971	41.30	3.00	71	1.430
3	XZK248-2	41.7	8.20—8.21	100	300	28	1069.231	14.50	2.812	13.10		31	1.346
4	XZK256-1	60.15	8.25—8.26	139	311.658	43	1002.5	27.20	2.201	13.40	2.00	44	1.367
5	XZK232-1	80.0	8.31—9.2	144	400	48	1194.03	29.50	2.682	15.20	2.50	56	1.429
6	XZK240-2	56.0	9.6—9.7	125	321.839	29	1365.854	16.00	3.50	13.00		39	1.436
7	XZK272-1	90.0	10.22—10.24	102	633.803	53	1216.217	39.30	2.279	13.30		62	1.452
8	XZK12-1	100.0	10.25—10.31	162	444.445	114	628.931	40.10	2.490	69.50	4.00	36	2.778
9	XZK12-2	83.0	11.4—11.8	144	415	96	619.403	22.40	3.662	70.00	3.20	33	2.515
累计		730.25		1430	367.514	816	643.96	352.40	2.071	352.10	111.10	456	1.602

（二）主要成果

1. 占林占地面积小，符合绿色勘探的发展方向

图 10-63　采取的岩（矿）心

小倾角钻孔代替槽探施工技术节约勘探施工占地，减少了对自然森林环境的扰动和破坏。利用全液压便携钻机施工小倾角钻孔，占地面积大约 $50m^2$，相当于 10 延长米槽探的占地面积。相同长度的钻孔与探槽相比，探槽长度越长，节地效果越显著。按照槽探 100m 范围内用 1 个地表钻机场地替代，节地效果见表 10-12。

相比于槽探作业，小倾角钻探占用林地面积较小，仅需对机台部分用地进行平整，无需对地表进行大规模挖掘，减少了对林地的占用和破坏，确保了森林自身的恢复能力，加之施工结束后，及时进行人工修复，有效地保护了生态环境。符合"绿水青山就是金山银山""地质勘查和生态环境保护协调发展"的要求，小倾角钻孔施工费用更低，应用效益成果更好。

表 10-12　探槽与钻孔占地面积及节地效果

探　槽	长　度/m	10	20	50	100
	占地面积/m^2	50	100	250	500
1 个钻孔的占地面积/m^2		50			
槽/钻占地比例		1∶1	2∶1	5∶1	10∶1
钻探节约占地/%			50	80	90

2. 技术创新取得多项收获

（1）首次采用 EP600PLUS 型全液压便携钻机与铝合金槽钢底枕配套，采取锚管固定、泵送取心钻具到孔底、跟管实施护壁、全倾角测斜等相结合，探索出了"英格尔全液压便携钻机+铝合金槽钢底枕+锚管固定+泵送取心+跟管护壁+全倾角数字测量"的综合钻探工艺技术方法，在小角度钻孔替代槽探的野外地质找矿应用中获得成功，填补了国内全液压便携钻机地表施工小角度钻孔地质找矿领域的空白，该技术在国内小角度钻孔施工具有首创和领先地位。

（2）插口式的铝合金槽钢底枕，长度可任意调整，能满足钻机在 4m×4m、3m×4m 面积范围内进行施工作业，最大限度避免对森林、植被、道路破坏；且铝合金底枕质量比木质轻一半，降低了作业人员的劳动强度，提高了平整、搬迁、安装效率。

（3）配套使用全姿态数字测斜仪，可在倾角 0~90°范围、方位角 0~360°范围内测量，准确定位了钻孔空间轨迹，保证了矿体空间位置。

（4）首次在森林覆盖区开展地表倾角 30°小角度浅钻揭露，寻找出了一条"以钻带槽"施工的新路子、新方法，积累了"以钻代槽"的钻探技术和生产实践经验，为小角度钻探进一步应用开拓了发展空间。

3. 示范作用

小倾角钻孔代替槽探施工技术在大兴安岭林区开展地质找矿工作，能够保护生态环境，保证勘探质量，达到槽探找矿目的，是利用钻探取代槽探的技术创新，在黑龙江省森林覆盖层地区地质找矿效果显著，综合效益优于槽探，有很好的绿色勘探示范作用，具有推广使用价值。

五、认识与体会

（1）要始终坚持秉承绿色理念，将绿色勘探贯穿于钻探施工全过程之中，落实于每个环节，确保绿色勘探的实施效果。

（2）技术创新是绿色勘探之本。加强技术攻关和创新，从源头减少和控制勘探过程中对生态环境的影响，解决关键技术问题和主要矛盾，最大限度地降低或避免生态环境负面影响。

（3）坚持因地制宜，切忌照抄照搬。吸收引进先进的勘探技术、工艺和方法，一定要切合本地区的实际，决不能生搬硬套。

（4）通过小倾角钻孔“以钻带槽”的技术创新及实践，表明小角度钻孔代替槽探施工技术适合大兴安岭林区，符合我国社会经济发展和大兴安岭地区绿色勘查、绿色勘探的要求，是我省为全国地质勘查行业提供的一条“绿色发展”之路。

（5）钻探结束后，要及时对施工场地进行恢复治理（图 10-64），避免长时间裸露，防止生态进一步恶化。

（a）钻探前

（b）钻探后

图 10-64　钻探前后对比

（6）继续加深对小角度钻探技术的研究，进一步开展水平钻进、定向钻进、一基多孔、一孔多支等绿色钻探技术的攻关与创新，探索更加有效的绿色勘探新技术、新方法、新工艺，在保护生态环境的同时，获取更好的找矿成果，减少资源消耗，提高钻进效率，降低钻探成本，确保生产施工安全。

（由黑龙江省第五地质勘查院　易亚东探矿工程高级工程师供稿）

绿色勘探工程案例七

老挝万象固体钾盐矿绿色钻探实践

钾盐作为生产钾肥的基本原料，是国家紧缺的战略性矿产资源之一，我国长期依赖进口，对外依存度50%左右。实施“走出去”战略，充分利用国内外“两种资源、两个市场”，到境外开发资源建立我国钾肥基地，是解决我国钾肥短缺的重要途径之一。

泰国东北部及老挝中南部的呵叻高原蕴藏有丰富的固体钾盐资源，远景储量达260多亿吨，是世界大型钾盐矿床之一。目前，已有10家中国企业在老挝从事钾盐矿床勘探及开发，中国科学院青海盐湖研究所是盐湖资源开发利用研究的国家级科研机构，作为技术支撑单位，自2006年以来，在老挝已承担并完成了多家矿业公司的钾盐勘探技术指导和工程施工。

一、矿区概况

老挝钾盐矿主要分布在南部的甘蒙省和中部的万象省，勘探区大多森林密集（图10-65），万象钾盐矿区主要为平原地貌（图10-66），东南亚重要河流湄公河从矿区西侧流过，沿线有部分世界遗产保护区域，特殊地理环境决定了政府对环境保护和生态环境建设标准要求极高。

图10-65　钾盐矿区地貌

图10-66　万象平原地貌

（一）自然地理条件

万象钾盐矿区位于万象平原中东部，包括万象市和万象省、波里坎赛省、赛宋奔特区部分辖区，地理坐标E102°12′00″~103°20′00″，N17°48′51″~18°40′00″。万象平原西部及北东为侵蚀低中山-中山地貌，平原海拔标高160~200m，相对高差40m，地势平缓，切割浅，植被茂盛，由林地和耕地两种地貌单元组成，两者相间出现。森林以密集的灌木夹杂高20m左右阔叶树为主，耕地主要为稻田。区内水系较发育，湄公河在老挝境内全长1898km，河面宽400~500m，平均流量2651~7750m^3/s。主干支流南俄河自北西向南东汇入湄公河，河面宽150~300m，平均流量655~1810m^3/s；次级水系流量较小，旱季常出现断流。此外区内还有很多水面面积在数百至数万平方米的湖泊或水塘，南俄河水库面积约500km^2，蓄水量约$54\times10^8m^3$，都翁奔湖$50\times10^4m^3$，塔贡湖$100\times10^4m^3$。

区内为热带雨林气候，气候湿热、长夏无冬、春秋极短。据1990—2001年12年气象资料，年平均最高气温31℃，最低气温22.3℃，每年3~5月气候炎热，最高气温为4月达34.4℃左右，5~9月气候湿热，11月至次年2月相对凉爽（21.4~21.9℃）。年平均最高相对湿度93.3%，最低67.0%。年蒸发量921.80~1402.1mm，平均1228.70mm。年降雨量1278.30~2493.50mm，平均1822.70mm，其中85%以上集中在雨季（6~10月）。

（二）地质概况及钾盐矿床特征

万象平原位于呵叻高原西北角，呵叻高原处于印支地块中央，盆地四周被深大断裂控制，普潘隆起将其分成北部的沙空那空盆地和南部的呵叻盆地。万象平原作为沙空那空盆地的一部分，经晚燕山运动出现初形，并逐渐演化为由南西向北东逐渐倾斜的不对称盆地，经钻探证实盐盆基底最大埋深大于750.33m。区内出露二叠系至第四系。中晚白垩世塔贡组（E_1tg）是区内唯一的含盐地层，平行不整合上覆于班塔拉组（K_1bt），又被班塔博组（$E_{1-2}bt$）整合覆盖。该含盐系地层由3个沉积旋回组成，每个旋回由下部的蒸发岩与上部的碎屑岩组成，钾盐位于第一个旋回蒸发岩最上部。钾盐矿物以光卤石为主，钾石盐次之，其他盐类矿物主要是石盐和少量的硬石膏或石膏等，微量硼酸盐矿物，缺失碳酸岩盐矿物。矿体埋深78.80~528.30m，平均埋深272.57m；矿体厚4.28~237.88m，平均50.24m。

万象平原的构造主体以褶皱和断裂构造为主。褶皱构造主要为塔贡向斜、班纳赛背斜，塔贡向斜从万象平原的西北至中部的塔贡一带，轴向南东。受北东向挤压作用，晚白垩世、古近纪及第四纪，在盆地边缘发育一系列走滑断层（表10-13）。

表10-13 万象平原断层表

编号	断层名称		断层性质	断层长度/km	断层活动时代
F_1	北北西向	班纳吞断层	直立平移（压扭性）	40	K_1晚期
F_2		班纳坡隐伏断层	右行平移（正断层）	45	K_1晚期
F_3		班逢沙断层	右行平移	4	E_1晚期
F_4	近东西向	班蓬坎断层	正断层	43	K_1晚期
F_5		班南村断层	右行平移	10	E_1晚期
F_6		南沙巴断层	右行平移	7	E_1晚期
F_7		班纳赛断层	右行平移	40	K_1晚期
F_8		班塔博断层	左行平移	15	E_1晚期

成矿期塔贡组和盐类矿层沉积范围主要受F_1、F_2、F_4边界断裂及塔贡向斜控制。成矿期后盐类矿层主要受盐构造控制，盐构造是成矿后在构造挤压和重力差异负载作用下，岩盐、特别是钾盐矿体发生塑形流动和旋转形成。班根、塔贡、农刀、通芒、班海及巴根矿段厚大钾盐矿均产在轴向各异、规模不等的盐构造分布区（图10-67）。向斜轴部因成矿物质的塑性流动而使矿层厚度变薄，盐背斜部位矿层及其底板石盐岩厚度急剧增大且上拱，矿层顶板埋藏深度变浅，而向斜周边矿层顶板埋藏相对较深。万象平原盐构造形态多为盐背斜和盐枕（图10-68），但局部地段存在发育程度较高的盐刺穿，矿层因刺穿上覆泥岩，而暴露于相对淡化环境，被溶蚀，盐背斜核部缺失钾盐矿层。

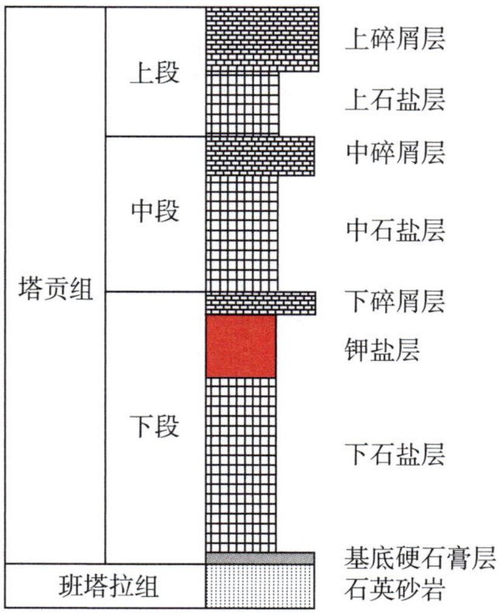

图10-67 塔贡组岩性柱状图

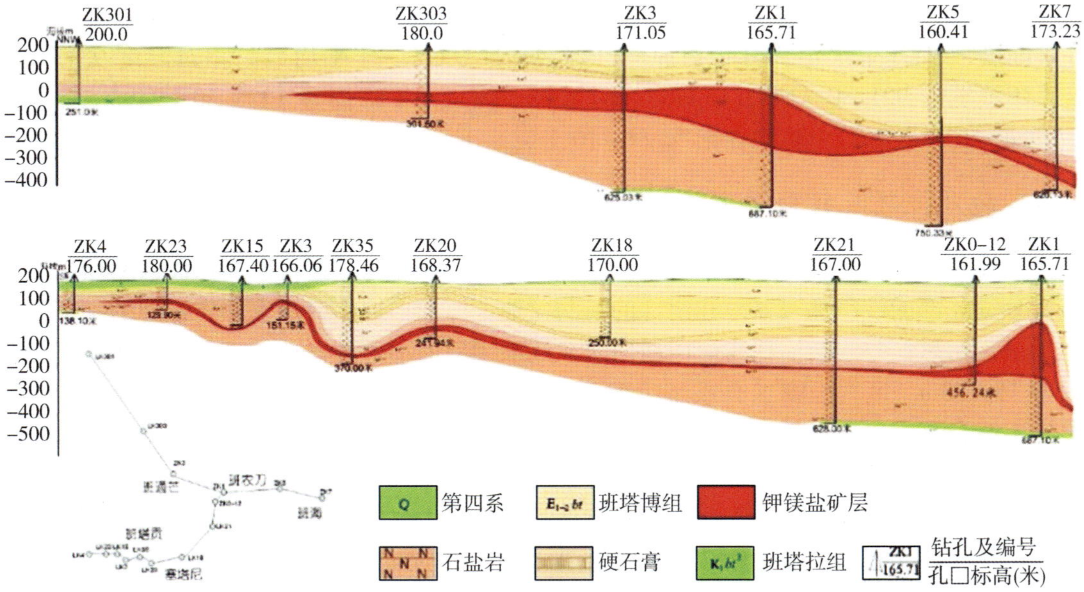

图 10-68 万象钾盐矿床盐体形态示意图

二、以往勘探工程及生态环境的影响

（一）勘探方法有效性选择

钾盐是卤水蒸发沉积到后期阶段的产物，由于易溶解破坏，地表难以保存和发现。老挝钾盐矿赋存于塔贡组下段，属隐伏矿床，地表被第四纪地层覆盖，传统的地质观察分析方法只能用在前期找钾预测中，如成盐成钾宏观地质构造、岩相古地理、物质来源等成钾前提条件研究以及寻找对成盐成钾有利的找矿标志和线索（调查盐泉、寻找天青石、菱镁矿、自形石英及其他卤素沉积的指示矿物、分析岩相纵横变化、厘定成盐找钾的有利层位）。普查和详查阶段，只能选择地球物理探测结合钻探揭露控制的找矿方法。

采用重力、磁法、电法、地震等物探方法，其探测基础是识别矿体与围岩存在的物性差异，圈定异常。塔贡组含盐地层中，钾盐、石盐、泥岩均为高电阻率，一般很难区分，也不含高电磁率的金属矿物，电法和磁法没有很好的岩石物性基础，对找矿意义不大。重力勘查的基础是矿体和围岩密度差，老挝钾盐矿体平均密度 1.82g/m^3，围岩为石盐和泥岩，平均密度分别为 2.10g/m^3 和 2.34g/m^3，矿体与围岩存在 0.3~0.6g/m^3 的密度差，满足重力勘探条件。当盐（矿）体厚度达到一定规模时，在区域上形成重力负异常，盐隆起聚集区，往往形成重力负异常浓集区，重力调查可了解盆地基底起伏形态、可圈定盐体分布范围和富集地段、大致推断盐岩体埋藏深度和形态，为钻探工程布置提供依据。地震勘探是利用地震波勘探地下岩层和构造，矿区岩石物性差异明显，泥岩和石盐或者泥岩和钾盐分界面，都是强反射系数，可大体圈连矿体埋深、厚度及形态，并查明区内断裂构造，有较好的勘探效果，但三维地震使用炸药，当地民怨较大，协调困难，而且勘探费用高，难以开展大面积工作。

（二）钾盐勘探工程布置

1983—1986 年，越南国家地质总局在万象塔贡地区在区域地质调查基础上，按线距 2.8~8km，孔距 0.5~8km 共施工 34 个钻孔，对塔贡矿段的钾盐进行了概略了解。2001—2003 年，云南省地质调查院在万象平原开展了 1∶10 万重力测量，圈定 12 个重力负异常，布置 6 个重力异常验证孔，探获最厚含钾矿层230m以上；在农刀、通芒矿段围绕ZK1、ZK3按间距1~1.5km布置13个钻孔，探求资源储量。钻孔全部采用直孔进行矿体控制，采用4~5级钻孔结构、导管护壁、水泥止水。碎屑岩采用清水钻进、石盐采用饱和石盐水钻进、钾镁盐矿采用柴油钻进。全孔用水泥封孔，127套管树桩。石盐矿岩心用饱和盐水清洗，钾镁盐矿心用柴油清洗，塑料袋中密封装箱保存。岩心箱用红油漆标明矿段、钻孔号、孔深、箱号。2006年以来，多家中国企业围绕12个1：10万重力负异常区获得了探矿证，在所属矿区开展了针对性勘查。在探矿权范围内进行1：5万重力加密测量，并以此作为勘探钻孔部署的主要依据，基本按照1000m×1000m网度布置钻孔，探求工业储量，部分重点区已加密至500m。据不完全统计，钻孔数已超过200个，钻探施工大多采用国产XY-4、XY-5型钻机。

（三）勘探工程对生态环境影响

传统勘探方式对生态环境的影响，主要表现如下几个方面：

（1）钻探施工占地：机台布设导致植被破坏，每个机台需40m^2，全矿区按200个钻孔计算，钻探占用面积8000m^2；

（2）污染环境：传统粗放的探勘方式中，采用柴油作为泥浆冲洗液，对表层地下水和土壤造成污染。老挝2%左右钻孔钻进过程中遇到小的构造裂隙发生了漏失，存在冲洗液对深层地下水污染和多层地下水同质化隐患；钻探废泥浆、光卤石岩心残渣都含有镁，是一个重要污染源，对生态环境产生不利影响尤其对植被生长危害很大（图10-69、图10-70）。

图10-69 老挝传统的制盐厂

图10-70 $MgCl_2$尾液伤害植被

（3）道路修葺：矿区物探和大型钻探设备进场所修葺的便道估计近15km，按照每米便道影响范围2m^{2}计算，全矿区造成地貌植被破坏30000m^2，数量极大。

（4）生活驻地：项目驻地建设对土地、植被有一定压占，随意丢弃生活与工业垃圾，直接污染当地的生态环境。

三、绿色勘探技术及方法

钾盐矿绿色勘探的主要目标：遵循勘探阶段网度的要求，合理布置勘探工程，优化各个施工环节，实现对生态环境影响或破坏最小化。

固体钾盐矿综合勘查要以绿色发展和生态环境保护理念为引领，考虑矿床开采条件和成矿规律的基础上，运用多种先进的勘探手段，开展矿产资源的综合勘查与评价，实现勘探全过程环境影响最小化控制，并对受扰动生态环境进行修复。

在勘探设计阶段，在充分研究钾盐成矿基本控制条件、沉积规律及成矿后盐体变形变异特征的基础上，进一步调查勘探作业区的生态环境现状和存在问题，在满足矿山勘查规范要求的前提下，有针对性、目的性地选择勘探方法、工程布置和野外施工环保措施，并细化环境保护措施，其有效性须纳入设计审查工作中。

（一）绿色钻探

1. “一基多孔”理念进行钻探工程设计

就钻探工程而言，绿色勘探须最大限度减少钻探机位，减少运输道路修葺。

两种设计理念和思想，钻探工作量变化不大，而“一基多孔”钻探工程设计成倍减少了钻探对地表生态环境的占用，也降低修路、环境修复资金人力投入（表 10-14），达到了绿色勘探的目的。

表 10-14　环境成本对比表

勘探设计及方式	钻孔数量/孔	勘探线道路修葺/km	占林地面积/m^2
“一基多孔”布设	3	0	40
传统勘探钻孔设计	3	1	2040

注：机台占林地面积 40m^2，每米道路影响范围约 2m^2 计算。

在老挝某矿段固体钾盐加密勘探项目中，根据绿色勘探的原则，采用“一基多孔”理念设置一个钻机场地，在已有 ZK1 钻孔位置以不同的倾角实施 3 个斜孔（图 10-71），探求盐背斜核部 500m 以内深度的资源量，3 个钻孔共设计钻探工作量 1075m。这样只修葺 1 个钻机平台，节省了钻孔间搬迁道路的修葺。若按照老挝钾盐勘探传统工程设计，必须是按照规范规定间距，依据预测矿体形态，进行直孔施工控制，要布设钻机平台 3 个，需修葺设备搬迁道路 1km。

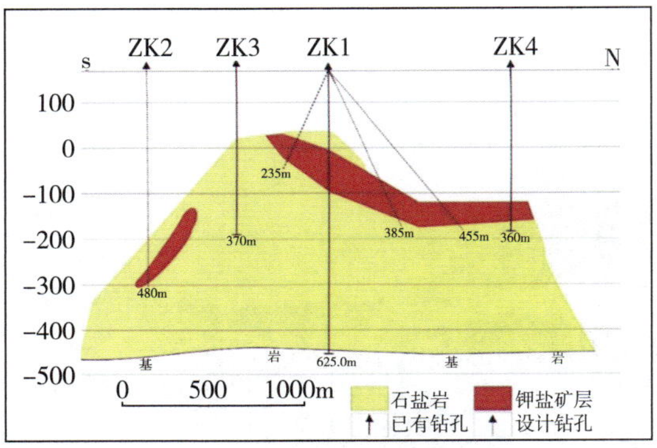

图 10-71　勘探工程布置剖面示意图

2. 绿色钻探技术与生产实施

（1）道路修葺：优先选择已有道路行进，若需要修建新道路，须征得当地民众同意，尽可能选择植被稀疏地带，严格控制道路宽度，施工中要分装保存土壤和移植植被，施工结束后回填。严格规定行车路线，不能随意下道行驶或另行开辟便道，减少道路对地表植被的影响、破坏。

（2）场地布置：钻探施工场地分区标准化布置（图 10-72），共设立 8 个区块，每个区块设立

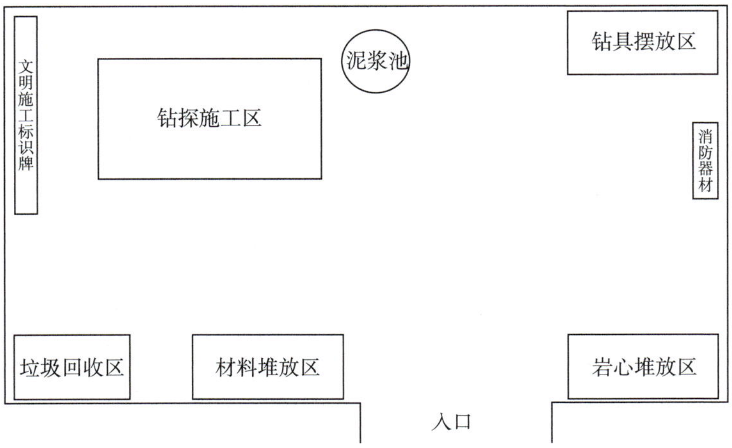

图 10-72　钻探施工场地标准化布置示意图

相应指示牌，现场工具、物资、岩心摆放整齐，杜绝物资随意摆放造成额外压占林地，减少对环境扰动。施工场地在满足施工需求的前提下，控制场地面积不大于 40m^2，悬挂安全环保警示牌、文明施工标识牌等指示牌。

（3）钻探设备：在 ZK1 钻孔位置实施“一基三孔”，采用 XDY1500 型全液压动力头履带式岩心钻机（图 10-73）。钻机主要由动力头、滑移式钻塔、动力系统、行走系统、液压系统、主副卷扬机和钻杆夹持器等组成。

图 10-73　XDY1500 型全液压动力头履带式岩心钻机与施工现场

钻机最大通孔直径 Φ121mm，采用 BQ 钻杆（Φ55.6mm）最大钻深能力为 1500m，NQ 钻杆（Φ71mm）钻深为 1300m，HQ 钻杆（Φ89 mm）钻深为 1000m，PQ 钻杆（Φ114.3mm）钻深为 700m；配备 68TAA5.9-C205 康明斯发动机，额定功率 153kW；输出最大扭矩 5200N · m，最大起拔能力为 155kN，给进行程 3.5m，钻塔总高 11m，总质量为 12.5t。主要性能特点：

1）采用模块化结构设计、全液压驱动。

2）液压系统采用负载敏感控制、电-液比例控制。

3）主卷扬采用单排绳设计，可有效钢丝绳缠绕咬绳。

4）动力头的提升与给进，采用油缸直接推送方式，与链条传动相比运行平稳、噪音小。

5）动力头变速箱采用机-电-液联合控制，在不同的档位均可实现无级调速。

6）配置自制钢履带底盘，采用线控行走，操作安全、方便。

7）配套 BWF-250Y 型泥浆泵。

8）钻孔采用钢履带自行走，整机搬迁比较方便、可爬坡行走移动、搬迁效率较高。

9）可在倾角 45°~90°范围内任意角度实施定向钻进。

10）占用场地面积相对较小，切合绿色勘探施工要求。

（4）钻孔结构：用 Φ150mm 钻具开孔，穿过第四系松散堆积物后，扩孔下 Φ146mm 套管隔离，套管深度 3 8~6m。

3. 取心钻具与环保冲洗液

（1）取心钻具：采用 S114/S96/S75 绳索取心钻具取心。

（2）环保冲洗液。

光卤石、钾石盐都为易溶性盐类矿物，采用传统的水基冲洗液，则会导致岩（矿）心大量溶蚀，严重影响采取率。若在光卤石、钾石盐地层采用柴油作为冲洗液，虽可防止岩心溶蚀，但钻探成本极高，且对矿心、表层地下水和土壤造成污染。

基于光卤石溶解特性研究基础上，ZK1 钻孔位置勘探中，采用环保冲洗液——$MgCl_2$ 饱和溶液作为泥浆冲洗液，即解决了岩心溶蚀问题，又可获取完整高质量的岩（矿）心（图 10-74），实际岩（矿）心采取率达到 92%以上。

（a）石盐岩心

（b）光卤石岩心

图 10-74 完整高质量岩心

4. 污染防治措施

（1）钻机底盘、泥浆池、油料存放区等易发生渗漏污染的区域用水泥砂浆进行防渗漏处理，施工场地其他地方铺设防渗土工布，防止油品、泥浆、生活污水产生渗漏（图 10-75）。

图 10-75 现场采用 $MgCl_2$ 饱和溶液防渗处理

（2）施工场地设置垃圾桶，根据是否可回收利用，对施工废料、生活垃圾等固体废物进行分类管理，不能回收利用的，及时清理。

（3）发生孔内泥浆严重漏失时，及时采用环保堵漏材料进行封堵，防止钻井液对地下水环境造成污染破坏。

（4）生活驻地建立健全生态文明管理制度、措施，相关设施配套完善，设置垃圾桶，生活垃圾分类存放，集中收治无害化处理。

（5）废浆进行无害化处理，集中收治后加入氧化镁粉和石盐，热解成新型氯氧镁水泥制品，用于铺路、建房，实现资源综合利用（图 10-76）。

（二）及时进行生态恢复治理

施工结束后，及时将前期开挖各类沟槽、简易道路及时回填、平整修复，尽快尽可能地恢复至原始地形状态，然后再对施工中分装保存土壤和植被移植复绿，修复效果如图10-77所示。

图10-76 氯氧镁水泥制品

图10-77 钻探结束后的场地修整与复绿情况

四、认识与体会

老挝地处热带雨林地区，钾盐矿的规模化勘查、开发，必须建立可靠、完善的环境保护体系。

老挝及泰国钾盐主要矿物是光卤石而非易采易加工的钾石盐，勘探及后期开采加工环保工程最关键是尾矿氯化镁的处理。

老挝万象固体钾盐矿绿色钻探项目结合盐体形态、矿区生态环境特点，创新勘探技术，采用先进的设备材料，是落实绿色发展理念的有益尝试，对生态环境保护提供有益的帮助。

（由中国科学院青海盐湖研究所 王明祥硕士，都永生博士供稿）

绿色勘探工程案例八

绿色钻探施工安全标准化建设实践

地质钻探项目现场建设是反映项目管理水平的重要标志，它不仅代表公司的外部形象，也是项目安全生产能否顺利进行的关键环节。为了增强员工安全意识，树立精品意识，改善作业环境、保护生态环境，消除安全隐患、确保安全生产，提高钻探施工效率和工程质量，铸造一流精品工程，近年来，我公司始终坚持“科学钻探、安全发展”的理念，全面推行现场管理 HSEC 规范化管理，开展钻探施工现场标准化建设，加大钻探施工现场安全标准化建设的资金投入，着力打造文明、安全的作业现场，改善作业环境，提升安全生产管理水平，通过不断的学习、改进和完善，已逐渐形成了具有华锋钻探特色的现场标准化建设体系，并根据野外项目钻探施工现场的不同条件，充分利用有限场地空间，合理布置作业现场，落实各项安全生产管控措施，实现安全生产目标。

2015 年 8 月至 9 月，我公司在黑龙江省承接了中铝力拓勘探有限责任公司的一项钻探工程。采用进口的全液压 C6C 型钻机设备（1 台套），共完成 2 个钻孔，钻探进尺 1096. 10m，平均采取率达到 99. 70%，台月效率达 1429. 7m/台月。该项目全面推行项目现场规范化管理，安全标准化建设工作最为突出，所完成的钻孔质量均为优质孔，安全生产管理工作成效显著，现场布局合理，场地清洁干净，工器具摆放整齐，警示标牌醒目，安全措施到位，实现了零事故。

一、安全生产

（一）安全目标

钻探施工过程中，以国家法律法规为准则，以公司规章制度为基础，坚持“科学钻探、安全发展”理念，建立系统的全生产管理体系，并密切配合甲方共同抓好健康、安全、环保、社区等工作，确保项目实现零事故、零污染、零伤亡目标。

（二）开展风险识别与评估

成立了钻探项目风险辨识评价小组，对该项目按照“LEC”评价法进行风险辨识与评估，辨识与初步评估结果《钻探施工项目初始风险评价清单》（附表 1），得出了本项目重大风险源（表 10-15），本项目重大风险源为交通运输。通过制定以上风险控制与削减措施后，对本项目重大风险源进行再评价，剩余风险评价结果详见表 10-16。

表 10-15　钻探项目重大风险源评价结果表

序号	重大风险源	危险源风险及后果	作业环节	危险程度
1	交通运输	人员伤亡 财产损失 社会影响	车辆进出场 中途材料补充 施工期间值班车运输	高度危险

表 10-16　钻探项目剩余风险评价表

序号	重大危险源	控制前初始风险				控制后剩余风险				风险是否可接受
		L	E	C	D	L	E	C	D	
1	交通运输	3	6	15	270	3	3	15	90	是

针对交通运输风险环节制定了有针对性的削减和控制措施：

（1）遵守公司机动车辆运输安全管理规定和甲方对道路交通安全的相关要求。

（2）出车前进行安全性能检查，建立车辆安全行车记录。

（3）无项目经理批准不得私自出车。

（4）禁止非指定的专职驾驶员驾车。

（5）每月定期对驾驶员进行一次动态能力评估，合理安排运输任务。

（6）定期开展驾驶员防御性驾驶培训。

（7）进出场车辆派遣专人负责押车。

（8）根据道路情况制定车辆限速规定。

（三）安全交底及培训

将“环保-安全-职业健康（HSE）”计划及实施内容向全体项目员工进行交底。组织员工进行安全、消防、预防性驾驶等培训，开展急救与救护培训。

严格执行公司内部的技术标准、质量标准、工作标准、管理标准、作业标准及环保安全管理制度等，使项目施工的各项活动、工作和作业工序、岗位及每个员工的工作都有标准可循，都在标准的指导和约束下进行，从而提高项目运行的工作质量、施工质量、服务质量、降低成本、提高效率、增加效益，不断提高项目管理水平，增强公司的市场竞争能力和品牌影响力。

（四）现场安全措施

1. 对场地围栏封闭隔离

对野外钻探施工现场采取围栏封闭维护措施（图 10-78），避免非作业人员随意进入施工现场，施行属地管理，防止偷盗行为发生。

图 10-78　钻探项目部钻探作业现场围栏隔离

2. 机台标准化管理

严格执行公司规范化建设的有关要求，根据场地环境、地形地貌、钻机类型及钻探工艺要求，满足环保与生产和安全（防火、防爆、防冻以及防洪防汛）等要求，合理布局机台作业现场（图 10-79），在现场显眼位置安插四川华锋钻探公司旗帜，机台周围安插彩旗。

（a）标准化机台1　　（b）标准化机台2

图 10-79　钻探项目部钻探作业现场

3. 悬挂安全标识标牌

机台现场各区域根据不同类型划分板块，并悬挂相应标识牌，现场入口处项目基本信息和入场安全须知及安全提示（图 10-80），在显眼位置绿色勘探宣传标识、安全生产宣传标识和公司发展理念（图 10-81）、单排整齐悬挂各作业区安全提示标识（图 10-82）、危险因素告知牌、安全操作规程、风险点安全提示等标牌（图 10-83）。

图 10-80　机台入口入场须知牌

图 10-81　机台环保、安全提示类标牌

图 10-82　机台现场作业区提示牌

图 10-83　机台及周边区域危险源安全警示牌

4. 项目驻地标准化建设

根据地质环境、项目规模要求确定露天驻地的项目布局项目驻地。营地建设避开植被丰富的区域，选择无植被或植被相对稀疏、地势平坦的安全位置进行搭建。驻地入口处竖立国旗、司旗各 1 面，旗杆高度参考高度为 6m，国旗比司旗应高 0.5m。驻地正大门右侧悬挂“四川华锋钻探有限责任公司钻探工程项目部”标牌（图 10-84）。驻地建设实行区域制，即将住宿区、厨房区、生活垃圾区、材料库房等模块化分区布置（图 10-85）。不同区域之间应保持足够的安全距离。该项目驻地规范化建设如图 10-86 所示。

图 10-84　钻探项目部驻地与门口标识牌

图 10-85　项目驻地帐篷标识牌

5. 加强钻探施工现场规范化管理

（1）加强设备材料的标准化管理，加强物资供应的精细化管理，严格执行设备物质材料出库流程，机台各功能区的物质材料堆放、工器具的摆放规范有序。

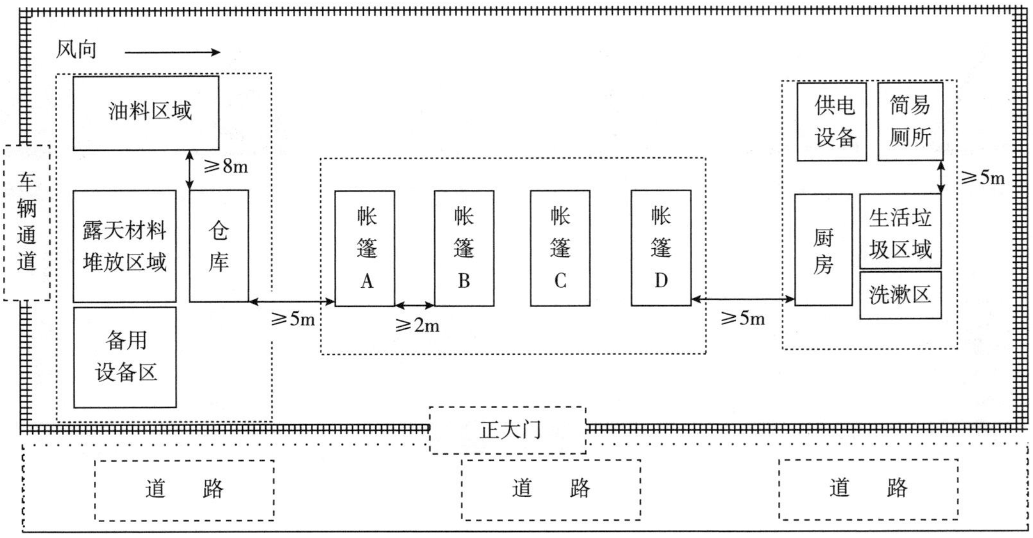

图 10-86 项目驻地规范化建设示意图

（2）确保设备安装稳定可靠，并有针对钻机动力头、夹持器、提升装置、高温部件、传动部位等位置加装安全防护罩和耐温设施，并对设备发动机采取隔音防噪处理。

（3）规范现场冲洗液循环槽的布设。在有效保护冲洗液性能的同时，防止冲洗液渗透污染土壤，也可有效避免作业人员走动被滑到、绊倒的风险。

（4）对现场所有设备底部均安装防油滴托盘，防止设备在工作过程中存在的跑、冒、滴、漏现象。

（5）在钻塔上安装有高空防坠器，上塔作业人员的安全有安全带和防坠器双重保护。

（6）针对雨季施工或沼泽地施工，配置特制的鳄鱼防滑板。

6. 重视安全检查与安全监测

安全监测工作由公司领导和技术安全部牵头，项目部参与实施。安全监测内容、频次和任务落实情况详见表 10-17。

表 10-17 项目安全监测检查表

监测内容	频次	监测人	备注
健康体检	1 次	公司人力资源部	建立健康档案
一般安全生产事故	不定期	技术安全部+项目经理+安全员	负责进行调查、统计、分析
消防设施设备配置	4 次/月	项目经理+安全员+指定人员	是否失效、齐全、到位
作业现场安全环境检查	1~2 次	公司领导+安全员	检查作业安全隐患
	1 次/孔	项目经理+安全员	
班组安全生产活动情况	每天	班长	交接班安全会议
关键环节	不定期	技术安全部+项目经理+安全员	专项检查，有检查记录
安全生产责任书	每人	项目经理+全员	有原始记录
特种岗位持证情况	出队前	项目经理+安全员	现场核实
全员培训及考试情况	出队前	技术安全部	有培训记录和试卷
交通运输车辆运行情况	每天	项目经理+安全员+驾驶员	有检查和行车记录
上级文件落实情况	即时	技术安全部+项目经理+安全员	发文

通过检查和监测发现的安全隐患，将落实专人负责，立即整改，直到排除，技术安全部负责对整改结果复查；对无法整改的隐患，项目部及时上报公司技术安全部，寻求援助。

（五）现场应急管理

地质勘探野外作业现场的应急安全管理，重点是现场应急处置和措施。根据《生产安全事故》《生产安全事故应急预案》和《地质岩心钻探安全规程》及当地应急管理要求，编制《钻探施工项目现场应急处置方案》，明确现场应急组织与职责，项目经理担任应急救援组长。一旦发生突发事件时，应急行使现场指挥权，负责事故现场的救援指挥，可调用现场一切人力和物力资源实施救援工作，必要时发出救援请求；明确事故应急处置程序、事故报告基本要求和内容，制订现场应急处置措施；标明关键的疏散撤离路线和标识；列出重要应急物资的详细清单名录，明确装备物资名称、型号、规格、数量、存放地点，保管人联系人及电话等；列出报警电话及上级管理部门、相关应急救援单位联络方式。在钻探施工作业现场还配备有急救箱及药品、担架、氧气瓶等应急物品。

二、环境保护

（一）植被保护

（1）修筑施工便道和作业机台时，尽可能地选择对植被破坏最小的方式。
（2）车辆行驶均为现有道路，未经甲方同意，禁止开辟新车道。
（3）钻杆、钻具、辅助设备和器具、岩心箱等，不允许直接堆放在植被上（图 10-87（a））。

（二）油污及废弃物控制

（1）凡可能产生油脂、燃料泄漏的设备，均要铺设防油垫、彩条布、集油盘等，防止油类滴洒。现场关键设备和区域防油渗透隔离措施详见表 10-18 及图 10-87（b）至图 10-87（f）。
（2）不允许将废弃物、废泥浆处理在污水池或钻孔内，严禁现场掩埋。
（3）加强泥浆的日常维护和管理，不得乱排乱放。
（4）做好车辆防漏措施，确保废弃物在运输过程中不洒漏。
（5）营地及作业现场配有垃圾桶（图 10-87（g）），废弃物分类存放，每天运往镇回收站，集中处理。

表 10-18 现场关键设备和区域防油措施

序号	位置	防油污染措施	效果	库存
1	钻机底部	吸油毡+彩条布	良好	满足
2	发电机组底部	集油盘+彩条布	良好	满足
3	泥浆泵和水泵底部	集油盘	良好	满足
4	工具架底部	集油盘	良好	满足
5	柴油储存区	方桶（容积 1.6m^3）+吸油毡	良好	满足
6	润滑脂、加油桶等	集油盘+吸油毡	良好	满足

（三）复垦和恢复

（1）施工结束后，清理现场垃圾和废弃物品，禁止焚烧、回填废弃物。
（2）现场开挖的蓄水池、废浆池等，施工结束应进行回填。废浆池回填前，会先将池内废浆清除干净。

（a）钻杆整齐摆放在支架上

（b）钻机底部防油污染措施

（c）泥浆泵底部防油污染措施

（d）润滑脂、加油桶等防油污染措施

（e）柴油储存区防油污染措施

（f）发电机组底部防油污染措施

（g）作业现场配备的垃圾桶

图 10-87　安全标准化管理现场

（3）泥浆不能遗留现场或就地处理。

（4）必要时播撒草籽，加速植被恢复，凡是涉及需要清理的植被，均应采取转移措施进行保护，施工结束后可转移回原处。

三、职业健康

（一）职业健康培训

对项目部工作人员、钻探工程管理人员和钻探工人进行上岗前的职业健康培训，增强职业健康卫生知识，督促其遵守职业病防治法律、法规、规章和操作规程。

（二）正确防护

指导劳动者正确穿戴劳动防护安全帽、工作服和工作鞋，正确使用职业病防护设备和个人使用的职业病防护用品。

（三）体检及食品卫生

（1）全员在县级以上医院进行体检，并接种荨麻疹、森林脑炎等疫苗，体检不合格不上岗。

附表 1　钻探施工项目初始风险评价清单

作业项目	导致后果	危险源风险及后果描述	影响对象	存在时间	L	E	C	D	危险程度	是否重大危险源
交通运输	车辆伤害	长途运输： 1 成都至炙辉区罕达汽镇，高速公路段，车流量大、车速快； 2. 车辆长途运输前检查不仔细、维护保养不良，车况差，可能发生交通事故，造成人员伤亡； 3. 超速、疲劳驾驶、不系安全带等可能造成严重事故； 4. 恶劣气候对车辆驾驶员产生思维和操作误导	驾乘人员	进出场及施工过程中	3	4	16	270	高度危险	是
		施工区内运输： 1. 施工区内乡村道路，弯多路窄、当地牧民及牲畜较多； 2. 不定期降雨降雪，路滑，违章行驶可能造成事故； 3. 车辆安全性能检查不仔细，可能造成事故			3	6	15	270	高度危险	
高处作业	高处坠落伤害	1. 气温低，施工现场有泥浆、水，地面较滑； 2. 起重设备固定不牢，造成高处坠落，人员伤亡； 3. 上塔不按要求作业，踏空失足引起高处坠落事故； 4. 交叉作业（吊装/搬运/试钻）时，有其他高处坠物，造成人员伤亡	各班组	施工期间	1	6	15	90	显著危险	否
交叉作业	机械伤害	1. 清洗设备； 2. 搬迁作业、卸货、吊装、工具不规范使用； 3. 防护装置失效	各班组	施工期间	1	6	7	42	显著危险	否
设备搬迁	机械伤害	1. 安全设施配备不齐或安全设施失效，机械维护保养不良等容易发生机械伤害； 2. 搬运作业使用的吊具、U 形环、工具等磨损超过标准要求或对工具等检查不认真，造成断裂、滑落，作业人员操作不规范致使人员伤害； 3. 现场指挥人员违章指挥，容易发生机械伤害	各班组	施工期间	3	6	7	126	显著危险	否
仪器用电	触电伤害	1. 电源线出现设备老化、裸露； 2. 施工现场线路连接或检修，非设备管理员操作	各班组	施工期间	3	6	7	126	显著危险	否
野外作业	火灾	1. 吸烟，动火作业； 2. 车辆自燃，引起火灾； 3. 天气干燥、高温； 4. 油料临时存放不规范	全员	施工期间	1	6	15	90	显著危险	否
作业人员	食物中毒	1. 不合格的饮用水； 2. 用餐时，消毒、卫生条件差，食物变质	全员	施工期间	3	6	3	54	可能危险	否
作业现场	环境污染	施工现场、营地、生活废弃物，机械维修产生的废弃物	所有作业点	施工期间	3	6	3	54	可能危险	否
作业现场	噪声危害	1. 设备操作人员防噪耳塞配备不齐； 2. 员工未正确使用	全员	施工期间	3	6	3	54	可能危险	否
协调工作	第三方纠纷	1. 施工作业时与当地居民没有进行友好沟通； 2. 未取得工作上的支持	项目部	进出场及施工期间	3	6	3	54	可能危险	否
野外作业	恶劣天气	夜间或 5 级以上大风，雨、雾、雪等天气下作业	所有作业点	进出场及施工期间	3	6	7	126	显著危险	否

（2）厨师及相关人员无传染病，持有健康证。
（3）不购入过期、变质食物。饮用水通过购买获取。
（4）营地及现场准备足够的药箱和药品，并向员工培训使用方法及禁忌事项。

（四）噪音防护

（1）为员工配备防噪音耳塞，由专人监督员工正确佩戴。
（2）钻机动力机（柴油机）安装消声器，并进行检测，确保噪音量小于90dB。
（3）选择风向，并使用帐篷对发电机组进行隔离。
（4）若距离周边居民较近，开工前应与其沟通，并得到许可。

四、营造和谐气氛

按要求向当地安监部门提供相关资料，做好备案，获取施工许可。主动与附近居民进行沟通和关系协调，尊重当地的风俗习惯和宗教信仰，禁止员工捕猎野生动物，并对当地居民提供力所能及的帮助。若遇当地居民寻衅滋事，不得主动与其发生冲突，采取友好协商，妥善处理。行车控制车速，避免产生大量粉尘，少按喇叭，减少对居民和行人的干扰，夜间禁止重车经过居民区。施工用水应与甲方和当地居民提前进行沟通，不得擅自抽水。

安排专人负责24小时值班巡查，若发现偷盗财物、设备、工器具的人员，不得使用暴力行为。

五、结束语

我公司在与知名的矿业公司提供优质高效的钻探施工服务过程中，不断积累了先进的环保理念和丰富的环境保护措施，经过多年的发展和改进，已建立健全了一系列独具华锋特色的环保-高效-安全-健康钻探施工（QHSEC）管理体系。

在黑龙江钻探工程施工中，我们始终“坚持环保优先，坚持资源节约，实施科学钻探，促进绿色发展”的绿色勘探理念。坚持树立安全第一，生态环境保护优先，采用先进的钻机设备和优质高效的钻进工艺方法，选用无毒、无害的环保型泥浆材料，实施“不落地”泥浆处理和回收技术，切实搞好施工现场的“三废”处理和土地恢复与植被复垦工作，加强绿色勘探项目管理，重视施工现场规范化管理、标准化建设，进行风险辨识与评估，制订相应措施，实现了安全生产“零事故、零污染、零损失”的工作目标，在钻探施工的各个环节中最大限度地降低对生态环境所造成的扰动和损害。

2015年9月15日，我公司黑龙江钻探施工项目圆满结束，该项目安全管理工作成效显著，未发生一起安全生产事故，且所有完成的钻孔质量经认定均为优质钻孔，对此，甲方对公司及项目部工作给予了高度评价和认可，尤其是该项目标准化建设方面最为突出，现场整洁干净，工器具摆放整齐，警示标牌醒目，现场布局合理，安全措施细致入微，打破了甲方对国内钻探队伍的普遍认知。公司优质的钻探施工质量、高效的施工水平、标准化的作业现场、人性化的安全生产管理、严格的环境保护机制赢得了广大业主的一致肯定与赞许，在钻探业界被誉为“中国最王牌的钻探公司”和“中国第一钻”，“四川华锋钻探公司”已经成为中国钻探市场的“金字招牌”。2019年我公司获得中关村绿色矿山产业联盟颁发的“绿色矿山突出贡献奖”。

（由四川华锋钻探工程有限责任公司　舒智探矿工程高级工程师供稿）

绿色勘探工程案例九

隧道工程地质勘察 900m 水平钻孔绿色勘探实践

认真践行“创新、协调、绿色”新发展理念，四川地质矿产局四〇二地质队金钻公司近年来投入多台模块化、重量轻、易搬运、占地面积少的便携式全液压钻机，参与铁路岩土工程地质勘察钻探施工，承担和施工了多项岩土工程勘察钻探工程，运用绿色勘探技术手段，完成了大量隧道、桥梁、车站、路基等工程地质钻探任务，钻孔成孔速度快，施工效率高，工程质量好，环保与安全措施到位，环境影响小，取得了较好的经济效益和社会效益。其中，完成的由中铁二院工程集团公司负责建设的四川境内某铁路长隧道的岩土工程地质勘察超 900m 水平钻孔（终孔口径 Φ75mm），刷新了当时国内岩土工程地质钻探同类水平钻孔的深度纪录。本文以该 900m 水平钻孔为例，就工程勘探绿色钻探方法与实践应用进行总结，努力构建和提供工程地质勘察绿色钻探解决方案，有一定的示范作用。

一、工程概况

隧道位于四川省境内，钻探作业区海拔 3250m，为环境敏感区，海拔高、原始森林茂盛，植被茂盛（图 10-88），多以杉树、松树及杂交灌木林为主，山势陡峭、地形切割大、地质构造复杂，人烟稀少、交通不便，这给钻探施工带来了很大的难度和挑战。

图 10-88 隧道工程地质钻孔施工现场

钻孔最初设计深度仅为 600m，目的是探明钻孔揭露地段地层岩性、地质构造、岩体完整性、水文地质情况、地温地应力情况，并对有毒有害气体进行探测等。为能全面地反映隧道洞身围岩的地质特征，岩土工程地质勘察设计采用水平取心钻孔。

该水平钻孔与平原地区的一般垂直孔相比，主要有以下特点：

（1）气候条件恶劣。海波高，高寒缺氧、气候变化大，气温低。

（2）生态环境敏感。森林茂盛，生态脆弱，环保和防火要求非常高。

（3）交通条件差。钻孔位于山区林地，交通不便，大型车辆难以进入，需修建便道和架设临时便桥过河。

（4）地质环境复杂。可能会钻遇到活动断裂、混杂多变的地层、破碎、漏水、高压涌水等复杂情况。

（5）提高勘察效果。水平钻孔可很好地揭示隧道洞身沿线较长范围内地层岩性、构造特征、含水或含气状态等。

（6）保护生态环境。与在山顶上设计垂直孔相比，可避免修筑长距离的上山道路，减少对植被的破坏和占地面积，有利于环境保护，节省投资。

该水平钻孔施工主要有以下难点：作业区环境敏感，钻探施工交通条件差；钻遇涌水概率高，钻探施工及深部取心难度大，孔口操作条件受限。

二、项目环境风险识别与控制

（一）环境事件风险因素识别

自2016年《绿色勘查行动宣言》发布以来，公司已建立《绿色工程勘察管理制度》《绿色工程勘察整体解决方案》《环境事件风险因素识别与治理制度》《环境事件应急预案》等。针对本钻探工程的环境特点，地处原始森林，附近有河流，下游有村民居住，钻探施工可能会导致有害物质进入附近土壤、水体，可能发生火灾，造成周边环境质量下降，危及附近居民身体健康和财产安全。钻探施工前，通过数次实地踏勘，开展环境风险因素识别，分析制订出环境事件风险因素及控制措施（表10-19）。

表10-19　环境事件风险因素及控制措施（部分）

序号	环境风险（过程、部位）	后果	控制措施
1	修建便道、平台	原地貌破坏	使用轻便设备，人工修路等
2	设备尾气、噪音、泄漏	影响周边居民，水土污染	检修设备，合理安排时间
3	泥浆材料使用不当	污染水土	规范使用，禁止乱排
4	钻遇地下管线、设施	破坏地下设施，污染环境	事先探明
5	林区内用火	火灾，烧毁林木	减少或消除易燃物，禁止违规动火

（二）编制突发环境事件应急预案

为进一步避免环境风险事件和提高应对能力，在识别、分析与提出控制措施的基础上制定了突发环境事件应急预案。预案内容以相关法律法规、甲方文件要求为依据，明确了应急组织机构、处置程序和具体措施等。通过日常安全培训和预案演练，使机组运作符合绿色勘察要求。

三、钻探装备与器具选择

（一）钻机与附属设备

依据该水平地质钻孔的设计和作业环境及施工条件，选用英格尔EP600PLUS型便携式全液压钻机，技术性能参数见表10-20，针对该钻机出厂设置不能满足水平孔施工的要求，于是我们自行进行了局部改装，在钻机已有基础上设计并自行加工制作了两个支撑架。即前固定支撑架和后可调高度支撑架，能使钻机具备0~90°任意倾角钻孔施工（图10-89和图10-90）。

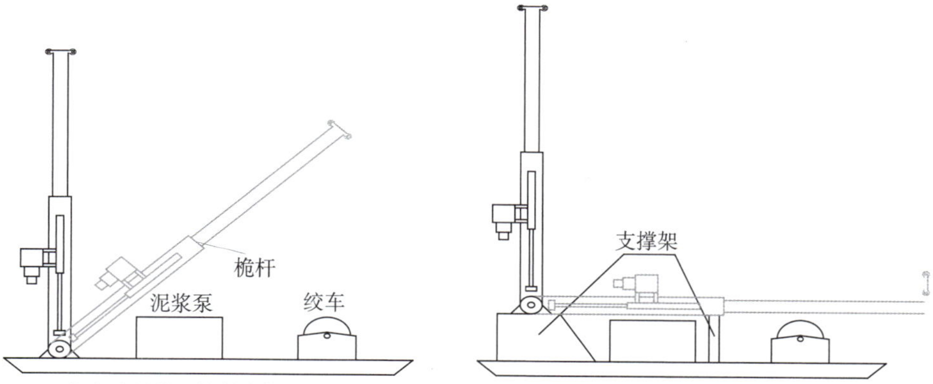

（a）出厂设置的斜孔作业状态　　（b）改装后的水平作业状态

图 10-89　钻机改装示意图

（a）出厂初始设置　　（b）局部（支撑架）改装

图 10-90　EP600PLUS 型钻机实物

配套薄壁金刚石绳索取心钻探工艺，实施该水平钻孔施工。

EP600PLUS 型便携式全液压钻机具有以下特点：

（1）钻机采用模块化设计，结构紧凑、简洁，整机净重 1.5t，整机拆、装工作只需约 2h 便可完成，最大分解模块重 180kg，轻便、易搬迁。

（2）钻机平台占地面积小，可安装在 4m×4m 的平坦地面，从而最大限度地减轻对施工现场及周边环境的影响。

（3）钻机各个运动部件均使用液压驱动。

（4）采用薄壁绳索取心钻具，相对常规绳索取心钻具而言，对地层的扰动更小，钻进速度更快，平均台月效率是普通立轴式钻机的 2~3 倍，采取率高达 90%以上。

（5）配备两个泥浆桶，分别起到泥浆搅拌和沉淀作用，避免了因开挖泥浆池而产生的环境破坏。

表 10-20　EP600PLUS 型钻机技术性能参数表

性能指标		单位	技术参数
钻进能力	BTW 钻杆（Φ60mm 孔径）	m	800
	NTW 钻杆（Φ75.7mm 孔径）	m	600
	HTW 钻杆（Φ96mm 孔径）	m	350
钻进角度		°	45~90

续表

性能指标		单位	技术参数
动力头	最高转速	rpm	1300
	最大扭矩	N · m	1100
	起拔力/给进力	kN	60/30
	给进行程	m	1. 83
卷扬机	提升力	kN	7. 5
	提升速度	m/min	150
	钢丝绳直径/容量	mm/m	Φ6/1100
桅杆高度		m	5
液压系统	流量	L/min	210
	最高压力	MPa	21
日本久保田涡轮增压柴油发动机 KUBOTA V1 505-T 型		kW	3×33
		rpm	3000
模块数量		件	12
单件最大重量/总重量		t/kg	1. 5/180

（二）钻杆与钻具

EP600PLUS 型便携式全液压钻机配套的薄壁金刚石绳索取心钻杆（表 10-21）与钻具，具有以下特点：

（1）钻杆柱“满、刚、直”，能较好地保直，防止孔斜。

（2）钻杆壁薄、重量轻，钻头底环状面积小，钻进扭矩阻力小，切削速度快，钻速高效。

（3）钻杆与孔壁环状间隙小，钻杆运转平稳，孔内不易发生掉块卡钻，事故少，安全性高。

（4）钻杆与孔径级配合理，钻孔换径时钻杆可作套管使用。

（5）薄壁金刚石钻头内径大，所取岩心粗，岩心直径能够满足工程勘察技术规范要求。

表 10-21　薄壁钻具钻杆规格一览表　　单位：mm

规格	钻杆外径	钻杆内径	钻头		扩孔器	钻杆长度
			外径	内径		
HTW	Φ91	Φ81. 5	Φ96	Φ71	Φ96. 5	1500
NTW	Φ73	Φ64. 2	Φ75	Φ56	Φ75. 5	1500
BTW	Φ56. 5	Φ48. 5	Φ60	Φ42	Φ60. 5	1500

（三）小型履带式运输车

根据钻探作业区的地形条件，大型车辆无法进入现场，我们配备了能适应崎岖、湿滑和冰雪路面的小型履带运输车（图 10-91）。整车体积小、重量轻，转向灵活、机动性好、越野能力强、噪声低。其履带材质为橡胶，接地比压小，运行时对地面破坏轻微。只需宽约 1m 的人工便道即可运行，极大减小了修路占地面积，降低了因修建临时道路的成本，减轻了工人劳动强度，提高了工作效率。

HN400 型橡胶履带运输车参数	
外形尺寸（长×宽×高）	1850mm×815mm×900mm
货箱尺寸（长×宽×高）	1050mm×745mm×200mm
自重量	200kg
最大载重量	400kg
爬坡能力	≤25°
发动机功率	3.6kW
行走速度	0.5～6km/h

图 10-91 HN400 型履带式运输车及参数

（四）钻探机具

为该 900m 水平钻探现场配备了内置式吊锤、水力割刀、可退式打捞矛、公锥、母锥等事故处理工具。内置式吊锤是我公司自行研制一种钻探工具（已申请专利），亦可适用于使用绳索取心钻具的便携式钻机，是野外钻探作业必备的钻探器具。

四、钻探技术措施

（一）编制施工组织设计

钻探施工组织设计是对钻探过程实施科学管理的重要手段。该钻孔踏勘结束后，由技术人员编写了钻孔施工组织设计。设计内容依据《铁路工程地质勘察规范》《地质岩心钻探规程》等规范规程中有关要求，注重环境保护与生产安全及操作者的职业健康，专门增加了绿色勘察相关内容，明确了作业区环保要求、相应的措施和环境风险事件发生后的处置方案及治理恢复措施等；明确了以便携式钻机配套薄壁钻杆钻具为主要器具、多级钻孔结构、冲洗液使用植物胶类环保型材料和六大指标控制措施等内容，施工组织设计经过审定后，通过技术交底的方式将其告知机组员工，以便更好地领会理解地质设计意图和环境保护及安全生产要求，有效地促进钻探生产的高效、有序、安全、顺利地实施。

（二）营地建设

为减少野外作业对钻孔周边原始林区环境的影响，营地选在距离钻孔位置约 1.6km 外的原有道路旁空旷位置处。营地总面积约 100m^2，周围设置垃圾桶、厕所等。

（三）便道、便桥与钻探场地修建

根据施工条件，若采用大型机械修路，将会对沿线林木和植被造成很大破坏，且不易恢复治理。因此，采用了人工修建便道 1.6km（图 10-92），虽然增加了修路的时间和人工费用，但是极大减少了对原始生态环境的影响。

钻孔场地位于河流旁，陡峭山坡一侧。由于受到地形限制，便道要 4 次跨越河流。我们因地制宜，采用钢管架搭设环保实用的便桥（图 10-93），未因修路和搭桥破坏原始河道，未伤及任何林木，有效保护了林区的生态环境。

（四）搬迁运输

采用小型实用的橡胶履带运输车运输钻探设备、管材和器具及生活物资（图 10-93）。大大减

图 10-92 人工修筑运输便道

轻了工人劳动强度，节省了修路占地面积，降低了生产成本、提高了工作效率。较人力搬运、挖机拖-拽、卷扬机拖-拽和修路车辆运输等方式，对环境的影响更小。

图 10-93 小型履带式运输车搬运设备、管材与生产生活物资

（五）护林防火

由于钻孔施工现场位于林区，项目部将森林防火作为安全管理工作的重点，加强森林防火知识宣传教育，制定相关管理规定，落实防火责任制，完善林区防火安全措施。在林区便道上沿途每隔100m放置消防灭火器和悬挂防火安全警示标志（图 10-94），整个钻探施工期间的森林防火和环境保护工作得到了业主和当地林业部门的高度认可及赞扬。

图 10-94 灭火器和安全警示标志

（六）钻探实施

该水平钻孔主要采用绳索取心薄壁金刚石钻具取心钻进工艺，钻探生产现场如图 10-95 所示。当钻遇较复杂地层时，采用膨润土或植物胶、黄原胶等环保型处理剂。为减小回转阻力，使用了一种进口环保型润滑脂。下钻或加杆时将其涂抹在钻杆表面，一方面减小了回转阻力，另一方面也大大减小了涌水条件下其他泥浆材料用量和扩散溢出量。施工期间，尤其是孔深 700m 后，钻孔涌水导致内管和打捞器投送困难是遇到的主要问题。通过制作使用可泄压钻杆、自然水力反循环取心等措施，得以缓解上述问题。

图 10-95　EP600PLUS 型钻机作业现场

（七）施工现场标准化建设与安全管理

工程地质勘察钻探施工相较其他工程施工的显著特点是工程量小、工地分散、搬迁频繁和物资运输困难等。因此钻探工地建设一般应尽量减少固定设备、一次性设施等易产生垃圾和造成环境危害的方式。我们的做法主要有：

（1）钻杆等物资摆放整齐有序（图 10-95），尽量减少占地面积，非必要物资及时清理外运。

（2）钻机平台下方铺设防渗布与地面隔离，防治废油污染土壤和河流。

（3）现场设置必要的制度牌和安全警示牌等。

（4）现场设置垃圾桶、垃圾袋等，并及时清运。

（5）每班检查维护设备，防止机油、液压油等泄露。

（6）林区实施钻探作业禁止使用明火，禁止向流水中倾倒废弃物，禁止使用有毒有害、难降解材料。

（7）防止废弃泥浆流入河中污染河水，铺设长距离废弃泥浆排放水管线，将废弃泥浆排放至指定位置进行沉淀处理。

（8）妥善保管现场材料、油料等。

（八）场地恢复与治理

钻探施工结束设备撤离后，及时清理作业场地，回收填埋垃圾，并对现场地貌进行恢复治理（图 10-96）。

（a）泥浆沉淀池恢复治理前后对比

（b）机台场地恢复治理前后对比

（c）营地现场恢复治理前后对比

图 10-96　恢复与治理

五、钻探成果与效益

前后历时 77d，顺利地完成了该水平钻孔的钻探施工任务，钻进深度大大超过了最初的地质设计深度，深度超过 900m，终孔口径 Φ75mm。施工全程无安全事故、无环境污染事件，各项质量技术指标均满足设计和铁路勘察有关规范技术要求。其中：岩心采取率 95% 以上 ，钻孔弯曲度每 100m 小于 1°，孔深误差率小于 1‰。钻探台月效率达到 356m/台月，纯钻进时间利用率高于 40%，钻探效率较高，获得了良好的经济效益和社会效益。

六、几点体会和认识

（一）体会

（1）对现有便携式钻机进行了适当的技术改进，拓宽了钻机应用范围，充分发挥出设备优势，完成了超 900m 的水平取心钻探，创造了当时国内同类设备水平取心钻孔的深度纪录。

（2）针对原始林区，无道路相通，采用修建人工便道、架管便桥、小型橡胶履带运输车运输等方式，有效解决了进场搬迁运输难题，同时未对原始林区环境造成明显影响。

（3）针对森林高火险作业环境，增强消防意识，加强森林防火宣传教育和设立警示牌，沿途和现场设置灭火器，场地铺设地膜防油渗漏，加强现场监督与检查等措施，有效地保障了钻孔的施工安全，使项目环保和高效地进行施工。

（二）认识

将绿色发展理念融入企业文化，通过科学的组织管理，识别可能存在的环境风险因素，在充分利用好现有人力资源、设备器具和工艺技术的基础上，引进先进设备、先进技术和创新工艺方法，有效避免或降低施工对环境的不良影响。绿色勘探一方面做到了保护环境，另一方面也促进了企业的转型升级。为此，倡导共同推进绿色勘探，保护生态环境，促进社会和地方经济发展，为建设“绿水青山，美丽中国”做出贡献。

（由四川省地矿局四〇二地质队金钻公司 肖华 马映辉、贾宏福，中铁二院工程集团有限责任公司 徐正宣、刘建国供稿）

绿色勘探工程案例十

加强环保冲洗液与泥浆不落地技术创新 助力绿色钻探取得丰硕成果

能源、矿产资源是保障国家经济健康发展的基础，地质勘探是资源保障的先决条件。青海煤炭地质局作为青海省唯一的一支煤炭地质勘探专业队伍，深入贯彻生态文明思想，落实绿色勘探理念，以技术创新为抓手，提升钻探施工工艺，降低环境扰动，推动地质勘探绿色高质量发展。对高原高寒生态脆弱区开展绿色勘探，在保护生态同时取得找煤突破，具有较强的示范作用。

一、背景情况

青海省地处青藏高原东北部，被誉为“中华水塔”，是我国重要的生态安全屏障，具有特殊的区位条件和生态地位。青海省发育众多煤盆地，赋存有较丰富的煤炭资源。木里煤田地处祁连山南麓，是青海省最大的煤矿区，也是西北地区重要的炼焦煤资源产地，煤炭资源丰富，是国家级规划矿区之一。

青海省属于经济欠发达地区，地方经济发展落后，一度将矿产资源勘探开发作为青海经济社会发展的重要支撑。党的十八大以来，党中央、国务院高度重视青海省生态环境保护工作，习近平总书记指出“青海最大的价值在生态，最大的责任在生态，最大的潜力也在生态”，青海省委、省政府确立了“生态立省”的战略，做出坚持生态保护优先，推动高质量发展，创造高品质生活的“一优两高”战略部署，提出将“对生态环境的扰动降到最小”的绿色勘探理念。

青海煤炭地质局在青海天峻县聚乎更南部煤炭预查项目中，通过技术创新，探索符合钻探作业区地层实际的泥浆配方，不断改进钻探施工工艺，降低泥浆材料消耗，降低环境扰动。有力支撑绿色钻探，实现了绿色勘探、生态保护、找矿突破有机结合。

二、开展绿色钻探技术创新

（一）绿色勘探对钻探提出新要求

钻探工程作为地质勘探中使用最普遍的技术方法之一，也是勘探中对生态脆弱区扰动较大的技术手段。钻探工作中泥浆是维持孔壁稳定、提高钻探质量的重要保障，被认为是钻探的血液。但是钻探泥浆的构成材料复杂，所含大量的化学处理剂对生态环境影响大，是主要污染源，也是目前钻探工作中最难解决的问题之一。以往钻探施工中对泥浆及废液处理方式普遍采用直接或间接排放和现场就地填埋，这种简单的处置方法对钻探场地周边环境及土壤造成严重污染，同时钻探施工现场开挖的泥浆循环槽、循环池、沉淀池及废浆池占用了大量土地，也会造成植被损坏。

青海煤炭地质一〇五勘探队有较强施工能力的专业钻探队伍，面对新形势、新要求，将绿色钻探作为一项重大科研课题，加强技术创新，改进钻探施工工艺及泥浆材料配方，降低钻探施工对环境的扰动，取得了一定成效。

（二）搭建技术创新平台

技术创新是技术进步的原动力。

2018年，青海煤炭地质一〇五勘探队专门成立了钻探（泥浆）实验室，并高标准搭建了泥浆实验操作室（图10-97），从绿色钻探入手，助力绿色勘探的实施。实验室的15名钻探工程师带着问题钻研，结合生产研究，以“服务一线，开拓创新，提质增效”为工作目标，上交了一份成果丰硕的绿色勘探成绩单。实验室在2018年底被青海省能源化工机冶工会授予“青海省劳模（职工）创新工作室”称号，2019年被青海省总工会授予“青海省劳模（职工）创新工作室”称号，成为省内地勘单位第一家省级职工创新工作室（以下简称“工作室”）。

图10-97　泥浆实验操作室

工作室通过几年的辛勤努力和不断创新，在环保泥浆体系研发、环保型降失水剂和废浆破胶剂、固化剂研制及丰富完善青海省绿色钻探技术方法方面均取得了突破。研究成果在青海省天峻县聚乎更南部煤炭预查、青海省鱼卡煤炭九龙山煤炭普查、柴达木盆地北缘重点矿区煤层气资源调查评价等项目中进行了应用和推广，取的良好的绿色钻探效果。

（三）技术创新取得的关键技术

1. 自主研发出一套适合高原地质钻探的环保型泥浆体系

局将“青海煤系复杂地层环保泥浆及废浆处理方法研究”作为科研项目进行重点攻关，一〇五队工作室承担了该项目。凭着对青海地层的熟悉和对传统泥浆弊端的了解，工作室专家从环保性能、抑制性能、流变性能、防塌性能等方面进行的大量研究和实验，成功研制了可满足环保性能要求的泥浆体系基础配方。该泥浆体系具有色浅无毒、抑制性能强、流变性好、润滑性好、材料成本低、现场易维护处理等特点，在野外钻探生产现场进行试验（图10-98），孔壁稳定、未出现因泥浆问题引起的孔壁失稳现象或孔内事故，经成本核算，该泥浆体系配方每立方米材料成本为252.00元，其经济成本低于其他环保泥浆体系，在青海省生态敏感区地质钻探工作中具有较好的推广应用价值。

经环保性能检测，该泥浆体系生物毒性EC50>25000mg/L、无毒，生物降解性≥0.05易降解，重金属含量均在《国家污水综合排放标准》（GB 8978—1996）标准值以内，符合国家相关环保要求，为走好绿色发展之路，实现绿色钻探目标迈出了重要一步，为绿色勘探工作提供了技术支撑。

2. 成功研制了一种地质钻探环保降失水剂

气温变化大，现有降失水剂以沥青类、树脂类、腐殖酸类为主，存在诸多缺陷，容易发生塌孔

图 10-98　现场应用环保型降失水剂

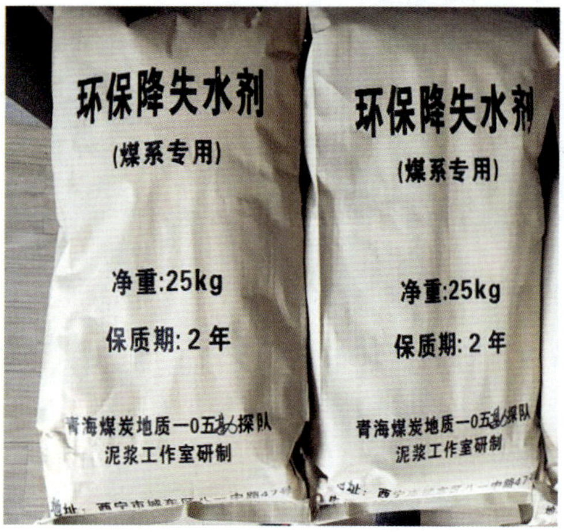

图 10-99　环保降失水剂实物照片

事故，且色泽呈暗黑色，不宜降解，环保性差。针对现有技术上的不足，工作室技术人员通过室内原料筛选实验和复配混合技术，本着色浅、无毒、易生物降解，性能优良、稳定，流变性稳定、滤失效果好的原则，以马铃薯改性淀粉为主要组分原料成功研制了一种环保降失水剂复合产品（图 10-99）。

该降失水剂在满足环保性能要求的同时，兼顾抑制防塌、润滑减阻、裂隙封堵等多种功能。经环保性能检测，该降失水剂生物毒性 EC50>1×10^6mg/L，达到直接排放标准，生物降解性≥0.05，符合国家能源局发布的《水溶性油田化学剂环境保护技术要求》（SY/T 6787—2010），可被微生物所降解。通过实验各项指标符合相关标准，主要功能和性能指标均接近于同类产品，是腐殖类、树脂类、沥青类等同类产品的更新替代产品。

3. 成功探索出一套适合地质钻探废浆液无害化处理方法

在地质钻探工作中对生态环境产生较大的污染，主要来源于废弃的泥浆。如果钻探作业过程中产生的大量废弃泥浆不进行处理，废浆中的有害物质就会对周边土壤、植物、地表水及河流等生态环境造成严重影响及污染，在地质钻探工作中对废弃泥浆处理是目前各地勘单位最难解决的问题之一。

针对废浆液处理难题，工作室技术人员通过废浆来源及性质分析、废浆破胶与固化技术的分析研究、废浆破胶剂的优选、复合型固化剂的研制、污染物指标检测和工程验证等，形成了一套地质钻探废浆无害化处理技术方法，该处理方法可以将地质钻探冲洗液废浆对生态环境的影响降到最低。

优选的废浆液破胶剂为一种无机盐类溶液破胶剂，研制的废浆固化剂为一种复合型多组分固化剂（图 10-100），上述处理剂具有现场操作简单、原料来源广泛、对生态环境影响小等特点，经污染物指标检测，废浆经过该技术方法处理之后，其破胶出水水质和固化物浸出液中的油含量、硫含量、COD、铬、悬浮物等主要污染指标均接近和优于国家环保局颁布的《污水综合排放标准》（GB 8978—1996）二级标准，减少了废浆对环境的影响与危害，解决地质钻探工作中产生的大量废浆对生态环境污染问题。

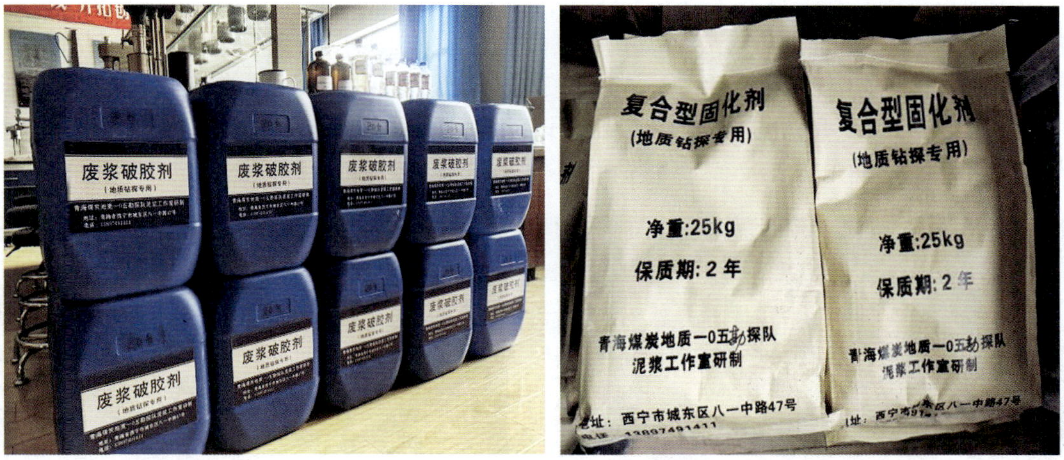

图 10-100　废浆破胶剂与复核型固化剂实物照片

4. 自主研制设计了固液相分离装置

鉴于大型石油固控装置不适合在高原山地、草原湿地等交通不便地区，不适合地质岩心钻探作业使用，青海煤炭地质一〇五勘探队为了满足青海省生态敏感区及重点矿区环境保护及绿色勘探要求，结合国内市场现有固控设备状况及地质钻探小口径绳索取心工艺的特征，地质钻探作业废浆液相对处理量较小的实际现状，自主设计研制了一款适合于青海高原山区、草原湿地地质钻探的泥浆绿色环保处理设备“泥浆固液相分离装置”（图 10-101），改变了小口径地质钻探工作开挖大循环池的传统做法，通过利用多级供液泵和全封闭循环管路将孔口冲洗液引流至地表增设的固液分离装置和循环罐体仓室内逐级进行分离处理，经过处理产生的岩屑、岩粉等固相物质通过导流板输送到废弃固相收集储存坑内集中存放处理，液体经过处理之后实现回收重复利用，向逐步取消传统大循环池重力沉淀模式、真正实现绿色钻探迈出重要一步，也为地质钻探行业走绿色发展之路提供了一项技术利器。

图 10-101　泥浆固液相分离装置及现场应用照片

该装置有效容积 6.08m^3，总功率 14.75kW，结构尺寸 3800mm×1600mm×1000mm，具有重量轻、易搬迁、造价低、小型化、一体式等特点，实现了地质钻探固控系统的小型化、一体化设计，装置现场占地面积 4.5m^2，运输过程中完全可以使用小型货运汽车进行拉运，造价成本远低于市场售价。

该装置在木里煤田煤炭勘探钻孔（设计孔深 1300m）中实际应用试验，采用小口径金刚石绳索取心钻进工艺，使用优质低固相泥浆，终孔深度 1356.2m，终孔直径 Φ105mm。试验钻孔使用固相分离装置（图 10-102），泥浆性能得到相应优化，如泥浆黏度、含砂量明显降低，泥饼厚度变薄且致密，失水量下降，进而解决了绳索取心钻具在高转速运行时结泥皮等关键难题。根据该试验钻孔（使用了固控系统）与邻近的7-5和8-1号孔（未使用固控系统，图10-103）泥浆材料消耗统计，未使用装置的泥浆材料平均成本费用为110.02元/m，使用该装置的泥浆材料成本费用为70.54元/m，节省了泥浆材料39.48元/m，泥浆成本降低36.18%。证明使用该装置能大幅降低材料消耗，降低生产成本。钻机机械转速明显提升，纯时钻效提高0.5m/h，泥饼致密，泥浆性能优化，岩心采取率提高至91.89%，钻探质量得到进一步提高，发挥了绳索取心的优势。

图10-102 固控系统使用现场

图10-103 传统泥浆循环系统

通过生产实验表明，该装置在保证泥浆不落地的前提下实现固液分离、固体干化、液体重复利用，从而减少了废弃浆液的产生，液体重复使用率提高36%，废浆排放减少42%，较以往采用自然沉淀的净化系统，占地面积缩小了1/3，不直接接触草地，压覆植被少，净化效率高，废浆排放少，节约了水资源，用科学技术推动了生态地质勘探，保护了生态环境。

三、技术创新成果取得丰硕成果

（一）助力找矿取得突出

该项目自开展以来，在区内东部长14km范围内施工的6个钻孔均见到巨厚的可采煤层，特别是7-5号钻孔，在揭穿F_1逆冲断层上盘三叠系后进入下盘含煤地层，共见14层煤层，煤层总厚达73.4m，在985.40m、1103.70m分别见10m厚的下1和20.90m厚的下2煤层，见小型逆断层后重复见到主要可采煤层，1472.60m、1580.50m分别见15.50m厚的下1和13.4m厚的下2煤层。初步估算区内东部14km范围内1500m以浅预查区范围内煤炭资源量4×10^8t，预测西部仍有6×10^8t潜在煤炭资源。

（二）刷新木里地区高寒环境下小口径钻探最深新纪录

由青海煤炭地质一〇五勘探队钻机承担的青海省天峻县聚乎更煤矿区南部煤炭预查项目7-5钻孔顺利终孔，该孔设计孔深1450.00m，实际终孔孔深1627.60m，刷新了木里矿区小口径绳索取心钻探最深新纪录。该孔采用三级成孔结构是目前为止在木里地区完成的地质钻探施工最深钻孔，在生产施工过程中先后遇到的涌水、孔漏（上涌、下漏）、坍塌、掉块、卡钻等复杂现象及孔内事故，针对诸多技术性难题，钻探技术人员通过一系列技术创新及技术方法均得到了很好的解决。

在该孔施工过程中先后在不同孔段、不同地层试验应用了成膜泥浆体系、聚合物低固相泥浆、钾基防塌泥浆、软胎体金刚石钻头等技术方法，均取得了良好的技术效果。通过该孔的组织施工有效提高了一〇五队钻探力量在复杂地质条件下的深孔钻探施工能力和技术水平，为今后承担

(2000m) 深孔钻探施工任务和拓宽钻探事业发展打下了坚实的基础。同时在该孔实施过程中积极探索绿色钻探方法并取得了丰硕成果，首次在该孔（草原湿地地貌区）探索性尝试应用了地质岩心钻探泥浆不落地装置、草原湿地铺设竹席、废弃浆液再利用、复垦育草种草复绿、场地恢复治理等措施，进一步丰富和完善了在生态敏感区域开展地质勘探及钻探工作时的绿色环保技术方法手段，探索出了一条保护生态前提下开展地质钻探工作的新方法。

（三）取得多项技术创新及专利成果

青海煤炭地质一〇五勘探队在绿色环保钻探方面积极推动科技成果的转化应用，已申报相关专利 11 项，其中已授权实用新型专利 6 项（图 10-104），分别是一种新型环保硬质基层取心机（专利号 ZL2017 2 1761935.7）、钻探取心机废料收集装置（专利号 ZL2017 2 1742212.2）、水文地质钻探同径多次抽水装置（专利号 ZL2017 2 1742435.9）、水文地质钻探同径两次抽水试验装置（专利号 ZL2017 2 1742155.8）、新型地质钻探取心器（专利号 ZL2017 2 1742861.2）、一种绳索取心多功能双台阶孔内事故处理工具（专利号 ZL2018 2 2253533.7）；正在审核实用新型专利 3 项，分别是一种高原地质钻探一体式泥浆固液相分离装置、一种地质岩心钻探时泥浆液面测量及报警装置、一种便携式泥浆深度测量装置；正在审核实用发明专利 2 项，分别是一种煤系地层钻探钾基阳离子冲洗液及其制备方法、一种地质钻探防塌冲洗液及其制备方法。发表《高原高寒地区复杂地层小口径岩心钻探冲洗液固控系统研究》钻探科技论文 1 篇。

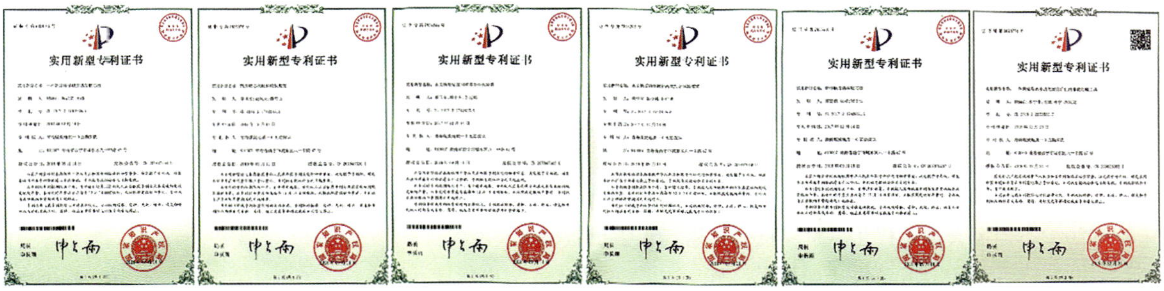

图 10-104 获取的相关专利照片

（四）绿色钻探成效显著

（1）在天峻县聚乎更南部煤炭资源预查项目钻探施工中采用了自己研制设计制造的地质钻探泥浆绿色环保处理关键设备“泥浆固液相分离装置”，钻探生产效果良好。“泥浆固液相分离装置”的使用，改变了小口径地质岩心钻探工作开挖大泥浆池的传统做法，通过利用多级供液泵和全封闭循环管路将孔口泥浆引流至地表增设的固液分离设备和循环罐体仓室内逐级进行分离处理，经过处理后产生的岩屑、岩粉、废渣等固相物质通过导流板输送到废弃固相收集储存坑内集中存放处理，液体经过处理之后回收重复利用。在保证泥浆不落地的前提下实现固液分离、固体干化、液体重复利用，从而减少废弃浆液的产生，降低钻探施工中造成的环境污染。

（2）“青海省鱼卡九龙山煤及煤层气普查项目”是 2019—2020 年青海煤炭地质局青海煤炭地质勘探院承担，在柴达木盆地北缘鱼卡煤田施工，施工过程中应用了环保泥浆、降失水剂以及废浆再利用，在钻孔坍塌、掉块、卡钻等事故多出区，顺利完成孔深约 1600m 的两个钻孔，并成功入选 2020 年度自然资源部第二批绿色勘探示范项目。

（青海省煤炭地质局 梁振新高级工程师，鲍海山工程师供稿）

参考文献

蔡家品，贾美玲，等. 2010. 元坝地区新型金刚石钻头的研究与应用［J］. 探矿工程（岩土钻掘工程），37（11）：70-72.

蔡正水. 2016. FYD-2200型分体塔式全液压动力头钻机的特点及应用［J］. 低碳世界，（11）：23-24.

曾载淋，梁景时，等. 2016. 赣南钻在稀土矿找矿中的应用［J］. 探矿工程（岩土钻掘工程），43（1）：44-47.

陈根龙，秦如雷，等. 2019. 泥浆不落地技术在DY-4井中的应用［J］. 探矿工程（岩土钻掘工程），46（11）：8-13.

陈礼仪，胥建华. 2008. 岩土工程施工技术［M］. 成都：四川大学出版社.

陈孝彦. 2012. 钻井废弃冲洗液固化处理技术综述［J］. 科技与企业，（14）：338-339.

崔淑英，邵玉涛，等. 2017. 小口径膨胀波纹管护壁技术在四川煤炭普查ZK3-1孔的应用［J］. 探矿工程（岩土钻掘工程），44（9）：73-76.

崔亚伟，梁启斌，赵由才. 2012. 可持续发展——低碳之路［M］. 北京：冶金工业出版社.

崔志强，胥值礼，李军峰，等. 2016. 无人机航空物探技术研发应用现状与展望［J］. 物探化探计算机，38（6）：740-745.

方星，许权辉，等. 2019. 矿山生态修复理论与实践［M］. 北京：地质出版社.

冯定，唐海雄，周魁，等. 2008. 模块钻机的现状及发展趋势［J］. 石油机械，（9）：143-147+13.

付英，黄贤营，傅连珍，等. 2016. 我国地质勘查行业现状与走向［J］. 中国国土资源经济，（11）.

傅丛群. 2013. BH-114型套管钻进在福建马坑铁矿复杂地层中的试验应用研究［J］. 探矿工程（岩土钻掘工程），40（11）：23-27.

傅荣校. 2002. 档案管理现代化［M］杭州：浙江大学出版社.

傅湘玲，欧阳峰. 2010. 信息化管理教程［M］. 北京：清华大学出版社.

盖国忠，李科. 2009. 冲洗液环境可接受性评价及环保冲洗液［J］. 西部探矿工程，21（2）：57-60.

巩鑫，赵元艺，等. 2019. 生态区绿色勘查评价方法及评价标准探讨［J］. 探矿工程（岩土钻掘工程），46（3）：86-92.

关凤峻，姜来峰，刘卫东. 2020. 绿色勘探及其实施方法研究［J］. 四川建筑，40（4）：147-149.

郭志斌. 2016. 节能减排基础知识（第二版）［M］. 北京：中国电力出版社.

韩菲，黄洪波，缪佳佳，等. 2019. 地质勘探装备的北斗系统应用研究与实践［J］. 探矿工程（岩土钻掘工程），46（10）：6-12.

贺彩宏. 2008. 阿特拉斯·科普柯CS14型全液压岩心钻机创造1411.48m的新纪录［J］. 探矿工程（岩土钻掘工程），（5）：12.

贺存乡. 2010. 信息与档案管理［M］. 杭州：浙江大学出版社.

黑龙江省质量技术监督局. 2018. DB23/T 2179—2018《0~45°钢索取心钻探技术规程》［S］.

侯德峰，秦跃海，等. 2013. 固体矿床岩心钻探安全技术［M］. 郑州：河南大学出版社.

胡向阳，左立朝. 2017. DB30型多功能电驱动钻机的研发与应用［J］. 探矿工程（岩土钻掘工程），44（5）：48-52.

胡月亭. 2017. 事故防控策略与技［M］. 北京：石油工业出版社.

华地同创（北京）科技发展有限公司. 2016. 野外地质勘查安全生产实务指南［M］. 北京：地质出版社.

黄正信，等. 2016. 绿色投资［M］. 北京：中国环境出版社.

基孟，王永刚. 2009. 地震勘探原理（第三版）［M］. 北京：中国石油大学出版社.

贾美玲，欧阳志勇，等. 2010. 深孔钻探金刚石钻头技术研究［J］. 探矿工程（岩土钻掘工程），37（12）：71-73.

江涛，王佟，宋梅. 2018. 煤炭行业绿色矿山建设标准及其评价指标初步探讨［J］. 煤田地质与勘探，（1）.

江西省国土资源厅. 2015.《赣南钻（人力冲击取样钻）技术规程》［S］.

姜亦军，王文龙，张辉．2015．SY系列深孔硬岩孕镶金刚石钻头的研究与应用［J］．探矿工程（岩土钻掘工程），42（6）：80-84．
蒋德英，刘晓阳．2011．铀矿地质钻探主要技术成果及需要解决的技术问题［C］．第十六届全国探矿工程（岩土钻掘工程）技术学术交流年会论文集．
蒋光旭，唐振华，登高．2010．SYZX96/75绳索取心液动锤钻具的应用效果［J］．探矿工程（岩土钻掘工程），37（6）：13-15，19．
蒋敬业，程建萍，等．2006．应用地球化学［M］．武汉：中国地质大学出版社．
奎中，黄晓林，等．2003．GDZ-300L型全液压钻机野外生产试验的组织与实施［C］．中国地质学会探矿工程专业委员会．第十七届全国探矿工程（岩土钻掘工程）学术交流年会论文集：66-69．
奎中，何磊，林下斌，等．2013．GDZ-300L型履带式全液压多功能钻机的设计［J］．探矿工程（岩土钻掘工程），40（7）：88-92．
雷开先．2013．声波钻机在环境地质调查中的应用研究［J］．探矿工程（岩土钻掘工程），40（6）：4-8．
黎波，孙丹，刘卫东，等．2011．若尔盖铀矿复杂地层中深斜孔钻进工艺技术［C］．第十六届全国探矿工程（岩土钻掘工程）技术学术交流年会论文集：159-163．
李俊萍，吴金生，等．2017．若尔盖铀矿田金刚石钻头的研究与应用［J］．探矿工程（岩土钻掘工程），44（1）：79-83．
李兰斌．2002．地震地质综合解释教程［M］．武汉：中国地质大学出版社．
李龙标，宋本锋，等．2013．轻型架空索道在复杂地区钻探设备搬迁中的应用［J］．探矿工程（岩土钻掘工程），40（Z1）：105-107．
李锡．2016．背包式钻机的工程应用与存在的若干问题［J］．探矿工程（岩土钻掘工程），43（5）：56-58+62．
李政昭，吴金生，等．2016．覆盖层绿色钻探新方法——空气潜孔锤取心跟管钻进［J］探矿工程（岩土钻掘工程第四届探矿工程学术研讨会专辑），43（10）：122-125．
梁健，尹浩，等．2018．钻井利器的故事之“铝合金钻杆”［J］．探矿工程（岩土钻掘工程），45（5）：1-3．
刘宝林，桂缓银．2000．交流变频钻机能实现升降钻具机械化［J］．探矿工程（岩土钻掘工程），（3）：42-45．
刘景华，何立新．2009．SYZX75绳索取心液动锤加长岩心管的应用［J］．探矿工程（岩土钻掘工程），36（2）：5-6，11．
刘静．2015．环境型冲洗液研究［D］．大庆：东北石油大学．
刘世锦．2019．中国经济增长十年展望（2019—2028）：建设高标准市场经济［M］．北京：中信出版社．
刘伟朋．2012．高精度定向钻进技术在煤层气开采中应用研究［D］．北京：中国地质大学（北京）．
刘卫东，黎波．2007．若尔盖铀矿岩心钻探技术发展、现状及对策［J］．探矿工程（岩土钻掘工程），Z1：33．
刘卫东，常诸都．2015．钻探工程技术实训［M］．成都：四川大学出版社．
刘卫东．2015．若尔盖碳硅泥岩型铀矿钻探工作回顾与技术对策［C］．第十八届全国探矿工程（岩土钻掘工程）技术学会交流年会论文集：28-34．
刘晓阳，李大昌，叶雪峰．2013．中国铀矿第一科学深钻施工概况［J］．探矿工程（岩土钻掘工程），（S1）．
罗强，刘良平，等．2013．YGL-S100型声波钻机及其在深厚覆盖层成孔取样施工实践［J］．探矿工程（岩土钻掘工程），40（6）：9-13．
罗先熔，文美兰，欧阳菲，等．2007．勘查地球化学［M］．北京：冶金工业出版社．
罗永贵．2013．SYZX绳索取心液动锤在小秦岭金矿田复杂地层深部钻探中的应用［J］．探矿工程（岩土钻掘工程），40（3）：7-9．
马孝春，刘宝林．2000．未来的数字钻探技术［J］．探矿工程（岩土钻掘工程），（4）：42-43．
潘树仁，潘海洋，等．2018．新时代背景下煤炭绿色勘查技术体系研究［J］．中国煤炭地质，（6）．
彭苏萍，袁亮．2011．淮南煤矿三维地震技术应用与效果［J］．安徽地质，（2）：95-99．
齐路恒．2011．煤田钻探工程中危险源辨识及其控制［C］．第十六届全国探矿工程（岩土钻掘工程）技术学术交流年会论文集．
钱锋，房勇，胡立，等．2013．地质勘探套管钻进技术研究［J］．探矿工程（岩土钻掘工程），40（7）：69-72．
冉灵杰，宋殿兰，卢猛．2016．TGQ背包式取样钻机的研制［J］．探矿工程（岩土钻掘工程），43（6）：49-51+55．
阮天健，朱有光．1985．地球化学找矿［M］．北京：地质出版社．

盛勇，贾慧涛，刘杨. 2019. 微动勘探方法技术研究及其应用［J］. 安徽地质，29（1）：34-38.
石碧清，赵育，阎振华. 2000. 环境污染与人体健康［M］. 北京：中国环境出版社.
石生明，朱永宁. 2009. SYZX75 型绳索取心液动锤在坚硬致密“打滑”地层的应用［J］. 探矿工程（岩土钻掘工程），36（9）：15-16，20.
石智军，姚克，等. 2019. 煤矿井下随钻测量定向钻进技术与装备现状及展望［J］. 煤炭科学技术，47（5）：22-28.
史京玺. 2019. 绿色矿山若干相关概念辨析［N］. 中国矿业报.
宋殿兰，刘三意. 2011. 浅钻技术在浅覆盖层区地质找矿工作中的应用［C］. 第十六届全国探矿工程（岩土钻掘工程）学术交流年会论文集.
宋祥昌，李兴兵. 2018. 绿色勘查方法技术探索与实践［J］. 西部探矿工程，（9）.
宋振波，李建华，高富丽. 1997. CD-3 型岩心钻机的研制［J］. 探矿工程（岩土钻掘工程），（1）：4-7.
苏长寿，谢文卫，等. 2010. 系列高效液动锤的研究与应用［J］. 探矿工程（岩土钻掘工程），37（3）：27-31.
苏长寿，谢文卫，杨泽英，等. 2013. 高效岩心钻进的有效途径——液动锤钻探［J］. 探矿工程（岩土钻掘工程），40（Z1）：81-84+90.
孙宁，苏义脑，李根生. 2006. 钻井工程技术进展［M］. 北京：石油工业出版社.
孙荣军，石智军. 2011. 随钻测量定向钻进技术在煤矿井下瓦斯抽采钻孔施工中的应用研究［C］. 第十六届全国探矿工程（岩土钻掘工程）技术学术交流年会论文集.
孙友宏. 2014. “勘探技术与地质钻探学”国家自然科学基金资助新领域［J］. 探矿工程（岩土钻掘工程），41（12）.
孙之夫，游鲁南，王林钢. 等. 2019 黄金地质绿色勘查方法与实践［J］. 探矿工程（岩土钻掘工程），46（4）：1-6.
王达. 2017. 钻探工程技术体系与钻探工程现代化［J］. 地质装备，8（3）：15-20.
王达，何远信. 2014. 地质钻探手册［M］. 北京：地质出版社.
王达，赵国隆，左汝强，等. 2019. 地质钻探工程的发展历程与展望——回顾探矿工程事业 70 年［J］. 探矿工程（岩土钻掘工程），46（9）：1-31.
王良，等. 1988. 井陉煤田岩溶陷落柱形成规律及充水特征［J］. 井煤科技，1：20-33.
王年友，谢文卫，等. 2007. 绳索取心钻探技术的新发展——三合一组合钻具［J］. 探矿工程（岩土钻掘工程），34（9）：70-72+74.
王琼杰. 2016. 绿色钻探有“法宝”［N］. 中国矿业报.
王瑞杰，马彦良. 2017. 构造煤地震识别方法研究［J］. 中国煤炭地质，29（12）：87-81.
王胜，陈礼仪，等. 2010. 新型 KL 植物胶无固相环保冲洗液体系［J］. 煤田地质与勘探，38（3）：76-80.
王佟，邵龙义，夏玉成，等. 2017. 中国煤炭地质研究取得的重大进展与今后的主要研究方向［J］. 中国地质，（2）.
王佟，张博，王庆伟，等. 2017. 中国绿色煤炭资源概念和内涵及评价［J］. 煤田地质与勘探，（1）.
王先兵，李维，等. 2019. 环保钻井液发展现状有展望［J］. 油气田环境保护，1：9-13.
王新泉，邬燕云. 2011. 安全生产标准化教程［M］. 机械工业出版社，1-66+197-220.
王学龙，叶建良，张林霞. 2011. “十一五”期间探矿工程技术主要成果［C］. 第十六届全国探矿工程（岩土钻掘工程）技术学会交流年会论文集.
王瑶，白昭. 2015. 废弃钻井冲洗液处理对策研究［J］. 安徽农学通报，21（17）：80-81+114.
无锡金帆钻凿设备股份有限公司. 2016YGL-S100 和 YGL-S50 型声波钻机［J］. 地质装备，17（5）：45.
吴光琳. 1991. 定向钻进工艺原理［M］. 成都：成都科技大学出版社.
吴光琳. 2004. 声波钻进技术的发展及其应用［J］. 探矿工程（岩土钻掘工程），31（3）：39-41.
吴金生，张伟，刘卫东. 等. 2015. 若尔盖铀矿田定向钻进技术研究及应用［C］. 第十八届全国探矿工程（岩土钻掘工程）技术学会交流年会论文集：211-215.
吴金生，李子章，李政昭，等. 2016. 绿色勘查中减少探矿工程对环境影响的技术方法［J］. 探矿工程（岩土钻掘工程），43（10）：112-116.
吴金生，张统得，刘卫东，等. 2016. 高原生态脆弱区钻探技术体系综合研究与示范［J］. 探矿工程（岩土钻掘工程），43（10）：117-121.
吴翔，杨凯华，蒋国盛. 2006. 定向钻进原理与应用［M］. 武汉：中国地质大学出版社.

吴烨，王雯璐．2013．钻探工程废弃钻井液处理技术及进展［J］．探矿工程（岩土钻掘工程），40（3）：14-16.
向军文．2007．定向钻进技术及其应用［J］．探矿工程（岩土钻掘工程），（9）：28-32+36.
肖秋惠．2009．档案管理概论［M］．武汉：武汉大学出版社.
熊伟，田占成，徐景珠，等．2009．CS14 型全液压动力头钻机的生产应用效果及分析［J］．探矿工程（岩土钻掘工程），36（4）：35-36+46.
徐水师，王佟，等．2009．中国煤炭资源综合勘查技术新体系架构［J］．中国煤炭地质，（6）.
许刘万，王艳丽，伍晓龙．2013．我国钻探技术与装备开发引进应用新格局［C］．第十七届全国探矿工程（岩土钻掘工程）学术交流年会论文集.
鄢泰宁．2001．岩土钻掘工程学［M］．武汉：中国地质大学出版社.
颜纯文．2016．声波钻进和宝长年 LS250 声波钻机［J］．地质装备，17（5）：11-15.
杨传勇．2006．国外可膨胀套管技术的发展及应用［J］．石油机械，34（10）：74-77.
杨怀玉，许再良．2013．铁路工程勘察钻探技术［M］．北京：中国铁道出版社.
杨宽才，田敏，等．2013．绳索取心液动潜孔锤钻进技术在小秦岭金矿区的应用［J］．探矿工程（岩土钻掘工程），40（2）：40-43.
杨泽英，冯绍辉，等．2011．绳索取心液动潜孔锤的研究与应用．第十六届全国探矿工程（岩土钻掘工程）技术学术交流年会论文集［M］，北京：地质出版社.
杨振力．2019．智慧档案馆建设［M］．北京：中国戏剧出版社.
杨忠，段惠军，等．2015．定向钻进技术在王家岭煤矿采空区疏放水中的应用［C］．第十八届全国探矿工程（岩土钻掘工程）技术学术交流年会论文集.
姚彤宝，于好善，等．2008．膨胀套管技术在地质勘探领域应用初探［J］．探矿工程（岩土钻掘工程），35（2）：8-11.
叶成明，李小杰，刘迎娟．2005．浅析声波钻进技术［J］．勘察科学技术，（5）.
易强忠，郎学伟，等．2019．云南金平长安金矿大倾角钻孔绳索取心施工技术［J］．探矿工程（岩土钻掘工程），46（4）：48-55.
易亚东．2019．微型高频双层振动筛在绿色勘查钻探中的应用［J］．探矿工程（岩土钻掘工程），46（3）：47-50.
易亚东．2020．小倾角钻探工艺技术在绿色勘查中的应用［J］．探矿工程（岩土钻掘工程），47（12）：48-54.
殷宝兵，黄留新．2013．植物胶冲洗液在复杂地层钻进取心中的应用研究［J］．探矿工程（岩土钻掘工程），40（11）：10-14.
于好善，杨甘生，等．2011．深孔膨胀套管护壁技术研究现状及其工作原理［J］．探矿工程（岩土钻掘工程），38（3）：1-4.
于好善，王成彪，等．2012．膨胀套管护壁技术研究［J］．探矿工程（岩土钻掘工程），39（S2）：130-137.
岳永东，谭春亮，宋殿兰．等．2018．基于绿色勘查的浅钻技术在覆盖区填图中的应用研究［J］．探矿工程（岩土钻掘工程），45（12）：5-11.
张飞，熊虎林，等．2015．GK-15 型地质岩心钻探冲洗液固控装置研究应用［J］．探矿工程（岩土钻掘工程），42（12）：64-68.
张福良，薛迎喜，等．2018．绿色勘查——新时代地质找矿新模式［J］．中国国土资源经济，（8）.
张化民，于好善，等．2015．地质勘探膨胀波纹管截面设计与选择［J］．探矿工程（岩土钻掘工程），42（8）：55-59.
张惠等，2009．岩土钻掘设备［M］．北京：人民交通出版社.
张佳文，张林霞．2013．我国深部矿产勘查现状与钻探技术进步［C］．第十七届全国探矿工程（岩土钻掘工程）学术交流会论文集：7-11+29.
张立海，等，2017．地质钻孔资料图表数据库建设研究［M］．北京：地质出版社.
张立海，等．2017．重要地质钻孔属性数据库建设方法［M］．北京：地质出版社.
张群，等．2018．煤田地质勘探与矿井地质保障技术［M］．北京：科学出版社.
张统得，蒋炳，等．2020．地质钻探废气冲洗液污染特性及脱稳技术研究［J］．探矿工程（岩土钻掘工程），47（4）：134-139.
张伟．2010．套管钻进及其在地质勘探中的应用前景［J］．探矿工程（岩土钻掘工程），37（7）：1-3.

张伟. 2013. 深孔岩心钻探技术问题探讨和发展展望［J］. 探矿工程（岩土钻掘工程），Z1：1-6 .
张伟，胡时友，等. 2016. 汶川地震断裂带科学钻探项目的钻探工程［M］. 北京：地质出版社，146-149.
张文辉，申文金. 2017. 关于绿色勘查标准化的思考［J］. 现代矿业.（9）.
张文英，刘卫东，赵燕来，等. 2009. 若尔盖铀矿区复杂易斜地层定向分支钻孔施工技术［J］. 探矿工程（岩土钻掘工程），36（8）：22-24.
张祥，赵凤臣，等. 2015. 苏里格气田冲洗液回收再利用技术［J］. 冲洗液与完井液，32（3）：99-102+110.
张新虎，刘建宏，黄万堂，等. 2017. 绿色勘查理念：认知、探索与实践［J］. 甘肃地质，（1）1-7.
张燕. 2008. 国外声波钻机及其应用［J］. 探矿工程（岩土钻掘工程），35（7）：105-107.
张永勤，王汉宝，屠德刚，等，2013. 新型高效节能地质岩心钻机及配套技术研发［J］. 探矿工程（岩土钻掘工程），40（Z1）：35-39.
赵尔信，蔡家品，等. 2013. 浅谈国内外金刚石钻头的发展趋势——高效、低耗［J］. 探矿工程（岩土钻掘工程），37（10）：70-73，81.
赵尔信. 2015. 金刚石钻头的发展趋势［J］. 超硬材料工程，27（2）：52-59.
赵洪波，宋殿兰，等. 2014. 浅层钻探技术在海南某矿区化探取样中的应用研究［J］. 探矿工程（岩土钻掘工程），41（2）：18-21.
赵洪波，何远信，宋殿兰，等 2016.. 云南漕涧锡矿矿区以钻带槽勘查技术研究［J］. 地质学报，2919-2929.
赵洪波，何远信，祝强. 2016. 以钻带槽勘查方法研究与应用［J］. 探矿工程（岩土钻掘工程），43（11）：6-10.
赵洪波，宋殿兰，等. 2017. 基于绿色勘查的浅钻技术及应用［C］. 第十九届全国探矿工程（岩土钻掘工程）学术交流年会论文集.
中国国家标准化管理委员会. 2009. GB 15848—2009《铀矿地质勘查辐射防护和环境保护规定》［S］. 北京：中国标准出版社.
中国矿业报社. 2017. 绿色探查探索与实践［M］. 北京：地质出版社.
中国矿业联合会. 2018. T/CMAS 0001—2018《绿色勘查指南》［S］.
中华人民共和国国家发展改革委员会. 2005. DL/T 5013—2005《水电水利工程钻探规程》［S］. 北京：中国电力出版社.
中华人民共和国住房和城乡建设部. 2019. GB/T 50378—2019《绿色建筑评价标准》［S］. 北京：中国建筑工业出版社.
朱恒银，刘跃进. 2009. FYD-2200 型全液压动力头钻机的研制及应用［J］. 探矿工程（岩土钻掘工程），36（S1）：45-48.
朱景萍，邹博. 2013. 绳索取心技术在深度钻探南岭-赣县矿集区科学验证孔施工中的应用［J］. 探矿工程（岩土钻掘工程），（S1）.
朱万存，曹卫孝，等. 2013. 地质勘查钻（坑）探作业危险性分析及安全防护对策［J］. 探矿工程（岩土钻掘工程），40（5）：80-83.